実戦 ナノテクノロジー

走査プローブ顕微鏡と局所分光

重川 秀実　　吉村 雅満

坂田　亮　　河津　璋

共 編

東京　裳　華　房　発行

SCANNING PROBE SPECTROSCOPY FOR NANOSCALE SCIENCE AND TECHNOLOGY

edited by

HIDEMI SHIGEKAWA
MASAMICHI YOSHIMURA
MAKOTO SAKATA
AKIRA KAWAZU

SHOKABO

TOKYO

序　文

　1980年代初期，固体表面の構造を原子レベルで観察できて，しかも，1つ1つの原子や分子を操作できる画期的な手法が開発された．トンネル効果を利用した"走査トンネル顕微鏡法"（Scanning Tunneling Microscopy：STM）である．その後，STMの動作機構を利用した一連の装置が開発されたが，これら手法は総称して走査プローブ顕微鏡法（Scanning Probe Microscopy：SPM）と呼ばれている．この25年間の技術の進歩は著しく，半導体から生体材料まで幅広い分野の材料を対象として，電子構造のほか，力学的状態や光学的状態，また微小質量や局所温度の計測など，多様な物理量の精密評価が可能になっている．

　本書は，こうしたSPMの先端手法を用い，「ナノスケールの局所領域や局所構造の各種分光を行う際に必要となる技術の詳細」を，基礎からわかりやすくまとめた本である．

　現在，ナノスケール（$1\text{nm}=10^{-9}\text{m}$）の世界で構造を制御し，目的とする機能（物性）を実現したり，全く新しい機能を創製する試みが盛んに進められている．こうした試みを実現し展開するためには，局所構造と発現する物性の関係を正しく理解，評価することが必要不可欠で，走査プローブ顕微鏡法は，最も有効な手法の一つとして期待され，分野を越え多くの研究・開発現場で広く用いられている．

　しかし，最近では，製品化された装置を購入して使用することが多く，装置の中身に実際に触れる機会があまりないことから，像を観察する段階より一歩進んだ仕事に向かおうとすると，各種トラブルにうまく対処できなくて苦労したり，また，得られた結果を正しく取り扱えないことも少なくない．そこで，走査プローブ顕微鏡をより活用するために，手助けとなる書が強く

望まれていた．

　本書は，こうした意図から，研究者が常に手元に置くことによって，実際に役立つことを目的とし，実用的な要素を取り入れた書籍とすることを目指して編集された．著者の方々には，走査プローブ顕微鏡を使用し始めたときに感じた困難な点や，現在直面している問題点とその対処法を念頭において，基礎的な技術や解析法を盛り込んだ内容にして頂くよう御願いした．新しく走査プローブ顕微鏡を用いて研究を開始する初学者だけでなく，他分野や先端技術の開拓に携わる研究者が，走査プローブ顕微鏡の基礎から高度な段階までの技術を身に付け，日々の仕事の中で生じる問題を解決することが可能な，実用的な本となるように工夫されている．

　新しい試みを行うためには，装置・手法の開発は重要な要素で，それは，個々の研究者が自ら行うべきものであるが，まず，基本的な段階までは速やかに達することが，その後の高いレベルでの展開も容易にし，走査プローブ顕微鏡を使用する研究領域のさらなる活性化につながることが期待される．

　本書が，「プローブ顕微鏡を用いた局所分光」を活用する上で，少しでも役立ち，さらなる展開を生み出す助けとなれば，編者一同，大きな喜びである．

　なお，本書を出版するにあたって多大なるご尽力を頂いた裳華房の細木周治氏に対し，心より感謝の念を表したい．

　2005 年 10 月 10 日

重川　秀実
吉村　雅満
坂田　　亮
河津　　璋

編者・執筆者一覧

(2005年10月5日　現在)

編　者

重川　秀実　　筑波大学 大学院数理物質科学研究科　教授
吉村　雅満　　豊田工業大学 大学院工学研究科　助教授
坂田　　亮　　慶應義塾大学　名誉教授
河津　　璋　　東京理科大学　教授

執筆担当一覧 (執筆担当順)

河津　　璋　（第1章）
森田　清三　（2・1節）　大阪大学 大学院工学研究科　教授
菅原　康弘　（2・1節）　大阪大学 大学院工学研究科　教授
塚田　　捷　（2・2, 2・3節）　早稲田大学 理工学術院　教授
佐々木成朗　（2・3節）　成蹊大学 理工学部　助教授
道祖尾恭之　（3・1節）　東北大学 多元物質科学研究所　助手
武内　　修　（3・1, 4・5, 5・4節）　筑波大学 大学院数理物質科学研究科　講師
米田　忠弘　（3・1節）　東北大学 多元物質科学研究所　教授
重川　秀実　（3・1, 4・5, 5・4節）
末岡　和久　（3・2節）　北海道大学 大学院情報科学研究科　教授
佐々木正洋　（3・3節）　筑波大学 大学院数理物質科学研究科　助教授
中桐　伸行　（3・4節）　（独）産業技術総合研究所
犬飼　潤治　（3・5節）　東北大学 未来科学技術共同研究センター　助教授
板谷　謹悟　（3・5節）　東北大学 大学院工学研究科　教授
長谷川幸雄　（4・1節）　東京大学 物性研究所　助教授

江口　豊明	（4・1 節）	東京大学　物性研究所　助手
山田　啓文	（4・2, 6・4 節）	京都大学　大学院工学研究科　助教授
保坂　純男	（4・3 節）	群馬大学　大学院工学研究科　教授
富取　正彦	（4・4 節）	北陸先端科学技術大学院大学　材料科学研究科　助教授
新井　豊子	（4・4 節）	筑波大学　大学院数理物質科学研究科　助教授
北島　正弘	（5・1 節）	(独)物質・材料研究機構　材料研究所
中嶋　　健	（5・2 節）	東京工業大学　大学院理工学研究科　助手
上原　洋一	（5・3 節）	東北大学　電気通信研究所　教授
潮田　資勝	（5・3 節）	北陸先端科学技術大学院大学　学長
長　　康雄	（5・5 節）	東北大学　電気通信研究所　教授
曾根　逸人	（6・1 節）	群馬大学　大学院工学研究科　助手
中別府　修	（6・2 節）	東京工業大学　大学院理工学研究科　助教授
吉村　雅満	（6・3 節）	
松本　卓也	（7・1 節）	大阪大学　産業科学研究所　助教授
川合　知二	（7・1 節）	大阪大学　産業科学研究所　教授
福井　賢一	（7・2 節）	東京工業大学　大学院理工学研究科　助教授
岩澤　康裕	（7・2 節）	東京大学　大学院理学系研究科　教授
大井川治宏	（7・3 節）	筑波大学　大学院数理物質科学研究科　講師

目　　次

第1章　はじめに　1

第2章　プローブ顕微鏡と局所分光の基礎

2・1　走査プローブ顕微鏡の基礎　13
　2・1・1　走査トンネル顕微鏡の動作原理　14
　2・1・2　原子間力顕微鏡の動作原理　18
　2・1・3　除振技術　21
　2・1・4　粗動機構　24
　2・1・5　微動機構　28
　2・1・6　STM用探針　30
　2・1・7　AFM用探針　31
　2・1・8　フィードバック回路　34
2・2　電子分光の理論　35
　2・2・1　走査トンネル分光法の基礎　35
　2・2・2　共鳴トンネル現象　40
　2・2・3　クーロン閉塞と単電子過程　43
　2・2・4　電子ホッピングにおけるフォノン効果　49
　2・2・5　第一原理リカージョン伝達行列法　52
　2・2・6　トンネル領域からコンタクト形成へ　54
　2・2・7　原子ワイヤー　58
　2・2・8　分子架橋系　63
2・3　力学分光の理論　68
　2・3・1　はじめに　68

2・3・2 マクロな物理量 ―周波数シフト―　69

2・3・3 ミクロな物理量 ―探針‐表面間相互作用―　73

2・3・4 理論と実験との比較　76

2・3・5 おわりに　79

第3章　電子分光

3・1　トンネル分光　82

 3・1・1　はじめに　82

 3・1・2　顕微鏡法から分光法へ　83

 3・1・3　走査トンネル分光法の原理と測定例　85

 3・1・4　非弾性トンネル分光　92

 3・1・5　まとめ　104

3・2　スピン偏極トンネル分光　105

 3・2・1　はじめに　105

 3・2・2　強磁性体探針による分光　106

 3・2・3　実験例　109

 3・2・4　SP-STM/STS用探針　113

 3・2・5　まとめ　115

3・3　局所トンネル障壁・微視的仕事関数計測　116

 3・3・1　はじめに　116

 3・3・2　計測原理　117

 3・3・3　表面形状の影響　121

 3・3・4　計測上の注意点　122

 3・3・5　まとめ　126

3・4　局所容量計測　127

 3・4・1　歴史的背景　127

 3・4・2　計測原理　129

 3・4・3　半導体への応用例　131

       目　　次　　　　　　　　ix

　　3・4・4　現状　133
　　3・4・5　おわりに　134
　3・5　電気化学分光　135
　　3・5・1　固液界面と電気化学STM　135
　　3・5・2　試料電位掃引を伴う電気化学STM測定　138
　　3・5・3　電気化学STM像のトンネル電流依存性　140
　　3・5・4　水溶液中におけるトンネル電流-距離曲線　141
　　3・5・5　まとめ　143

第4章　力学的分光

　4・1　原子間力計測　148
　　4・1・1　非接触法・周波数シフト　149
　　4・1・2　ファンデルワールス力　154
　　4・1・3　共有結合力　157
　　4・1・4　静電気力　162
　　4・1・5　原子分解能を実現するには　166
　4・2　静電気力計測　167
　　4・2・1　はじめに　167
　　4・2・2　表面電位測定の原理　168
　　4・2・3　KFMの動作方式　169
　　4・2・4　KFMによる表面電位測定例　173
　　4・2・5　走査容量原子間力顕微鏡法　176
　　4・2・6　おわりに　178
　4・3　磁気力計測　179
　　4・3・1　MFMの原理　180
　　4・3・2　MFM計測技術　183
　　4・3・3　磁性媒体観察例　188
　　4・3・4　最近のマイクロマグネティクス計測　192

4・3・5 おわりに 195
4・4 散逸・非保存力計測 196
4・5 分子間力計測 208
　4・5・1 生化学反応のナノスケール測定 208
　4・5・2 動的分子間力分光法の原理 209
　4・5・3 効率良い測定手法 215
　4・5・4 熱揺らぎ 217
　4・5・5 力増加速度の制御 222
　4・5・6 まとめ 223

第5章 光学的分光

5・1 固体の光分光の基礎 227
　5・1・1 物質中の光の伝搬と光学定数 228
　5・1・2 固体の光吸収 229
　5・1・3 固体の光散乱 234
　5・1・4 表面増強およびイメージング 251
　5・1・5 超高速分光 254
5・2 近接場分光 264
　5・2・1 はじめに 264
　5・2・2 近接場光 267
　5・2・3 近接場光学顕微鏡 270
　5・2・4 SNOMの分解能 276
　5・2・5 位置制御 278
　5・2・6 分光技術 280
　5・2・7 まとめ 286
5・3 STM発光分光 286
　5・3・1 はじめに 286
　5・3・2 電子トンネル励起発光 288

5・3・3　STM発光計測技術　291
5・3・4　計測例　297
5・3・5　まとめ　302
5・4　光STM　302
5・4・1　はじめに　302
5・4・2　光と試料の相互作用　304
5・4・3　光STMにおける留意点と計測技術　309
5・4・4　まとめ　320
5・5　局所誘電率計測　321
5・5・1　走査非線形誘電率顕微鏡　321
5・5・2　局所線形誘電率分布測定　328
5・5・3　局所非線形誘電率分布測定　329

第6章　発展的応用分光

6・1　微小質量計測　337
6・1・1　はじめに　337
6・1・2　カンチレバーの設計　338
6・1・3　カンチレバーの共振特性の利用　339
6・1・4　微小変位・振動検出技術と微小質量計測　341
6・2　局所温度・熱物性計測　344
6・2・1　走査熱顕微鏡　344
6・2・2　温度・熱伝導性画像の単純計測法　344
6・2・3　SThMにおける定量温度計測　348
6・3　ナノチューブ探針と多探針計測　351
6・3・1　はじめに　351
6・3・2　カーボンナノチューブ探針　353
6・3・3　マルチプローブ顕微鏡　357
6・3・4　まとめ　360

6・4　液中ダイナミックモード計測　360
　6・4・1　はじめに　360
　6・4・2　カンチレバー振動の励起法　362
　6・4・3　動作制御方式　364
　6・4・4　おわりに　368

第7章　局所分光の実践例

7・1　有機・バイオ分子の解析　371
　7・1・1　はじめに　371
　7・1・2　試料調製法　372
　7・1・3　有機・バイオ分子のSTM測定　374
　7・1・4　有機・バイオ分子の走査フォース顕微鏡測定　381
　7・1・5　SPMによる単一(少数)分子の電気伝導計測　383
7・2　触媒・反応過程の解析　388
　7・2・1　はじめに　388
　7・2・2　サイト選別した表面反応性　389
　7・2・3　金属/酸化物界面の電子状態と共鳴電子トンネリング　392
　7・2・4　非弾性トンネル分光法の応用　394
　7・2・5　絶縁性酸化物膜上での分子の振動励起　395
　7・2・6　微粒子化による触媒活性の発現　398
　7・2・7　格子歪みに起因した触媒活性の変化　400
7・3　半導体量子構造の解析　402
　7・3・1　波動関数マッピング　402
　7・3・2　単電子トンネリング　406
　7・3・3　ナノ光学応答特性　411

あとがき　420
索　引　422

第 1 章　は じ め に

　世の中に存在する物質の種類は無限ともいえるほどの多数であるが，それらのすべては限られた数の原子の組み合わせからなっている．しかも，次々と新しい種類の物質の開発が行われることによって，その数は近年ますます増加しつつあり，その性質も広範にわたる．

　これらの物質を合成し，その性質を解明するには，それらの物質がどのような原子からなり，原子が互いにどのように結合しているのかを含め，いろいろな物理量について分析を行う必要がある．このような必要性を満たすために，現在までに種々の測定原理に基づく数多くの分析法が開発されるとともに，各分析法の性能の向上がはかられてきた．すなわち，各分析法における，信号強度および検出感度の向上，変量（パラメータ）の可変範囲の拡大，信号の高速処理，装置の安定性および信頼性の向上，結果を解析するための理論の進歩などを実現する努力がなされてきており，このような努力は現在も引き続いて行われている．

　分光法においては振動数，エネルギーなどの値を変化させて物理量の測定を行うので，これらの値を固定して測定を行う場合に比べて多くのしかも系統的な情報が得られる．そのため，得られた結果に対して，系統的で正確な考察を行うことができるようになり，問題の解決に大いに役立つことになる．例えば，黒体輻射に関する研究は，プランクにより離散的な値をもつ光子という全く新しい概念に到達し，現代の物理学の出発点となった．また，

前期量子論におけるボーアの原子模型は，それまでに測定されていた水素のスペクトルに関してバルマーが整理したバルマー系列を説明することにより築かれた．これらのことは，分光法により得られる信頼性の高いデータの有用性を明確に示している．

一方，表面の構造，物性などの性質を調べ，表面の性質の制御に用いる場合までを考えると，表面の場合には情報を与える原子数がバルクの場合と比較してごく少数であるという制約が存在する．このために，用いる分光法はバルクの場合よりも高感度でなければならないことになる．さらに，表面からのデータがバルクからのデータと区別できるようにするか，あるいは表面のみのデータが得られるようにすることも必要である．

超高真空技術が発達して表面の研究が盛んになるにつれて，このような条件を満たして表面の性質を調べることの可能な種々の表面分光法が実用化されてきた．例えば，表面に存在する原子の同定，結合状態，その定量を行う方法としては，オージェ過程に伴い表面から放出される電子のエネルギーを分析するオージェ電子分光法があり [1-3]，表面の原子的構造を決定する方法としては，低速電子の回折強度のエネルギー依存性を動力学的に解析する低速電子回折法が [4-8]，表面電子のエネルギー構造を調べる方法としては，真空紫外光電子分光法などがある [9-11]．これらの分光法により，表面の理解には，周知のように，目覚ましい進展があった．

しかし，表面の場合，表面上のクラスターなどの微視的な構造を調べたり，欠陥などの特異な性質に関する情報を得ることが必要となる場合が多く，それらの要求に対応可能な分析法も必要であった．すなわち，このような要求は，例えば，基板表面における薄膜の成長過程，触媒作用の解明などの実用的な分野，あるいは，表面の性質の総合的な理解における必要性からも増大しつつあった．このような条件を満たす原子的分解能をもつ分析法としては，わずかに電界顕微鏡法やイオン顕微鏡法などが存在するのみであったが，これらの方法は，高電界という特殊な状況下における測定法であり，

必ずしも広い範囲に応用することができるというものではなかった．さらに，近年になり，電子デバイスの微小化やナノ領域の大きさの構造体を人工的に構築し，それらの示す特異な性質を原子的なスケールで直接解明して，それらの諸性質をいろいろな応用分野に役立てたいという要望が高まりつつあった．

1981年に開発された走査トンネル顕微鏡法（Scanning Tunneling Microscopy：STM）は，この分野の研究の進展に大きな寄与をしてきた[12-14]．

STMは，先端のとがった探針と試料表面間に流れるトンネル電流を測定することにより，原子的な分解能で表面の原子や分子などを直接的に測定することを可能とする．STMの基本的な動作機構は，その後，トンネル電流以外の他の多くの物理量の測定にも適用されるようになり，数々の同類の測定法が実用化されるようになった．

STMの装置の詳細については第2章で述べるが，その基本原理は，図1・1に示すように，先端の鋭くとがった探針と試料表面間に流れるトンネル電流を測定することにより表面の形状や電子状態を原子的なレベルで求めることのできる方法である．測定に際しては，探針を試料表面に1nm程度まで接近させるが，この際，主として探針最先端の1原子がトンネル電流に寄与する．トンネル電流は，探針先端と試料の間隔が0.1nm変化するとおおよそ1桁も変化し，探針と試料の間隔に極めて敏感である．そのために，試料表面の高さ方向の形状変化に関しては，0.01nm程度の分解能を有し

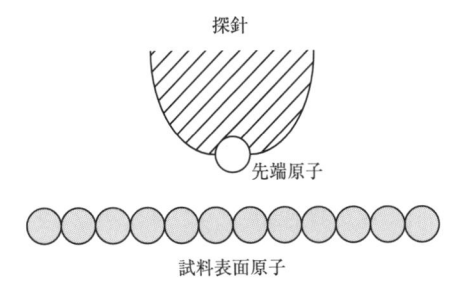

図1・1　STMの原理図

ており，表面の原子的な凹凸を十分に検知することができる．面内方向の分解能もおおよそ先端原子の大きさで決まり，その面内方向の原子の配列を検出するのに十分な分解能を有する．

このように，STMは表面で起こる現象を原子的レベルで直接的に，しかもほぼ実時間で測定できるという点で画期的なものであり，まさに，表面で起こる諸現象を手に取るように見ることができるという印象を我々が抱くことができるようになった．

STMに続いて1986年には，原子間力顕微鏡法（Atomic Force Microscopy：AFM）が開発された [15]．

この顕微鏡法においては，探針と試料表面間に働く力を検出することにより，表面の情報を得るものであり，STMと同様に原子的分解能を有することが示された．

これらSTM, AFMとともに，類似の機構，制御法を用いた，多くの走査顕微鏡法が開発されており，現在では，これらはまとめて走査プローブ顕微鏡法（Scanning Probe Microscopy：SPM）と総称されている [16]．

これらの方法は，単に表面の形状などを観察するだけではなく，測定中に，パラメータを変化させて測定することにより，分光的な測定も行われている．例えば，STMは電子的構造に関する情報を原子レベルで得る走査トンネル分光法（Scanning Tunneling Spectroscopy：STS）に使用されている．STSの理論については第2章に示し，第3章において，スピン偏極トンネル分光法などとともに詳述する．

以下において，STMで測定するトンネル電流中には，表面の形状の他に，電子状態に関する情報も含まれることを，STM観察の結果を例にとり示す．

STMの測定を印加電圧の極性やその値を変化させて行うと，一般的に予想されることではあるが，得られる像が測定条件により変化することが実験的に示されている．また，表面に存在する原子の種類により「見え方」が異

なったり，原子の相対的な位置あるいは結合状態によっても見え方に差のあることが具体的に示された．

例えば，GaAs (1 1 0) の表面はバルクと同じ大きさの周期の 1×1 構造を示すが，単位格子中には Ga と As の各 1 個の原子が存在し，As 原子がより表面側に存在することが現在知られている．

この表面を，試料電圧を正にして STM により観察する場合と負にして観察する場合では，トンネル電流の大きくなる面内位置が，互いに異なっていることが報告されている [17]．GaAs (1 1 0) の表面に平行な方向の Ga 原子と As 原子の位置は図 1・2 に示すようになっている．試料が正電圧の場合には Ga 原子に局在する空準位へトンネルにより探針から電子が流れ込み，試料が負電圧の場合には As 原子に局在する満たされた準位から電子が探針に流れる．したがって，Ga と As 原子の表面における位置が異なっているために正と負の電圧では STM 像にずれが生じることになる．この正および負電圧におけるトンネル電流の極大値を示す面内位置のずれは，理論計算や低速電子の回折強度の動力学的解析から得られた値とよく一致する．この場合，As 原子が表面側に存在し，Ga 原子が内部に存在するにも関わらず，試料を正電圧に印加すると，トンネル電流がそこで極大になり，トンネル電流だけでは，原子の位置を判定できない点に注意しなければならない．しか

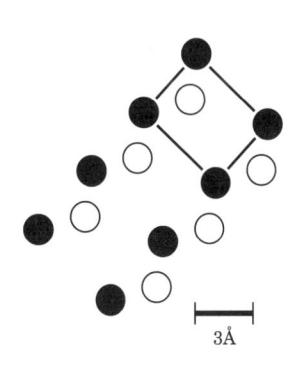

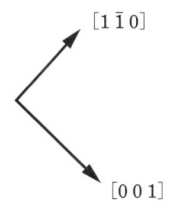

図 1・2　GaAs(1 1 0) 1×1 表面の構造模型を示す．長方形は単位格子を示し，白丸は As 原子を，黒丸は Ga 原子を示す．

し，このことは，印加電圧の極性などの測定条件を変化させることにより異種原子(正確には電子状態の違い)を区別して観察できることを示している．

Si (1 1 1) 表面に Al, Ga, In などのIII族原子を吸着させると $\sqrt{3}\times\sqrt{3}$ 構造が形成される [18, 19]．例えば，Al を吸着させる場合，形成条件を適当に設定すると，Al 原子と Si 原子が混在して表面上に存在し，$\sqrt{3}\times\sqrt{3}$ 構造が形成される．試料に正電圧を印加して，この表面を STM で観察すると，Al 原子上ではトンネル電流が増加し，STM 像では Al 原子上で明るい輝点として観察され，負電圧を印加する場合には Si 原子に対応する位置で輝点が観察されることが知られている [20]．

このような $\sqrt{3}\times\sqrt{3}$ 構造においては Al 原子と Si 原子の配列構造上の位置的差異はほとんどないと考えられるが，その電子状態の差により，どちらの原子であるかを明白に判定することが可能である．

Si (1 1 1) 7×7 構造の場合には多数の Si 原子が単位格子内の異なる位置を占め，各 Si 原子は周囲の Si 原子との結合状態にも差がある [21]．これに応じて，後述のように観察する電圧により STM 像に大きな変化が生じることが知られている．

Si (0 0 1) 表面上に Al, Ga, In などのIII族原子を 0.5 原子層吸着させると，III族原子が 2 量体を形成する．それらの 2 量体が，基板上に存在する Si 原子の 2 量体からなる列の間に吸着して，III族原子の 2 量体が，基板の Si 原子の 2 量体列と垂直な方向に列構造を形成することにより，2×2 構造が形成される [22-29]．例えば，Ga 原子の吸着により形成される 2×2 構造の表面を STM により観察する場合，試料に正電圧を印加すると探針から Ga 原子の 2 量体上に存在する空準位への電子のトンネル電流が流れる．これにより，図 1·3 に示すように 2 量体の部分でトンネル電流が増加して，STM 像に輝点として表示される．試料を負に印加すると，2 量体を形成する Ga 原子とその下部に存在する Si 原子との間の結合 (back bond) に対応する状態からのトンネル電流が観察される．Si 原子と Ga 原子の結合の

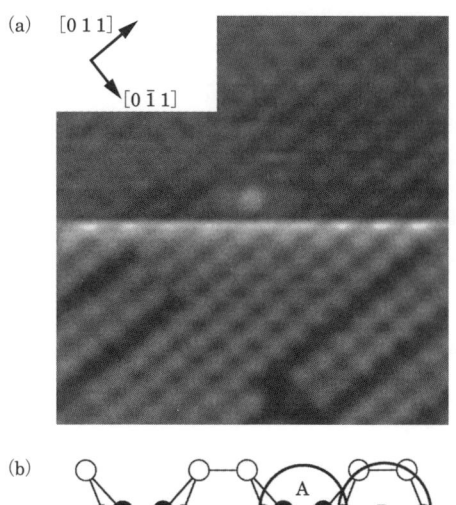

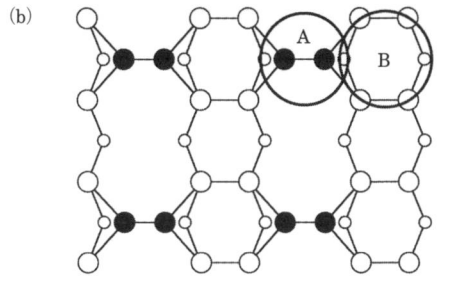

図 1·3 (a) Si(0 0 1) 2×2-Ga の STM 像を示す．走査の途中で，試料の印加電圧を $-2.0\,\mathrm{V}$ から $2.0\,\mathrm{V}$ へと変化させている．
(b) 表面の構造模型を示す．黒丸は Ga 原子を，白丸は Si 原子を示す．正電圧で図中の A の部分が，負電圧では B の部分が観察される [30]．

方向は，Ga の 2 量体の列構造に沿った方向である．したがって，空準位の観察だけでは判定することが困難な 2 量体の列方向を得ることができる．すなわち，STM 像から，原子の軌道の方向・位置に関する情報まで得ることができることを示している [30]．

このように，STM は電子状態に関しても有用な情報を与えてくれる．このことをより積極的に利用して表面の電子状態を調べようとしたものが，STS よりやや先行して行われた，電流像トンネル分光法 (Current Image

Tunneling Spectroscopy：CITS）である [31]．

この方法では，トンネル電流が一定になるように探針を走査しながら，各点において，面に垂直方向の探針の位置を制御する帰還回路を切り，そこで，印加電圧を変化させながら，トンネル電流の値を測定する．このようにして，トンネル電流一定条件下でのSTM像と同時に各点において，探針と表面原子間の間隔を一定に保持したときの電流電圧の関係（I-V曲線）が得られる．この I-V 曲線群に対して，2つの異なる電圧におけるトンネル電流間の差を求めてそれを2次元的に表示することにより，表面準位の2次元的な分布を示すことができる．さらに，この電流の差をとる操作をいくつかの電圧の組合せについて行うことにより，それらの電圧の間に存在する表面準位の分布を2次元的に表示することが可能となり，ある表面準位がどの原子に付随するものであるかについての情報を得ることができる．図1・4 に，

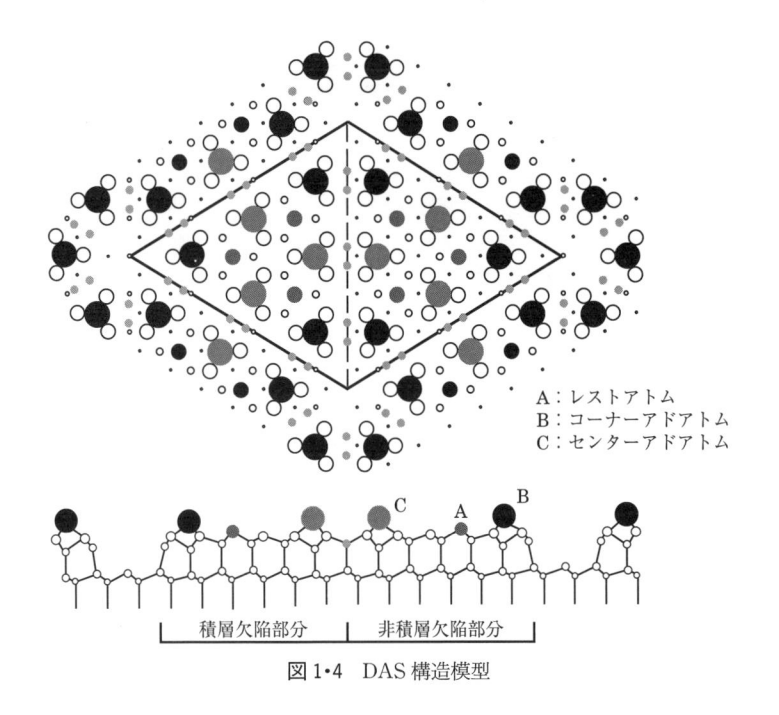

A：レストアトム
B：コーナーアドアトム
C：センターアドアトム

積層欠陥部分　非積層欠陥部分

図1・4　DAS 構造模型

Si(1 1 1)7×7表面に対して，種々の測定結果から実際の原子構造を示すものと考えられている原子模型である DAS（Dimer-Adatom-Stacking fault）構造模型を示す．

この構造においては，最上層にアドアトム（adatom）と呼ばれる12個のSi原子が存在する．CITS測定により，図1・4の構造模型中に示す12個のアドアトムには $-0.35\mathrm{V}$ の表面準位が局在することが示されている．さらに，これらのアドアトムに局在する電子密度には，同じアドアトムでも近傍のSi原子配置が互いに異なることに起因して，差のあることも明らかになっている．すなわち，図1・4の断面図において，左半分の副単位格子には，第2層と第3層の間に積層欠陥が存在する．この構造上の差に対応して，積層欠陥の存在する側のアドアトムに局在する電子密度が高くなっている．さらに，単位格子の4辺形の角に近いアドアトムと内側のアドアトムを比較すると，角のアドアトムには1個のレストアトム（rest atom）と呼ばれるアドアトムとの結合から取り残されたSi原子が隣接するが，辺のアドアトムではレストアトムが2個隣接する．この原子配置では，アドアトムからレストアトムへ電荷の移行が生じているが，隣接するレストアトムの数にこのような差があるために，角のアドアトムの電子密度が辺のアドアトムよりも高くなっている．このように同種の原子でも，その周囲のSi原子の配置の差により，アドアトム上の $-0.35\mathrm{V}$ の局在電子の密度に差の生じることが実験的に示されている．

レストアトムには $-0.8\mathrm{V}$ の占有電子状態が局在する．このレストアトムに対応する電子状態やアドアトムに対応する電子状態の面内での位置が単位格子の短い対角線に対して鏡面対称であることは，本来のSi(1 1 1)表面の3回対称性では説明できず，最表面層近くの原子層に積層欠陥が存在することにより説明することができ，これはDAS模型を支持していることになる．さらに，アドアトムと次層のSi原子との結合に対応する $-1.7\mathrm{V}$ の電子状態も観察されている．

STMは，その原理から導電性の試料表面の観察にのみしか適用できないという制約があるが，AFMでは，先述のように試料表面と探針の間に働く力を検出することにより，STMと同様に，表面の構造の局所的な情報を原子的分解能で調べることができる．このために，AFMは応用範囲がSTMと比べて広いという特徴をもつ．AFMの探針と試料表面との間に働く力は，遠距離ではファンデルワールス力が主体となる引力が働き，接近するとパウリの排他律に起因する強い斥力が働く．開発の初期においては，斥力領域で動作するAFMが用いられたが，探針先端原子の試料表面との衝突を制御することが難しく，原子的な分解能で安定な像を常に得ることは，特に化学的に活性な表面の場合には困難であった．

　このような制約を打破し原子的な分解能で表面を観察可能なものとして非接触型の原子間力顕微鏡（NonContact Atomic Force Microscopy：NC-AFM）が開発された [32]．

　この方法は，探針を振動させて探針が表面原子から受ける力の変化により生じるその共振周波数の変化を検出することにより，表面の力学的情報を得る方法である．この方法においては，表面の損傷を引き起こすことが避けられるとともに，化学的に活性な表面においても原子的な分解能で表面を観察することができる．現在までに，Si (1 1 1) 7×7 [33]，Si (0 0 1) 2×1 [34]，GaAs (1 1 0) 1×1 表面 [35] など，多くの表面が原子的な分解能で観察されており，分光法など，その応用範囲は広がりを見せている．

　最近では導電性の探針を用いて，AFM測定とSTM測定を同時に行うことによって，STMによりフェルミ準位近傍の電子密度分布を像として観察するとともに，全電荷密度に比例する像をAFMにより観察した例などが報告されている [36]．この例においては，グラファイト表面における結合状態の異なる2種類の炭素原子に対するSTM像とAFM像の観察が行われ，STM像においては，フェルミ準位近傍の状態がその像に直接関係していることが明白に示されて，AFMの応用範囲の広がりと，複合的測定の重要性

が示されている.また,探針と表面の距離を精密に制御しながら測定を行うことにより,表面の状態のより精密な理解が可能であることも示されている[37].

AFM の原理については第2章に示し,AFM を含む静電気力,磁気力などの力学的分光法については第4章に示す.

STM で用いられている測定機構は,表面の光学的な性質の測定にも応用されており,これにより,通常の光学顕微鏡を用いる場合に存在する回折限界を超えた測定が可能となった.第5章においては,光学分光の基礎,近接場,STM発光,光STM などの SPM 的手法による光学分光法について述べる.第6章においては,微小質量計測,局所熱計測,マルチプローブ計測,液中ダイナミック計測などの今後発展が期待される応用的分光法や技術について述べ,第7章においては,SPM の具体的応用例として,有機バイオ,触媒作用,半導体量子構造などの分野に適用した場合について,具体的な例をあげて詳しく述べる.

参 考 文 献

[1] P. Auger:J. Phys. Radum **6** (1925) 205.
[2] J. J. Lander:Phys. Rev. **91** (1953) 1382.
[3] R. E. Weber and W. T. Peria:J. Appl. Phys. **38** (1967) 4355.
[4] J. B. Pendry:*"Low Energy Electron Diffraction"*, Academic Press (1974).
[5] M. A. van Hove, W. H. Weinberg and C.-M. Chan:*"Low-Energy Electron Diffraction"*, Springer Verlag, Berlin (1986).
[6] S. Y. Tong:Progress in Surface Science **7** (1975) 1.
[7] A. Kawazu and H. Sakama:Phys. Rev. **B37** (1988) 2704.
[8] H. Sakama, K. Murakami, K. Nishikata and A. Kawazu:Phys. Rev. **B50** (1994) 14977.
[9] H. E. Bishop, J. P. Coad and J. C. Riviere:J. Electron Spectrosc. **1** (1972-1973) 389.
[10] V. Smith:*"Angular Dependent Photoemission, in Photoemission in Solids I"*, M. Cardona and L. Ley *eds.*, Springer Verlag, Berlin (1978) 237.
[11] J. E. Northrup and M. L. Cohen:Phys. Rev. Lett. **49** (1882) 1349.

[12] G. Binnig, H. Rohrer, Ch. Gerber and E. Weibel : Physica, (Utrecht) **1073b**+**c** (1981) 1335.
[13] G. Binnig, H. Rohrer, F. Salvan, Ch. Gerber and E. Weibel : Phys. Rev. Lett. **50** (1983) 120.
[14] J. Tersoff and D. R. Hamann : Phys. Rev. **B31** (1985) 805.
[15] G. Binnig, C. F. Quate and Ch. Gerber : Phys. Rev. Lett. **56** (1986) 930.
[16] R. Wisendanger : *"Scanning Tunneling Spectroscopy"*, Cambridge University Press, Cambridge (1994).
[17] R. M. Feenstra, J. A. Stroscio, J. Tersoff and A. P. Fein : Phys. Rev. Lett. **58** (1987) 1192.
[18] F. Gobeli, J. J. Lander and J. Morrison : J. Appl. Phys. **34** (1963) 2298.
[19] J. E. Nothrup : Phys. Rev. Lett. **53** (1984) 683.
[20] R. J. Hamers : Phys. Rev. **B40** (1989) 1657.
[21] K. Takayanagi, Y. Tanishiro, M. Takahashi and S. Takahashi : J. Vac. Sci. Technol. **A3** (1985) 502.
[22] T. Ide, T. Nishimori and T. Ichinokawa : Surf. Sci. **209** (1989) 335.
[23] A. A. Baski, J. Nogami and C. F. Quate : J. Vac. Sci. Thechnol. **A8** (1990) 245.
[24] A. A. Baski, J. Nogami and C. F. Quate : Phys. Rev. **B43** (1991) 9316.
[25] A. A. Baski, J. Nogami and C. F. Quate : J. Vac. Sci. Thechnol. **A9** (1991) 1946.
[26] J. Nogami, A. A. Baski and C. F. Quate : Phys. Rev. **B44** (1991) 1415.
[27] A. A. Baski, J. Nogami and C. F. Quate : Phys. Rev. **B44** (1991) 11167.
[28] 村上健一，西片一昭，吉村雅満，河津 璋：表面科学 **13** (1992) 58.
[29] H. Sakama, K. Murakami and A. Kawazu : Phys. Rev. **B48** (1993) 5278.
[30] H. Sakama, A. Kawazu, T. Sueyoshi, T. Sato and M. Iwatsuki : Phys. Rev. **B54** (1996) 8756.
[31] R. J. Hamers, R. M. Tromp and J. E. Demuth : Phys. Rev. Lett. **56** (1986) 1972.
[32] F. J. Giessibl : Science **267** (1995) 68.
[33] F. J. Giessibl, S. Hembacher, H. Bielefeldt and J. Mannhart : Science **289** (2000) 422.
[34] K. Yokoyama, T. Ochi, A. Yoshimoto, Y. Sugawara, N. Suehira and S. Morita : J. Appl. Phys. **39** (2000) L 113.
[35] Y. Sugawara, T. Uchihashi, M. Aabe and S. Morita : Appl. Surf. Sci. **140** (1999) 371.
[36] S. Hembacher, F. J. Giessibl, J. Mannhart and C. F. Quate : Proc. Natl. Acad. Sci. U. S. A. **100** (2003) 12539.
[37] S. Hembacher, F. J. Giessibl, J. Mannhart and C. F. Quate : Phys. Rev. Lett. **94** (2005) 056101.

第2章 プローブ顕微鏡と局所分光の基礎

2・1 走査プローブ顕微鏡の基礎

走査プローブ顕微鏡(SPM)は，図2・1に示すように，微小なプローブ(探針)を試料表面に近づけて，物理量の局所的な情報を得る装置である．走査トンネル顕微鏡(STM)[1]では，先鋭な金属探針を用い，探針-試料

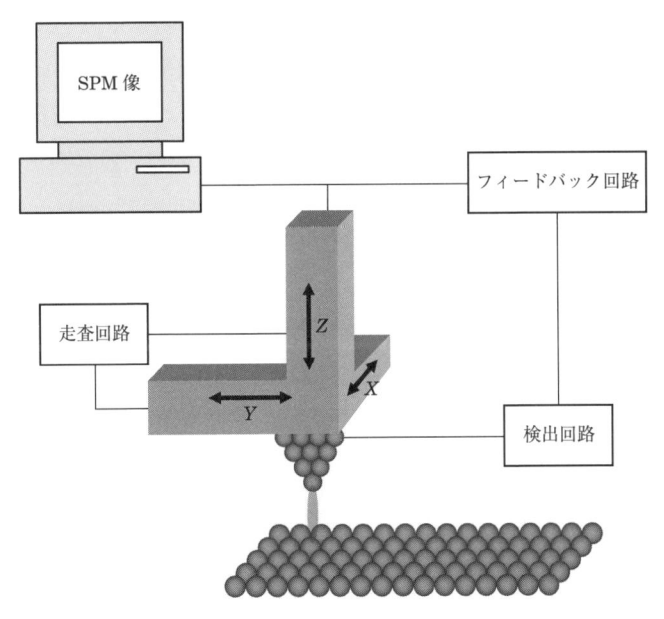

図2・1 走査プローブ顕微鏡の一般的な構成

間にバイアス電圧を印加してトンネル電流を計測し,局所的な情報を引き出す.また,原子間力顕微鏡(AFM)[2]では,微小な板バネの先端に形成された探針と試料表面との間に働く原子間力を局所的な物理量として測定する.したがって,例えば,トンネル電流や力が一定となるように,フィードバック回路により垂直方向(Z方向)の圧電体の伸び縮みを制御した状態で,面内方向(X, Y方向)の圧電体(ピエゾ素子)に走査電圧を加えて探針を表面に沿って2次元的に走査すれば,Z方向の圧電体に印加するフィードバック電圧を表示することで,対象とする物理量に対応したSPM像が得られることになる.本節では,STMとAFMの測定原理,ならびに,高精度なSPM測定を行うために必要となる,防振機構,粗動・微動機構,探針作成法,フィードバック回路などの要素技術について述べる.

2・1・1 走査トンネル顕微鏡の動作原理

通常の回路であれば,スイッチを切れば電流は流れない.しかし,金属探針を導電性の試料に1nm程度まで近づけると,接触していないにもかかわらず,トンネル効果により電流が流れる.ただし,トンネル電流は,探針から試料,試料から探針,の双方向に流れるので,探針,試料のフェルミ準位が等しい場合,トンネル電子による電流はお互いに打ち消し合ってしまう.しかし,図2・2のように探針と試料表面との間にバイアス電圧を印加すると,電子は高いフェルミ面をもつ左側(探針)から低いフェルミ面をもつ右側(試料)にトンネルし,電流はその逆の方向に流れることになる.トンネル電流は,距離(今の場合,トンネルギャップ)Zに指数関数的に依存するため,探針-試料間の距離に対して非常に敏感である.そこで,このトン

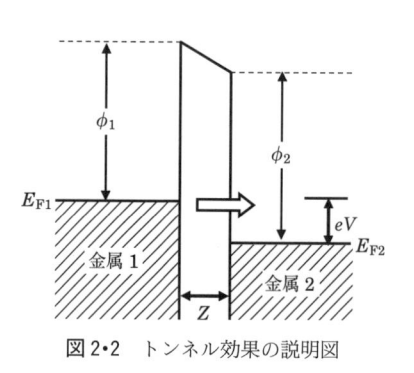

図2・2 トンネル効果の説明図

ネル電流を増幅回路で測定し,大きさが一定になるようにフィードバックを働かせれば,探針と試料表面との距離 Z を非常に高精度に保持できることになる.この状態で探針を走査すれば,先に述べたように,フィードバック信号から表面の原子レベルの凹凸を拡大して STM 像として観察できることになる.

垂直方向の分解能が高い理由は,上述のトンネル電流の強い距離依存性が原因であるが,なぜ水平方向にも分解能が高くなるのであろうか.図2·3に示すように,探針と試料の間隔を拡大した場合,トンネル電流の大半が探針先端の原子1個から一番近い試料表面の原子に流れることがわかる.これは,斜め

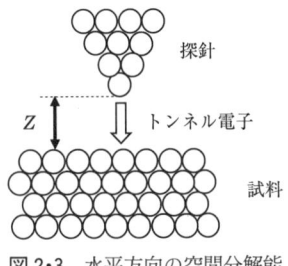

図2·3 水平方向の空間分解能

方向にトンネル電流が流れると,トンネルする距離が長くなりトンネル確率が急激に減少するためである.このことは強い垂直方向の距離依存性が間接的に水平分解能を高くしていることを示している.したがって,STM の垂直分解能は,常に水平分解能より高くなる.STM の空間分解能を決定する厳密な理論があるが,ここでは,空間分解能を決定する要因を明らかにするため簡単なモデルを用いた議論を行う [3].

(1) 垂直空間分解能 δZ

STM の測定量であるトンネル電流 I_T は,探針と試料の局所電子状態密度とトンネル確率の積によって決まる.ここで,トンネル確率は,探針-試料間距離 Z に指数関数的に依存する.$I_T(Z) = I_0 \exp(-Z/L)$ と書くと,減衰距離 L は $L = \hbar/[2(2m\phi)^{1/2}]$ で与えられる.m はトンネル電子の質量,ϕ はトンネル障壁の高さ,$\hbar$ はプランク定数である.トンネル障壁の高さは探針と試料の仕事関数の平均値なので,例えば,典型的な値として,$\phi \sim 4\,\mathrm{eV}$ を代入すると,$L \sim 0.05\,\mathrm{nm}$ が得られる.

トンネル電流の測定・制御系の信号対雑音比(S/N)を k とすると,測定

可能なトンネル電流の変化量は $\varDelta I_\mathrm{T} = I_\mathrm{T}/k$ と書ける．また，通常，トンネル電流を設定値 I_T に保持するように Z フィードバックを働かせるが，探針－試料間距離 Z の変化と電流変化の関係は，

$$\delta Z = L \cdot \ln[I_\mathrm{T}(Z)/I_\mathrm{T}(Z+\delta Z)] = L \cdot \ln[k/(k-1)] \sim L/k \quad (k \gg 1)$$

と書ける．したがって，STMの垂直空間分解能を改善する（小さな距離変化が大きな電流変化になるようにする）には，(ⅰ) 減衰距離を短くすること，(ⅱ) トンネル電流の測定および制御系の信号対雑音比（S/N）$= k$ を大きくすること，が必要となることがわかる．

減衰距離は上で述べたように，トンネル障壁の高さつまり探針と試料の仕事関数の平均値であり，固定されているように見えるが，清浄な探針先端を試料表面に近づけ過ぎると，イメージポテンシャルの効果でトンネル障壁が小さくなって，見かけ上の減衰距離は長くなる．さらに探針－試料間距離が近づき，探針と試料間に強い引力（または斥力）が働き始めると，試料表面や探針先端の原子が動くことにより，測定に影響を及ぼす．したがって，(ⅰ) の改善には，測定において適当な探針－試料間距離 Z を選ぶことが必要である．一方，(ⅱ) の制御系の信号対雑音比（S/N）$= k$ を大きくするためには，装置や測定法などにうまい工夫を凝らし，信号レベルＳを大きくして，雑音レベルＮを小さくすることになる．

(2) 水平空間分解能 δX

水平空間分解能 δX の議論は簡単ではないが，STM測定で観察される表面構造の凹凸 h が $h \propto \exp[-\beta(R+Z)]$ [4] となることが理論的に示され，実際，実験的に確認 [5] されている．ここで，$\beta \sim G_1^2/4\kappa$ で，R は探針先端の実効的曲率半径，κ^{-1} は電子の減衰距離で $\kappa^{-1} \sim L$，逆格子ベクトル $G_1 = 2\pi/a$ の a は試料表面の凹凸の周期を表す空間長である．したがって，垂直空間分解能 $\delta Z = h$ のとき，$a = \delta X$ と考えると，これらの関係を代入することにより，$\delta Z \propto \exp[-L(R+Z)\pi^2/\delta X^2]$ が得られる．この式は，ある δZ のとき，どの程度の δX が得られるかを与えるが，垂直

空間分解能 $\delta Z \sim L/k$ の関係と同様,減衰距離 L が小さくなると δX も小さくなる(水平空間分解能が良くなる)こと,また,探針先端の実効的曲率半径 R や,探針‐試料間距離 Z が小さくなっても δX が小さくなることが見てとれる.ただし,(1)で述べたように,近づけ過ぎるとイメージポテンシャルの効果でトンネル障壁が小さくなるため,Z には下限が存在するので気をつけなくてはならない.

以上の話を,図2・4に示すように直観的に1次元でモデル化して,水平空間分解能 δX は,探針‐試料間距離 Z の誤差,つまり,垂直空間分解能 δZ により二次的に決まると考えて議論してみよう.まず,図2・4(a)に示すように,探針の実効的曲率半径 R が大きく $R \gg Z$ の場合,トンネル電流は,ほぼ,探針‐試料間で垂直方向に生じる(斜めだと垂直方向に比べて距離が大きくなるため)と考えられる.探針の真下と,角度 θ の部分の探針‐試料間の距離は,それぞれ,$Z, Z + \delta Z$ と書ける.このとき,試料表面での水平距離を δX とすると,幾何学的な関係から,δZ を用いて空間分解能 δX が定義できる.この場合,$\delta Z = R(1 - \cos\theta)$ と $\delta X = R\sin\theta$ の関係式より,$\delta X = [\delta Z(2R - \delta Z)]^{1/2} \sim (2R\delta Z)^{1/2}$ となる.

次に,実効的曲率半径 R が小さく $R \ll Z$ となると,探針先端の1点と試料とのトンネル電流を考えることになるから,この場合は,試料の上で

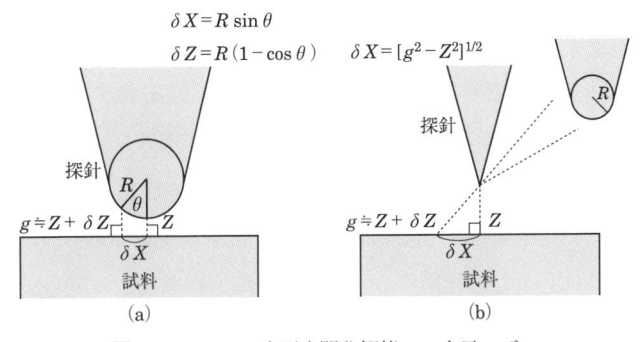

図2・4 STMの水平空間分解能の1次元モデル

δX 離れた所までの距離を $Z + \delta Z$ とし，Z の誤差つまり垂直空間分解能 δZ を用いて図 2·4 (b) に示すように水平空間分解能 δX が定義できる．このとき，$\delta X = [\delta Z(2Z + \delta Z)]^{1/2} \sim (2Z\delta Z)^{1/2}$ となる．

以上のモデルから得られる関数系は厳密な解析の結果とは異なるが，（ⅰ）垂直空間分解能 $\delta Z \sim L/k$ を小さくする，つまり減衰距離 L を短くして信号対雑音比 $(S/N) = k$ を大きくする，（ⅱ）探針先端の実効的曲率半径 R や探針 - 試料間距離 Z を小さくする，という高い水平空間分解能 δX を得るための指針としては同じ結果が得られる．図 2·4 は厳密な理論とは異なり，直観的なモデルであるが，STM 以外の様々な走査プローブ顕微鏡 (SPM) にも適用可能という利点がある．一方，たとえ厳密な理論式を用いても，結局 δZ と δX の関係は，垂直空間分解能 $\delta Z = h$ のとき，$a = \delta X$ と定義せざるをえないので，任意性が残るし，また，この理論式自体が周期的な凹凸を仮定しているので，非周期の原子レベルの点欠陥やステップ（段差）での空間分解能の議論への適用には問題が残るので注意が必要となる．

2·1·2　原子間力顕微鏡の動作原理

一般に 2 個の無極性原子の間には，レナード - ジョーンズ型ポテンシャル

$$V_{\text{atom-atom}}(Z) = 4\varepsilon\left\{\left(\frac{\sigma}{Z}\right)^{12} - \left(\frac{\sigma}{Z}\right)^{6}\right\} \tag{2·1}$$

で近似されるような相互作用があり，遠距離ではファンデルワールス力による引力が，近距離ではパウリの排他律で説明される斥力が働く（図 2·5）．原子間力顕微鏡 (AFM) は，図 2·6 に示すように，探針先端と試料表面との間に働く様々な力をカンチレバー（微小な板バネ）の変位から測定し，探針を表面に沿って走査することで表面の像を形成する装置である．近接する 2 つの物体間には必ず力が作用するため，原子間力顕微鏡には試料に対する制約が原理的に存在しない．

2・1 走査プローブ顕微鏡の基礎

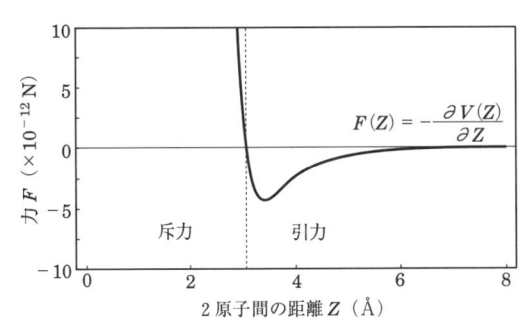

$$F(Z) = -\frac{\partial V(Z)}{\partial Z}$$

図2・5 2個の無極性原子間に働く力

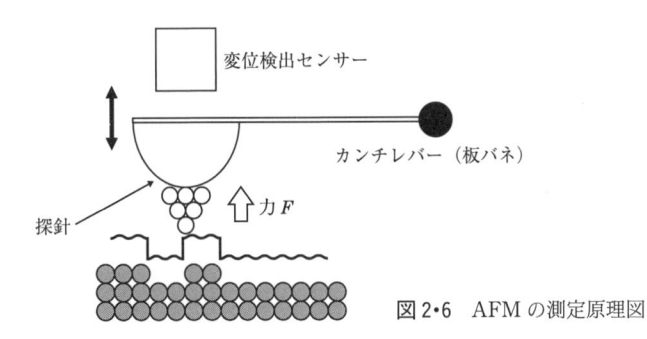

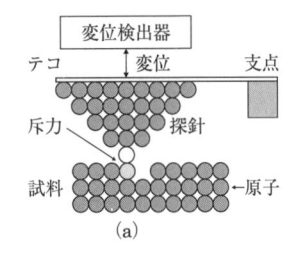

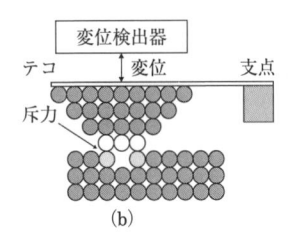

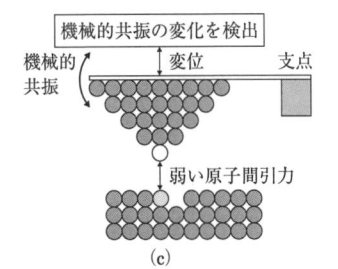

図2・6 AFMの測定原理図

図2・7 AFM探針と試料表面の状態. (a) 発明初期の単原子接触モデル, (b) 斥力状態の多原子接触モデル, (c) 引力状態の単原子非接触モデル.

AFM が発明された初期において，図 2·7 (a) に示すような探針先端の 1 個の原子と試料表面の最近接原子の間に働く原子間力を測定できる顕微鏡として原子間力顕微鏡という名前が付けられた．実際，1987 年に Binnig などは AFM を用いて，接触状態の斥力下でグラファイトの格子像の観察に成功している．しかしながら，後になって，接触状態の斥力下では，(ⅰ) 1 個の原子が支えられる荷重限界 (単原子荷重限界 0.1 nN) を超える 10^4 nN の力でも格子像が見える，(ⅱ) 原子レベルの点欠陥が見えないなどの問題点が判明した．その結果，図 2·7 (b) に示すように，接触状態の強い斥力下ではテコ先端や試料表面が壊れて大面積の接触となっていることが認識されるようになってきている．特に，探針全体に掛かる力は引力でも，探針先端の突起には強い斥力が掛かっていることが問題となった．壊れる原因は，探針と試料の初期接触時に探針先端と試料表面の強い衝突が起こるためで，また，接触状態での走査による摩耗も壊れる原因となると考えられる．そこで，強い衝突による破壊および接触状態での走査による摩耗を避ける方法として，カンチレバーを機械的に共振させて周期的に探針先端で試料表面を叩きながら，その振動振幅や位相を検出して試料表面凹凸を観測する方法が開発された (タッピングモード)．この方法を用いることにより，探針先端や試料表面を壊さずに凹凸測定できて，さらに，柔らかい試料ではミクロな表面構造がより鮮明に見えるようになったが，逆に格子像は見えなくなった．そこで，図 2·7 (c) に示すように，非接触状態の引力下で探針先端の単原子と最近接の試料表面原子との間に働く微弱な原子間引力を超高感度検出する試みが始まった．その後，超高真空中でテコを機械的に共振させて周波数変化を測定する周波数変調 (FM) 法が開発されて，探針先端の単原子と試料表面原子との間に働く微弱な原子間引力が検出可能となった．その結果，1995 年に，Si(1 1 1) 7×7 表面や InP(1 1 0) 表面の原子レベル点欠陥が非接触 AFM で観察可能となり，AFM でも真の原子分解能が実現した．現在では，半導体だけではなく，絶縁体も含む様々な材料表面の安定で再現性のあ

2・1・3 除振技術

試料表面の情報を高分解能に観察する走査プローブ顕微鏡にとって,外部振動の影響を避けるための除振技術は,重要な要素技術の一つである.ここでは,除振の原理と具体的な防振装置について述べる[6,7].図2・8は,除振装置と顕微鏡ユニットを簡単化したモデルである.床の振動振幅,除振台上の振動振幅,顕微鏡ユニットの探針部の振動振幅をそれぞれ X_0, X_1, X_2 とすれば,除振の目的は,床の振動振幅 X_0 に対して,探針‐試料間の振動振幅 $X_2 - X_1$ を顕微鏡観察に影響を与えない程度に小さくすることである.このとき,運動方程式は,系内での減衰を無視すれば,次式で与えられる:

$$M_1 \ddot{X}_1 + K_1 X_1 + K_2 (X_1 - X_2) = K_1 X_0 \sin \omega t, \quad (2 \cdot 2)$$

$$M_2 \ddot{X}_2 + K_2 (X_2 - X_1) = 0. \quad (2 \cdot 3)$$

ここに M_1, M_2 は除振装置の質量,顕微鏡ユニットの探針側の質量,K_1, K_2 は除振装置のバネ定数,顕微鏡ユニットのバネ定数である.また,ω は床の振動周波数である.床の振動振幅と顕微鏡ユニットの探針‐試料間の振動振幅との比を伝達率 Z として次のように定義する.

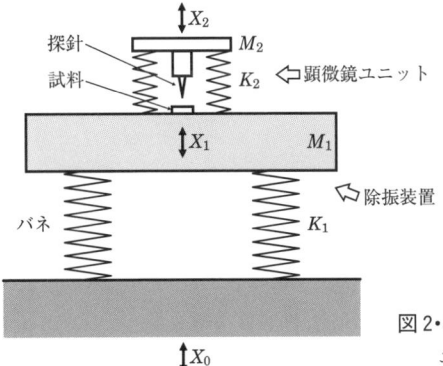

図2・8 除振装置と走査プローブ顕微鏡ユニットの単純化モデル

$$Z = 20 \log\left(\frac{X_2 - X_1}{X_0}\right) \tag{2・4}$$

ここで，次のように床の振動振幅と除振装置の振動振幅との比を伝達率 Z_1，除振装置の振動振幅と顕微鏡ユニットの探針 – 試料間の振動振幅との比を伝達率 Z_2 とすれば，以下のようになる：

$$Z_1 = 20 \log\left(\frac{X_1}{X_0}\right), \tag{2・5}$$

$$Z_2 = 20 \log\left(\frac{X_2 - X_1}{X_1}\right). \tag{2・6}$$

また，系全体の伝達率は，対数表示であるから次式のように各伝達率の和として求められる：

$$Z = Z_1 + Z_2. \tag{2・7}$$

ただし，ここでは，除振装置の質量 M_1 が顕微鏡ユニットの探針側の質量 M_2 より ある程度大きいとする．

図 2・9 は，伝達率 Z_1, Z_2, Z を計算した結果である．横軸は，除振装置の機械的共振周波数 $\omega_1 = (K_1/M_1)^{1/2}$ で規格化した床の振動周波数 ω である．曲線 I は，除振装置の伝達率 Z_1 であり，床の振動は，除振装置の共振

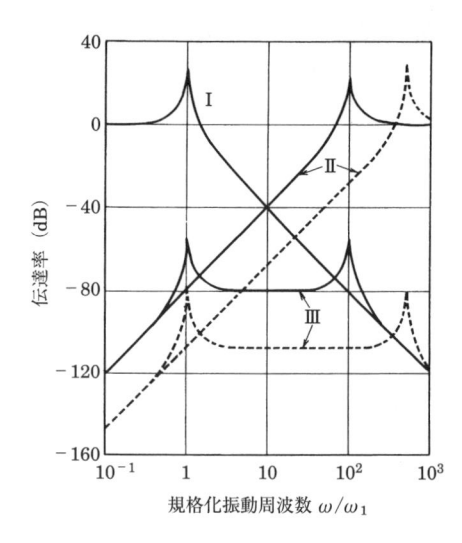

図 2・9 除振装置と走査プローブ顕微鏡ユニットの伝達率

周波数 ω_1 を超えると除振装置に伝わりにくくなることがわかる．曲線 II は，顕微鏡ユニットの伝達率 Z_2 である．ここで，実線および破線は，顕微鏡ユニットの機械的共振周波数 $\omega_2 = (K_2/M_2)^{1/2}$ が，それぞれ，除振装置の共振周波数 ω_1 の 100 倍および 500 倍の場合である．曲線 II より，除振装置の振動は，顕微鏡ユニットの共振周波数 ω_2 より低ければ，探針 - 試料間に伝わりにくくなることがわかる．曲線 III は，系全体の伝達率 Z であり，顕微鏡ユニットの共振周波数 ω_2 が高い方が，系全体の伝達関数が低下していることがわかる．これより，系全体の除振性能を向上させるためには，除振装置の共振周波数 ω_1 をできるだけ下げ，顕微鏡ユニットの共振周波数 ω_2 をできるだけ上げることが重要であることがわかる．

なお，除振装置と顕微鏡ユニットの共振周波数 ω_1, ω_2 付近にピークがあり，この周波数付近では防振性能が低下することがわかる．除振装置の共振周波数 ω_1 付近で防振性能が低下することを防ぐため，除振装置にダンパーを設け，ピークを減衰させる必要がある．

除振装置としては，図 2・10 に示すように，ゴム製のバネや剛性の低い金属コイルを用いる方式，空気バネを用いる方式，数枚の金属板の間にゴムを挟んで積み重ねた金属スタック方式などがある．図 2・10 (a) のバネで吊す方式は，バネを長くすれば共振周波数を下げられるという利点があり，極めて高い除振性能を期待できる．長いゴム製のバネで顕微鏡ユニットを吊せ

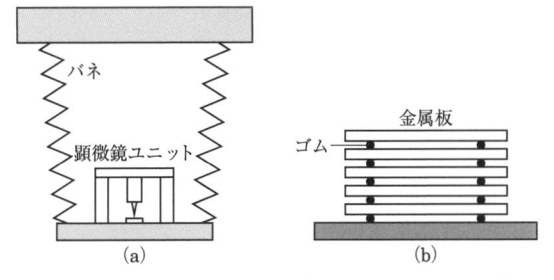

図 2・10　(a) バネ吊り方式除振装置，(b) 金属スタック方式除振装置．

ば，音響などの外乱の影響も受けにくくなるという利点がある．ただし，ゴムの耐久性に問題がある．一方，金属のコイルバネの場合，真空チャンバー内でも使用できる利点がある．ダンパーとしては，磁石と銅ブロックからなる渦電流(エディカレント)式制動が用いられている．ただし，コイルバネのサージング共振(コイルバネの両端間を往復する音響的な振動)が除振性能を低下させる場合があるので注意が必要である．空気バネ方式は，現在，垂直方向の共振周波数が 1.0 Hz 以下，水平方向の共振周波数が 1.5 Hz 以下の高性能な除振台が市販されている．図 2・10 (b) の金属スタック方式は，バネ方式に比べて除振性能は劣る(機械的共振周波数は約 100 Hz)が，より簡単な構造のため小型で扱いやすいという長所をもっている．

　実際の SPM 装置では，通常，1 段の除振だけでは不十分である．そこで，空気バネ方式と金属スタック方式を併用する除振装置，バネ吊り方式と金属スタック方式を併用する除振装置，金属のコイルバネを 2 段用いる除振装置などが使用されている．

　また，最近では，アクティブ除振も使用されるようになってきた．アクティブ除振は，外部振動をセンサーによって検出し，外部振動と逆位相の振動をアクチュエータで発生させることにより外部振動を打ち消すという方式である．空気バネを用いたパッシブ除振に比較して，共振点での伝達率が空気バネ式に比べて低い，搭載盤上で発生する振動も除振できる，復元時間が非常に早いという特長がある．ただし，アクティブ除振の動作する周波数は通常，数 100 Hz までであり，低周波数で振動振幅の大きな場所においては効果がある．しかし，数 100 Hz 以上の周波数に対してはパッシブ除振を併用する必要がある．

2・1・4　粗動機構

　探針先端と試料との間隔をミリメートルからナノメートルまで近づけて保持するための機構は粗動機構と呼ばれ，SPM の要素技術の中でも最も高度

2·1 走査プローブ顕微鏡の基礎

な技術が要求される．安定で信頼性の高い顕微鏡本体を設計するためには，その特性として以下の点が求められる．

（ⅰ）探針や試料の交換が容易にできるように可動範囲が広く，また，移動量の再現性が良いこと．

（ⅱ）剛性が高く，軽く，小さくすることが可能であり，顕微鏡本体の機械的共振周波数を高めて外部振動の影響を受けにくいこと．

（ⅲ）幾何学的な対称性が高く，熱膨張の影響を受けにくいこと（画像のドリフトを軽減できる構造であること）．

空気中で動作する走査プローブ顕微鏡においては，最も単純な粗動機構としてマイクロメータヘッドの動きを直接利用するものや，テコの原理を利用してマイクロメータヘッドの動きを縮小するものなどが用いられている．

他方，空気中で動作する走査プローブ顕微鏡をそのまま真空中へ持ち込むのは困難である．これは，空気中の粗動機構に使用されているモータをそのまま真空中に持ち込めないことや，探針の変位検出に使用されているレーザ光の軸調整ステージを真空中で精密に調整することが難しくなるなどの理由による．このため，真空中で動作する走査プローブ顕微鏡は，空気中で動作するものと比較して，装置や操作が複雑になってしまう．このような問題点を軽減するため，現在では，真空中での動作に対して様々な要素技術が開発されている．ここでは，その中で最も広く用いられている技術として慣性駆動方式を用いた粗動アプローチ機構[8]と光軸調整機構[9]を紹介する．

図2·11に慣性駆動方式の粗動アプローチ機構の動作原理を示す．ずれモードの圧電体の上に試料ステージを乗せておく．圧電体は，印加した電界に応じて変位を生じるものである．圧電体材料としては，通常，チタン酸ジルコン酸鉛（PZT：Pb(Zr, Ti)O$_3$）が広く用いられている．圧電体の微小変位量の下限といったものは報告されておらず，印加した電圧に対して10 pm以下の分解能で連続的に変位する．この状態で，圧電体に三角波状の電圧を印加する．印加電圧がゆっくりと上昇する①から②の領域では，静止摩擦

力によって圧電体と試料ステージは圧電体の変位量と同じだけ移動する．印加電圧が急激に下がる②から③の領域では，大きな加速による圧電体の慣性力が，圧電体と試料ステージとの間の静止摩擦力を上回り，滑りが生じる．すなわち，瞬間的に圧電体を戻すと，試料ステージは圧電体の動きに追従できず動かない．①に比べて③では，試料ステージは滑りの分だけ移動する．この動作を繰り返すことにより，試料ステージは圧電体の上を滑りながら移動する．例えば，ずれモードの積層圧電体（5層からなる圧電体，1層当たりの変位量 0.52 nm/V，全体の変位量 2.6 nm/V）に 150 V の三角波状の電圧を印加すれば，①から②の領域における圧電体の変位量は 390 nm となる．印加電圧のノイズレベルを 1 mV とすれば制御できる移動量は 2.6 pm となり，極めて小さいことがわかる．なお，試料ステージを単に圧電体の上に乗せただけでは外部振動によっても滑ることがあるので，磁力を用いて試料ステージをクランプする．

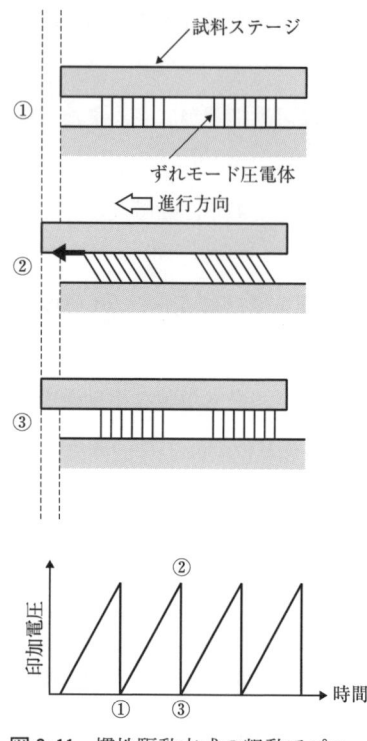

図 2・11 慣性駆動方式の粗動アプローチ機構

さらに，図 2・12 は，この慣性駆動方式を用いて，ミラーの張り付けた球を回転させる機構（光テコ方式原子間力顕微鏡におけるレーザ光の光軸調整機構）を示している．印加電圧がゆっくりと上昇する①から②の領域では，静止摩擦力によって圧電体上の球は圧電体の変位に応じて回転する．印加電圧が急激に下がる②から③の領域では，滑りが生じ，球は圧電体の動

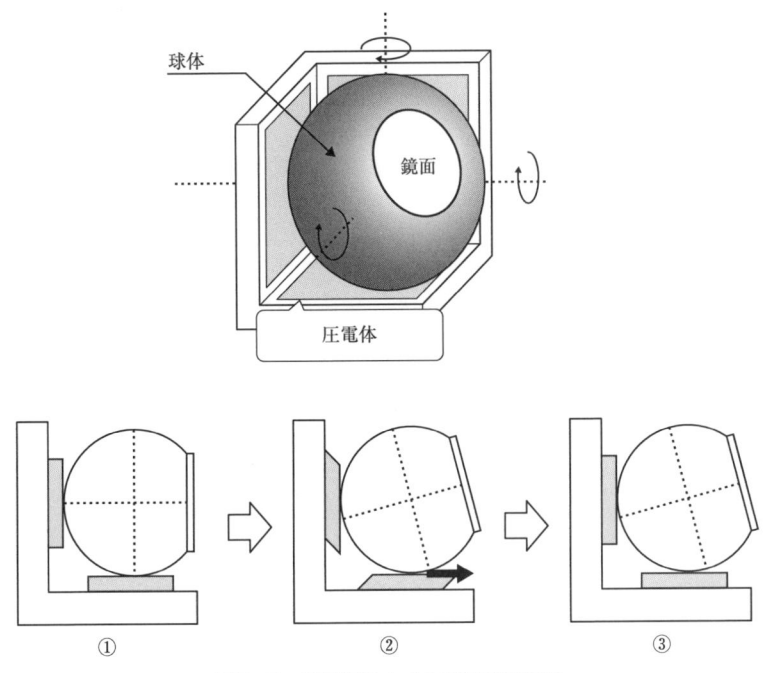

図 2・12 慣性駆動方式の光軸調整機構

きに追従できず動かない．①に比べて③では，球は滑った分だけ回転する．この動作を繰り返すことにより，球は回転することになる．

なお，この慣性駆動方式によるアプローチ機構や光軸調整機構は，以下のような利点をもっている．
- 外部との機械的な接続を必要とせず，電気的にコントロールが可能である．
- 高精度な機械部品を必要としないので，製作が容易である．
- 移動量の再現性が極めて良い．
- 小型軽量で，機械的共振周波数が高いので，外部振動の影響が入りにくい．
- 空気中はもちろん，真空環境下でも使用可能である．

・発熱が少ないので，低温環境下でも使用可能である．

2・1・5 微動機構

探針あるいは試料を3次元的に移動させる微動機構として圧電体から構成される移動機構が用いられている．

多くの市販SPM装置では，図2・13に示すような円筒型の微動機構が広く用いられている．円筒の内外の電極に電圧を印加すると軸方向に伸縮することを利用する．具体的には，x方向あるいはy方向に2次元走査する場合には，内側電極と外側の4分割された電極の2枚の対向電極との間にそれぞれ逆極性の電圧を印加することにより行う．厳密には，2次元走査によって，スキャナー上部はドーム形のような3次元曲面の軌跡を描くが，実際には，非常に狭い範囲の走査に用いているため，スキャナーの軌跡は2次元平面に近似できる（ドームの頂上の平らな部分を使用）．ただし，広域走査の場合には，その影響が出やすい．z方向の微動は，内側電極と上側の分割されていない電極（Z電極）との間に電圧を印加することにより行う．

対称性が良く熱ドリフトに強く，また，サイズが小さくても大きな変位が

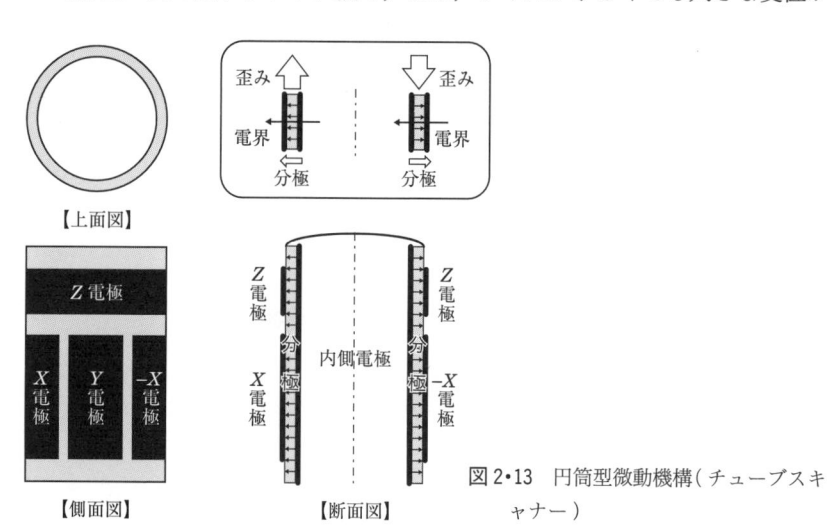

図2・13 円筒型微動機構（チューブスキャナー）

得られ，剛性を高められることを特長とする．

通常，圧電素子を電圧駆動すると，圧電素子の変位量は印加電圧に対して非直線的に変化する．これは，圧電素子のヒステリシス特性による．例えば，大面積走査に対しては，印加電圧に対する変位量の感度は，電圧が 0 V 付近と最大電圧付近では 2 倍以上異なるため，圧電素子の非線形性の補正は不可欠である．

圧電素子の非線形性を補正する方法としては，以下のものがある．

(1) ソフトウエアによる補正

圧電素子の変位を歪みゲージや光学的手法などを用いて直接測定したり，あるいは，較正用標準試料の画像を取得し，それから圧電素子への印加電圧と変位量との非線形関係を 2 次あるいは 3 次関数で近似する．この関係を用いて，得られた画像の歪みをソフトウエアによって補正する．なお，x, y, z の 3 軸較正用標準試料としては，大面積走査に対しては，様々な寸法の 2 次元格子や様々な段差をもったシリコン酸化膜試料などが用いられる．なお，前者の 2 次元格子は，微細加工技術を用いて製作されており，その距離精度は極めて高い．原子レベルの走査に対しては，グラファイト (HOPG) やマイカ，単結晶シリコンの単原子ステップなどが用いられる．

(2) ディジタル走査による補正

上記 (1) の歪みゲージや較正用標準試料を用いてあらかじめ導出された走査電圧と変位量の非線形関係を用いて，走査時に画像が歪まないように走査電圧を補正する．なお，このような補正を精度良く簡単に行うためには，圧電素子の非線形関係を補正するソフトウエアとそれを出力するためのハードウエア (D/A 変換器) からなるディジタル走査技術が必要となる．

(3) 帰還ループ (クローズドループ) による補正

走査時に圧電素子の変位量を歪みゲージや光学的手法などを用いて実際に測定しながら，所望の変位量となるように走査電圧を帰還ループを用いて制御する．

(4) 電荷制御による補正 [10]

圧電素子の変位は，素子に加えられた電圧には比例せず，与えられた電荷量に比例し変化する．そこで，この方法では，電荷量を制御することにより所望の変位になるようにする．なお，電荷量は，圧電素子に流入した電流を積分することにより求められる．

2・1・6　STM用探針

STMで使用する金属探針の形状は，STMの分解能を大きく左右する重要な因子である．例えば，タングステン(W)線の場合，電解研磨により先端の曲率半径が 100 nm 以下の探針を再現性良く作製できる．ここでは，一般に用いられている代表的作製法を紹介する．

(ⅰ)　ドリルの先に付けたタングステン線(直径 0.3 mm)をサンドペーパで挟み，ドリルを回転させることによりタングステン線表面の汚れや酸化膜を除去する．

(ⅱ)　超純水とエタノールを用いてタングステン線を超音波洗浄する．

(ⅲ)　図2・14(a)に示すように，2 N の KOH 水溶液を白金リングに少し触れるくらいの高さまで注ぐ．タングステン線が KOH 溶液に 10 mm 程度浸るように設置し，電解研磨を開始する(直流電圧 7 V，＋側：タングステン線，－側：白金リング)．このとき，タングステン線をゆっくりと3, 4回上下させ，タングステン線表面の酸化膜を除去する．なお，電解研磨による化学反応は以下のようになっている：

$$W + 2OH^- + 2H_2O \rightarrow WO_4^{2-} + 3H_2, \quad (2\cdot8)$$

陰極：$6H_2O + 6e^- \rightarrow 3H_2 + 6OH^-$,

陽極：$W + 8OH^- \rightarrow WO_4^{2-} + 4H_2O + 6e^-$.

(ⅳ)　タングステン線が KOH 溶液に 5 mm 程度浸るように再び設置し，電解研磨を開始する(図2・14(b))．スタート直後の電流値は 10～20 mA 程度である．設定した停止電流値(2 mA)より小さくなったら自

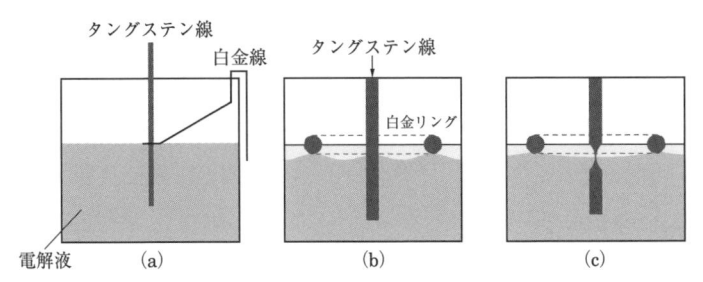

図 2·14 STM 探針の電解研磨による作製法．(a) タングステン線表面の酸化膜除去，(b) 電極付近の拡大図 (研磨前)，(c) 電極付近の拡大図 (研磨中).

動的に電解研磨を終了させる (約 10 分後)（図 2·14 (c)）．なお，電解研磨中は振動を加えないよう注意する必要がある．研磨液表面に波が立つと，電解研磨にむらができてしまう．

（v）エッチングしたタングステン線を，熱した超純水とエタノールに数回浸し，KOH 溶液を十分に洗い流す．

電解研磨で作製した探針の表面には酸化膜が形成されている．それを除去するために，電子ビームを探針先端に照射し加熱する場合がある．また，後述する原子間力顕微鏡の探針と同じように，スパッタイオン銃を用いてイオンを探針先端に照射する場合もある．さらに，電界イオン顕微鏡 (FIM) によって探針先端の原子を電界蒸発させることにより，探針先端の清浄化と形状の調製を行う場合もある [11]．探針を調製する機構なしでは，原子分解能で観察できる効率が悪くなるばかりでなく，探針の異常な電子状態により正常な走査トンネル分光 (STS) 結果が得られない場合も多くない．

2·1·7　AFM 用探針

AFM のプローブ (カンチレバーおよび，その先端に取り付けられた鋭い探針) は，力の検出感度や空間分解能を直接決める重要な構成要素である．その特性としては，以下の点が求められる．

（i）力の検出感度を高めるためには，バネ定数の小さな柔らかいカンチ

レバーでなければならない．例えば，検出感度が 0.01 nm の変位検出計を用いて，10^{-10} N の力を静的に検出しようとすれば，10 N/m 程度のバネ定数をもった柔らかいカンチレバーが求められる．

（ⅱ）探針に働く力の変化に敏感に応答し高速の走査を実現するとともに，外部振動の影響を受けないようにするためには，機械的共振周波数の高いカンチレバーが求められる．

（ⅲ）試料表面の構造を高分解能に観察するために，探針先端部は，曲率半径が小さく非常に先鋭でなくてはならない．

長方形断面の薄膜状カンチレバーのバネ定数 k は，カンチレバーの幅，厚さ，長さをそれぞれ a, b, l とし，ヤング率を E とすれば，次式で与えられる：

$$k = \frac{Eab^3}{4l^3}. \tag{2・9}$$

また，機械的共振周波数 ω は，カンチレバー材質の密度を ρ とすれば，

$$\omega = A\sqrt{\frac{E}{\rho}} \cdot \frac{b}{l^2} \tag{2・10}$$

で与えられる（$A = 0.162$ となる）．バネ定数が小さく，機械的共振周波数

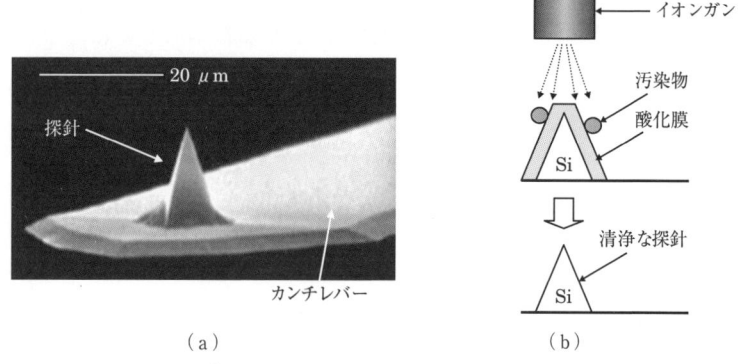

図 2・15 (a) 微細加工技術により製作された Si 製探針付薄膜カンチレバー，(b) イオンガンによる探針先端処理．

の高いカンチレバーを実現するためには,上式から求められるようにカンチレバーを極力小さく作る必要がある.実際には,実体顕微鏡で十分見える程度の大きさとして,長さが 100 μm 程度のカンチレバーが使用される.図 2・15 (a) に示すように,現在では,微細加工技術によって作られ,曲率半径が 10 nm 以下の探針を有する Si 製や Si_3N_4 製の薄膜カンチレバーが実用化され市販されている.真空中の原子間力顕微鏡測定においては,安定に原子を観察するためには探針先端の清浄度と先鋭度は極めて重要である.Si からなる探針先端を先鋭に保ったまま酸化膜や汚染物を除去するため,現在,スパッタイオン銃を用いてイオンを探針先端に照射する方法(イオンスパッタ法)が広く用いられている(図2・15(b)).

　カンチレバーの微小変位を検出する変位検出計は,0.1 nm 以下の変位分解能を有する必要がある.変位検出計としては,装置構成が簡単なことから,図2・16 に示すような光テコ方式が多く用いられている.光テコ方式とは,光をカンチレバー背面に照射し,その反射光の角度変化を位置検出センサー(Position Sensitive Detector:PSD)で検出することにより,カンチレバーの変位(たわみ)を検出する方式である.通常,光源としては強度の強いレーザ光を用いるが,取り扱いの容易さから,波長 670 nm の半導体

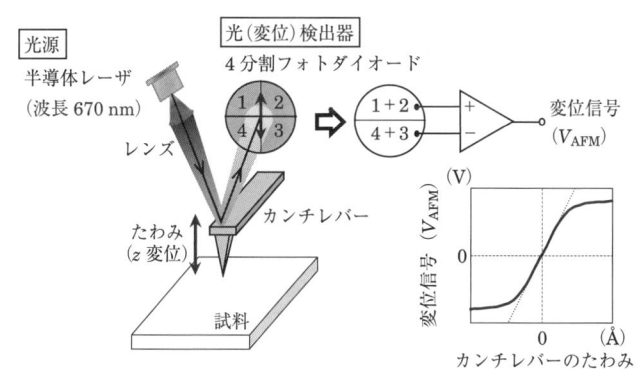

図 2・16　カンチレバーの変位検出計(光テコ方式)

レーザ光が用いられる．PSDには4分割フォトダイオードが用いられる．

2・1・8 フィードバック回路

　SPMでは，測定される物理量（トンネル電流や原子間力）が設定値に一致するようにフィードバックを働かせ，探針と試料（z軸方向）との間の距離を一定に保持する．一般にフィードバック回路に求められる性能としては，まず，測定値が設定値に限りなく近づき，その差をできるだけ小さくするための制御性が求められる．また，画像を高速に取得できるように，測定値が設定値からずれた場合にはできるだけ早く設定値に近づけるための制御性が求められる．そのため，フィードバック回路としては，図2・17 (a) に示すように積分制御（I）と比例制御（P）の性能を兼ね備えた回路が用いられる．積分制御においては，図2・17 (b) に示すように，その利得は左肩上

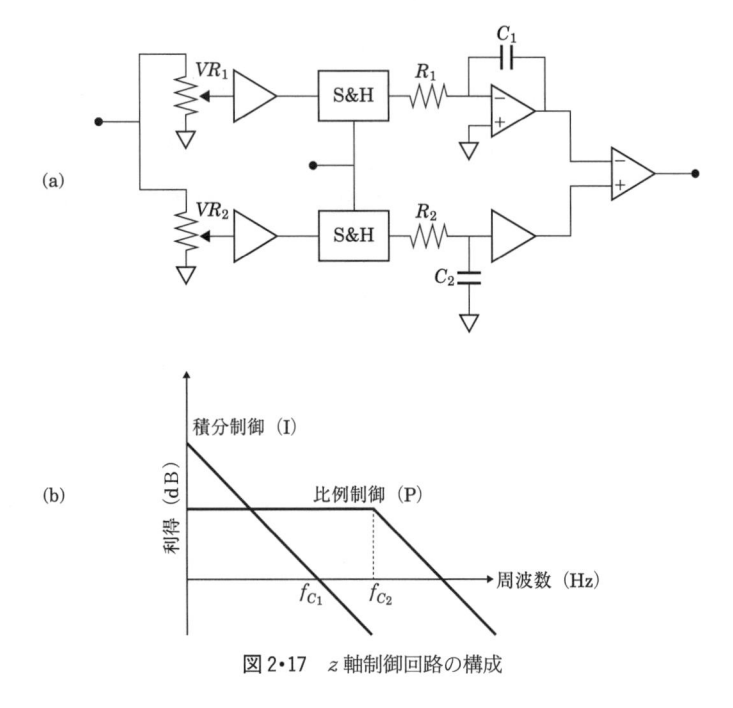

図2・17　z軸制御回路の構成

がりになっており，低周波域では大きな利得をもっており，高精度な位置制御を実現できる．ただし，低周波域で利得を上げ過ぎると $1/f$ ノイズが増幅されてしまうため，$1/f$ ノイズが無視できる程度まで利得を下げなくてはならない．積分制御の遮断周波数は $f_{c_1} = 1/(2\pi R_1 C_1)$ で与えられるため，積分制御だけでは高速走査の際に周波数帯域が不足する．これを補うために，比例制御が併用される．図2・17 (b) に示すように，比例制御の利得は遮断周波数 $f_{c_2} = 1/(2\pi R_2 C_2)$ まで一定であり，周波数帯域が不足することなく高周波数域まで位置制御が可能となる．なお，制御の利得と遮断周波数は，z 軸圧電体の共振による発振を抑えるように決定する．

また，STS 測定においては，I-V 測定を行うので，コンピュータからの指令により一時的にフィードバックを切り離し，z 軸方向の圧電体に印加する電圧を固定し，探針位置を固定する機能（サーボフィックス機能）が必要となる．そこで，積分回路と比例回路の前段にサンプル・ホールド（S&H）回路が挿入される．

2・2 電子分光の理論

2・2・1 走査トンネル分光法の基礎

まず最も肝心な「STM で観察しているものは何か？」という問題について考えよう．結論を簡単に述べると，通常の STM 観察ではバイアスが小さいときには，フェルミ準位 E_F における表面の局所状態密度

$$\rho(\mathbf{R}, E_\mathrm{F}) = \sum_i |\psi_i(\mathbf{R})|^2 \,\delta(E_i - E_\mathrm{F}) \tag{2・11}$$

の空間分布が見える．すなわち，$\mathbf{R}$ を以下で述べる意味での探針の位置，V をバイアス電圧として，V が小さいときのトンネル電流は，金属の場合には

$$\frac{I(\mathbf{R})}{V} \propto \rho(\mathbf{R}, E_\mathrm{F}) = \sum_i |\psi_i(\mathbf{R})|^2 \,\delta(E_\mathrm{F} - E_i) \tag{2・12}$$

と表される [12]．ここで ψ_i と E_i は表面の i 番目の波動関数と対応する固有エネルギーである．一方，V が一般の値をとる場合には，次のような関係:

$$\frac{dI(\boldsymbol{R})}{dV} \propto \rho(\boldsymbol{R}, E_\mathrm{F} - eV) \tag{2・13}$$

が期待され，定性的な議論で多く用いられている．しかし，式 (2・12)，(2・13) は厳密ではなく，これらが成立するためには様々な留保条件がある [13]．まず多くの場合，探針位置とは，探針頂点付近で表面に最も近い突起 (突出部，ミニティップともいう)，または探針の試料表面に最も近い角の頂点原子の中心であり，このような中心が定義できないときには，正しい表面の像が得られない．また，式 (2・13) では「ミニティップ，または探針頂点部の状態密度スペクトルに構造がない」と仮定している．式 (2・12)，(2・13) のような関係はどのようにして導かれるのだろうか？ その条件と，より精密な理論への拡張について [14]，以下に述べよう．

バーディーンの摂動論 [15] によると，トンネル電流は次の式から得られる:

$$I = \frac{2\pi e}{\hbar} \sum_{\mu,\nu} \{f(E_\mu) - f(E_\nu + eV)\} |M_{\mu\nu}|^2 \, \delta(E_\mu - E_\nu). \tag{2・14}$$

ここで $M_{\mu\nu}$ は探針側の状態と表面側の状態の間のトンネル遷移の行列要素

$$M_{\mu\nu} = -\frac{\hbar^2}{2m} \int d\boldsymbol{s} (\psi_\mu^* \nabla \psi_\nu - \psi_\nu \nabla \psi_\mu^*) \tag{2・15}$$

であり，f はフェルミ分布関数である．この式を変形すると

$$I(\boldsymbol{R}, V) = \frac{2\pi e}{\hbar} \int_{-\infty}^{\infty} dE \, \{f(E) - f(E - eV)\} A(\boldsymbol{R}; E, E - eV),$$
$$\tag{2・16}$$

$$A(\boldsymbol{R}; E, E') = \sum_\nu \int d\boldsymbol{r} \int d\boldsymbol{r}' \, \psi_\nu^*(\boldsymbol{r}') \, \psi_\nu(\boldsymbol{r}) \, V_\mathrm{T}(\boldsymbol{r}') \, V_\mathrm{T}(\boldsymbol{r})$$
$$\times G^s(\boldsymbol{r} + \boldsymbol{R}, \boldsymbol{r}' + \boldsymbol{R}; E) \, \delta(E' - E_\nu) \tag{2・17}$$

と表せる [14]. $\boldsymbol{R}$ は探針内部に(以下に述べるように)定められる定点を表面に固定した座標原点からはかったベクトルであり,また $\boldsymbol{r}, \boldsymbol{r}'$ は $\boldsymbol{R}$ を原点とした探針内部の座標である. $G^s(\boldsymbol{r}+\boldsymbol{R}, \boldsymbol{r}'+\boldsymbol{R} ; E)$ は表面のグリーン関数の虚数部であり,その探針内部での値が式 (2・17) の積分に必要である. この積分領域ではグリーン関数 $G^s(\boldsymbol{r}+\boldsymbol{R}, \boldsymbol{r}'+\boldsymbol{R} ; E)$ は,表面の波動関数の減衰を与える関数を

$$\gamma(z, E) = \exp\left(-z\sqrt{\frac{2m|E|}{\hbar}}\right) \qquad (2 \cdot 18)$$

として $\gamma(z, E)\gamma(z', E)$ のファクターで急激に減少する. ここで, z は表面の法線外側方向への座標である. するとグリーン関数をこのファクターで除して得られる関数 $\tilde{G}$ はゆるやかに変化するので,これを式 (2・17) の被積分関数の中で変数 $\boldsymbol{r}, \boldsymbol{r}'$ について展開できる. その結果は次式のようになる:

$$A(\boldsymbol{R} ; E, E') = \sigma_{\mathrm{T}}(E') \rho^s(\boldsymbol{R}, E) + \sum_{m,n} \mu_{mn}(E')$$
$$\times \nabla\nabla\cdots\nabla'\nabla'\cdots \tilde{G}(\boldsymbol{r}, \boldsymbol{r}' ; E)|_{\boldsymbol{r}=\boldsymbol{R}, \boldsymbol{r}'=\boldsymbol{R}'}, \qquad (2 \cdot 19)$$

$$\sigma_{\mathrm{T}}(E') = \sum_{\nu}\left|\int \mathrm{d}\boldsymbol{r}\, V_{\mathrm{T}}(\boldsymbol{r})\, \phi_{\nu}(\boldsymbol{r})\, \gamma(z, E)\right|^2 \delta(E'-E_{\nu}), \qquad (2 \cdot 20)$$

$$\mu_{mn}(E) = \int \boldsymbol{r}\cdots\boldsymbol{r}\boldsymbol{r}'\cdots\boldsymbol{r}' \omega(\boldsymbol{r}, \boldsymbol{r}' ; E)\, \mathrm{d}\boldsymbol{r}\mathrm{d}\boldsymbol{r}'. \qquad (2 \cdot 21)$$

式 (2・19) 右辺における第2項の m, n は展開の次数であり,第2項は m 個の ∇ と n 個の ∇' が現れる項についての和である. また ∇ と ∇' は,それぞれ $\boldsymbol{r}$ と $\boldsymbol{r}'$ に関する微分である. μ_{mn} は

$$\omega(\boldsymbol{r}, \boldsymbol{r}' ; E') = V_{\mathrm{T}}(\boldsymbol{r})\, V_{\mathrm{T}}(\boldsymbol{r}') \sum_{\nu} \phi_{\nu}(\boldsymbol{r})\, \phi_{\nu}^*(\boldsymbol{r}')\, \gamma(z, E)\, \gamma(z', E)\, \delta(E'-E_{\nu})$$
$$(2 \cdot 22)$$

という,ミニティップの先端に局在する重み関数の (m, n) 次の幾何学的能率である. 式 (2・19) の m, n の展開で1次項(m, n のいずれかが1以下の項)を消去するために,重み関数の重心に原点 $\boldsymbol{R}$ を選ぶ.

第2項以降の展開が無視できるならば，式 (2・19) の第1項を式 (2・16) に代入してトンネル電流が

$$I(V, \boldsymbol{R}) = V \frac{2\pi e^2}{\hbar} \sigma_\mathrm{T}(E_\mathrm{F}) \rho^s(\boldsymbol{R}, E_\mathrm{F}) \propto V \rho^s(\boldsymbol{R}, E_\mathrm{F}) \quad (2\cdot 23)$$

のように求められ，表面の探査点 $\boldsymbol{R}$ における (探針がない場合の) 局所状態密度に比例することがわかる．高次項の展開が省けるのは，探針先端部が極めて鋭く突出しているか，式 (2・22) の重み関数が球対称に近い場合である．この条件を仮定したのが，Tersoff-Haman の理論である [16]．したがって，正確なシミュレーションを必要とする場合は，式 (2・16), (2・17) に立ち戻って，探針部の波動関数を数値的に解く必要がある．しかし，これまでなされた式 (2・16), (2・17) に基づく数値シミュレーションの結果は，多くの場合，探査点の位置 $\boldsymbol{R}$ を表面からの距離が最も小さい探針上の原子にとれば，ある程度よい近似となることを示している [14,17]．

次に，トンネルコンダクタンスについて考えよう．式 (2・16) をバイアス電圧 V で微分すれば，次の式が得られる：

$$\frac{\mathrm{d}I}{\mathrm{d}V} = \frac{2\pi e^2}{\hbar} A(\boldsymbol{R}; E_\mathrm{F} - eV, E_\mathrm{F}) - \frac{2\pi e^2}{\hbar} \int_{E_\mathrm{F}}^{E_\mathrm{F} - eV} \mathrm{d}E \frac{\partial A(\boldsymbol{R}; E', E + eV)}{\partial E}.$$
$$(2\cdot 24)$$

バイアス V が小さいか探針側の電子スペクトルの構造が緩やかで上式の右辺第2項が無視できるならば，式 (2・13) がほぼ成り立つ．この場合には，トンネルコンダクタンスから表面の局所スペクトルのおよその情報が得られることになる．もちろん，正確な解析では，式 (2・16), (2・17) に立ち戻り，トンネル電流のバイアス依存性を解析しなければならない．

そこで，式 (2・16), (2・17) からトンネルスペクトルを計算した例を紹介し [18]，探針先端部の形状がスペクトルにどのような影響を与えるかを見てみよう．この計算では，探針については先端部をクラスター模型で記述する．図 2・18 の3つの探針模型は W[1 1 1], W[1 1 0], Pt[1 1 1] のク

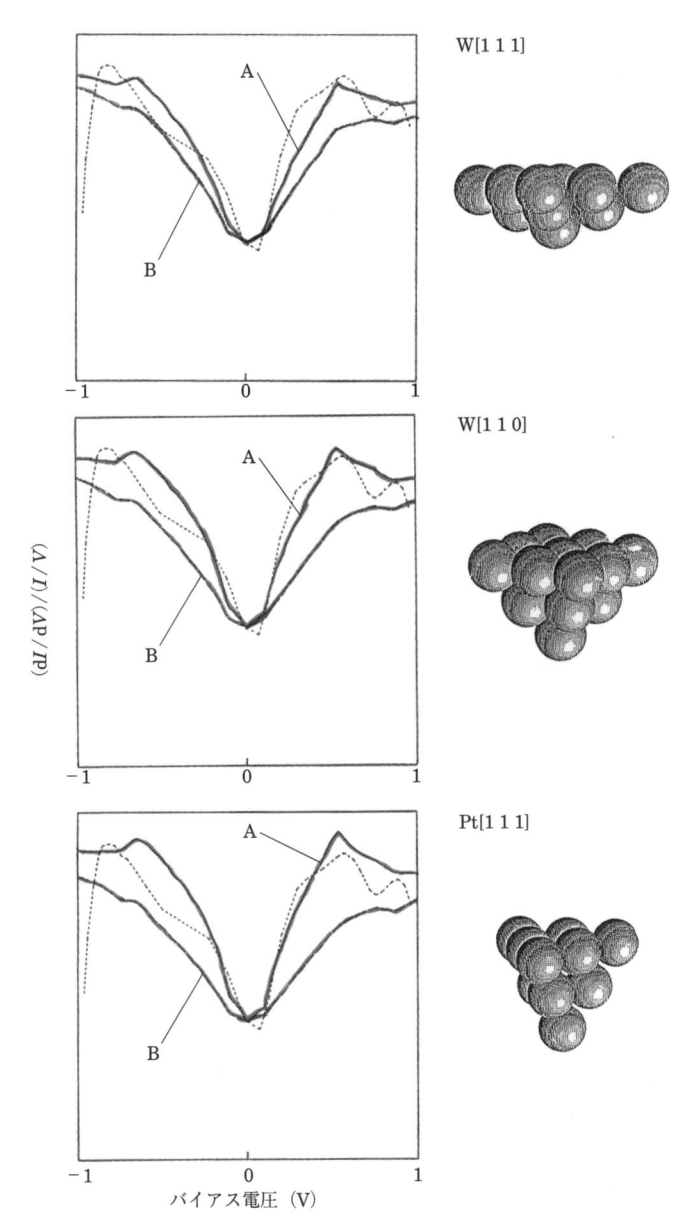

図 2·18 3種類の探針モデルクラスターとそれによるグラファイト A, B サイト上でのトンネルスペクトル(破線は実験値)

ラスターであるが，この順で頂点の角度が鋭くなる．試料表面はグラファイトである．探針がグラファイトのAサイト上にある場合とBサイト上にある場合の規格化された微分コンダクタンスのスペクトルを計算し，実験と比較している．AサイトとBサイトのスペクトルは当然異なっているはずであるが，実験ではこれを分解して計測していないので，表面上の色々の点でのスペクトルの平均が観測されている．図2・18の結果から，探針が鋭くなるにつれAサイトとBサイトのスペクトルの違いが大きくなる傾向が見える．これは探針が鈍いときにはトンネル電流は，試料表面上のある広がった領域を通って流れること，その領域は探針が鋭くなると，その直下により局在することを示している．

2・2・2 共鳴トンネル現象

原子構造を無視した連続体の模型で，図2・19のような2つの一様で無限に長い棒の端に挟まれた直方体のナノ構造を考えよう．

図2・19の構造は，電極の一様な棒の中で棒に垂直方向の自由度を固定するなら，図2・20のような二重障壁に挟まれた1次元量子井戸と等価であり，その電子移動はナノ構造と電極間の空隙が大きいときにはトンネル現象による．この二重障壁の左から入射波 $\exp(ikx)$（ただし波数 k は入射エネルギー $E = \dfrac{\hbar^2 k^2}{2m}$ で決まる）がやってくるとき，第1の障壁と第2の障壁の間を多重散乱した後，右側の障壁の外に出てくる透過確率は

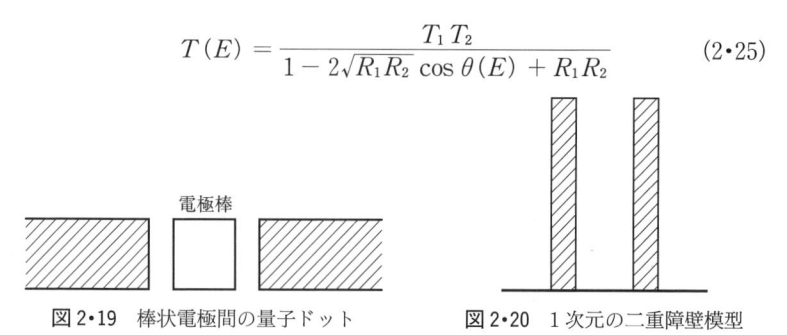

$$T(E) = \frac{T_1 T_2}{1 - 2\sqrt{R_1 R_2}\cos\theta(E) + R_1 R_2} \quad (2・25)$$

図2・19 棒状電極間の量子ドット

図2・20 1次元の二重障壁模型

である[19]。ここで，T_1, T_2, R_1, R_2 は各障壁単独での透過確率および反射確率である。また角度 $\theta(E)$ は，波が一方の障壁を出てから他方の障壁で反射し戻るまでの位相変化で，L を障壁の内側領域の長さとすれば，$\theta(E) = 2kL$ と与えられる。障壁が大きくて，透過確率 $T_1 (= 1 - R_1)$，$T_2 (= 1 - R_2)$ が 1 に比べてごく小さいとすれば，反射係数 R_1, R_2 はそれぞれ 1 に極めて近い。この場合，位相変化 $\theta(E)$ が 2π の整数倍のとき，二重障壁を透過する確率が共鳴的に大きくなる。これは二重障壁の中に束縛準位ができる条件と同じであり，透過電子波はこの束縛状態と共鳴して透過確率が大きくなる。式 (2・25) を変形すれば障壁の透過確率が小さいとき，ある共鳴準位 E_0 の付近で

$$T(E) = \frac{T_1 T_2}{\{(T_1 + T_2)/2\}^2 + 2(1 - \cos\theta(E))}$$

$$\cong \frac{\Gamma_1 \Gamma_2}{(E - E_0)^2 + (\Gamma_1 + \Gamma_2)^2/4} \qquad (2\cdot26)$$

と与えられる。ただし，

$$\Gamma_i = \frac{dE}{d\theta} T_i \qquad (i = 1, 2) \qquad (2\cdot27)$$

とした。すなわち，電子の入射エネルギー E が共鳴準位のエネルギー E_0 に近いときには，透過スペクトルはローレンツ型になり，その幅は電子が単位時間にどちらかの電極から抜けていくまでの寿命の逆数である。式 (2・26) の第 2 行をエネルギーで積分すれば，二重障壁の透過スペクトルにおける共鳴の積分強度 $\int_{-\infty}^{\infty} T(E) dE = \dfrac{\Gamma_1 \Gamma_2}{\Gamma_1 + \Gamma_2}$ が得られる。これは一様なエネルギー密度の電子束がこの構造に当たるとき，単位時間に二重障壁の反対側に通り抜けていく電子数である。2 つの障壁で透過確率に違いがあるときは，その小さい方の確率で決定される。一方，障壁の透過確率が大きくなるほど，この電子数は増加する。

2 つの障壁が同じ場合には，式 (2・25) と等価であるが異なる表現 $T(E) = \cos^2(\eta_s(E) - \eta_a(E))$ が有用である[20]。ただし，$\eta_s(E), \eta_a(E)$ は原

点に関して対称的な散乱波,および反対称な散乱波についての位相のずれである.フリーデルの和則 [21] を用いると,それぞれの対称性における位相のずれは,エネルギー E までの(対応する対称性の)束縛状態を占める電子数の $\pi/2$ 倍である.まず,E が 0 に近いときは電子が障壁の中にほとんどしみ込めないので,η_s, η_a の差は $\pi/2$ であり,$T(E)$ はゼロである.エネルギーが次第に増加して障壁内の最初の(したがって,対称波動関数の)準位と交差するとき,準位が収容する電子数が 2 なので,$\eta_s(E)$ が急に π だけ増加する.交差後,$T(E)$ の値は再びゼロとなるが,ちょうどその中間,E が正確に共鳴レベルと交差する瞬間では $\eta_s(E)$ は $\pi/2$ 増加しているので $T(E)$ は 1 になる.次の(反対称性の)準位では $\eta_a(E)$ が交差に伴って π 増加し,同じようにその途中で透過確率が 1 になる.これらは,先に述べた共鳴トンネル効果に他ならない.重要な点は,この議論は障壁内の領域で電子間の強い相互作用があっても影響を受けないことである [20].ところで電子間の強い相互作用のある場合,障壁内部の最高占有軌道に電子が 1 個だけ収容され,井戸内のポテンシャルを電極のフェルミ準位に対して変化させても,その状況が維持されうる.二重障壁の電子状態が近藤状態 [22] になった場合である.このとき,井戸のポテンシャルをゲート電圧によって変えても $T(E)$ は 1 にとどまる.すなわち,近藤状態はいつでもフェルミ準位付近に共鳴レベルを形成しているので,ゲート電圧をある範囲で変えても電子透過確率は 1 に等しい.

　上では,量子ドットなどを記述する簡単な二重障壁モデルで共鳴トンネル現象を説明したが,この共鳴トンネル現象は 2 電極をつなぐ分子の架橋系でも起こる現象である.この場合,共鳴レベルは 2 つの障壁の多重反射でできるのではなく,電極との相互作用によって幅のついた(寿命が有限になった),分子軌道と対応している.すなわち,共鳴レベルは分子固有の準位がわずかに変ったものである.このことについては,2・2・8 項で詳しく議論する.

2・2・3 クーロン閉塞と単電子過程

ナノスケール物質が微細な電極に挟まれた系において，電極とナノ構造間のトンネル抵抗が大きい場合には，両者の間の位相相関は消失し，1つの波動関数で全体にわたる量子状態を記述できなくなる．この場合，ナノ構造部分の電子数が状態を指定する適切な量子数になっており，クーロン閉塞やそれによる単電子過程など [23,24]，後で述べるコヒーレント伝導系（あるいはバリスティック伝導系）[25] とは異なる現象が現れる．

はじめに，位相差 ϕ と電荷 Q（$Q=$ 電子数 $n \times$ 電子電荷 e）という 2 つの量の間に不確定性関係があることを述べる．

$$\phi(t) = \frac{e}{\hbar}\int_{-\infty}^{t} V(t)\,\mathrm{d}t = \frac{e}{\hbar C}\int_{-\infty}^{t} Q(t)\,\mathrm{d}t,$$

$$\dot{\phi}(t) = \frac{e}{\hbar C} Q(t) \tag{2・28}$$

であるから，位相差 ϕ と電荷 Q は互いに共役な物理量であり，その間に交換関係

$$[\phi, Q] = ie \tag{2・29}$$

が成立する．クーロン閉塞には単一接合で起きる現象と多重接合で起きる現象とがあるが，はじめに単一接合での場合を述べる．電子が図 2・21 にあるような絶縁膜を挟んだ 2 つの微細電極間をトンネル遷移するとき，V をバイアス電圧として，飛び移り前後の静電エネルギーの差は

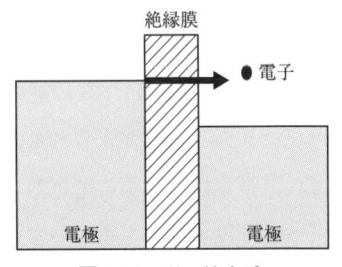

図 2・21　単一接合系

$$E_c = \frac{(CV-e)^2}{2C} - \frac{(CV)^2}{2C} = \frac{e^2}{2C} - eV \tag{2・30}$$

となる．ここで，C は接合のキャパシタンスである．このエネルギーがトンネル遷移後の電子のエネルギーに加わるとすれば，電子が単位時間に遷移

する確率は

$$\Gamma(V, T) = \frac{1}{e^2 r} \int_{-\infty}^{\infty} f(E)\{1 - f(E - E_c)\} \mathrm{d}E$$

$$= \frac{V - e/2C}{er\left[1 - \exp\left\{-\dfrac{V - e/2C}{k_\mathrm{B} T}\right\}\right]} \quad (2\cdot 31)$$

で与えられる．ただし，ここで r は障壁のトンネル抵抗値である．式 (2・31) の右辺は温度が低い領域では，バイアスが $e/2C$ より小さいときにゼロ，大きいときには $V - e/2C$ のように表せるから，I-V 曲線はおよそ図 2・22 のようになり，バイアスによるエネルギーが帯電エネルギーを超えるまでは，電流は流れない．これは単一接合によるゼロ電圧コンダクタンス異常として，ナノスケールの電極系で観察されている [26]．

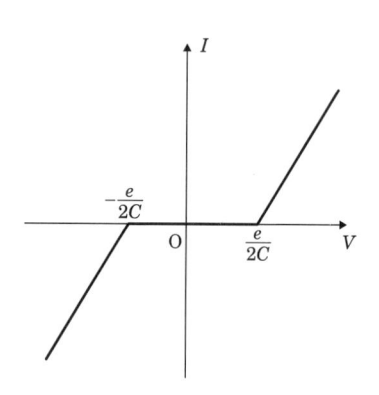

図 2・22 単一接合系の電流－電圧特性

さて，このような現象を観測するためには，熱エネルギー $k_\mathrm{B} T$ が単電子の帯電エネルギー $E_c = e^2/2C$ のオーダより小さいことの他に，トンネル抵抗 r が抵抗量子（h/e^2，後に述べる量子化コンダクタンスの逆数の 2 倍）に比べて大きいことが要求される．その理由は，トンネル遷移で界面付近に形成された帯電は回路系の時定数 $r \times C$ 程度で消滅するが，これによるエネルギーの不確定性が単電子の帯電エネルギーより小さいこと，

$$\frac{\hbar}{2rC} < \frac{e^2}{2C} \quad \text{すなわち} \quad r > \frac{\hbar}{e^2} \quad (2\cdot 32)$$

が必要なためである．ところで，平行平板コンデンサーの容量は $C = \dfrac{\varepsilon S}{d}$ であるが，トンネル遷移が起こるためには d の値を nm 程度より薄くする必要がある．ところが熱エネルギーより大きな帯電エネルギーを得るには小

さな C が必要で,室温程度でクーロン閉塞を観察するには,上記の程度の d に対しては,コンデンサーのスケールを数 nm 以下にしなければならない.さらに,単一接合でクーロン閉塞が観察されるこの他の条件として,外部電磁場環境と関係するものがある.すなわち,接合を含む外部電磁場環境の実効的インピーダンスの値が,抵抗量子の値より大きくなければならない.この実効的インピーダンスが小さいと,はじめに述べた位相の相関関数が小さくなり,外部環境のエネルギー揺らぎが抑制できなくなるためである.

次に,二重接合系のクーロン閉塞について述べる.系の模型は図 2・23 に示すが,これは 2 つのナノ電極に挟まれた分子(あるいは量子ドット)の模型でもあり,分子と各電極間のキャパシタンスをあらわに考えている.

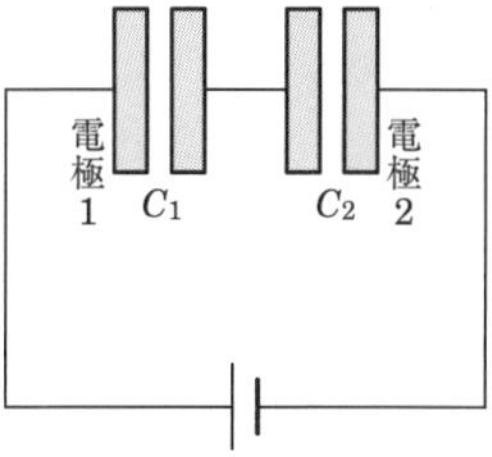

左と右のそれぞれの電極の静電容量を C_1, C_2, それらの和を C とする.二重接合系全体に電圧 V が加わると,各接合には静電容量に逆比例した $\frac{C_2}{C}V, \frac{C_1}{C}V$ の電圧が加わる.コンデンサー(接合) 1 と 2 の間の構造(架橋分子,量子ドット,クーロン島とも呼ばれる)には始状態で電荷 Q が存在し,終状態では電極 1 からの電子遷移によってこれが $Q-e$ に変化したとしよう.ここで電極 1, 2 はコンデンサー C_1, C_2 の電池側の極板をさす.はじめの電荷 Q は,クーロン島に作用するゲート電圧によって誘導される.このとき,終状態と始状態のエネルギー差は次のようになる:

$$\Delta E_1^+ = -\frac{eC_2V}{C} + \frac{(Q-e)^2}{2C} - \frac{Q^2}{2C} = \frac{e}{C}\left(-C_2V - Q + \frac{e}{2}\right). \tag{2・33}$$

図 2・23 2 重接合あるいは電極間のナノ・メゾ構造系

逆にクーロン島から電極 1 へ電子が遷移すれば,その終状態と始状態のエネルギー差は,次のようになる:

$$\varDelta E_1^- = \frac{eC_2V}{C} + \frac{(Q+e)^2}{2C} - \frac{Q^2}{2C} = \frac{e}{C}\Bigl(C_2V + Q + \frac{e}{2}\Bigr).$$
(2・34)

同様に，電極 2 からクーロン島に電子が入ってくるとき（$\varDelta E_2^+$），および出ていくとき（$\varDelta E_2^-$）のエネルギー変化は，次のようになる：

$$\varDelta E_2^+ = + \frac{eC_1V}{C} + \frac{(Q-e)^2}{2C} - \frac{Q^2}{2C} = \frac{e}{C}\Bigl(C_1V - Q + \frac{e}{2}\Bigr).$$
(2・35)

$$\varDelta E_2^- = - \frac{eC_1V}{C} + \frac{(Q+e)^2}{2C} - \frac{Q^2}{2C} = \frac{e}{C}\Bigl(-C_1V + Q + \frac{e}{2}\Bigr).$$
(2・36)

これらの 4 つのエネルギー変化が，すべて正であればクーロン島と外部との間では電子のトンネル遷移が起こらないので，電子はクーロン島に遷移できない．これがクーロン閉塞である．このような条件を満たす (V, Q) 平面の領域は図 2・24 のようなひし形領域になるが，これをクーロンダイアモンドと呼んでいる．さらにゲート電圧が増加すると，架橋島には ne（$n=1, 2, 3, \cdots$）だけ余分に電荷が注入され，$Q+ne$ $\left(|Q|<\dfrac{e}{2}\right)$ となるので，上記の図を縦方向に周期 e で繰り返したクーロンダイアモンドのダイアグラムが得られる．ゲート電圧はクーロン島に注入される電荷に比例するか

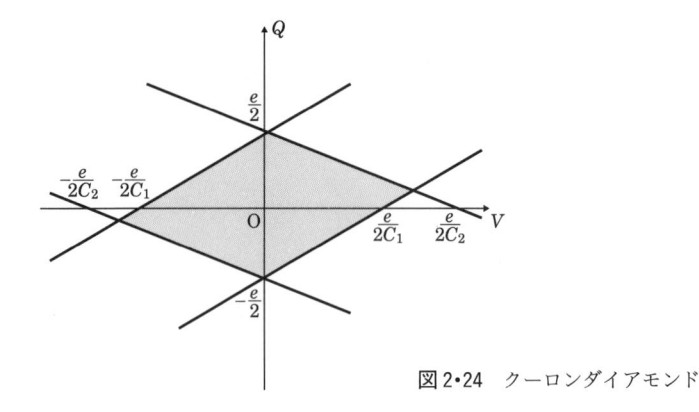

図 2・24 クーロンダイアモンド

ら，これを横軸，二重障壁全体に加えられる（ソース・ドレイン）電圧を縦軸にした図では，横方向にダイアモンドが並び，これらの内部ではクーロン閉塞が生じる．

　ところで，上記の考察では，二重接合に蓄えられる電荷やその時間変化と外部電磁場環境系との相互作用は弱いとしていたが，これが強いときには変更が必要である．詳しい議論によれば，電子移動に対してこの相互作用によって，各々の電極で $\kappa_i^2 E_c$（$i=1,2$）（$\kappa_i = 1 - C_i/C$，$E_c = Q^2/2C$）だけ余分にエネルギーが散逸される．これを考慮すると，クーロン閉塞となる4つの条件は，以下のように変更される：

$$V + \frac{Q}{C_2} - \frac{e}{2C} \leq 0, \qquad V + \frac{Q}{C_2} + \frac{e}{2C} \leq 0,$$
$$V - \frac{Q}{C_1} - \frac{e}{2C} \leq 0, \qquad V - \frac{Q}{C_1} + \frac{e}{2C} \leq 0. \qquad (2\cdot 37)$$

この条件を満たすダイアモンド領域は，先に述べた場合のものと比べて拡大されている．

　現実に二重接合系のクーロン閉塞が観察される典型例として，金属基板を薄い酸化膜で覆った上に金属超微粒子を置き，そのトンネルスペクトルを走査トンネル顕微鏡で観察する場合を考えよう [27, 28]．探針と微粒子間，表面と微粒子間で電子が出入りする確率を，それぞれ $r_1^{\pm}, r_2^{\pm}$ とする．ここで，微粒子に電子が入る場合を＋，逆に微粒子から電子が出る場合を－記号で対応させている．これらの確率は，次の式で与えられる：

$$r_i^{\pm} = \frac{\phi_i^{\pm}(n)}{R_i} \left\{ 1 - \exp\left(-\frac{\phi_i^{\pm}(n)}{k_\mathrm{B} T}\right) \right\}^{-1}, \qquad (2\cdot 38)$$

$$\begin{pmatrix} \phi_1^{\pm}(n) \\ \phi_2^{\pm}(n) \end{pmatrix} = \pm \begin{pmatrix} C_2 V/C \\ -C_1 V/C \end{pmatrix} - \left\{ \frac{(n\pm 1)^2 e^2}{2C} - \frac{n^2 e^2}{2C} \right\}. \qquad (2\cdot 39)$$

金属微粒子の初期電荷 Q はゼロとしている．ここで ne は遷移の直前の微粒子の荷電（$n = 0, \pm 1, \pm 2, \cdots$），$R_i, C_i$（$i=1,2$）は探針と微粒子間，表面と微粒子間のトンネル抵抗値と静電容量で，$C = C_1 + C_2$ である．接合

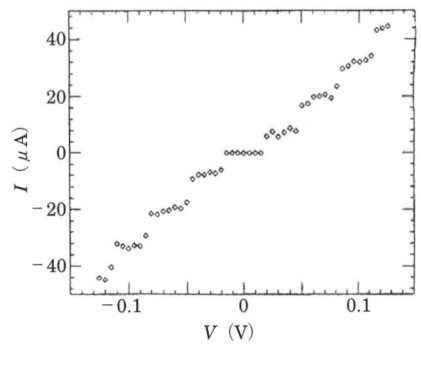

図 2·25 酸化膜で覆われた金属基板上の微粒子の STS スペクトル [27]

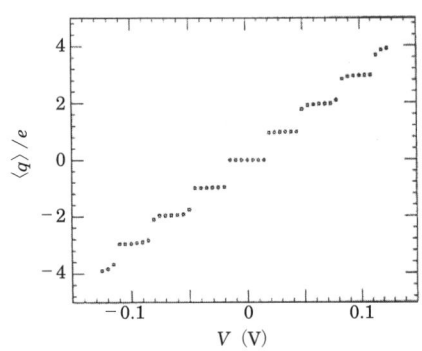

図 2·26 微粒子の平均の荷電数 [27]

2 の方は 1 に比べて電子が流れにくい ($R_1 \ll R_2$) とし,さらに $C_1 \ll C_2$ と仮定しよう.このような状況で,数値シミュレーションを実行してこの系の電流 - 電圧特性を計算した例が図 2·25 である.すでに述べたように,バイアスが臨界値 $e^2/2C_2$ を超えるまでは,クーロン閉塞のためにトンネル電流は流れない.この値を超えて,バイアス電圧の絶対値が大きくなるとトンネル電流が流れるようになるが,電流 - 電圧曲線は $V(n) = \dfrac{e}{C_2}\left(n + \dfrac{1}{2}\right)$ ($n = 0, \pm 1, \pm 2, \cdots$) の値で,不連続に増加する階段関数的な振舞いを示す.各ステップに対応するバイアス領域では,微粒子の過剰電子数が一定値をとっていることが図 2·26 からわかる.この現象は,次のように理解できる.例えばバイアス電圧が $V(0)$ から $V(1)$ の間の領域では,微粒子上の

過剰電子数はほとんどいつでも1個に保たれているが,この電子が飛び移りにくい基板側に遷移すると即座に探針側から電子が補われ,過剰電子数1個の状態が回復する.このバイアス領域では1個の過剰電子の基板側への遷移確率が電流を支配するが,そのバイアス依存性は緩やかである.次に,バイアス電圧が $V(1)$ の値を超えると,微粒子の過剰電子数は2個になる.このときどちらかの電子が基板に遷移すると,即座に探針側から電子が補われ,電子数2個の状態が回復する.しかし,基板側への電子の遷移確率にはどちらの電子が遷移してもよく,チャンネルがもう一つ余分に開くことになるので,電流はバイアスが $V(1)$ のところで不連続に増加する.このようにして,図2・25の階段関数的な電流－電圧特性が説明できる.

ところで,図2・25の曲線を電圧で微分し,微分コンダクタンス－電圧曲線を描くと,$V(n) = \dfrac{e}{C_2}\left(n + \dfrac{1}{2}\right)$ に鋭いピークをもつスパイク型のスペクトルが得られる.これは2・2・2項で述べた共鳴トンネル系において,左右の電極にバイアス電圧を掛けたときに,その微分コンダクタンスに現れる特徴である.その振舞いは,2・2・8項で紹介するように,分子架橋系において典型的に見られる.分子架橋系や量子ドットなどの共鳴トンネル系では,スパイク型の微分コンダクタンスのピーク位置は,ナノ構造内の1粒子のエネルギー準位に対応している.ところが,この節に述べたメゾサイズのクーロン島の場合では,そのピーク位置 $V(n)$ は1粒子の量子準位ではなく,クーロン島の荷電状態を $n-1$ 価から n 価に変えるのに必要な帯電エネルギーの増加分であり,量子状態とは関係していない.しかし,微粒子のサイズを小さくするにつれ,このエネルギーは連続的に量子準位に対応する値へと変化すると考えられる [29].

2・2・4 電子ホッピングにおけるフォノン効果

基板電極とナノ構造体間の電子の遷移確率が小さい場合,電子格子相互作用が有効に働き,そのため遷移確率や電子スペクトルが影響を受ける.電子

が領域 a (電極) にあるか，領域 b (ナノ構造体) にあるかで，電子近傍での安定な格子位置が少し異なると仮定しよう．このような系を一般に記述するには，次のハミルトニアン：

$$H = E_a a^+ a + E_b b^+ b + \sum_\lambda \eta_\lambda (b_\lambda + b_\lambda^+)(a^+a - b^+b) + \sum_\lambda \hbar\omega_\lambda b_\lambda^+ b_\lambda$$
$$+ (Va^+b + V^* b^+ a) \qquad (2\cdot 40)$$

を用いるのが便利である．電子は a か b かのどちらかにいるとして，$a^+a + b^+b = 1$ を用いると，式 (2·40) は次のように変形できる：

$$H = (\tilde{E}_a + H_{\mathrm{ph}}^{(a)}) a^+ a + (\tilde{E}_b + H_{\mathrm{ph}}^{(b)}) b^+ b + (Va^+b + V^* b^+a), \quad (2\cdot 41)$$

$$H_{\mathrm{ph}}^{(a)} = \sum_\lambda \hbar\omega_\lambda (b_\lambda^+ + \gamma_\lambda)(b_\lambda + \gamma_\lambda),$$
$$H_{\mathrm{ph}}^{(b)} = \sum_\lambda \hbar\omega_\lambda (b_\lambda^+ - \gamma_\lambda)(b_\lambda - \gamma_\lambda), \qquad (2\cdot 42)$$

$$\gamma_\lambda = \frac{\eta_\lambda}{\hbar\omega_\lambda}, \qquad (2\cdot 43)$$

$$\tilde{E}_a = E_a - \sum_\lambda \hbar\omega_\lambda \gamma_\lambda^2, \qquad \tilde{E}_b = E_b - \sum_\lambda \hbar\omega_\lambda \gamma_\lambda^2. \qquad (2\cdot 44)$$

電子が領域 a にいるときと b にいるときの状態ベクトルを $|a\rangle = \Phi_a |\{n_\lambda\}^a\rangle$，$|b\rangle = \Phi_b |\{n_\lambda\}^b\rangle$ とおく．ここで，フォノン状態は各モードに励起されたフォノン数で指定されている：

$$|\{n_\lambda\}^a\rangle = \prod_\lambda \frac{(b_\lambda^+ + \gamma_\lambda)^{n_\lambda}}{\sqrt{n_\lambda!}} |0\rangle, \qquad |\{n_\lambda\}^b\rangle = \prod_\lambda \frac{(b_\lambda^+ - \gamma_\lambda)^{n_\lambda}}{\sqrt{n_\lambda!}} |0\rangle.$$
$$(2\cdot 45)$$

すると，a から b への遷移確率を黄金則で計算すると

$$T = \frac{2\pi}{\hbar} |V|^2 \langle |\langle \{n_\lambda\}^a | \{n_\lambda\}^b \rangle|^2 \delta(\tilde{E}_a + \varepsilon(\{n_\lambda\}^a) - \tilde{E}_b - \varepsilon(\{n_\lambda\}^b)) \rangle_a$$
$$(2\cdot 46)$$

である．ここで，$\langle A \rangle_a$ は A という量の a 領域のフォノン系についての熱平均である．電子が a から b へトンネル遷移してから，次にトンネル遷移するまでの間に a 領域の緩和が十分に早く起こっていると仮定している．

式 (2·46) を変形すると，次のような表現が得られる [30, 31]：

$$T = \frac{2\pi}{\hbar}|V|^2 S(E_a - E_b), \quad (2·47)$$

$$S(X) = \frac{1}{2\pi}\int_{-\infty}^{\infty} dt \exp[-\sum_\lambda \gamma_\lambda^2\{(1-e^{-i\omega_\lambda t})(n_\lambda+1) + (1-e^{i\omega_\lambda t})n_\lambda\}]e^{iXt}. \quad (2·48)$$

式 (2·48) の $S(X)$ は，電子遷移の際に，フォノン系にエネルギーを X だけ与える確率であり，指数関数を展開して時間についての積分を実行すれば

$$S(X) = \exp[-\sum_\lambda \gamma_\lambda^2(2n_\lambda+1)] \times$$

$$\{\delta(X) + \sum_{M,N=1} \gamma_{\lambda_1}^2\gamma_{\lambda_2}^2\cdots(n_{\lambda_1}+1)(n_{\lambda_2}+1)\cdots\gamma_{\mu_1}^2\gamma_{\mu_2}^2\cdots n_{\mu_1}n_{\mu_2}\cdots$$

$$\times \delta(X - n_{\lambda_1}\omega_{\lambda_1} - n_{\lambda_2}\omega_{\lambda_2} - \cdots - n_{\lambda_M}\omega_{\lambda_M} + n_{\mu_1}\omega_{\mu_1} + n_{\mu_2}\omega_{\mu_2} + \cdots + n_{\mu_N}\omega_{\mu_N})\} \quad (2·49)$$

と変形できる．弾性トンネル過程の確率は，式 (2·49) 右辺の第一因子のように電子－格子相互作用の増大とともに，急激に減少する．右辺の括弧内の第 2 項はモード $\lambda_1, \lambda_2, \cdots$ のフォノンを，それぞれ $n_{\lambda_1}, n_{\lambda_2}, \cdots$ 個放出し，モード $\mu_1, \mu_2, \cdots$ のフォノンをそれぞれ $n_{\mu_1}, n_{\mu_2}, \cdots$ 個吸収しながら遷移するプロセスから構成されている．しかし，これらの過程のどれかが起こるので，そのエネルギースペクトルを積分すると $\int_{-\infty}^{\infty} S(X) dX = 1$ が成立する．ところが，終状態の電子エネルギーがとれるのは始状態から下に eV（V はバイアス電位）まで，あるいは最低非占有軌道までに限定された狭いエネルギー範囲である．したがって，全体の遷移確率はフォノンと相互作用がない場合に比べて減少する．電子－格子相互作用が強ければ，弾性トンネルの確率はほとんどゼロであり，フォノンとの平均的な相互作用のエネルギー $\bar{E}$ だけ減少したエネルギー領域にしか遷移できなくなる．これを見るために，式 (2·48) の $\exp[-\sum_\lambda \gamma_\lambda^2\{(1-e^{-i\omega_\lambda t})(n_\lambda+1) + (1-e^{i\omega_\lambda t})n_\lambda\}]$ の指数の部分を t で展開してから積分すれば，

$$S(X) = \frac{1}{\sqrt{4\pi}\sigma} \exp\left\{-\frac{(X-\bar{E})^2}{2\sigma^2}\right\}. \quad (2\cdot 50)$$

ただし，

$$\bar{E} = \sum_\lambda \hbar\omega_\lambda \gamma_\lambda^2, \qquad \sigma^2 = \sum_\lambda (\hbar\omega_\lambda \gamma_\lambda)^2 (2n_\lambda + 1) \quad (2\cdot 51)$$

である．前節のクーロン閉塞の議論においても，ある条件のもとで帯電エネルギーだけギャップが開いたが(ゼロ電圧コンダクタンス異常)，同様な効果は電子－格子相互作用からも生じうるのである [30, 31]．

2・2・5　第一原理リカージョン伝達行列法

2・2・1項では探針－表面間の距離が比較的遠く，バイアス電圧が小さい場合に有効な，STMおよびSTSの理論解析法を紹介した．その方法は摂動論に基づいているので，強い電界下や探針－表面間の距離が近い状況での記述には限界があり，また探針により誘導される局所反応などは議論できない．探針と表面の間で強い相互作用のある場合に有効な電子状態の計算法について，本節で紹介することにしよう．この方法は非平衡開放系へ密度汎関数法を拡張するもので，第一原理リカージョン伝達行列法 [25, 32] と呼ばれる．

簡単のために，互いに平行な電極表面とその間に挟まれたナノ構造系を考えよう．電極内部は与えられた密度のジェリウム，すなわち連続体としての背景正電荷と自由電子からなる系のモデルで扱う．表面層とナノ構造物は，現実の原子として扱うことができる．系は無限大の開放系であるが，左電極と右電極が異なるフェルミ準位をもつ場合を記述できる．波動関数はすべて散乱波として解く．表面に沿う方向では並進対称性があるので，波動関数を次のラウエ表示で展開する：

$$\Psi_n(\boldsymbol{r},z) = \exp(i\boldsymbol{k}\cdot\boldsymbol{r}) \sum_j \phi_{jn}(z) \exp(i\boldsymbol{G}_j\cdot\boldsymbol{r}). \quad (2\cdot 52)$$

ここで n と $\boldsymbol{G}_j$ はチャンネルと面内の逆格子ベクトルを，それぞれ表す．表

面に垂直方向の波動関数である $\phi_{jn}(z)$ を，集団として解くために次の伝達行列を導入する：

$$U(z) = \begin{bmatrix} \phi_{11}(z) & \phi_{12}(z) & \cdots & \phi_{1N}(z) \\ \phi_{21}(z) & \cdots & \cdots & \phi_{2N}(z) \\ \cdots & \cdots & \cdots & \cdots \\ \phi_{N1}(z) & \cdots & \cdots & \phi_{NN}(z) \end{bmatrix}. \quad (2 \cdot 53)$$

シュレーディンガー方程式によって，$U(z)$ の満たす方程式は z 方向のメッシュ上で 3 項の差分方程式

$$U(z_{k+1}) - K(z_k) U(z_k) + U(z_{k-1}) = 0 \quad (2 \cdot 54)$$

として表すことができる．ここで係数行列 $K(z)$ は系の情報をすべて含み，

$$K(z) = 2 + 2h^2 \begin{bmatrix} \nu_0(z) + \dfrac{|\boldsymbol{k} + \boldsymbol{G}_0|^2}{2} - E & \nu_1(z) & \cdots \\ \nu_{-1}(z) & \nu_0(z) + \dfrac{|\boldsymbol{k} + \boldsymbol{G}_1|^2}{2} - E & \cdots \\ \cdots & \cdots & \cdots \\ \cdots & \cdots & \cdots \end{bmatrix}$$

$$(2 \cdot 55)$$

で与えられる．ここで (i, j) 要素に現れる量 $\nu_{i-j}(z) = \int \exp\{i(\boldsymbol{G}_i - \boldsymbol{G}_j) \cdot \boldsymbol{r}\} V(\boldsymbol{r}, z) \, d\boldsymbol{r}$ はポテンシャルの 2 次元フーリエ係数である．また h はメッシュの刻み間隔である．方程式 (2・55) を解くには，伝達行列の比 $R_k = U(z_k)/U(z_{k-1})$ が満たすリカージョン関係

$$R_k = (K(z_k) - R_{k+1})^{-1} \quad (2 \cdot 56)$$

を利用する．2つのジェリウム電極領域の十分内部にとった境界面での境界条件とこのリカージョン方程式とから，数値的に発散の困難なしに比行列 R_k および伝達行列 $U(z_k)$ を求めることができる．散乱波は左電極で透過波だけになる右電極波と，逆に右電極で透過波だけになる左電極波に分類できる．そこで，前者には右電極のフェルミ準位まで電子をつめ，後者には左

電極のフェルミ準位まで電子をつめて，空間的な電子密度分布を決定すれば，通常の密度汎関数法の手続きによって電子のポテンシャルを自己無撞着に決めることができる．これが第一原理リカージョン伝達行列法の概要であり，多くの系について精度の良い計算を実行することができる[32]．

リカージョン伝達行列法により，ナノ構造系の電子輸送における基本コンセプトである固有チャンネルが自然に導かれる．2つの電極間に挟まれた原子ワイヤー，分子架橋，量子ドットなどのナノ構造体の電子状態を散乱問題として解こう．一方の電極から入射した電子は，散乱体領域を通り抜けると他方の電極に散乱波として抜けていき，また同じ電極には反射波として戻っていく．この散乱を記述するのは透過係数行列 t あるいは反射係数行列 r である．散乱波や反射波には多くのモードがあるとして，これらを行列の形に書く．このとき固有チャンネルは正方行列 t^+t を対角化するような散乱状態のことである．固有チャンネルどうしの間に相互作用はなく，種々の重要な物理量は各固有チャンネルの寄与の和として表すことができる[33]．

例えば，ランダウアー公式[34]による系のコンダクタンスは

$$G = \frac{2e^2}{h}\text{tr}(t^+t)\Big|_{E_F} = \frac{2e^2}{h}\sum_i T_i(E_F) \qquad (2\cdot57)$$

のように，各固有チャンネルの透過確率の和で与えられる．すなわち，チャンネルがほぼ完全に開いているか（ $T_i \cong 1$ ），閉じているか（ $T_i \cong 0$ ）のどちらかであれば，コンダクタンスの値は量子化単位 $G_0 = \frac{2e^2}{h} \cong \frac{1}{12.9\,\text{k}\Omega}$ の整数倍に近くなり，その整数値は開いているチャンネル数ということになる．半導体のメゾスコピック系では，ほぼ，このような状況になっているが，原子尺度のナノ構造系では必ずしもそうならない．

2・2・6 トンネル領域からコンタクト形成へ

2・2・5項に述べた第一原理リカージョン伝達行列法によって，金属探針と半導体表面が接近するときに，どのように電気的なコンタクトが形成される

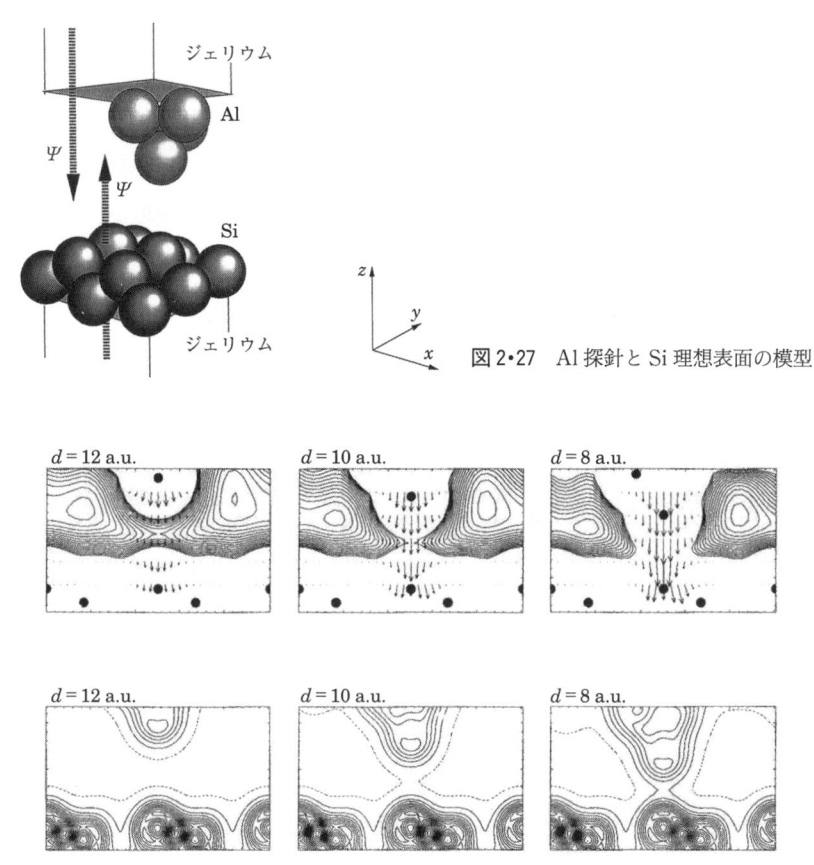

図 2·27 Al 探針と Si 理想表面の模型

図 2·28 表面に 2 V のバイアスを掛けたときのトンネル電流分布とポテンシャル分布（上図），および電子密度分布（下図）．黒丸は原子位置である．

かを調べてみよう．探針と表面は Al と Si にとり，それらの構造模型を図 2·27 のように選ぶ．探針に $-2\,\mathrm{V}$ のバイアス電圧を加え，表面からの高さを 12 a.u.（原子単位，約 6 Å），10 a.u.（約 5 Å），8 a.u.（約 4 Å）と接近させた場合について，フェルミ準位より高いエネルギーのポテンシャル等高線と電流分布および荷電子密度が図 2·28 に示されている [35]．距離の接近に伴い，探針の先端原子の前面における障壁の高さと幅が減少し，やがて

小さな穴が開いて,そこから電子が弾道的に表面側に流れ込むようになる.ただし,穴が小さい間は,不確定性原理によって電子が通り抜けるときに穴の断面に垂直方向の運動エネルギーが大きくなる必要があるので,実効的にはまだ障壁が残っている.それぞれの探針高さに対して,電子密度を描いたものが図2・28の下図である.穴が大きくなるにつれて,電子の分布関数の裾が重なり合う様子がよくわかる.

探針高さが減少するときの障壁高さと電流値を図2・29に示す.バイアスが掛からない場合と,探針に $-2\,\mathrm{V}$ が加わる場合を比較すると,障壁高さはバイアスの絶対値とともに著しく小さくなる様子がわかる.図には示されていないが,探針-表面間距離が減少するときにはポテンシャル障壁高とともに,その幅も著しく減少し,やがてゼロになり障壁前面に穴が開く.このとき電流値は図2・29下図に見るように探針-表面間距離の減少とともに,指数関数的に減り続ける.矩形のポテンシャル障壁の高さ H を維持したまま障壁幅 W が減少するとき,電流密度は次のように指数関数で表されることはよく知られている:

$$I \propto \exp(-2W\sqrt{2H}), \tag{2・58-1}$$

または

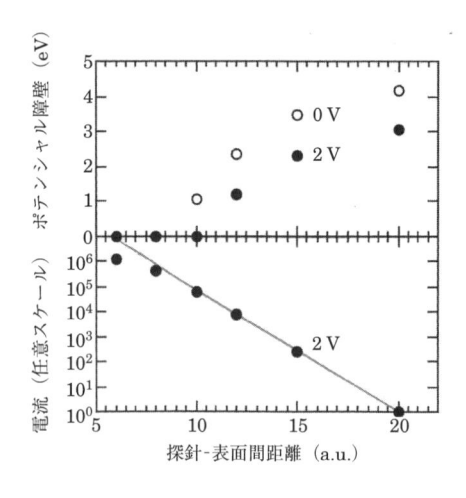

図2・29 探針前面でのポテンシャル障壁高と,探針-表面間に流れる電流値(対数表示).白丸(黒丸)は表面バイアスがゼロ(2V)の場合である.

$$H = \frac{1}{8}\left(\frac{\mathrm{d}\log I}{\mathrm{d}W}\right)^2. \qquad (2\cdot58\text{-}2)$$

しかし，図2・27の系の計算では，探針の高さも形状も探針−表面間距離に著しく依存している．このような状況でも，探針−表面間距離の広い領域にわたって電流値の指数関数型の変化が観察されることは注目される．しかも，穴が開いた後でも，しばらくの間は同じ指数関数型の振舞いを続ける．これは，先に述べたように穴が小さい間は実効的な障壁が残っている効果であろう．式 (2・58) によれば，高さが一定の障壁では，電流の対数値を探針−表面間距離($-W$)で微分した量は，その高さHの平方根に比例している．実際，このように算出されるHを，試料表面の仕事関数と仮定することもしばしば行われてきた．しかし，障壁形状自体が探針−表面間距離で変化する場合にはこの単純な関係は成り立たない．電流の対数値の微分係数は，障壁形状の変化に由来する様々な効果を含んでいるからである．それにもかかわらず，探針高さの広い領域にわたって，電流値が単純な指数関数型の振舞いを示すことは注目すべきことである．

しかし，探針高さがある程度小さくなると，電流値の指数関数型の増加は飽和の傾向を見せる．最終的には探針先端原子と表面上の最近接原子とが互いの原子半径で接触するので，そこで計算を止めている．図2・29の左端はほぼこのような幾何学的接触点に相当する．電流の対数値が飽和する領域では，電子はトンネル効果で表面側に移るのではなく，障壁に開いた小さな穴からほぼ弾道的に流れ込んでいる．これは2・2・5項に述べた固有チャンネルの1つが開き始めたことに対応する．この状況では，後で述べるように電流値は探針−表面間距離にはあまり依存しなくなる．したがって，対数電流値が飽和傾向を示し始めるときが，探針と表面とが原子尺度で電気的接触を始めたときと考えるのは合理的と思われる．このときのコンダクタンスの値は，量子化単位でおよそ1に近い値をとる．

2・2・7 原子ワイヤー

原子ワイヤーを細く引き延ばしていくと，切れる直前でコンダクタンスが量子化され，階段関数型の振舞いを示す現象は，量子化コンダクタンスの一つの例である．この現象は，Au をはじめ種々の金属原子ワイヤー系で実験的に観察されている [36]．はじめに，この現象を図 2・30 に示す簡単なジェリウムシリンダーの架橋系について，第一原理リカージョン伝達行列法に基づいて解析しよう．シリンダーの長さは 1 nm で，両側のジェリウム電極表面を架橋している．局所状態密度および電流分布を，各固有チャンネルに分解したものが，図 2・30 の下図に示されている．この系のコンダクタンスを，シリンダーの半径の関数として図 2・31 に示した．半径の増加に伴いコンダクタンスは階段関数型に増加する．階段のステップの高さは，量子化コンダクタンス $G_0 = \dfrac{1}{12.9 \, \mathrm{k\Omega}}$ の値のほぼ整数倍になっている．固有チャンネルから次のことがわかる．すなわち，最初のステップはエネルギーの最も低い軸対称の固有チャンネルによる．また，次の 2 単位分のコンダクタンスの増加は，その次にエネルギーの低い 2 つの縮重したチャンネルが開くためである．各固有チャンネルの状態密度分布や電流密度分布は，図 2・30（下図）からわかる．このように，コ

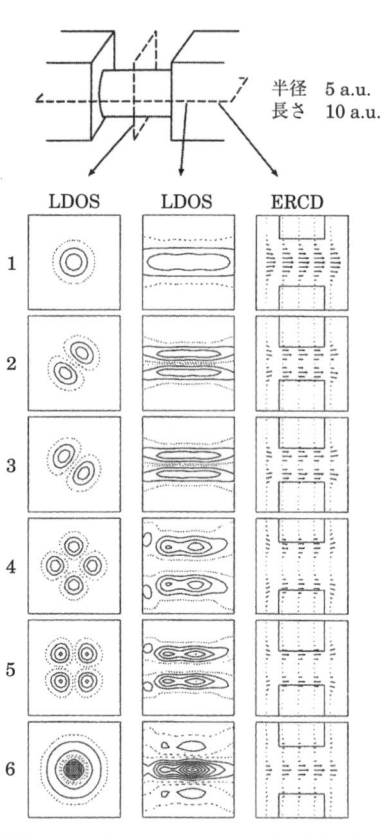

図 2・30　ジェリウムシリンダー架橋系とチャンネル電流分布および局所状態密度（数字はチャンネル番号）

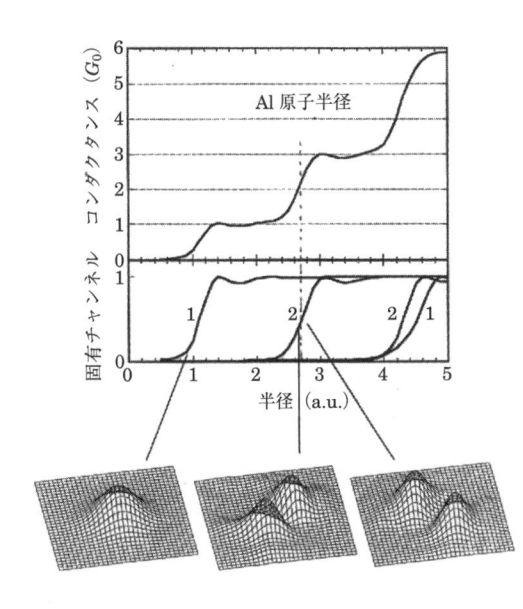

図2・31 ジェリウムシリンダー架橋系のコンダクタンスの半径依存性

ンダクタンスが量子化単位の整数倍の値をとって，階段関数型に振舞う現象は量子化コンダクタンスと呼ばれる現象で，金属の原子ワイヤーで実験的に報告されている [36]．

次に現実の原子ワイヤーの例として，AlやNaの3原子からなる原子架橋系を取り上げ，量子化コンダクタンスがどのように現れるかを述べよう [37]．計算法は前節に述べた第一原理リカージョン伝達行列法を適用する．

図2・32で見るように，原子ワイヤーがまっすぐな直線状のとき，Alのコンダクタンスは量子化単位で1.93，Naのそれは0.99である．後者の場合，伝導に寄与する固有チャンネルは1つしかなく，その透過確率は99％となっている．すなわち，量子化コンダクタンスの描像が良く成り立っている．また，その固有チャンネルは主にNaのs軌道でできているので，ワイヤーを曲げても影響はほとんど現れない．しかし，Alの場合にはこの状況はかなり異なる．コンダクタンスに寄与する固有チャンネルは3つあり，まっすぐなワイヤーでは，エネルギーの最も低い軸対称のチャンネルから

図2・32 NaおよびAl 3原子の架橋構造のコンダクタンスと形状依存性

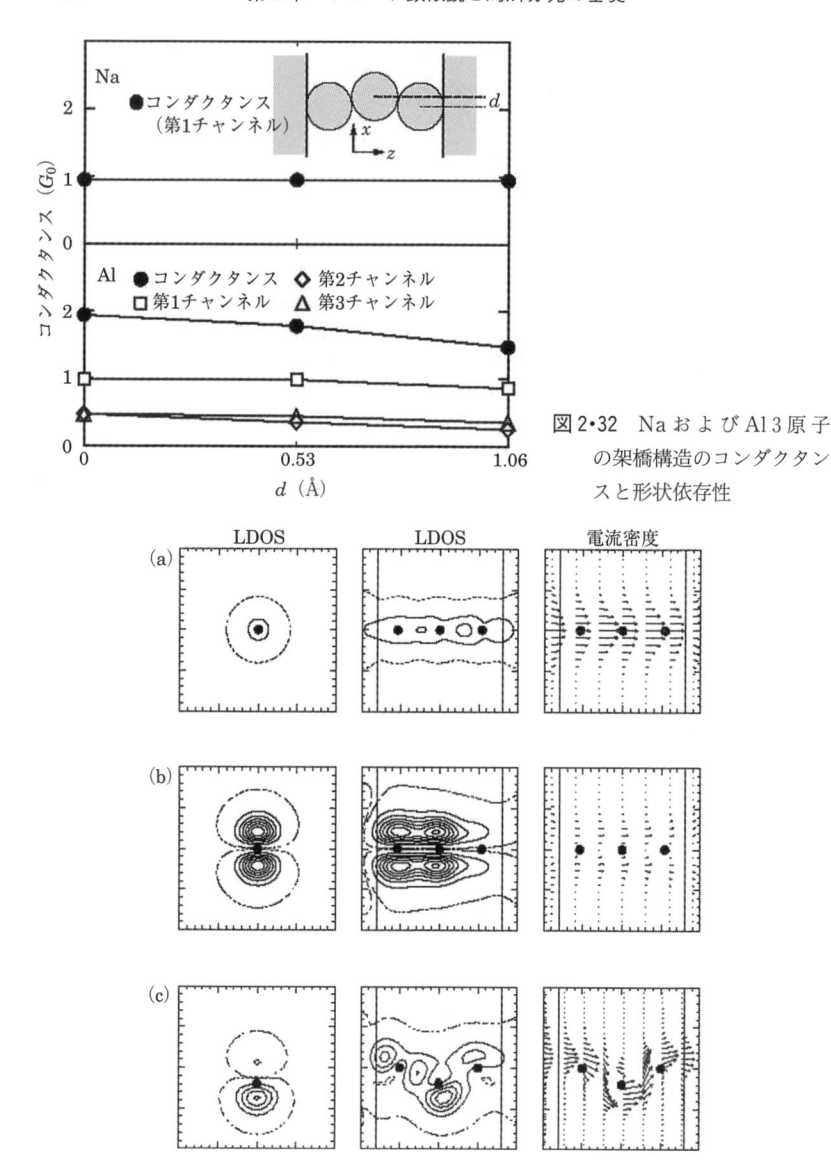

図2・33 Al 3原子の架橋構造におけるチャンネル分解した，フェルミエネルギーでの局所状態密度（LDOS）と電流分布．左列は中央原子を含み架橋に垂直な面，中央列と右列は3原子を含む面での分布．(a) 直線型架橋の最低チャンネル，(b) 直線型架橋の第2，第3チャンネルの1つ，(c) 曲げた架橋構造の第1チャンネル．

$0.99G_0$, その次にエネルギーの低い二重に縮重したチャンネルから $0.47G_0$ ずつ, 合計でコンダクタンスの値が量子化単位で $1.93G_0$ となっている. 二重縮重のチャンネルは主に軸に垂直な Al の p 軌道からなることが, 図 2・33 の電流分布を見るとわかる. 同じ Al でできた電極のフェルミ準位は, 縮重したチャンネルの開きはじめる位置にあることから, 透過確率が 50% に近くなっている. Al の原子ワイヤーを曲げていくと, コンダクタンスの値は敏感に影響を受けて低下する. これは形状の影響によって, 縮重していたチャンネルの縮重が解け, オンセットエネルギーが上昇するためである. 興味深いことには, 曲げた Al の原子ワイヤーの電流分布には, 図 2・33 (c) で示すように角の原子を回るループ電流が現れる. この現象は, 古典的なオームの法則では電流に沿って電圧降下を加えつつ一周すれば, 出発点の電位が複数の値をもつことになり, 理解できない. 電流は流れていても電圧降下を生じないことは, 量子系にのみ可能な現象である.

次に, 6 原子からなる Al の原子ワイヤーの末端原子を異種原子で置き換える場合の効果を調べよう [38]. 左端の原子を Na と Cl にしたときの電流分布を図 2・34 に, 第 3 周期の種々の原子を左端に置換挿入したときのコン

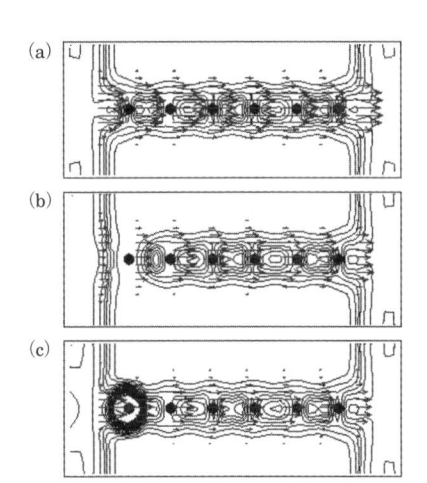

図 2・34 Al 6 原子架橋構造における左端の不純物置換効果 (実線は電荷密度, 矢印は電流分布). (a) 置換しない場合, (b) Na で置換の場合, (c) Cl で置換の場合.

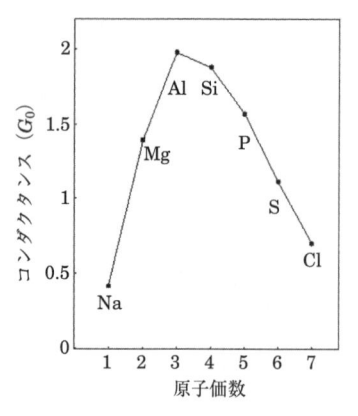

図 2・35 一端を不純物原子で置換した
Al ワイヤーのコンダクタンス

ダクタンスを，図 2・35 に示す．Al との原子番号の差が増すと，著しくコンダクタンスの値が下がることがわかる．このような系で，両電極の間に掛けたバイアス電圧の分布はどのようになっているのだろうか？ 図 2・36 では，末端原子を Si にした場合と Na にした場合について，左側に掛けた -5 V の電圧によるポテンシャルが架橋内でどのように分布するかを示した．興味深いことに，Na が左端にあるとき，バイアス電圧はこの周辺に局在して掛かり，架橋内に一様に広がることはない．また，右側の正電極にもバイアスによる電場は現れない．左端が Si 原子の場合にも同じようにバイアス電場は左側に集中するが，Na の系よりは広がっている．左端を置換しない場合も電極と架橋の接触型構造から，バイアス電場は左側に集中するが，その大きさは Si 原子と同程度で Na の系よりは広がっている．このような違いは，構成原子の性質で大きく左右されると思われる．バイアスを印加した状況で，原子架橋内部の電子分布を調べると，左端が Na の系では，Na 原子と右隣の Al 原子の間で電荷

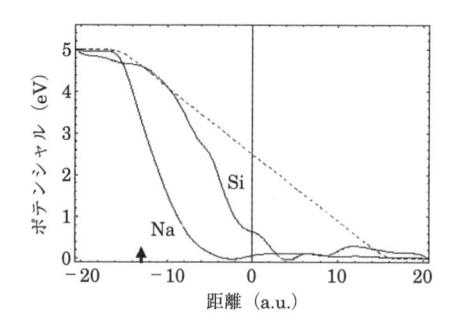

図 2・36 左端を不純物原子で置換した Al ワイヤーのバイアス電位分布．バイアスは左電極に -5 V 印加されている．Si または Na が不純物である．点線は架橋構造をなくした場合の平板電極間の電位分布．矢印はジェリウム表面の端である．

の移動があり，負の分極が生じている．一方，左端が Si の系では，この電荷移動はより大きな空間スケールにわたっており，左端の Si から右側の数個の Al 原子への電子の移動が認められる．分布の広がりが広範囲であるため，バイアスの分布も広がることがわかる．架橋内に掛かる電位分布は，架橋そのものの電子状態を変化させる要因であるので，分子の系ではその効果は特に重要である．

2・2・8 分子架橋系

分子が電極間を架橋した系では，電子の輸送現象にどのような特徴が現れるだろうか？ 図 2・37 のようなフェナレニルの分子架橋系を例にして，解析してみよう [39]．

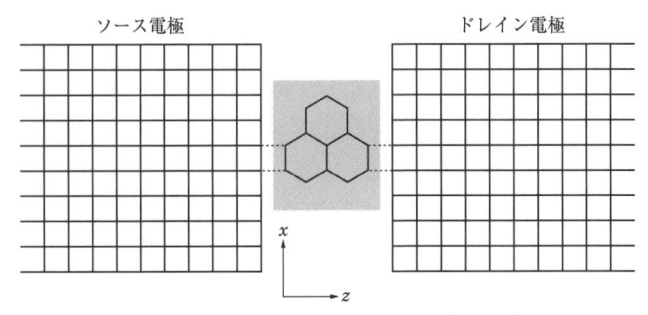

図 2・37　フェナレニルの分子架橋系の模型

ここでの計算法は，簡単な非平衡グリーン関数法を原子基底表示で扱うアプローチである．この方法では全系をソース電極，ドレイン電極，そして架橋領域に分け，その電子状態から非平衡グリーン関数

$$G^< = G^R \Sigma^< G^A \tag{2.59}$$

を求める．ここで，$\Sigma^<$ は自己エネルギー，G^R, G^A は遅延および先進グリーン関数で，

$$G^R = [E - H_C - \Sigma_S - \Sigma_D]^{-1} \tag{2.60}$$

から求められる．ここで，H_C は架橋領域でのハミルトニアン行列，Σ_S, Σ_D

はソース，ドレインの電極を付加したことによる自己エネルギーである．グリーン関数を積分することにより密度行列

$$D = \frac{1}{2\pi i} \int dE \ G^<(E) \tag{2・61}$$

を計算できるので，基底関数を用いて電荷密度が得られ，これより密度汎関数理論に基づき，電荷とポテンシャルが自己無撞着に計算される [40]．ただし，簡単なタイトバインディング法などによる計算法では，自己無撞着にポテンシャルと分子軌道を決める手続きを省略することができる [41]．透過スペクトルは電極による自己エネルギーの虚数部分 $\varGamma_S$, $\varGamma_D$ とグリーン関数を用いて

$$T_{SD}(E) = \mathrm{tr}[\varGamma_S G^R(E) \varGamma_D G^A(E)] \tag{2・62}$$

と表され，系を流れる電流 I は次式によって与えられる：

$$I = \frac{2e}{h} \int dE \ (f_S - f_D) \ T_{SD}(E). \tag{2・63}$$

ここで，f_S, f_D は電極のフェルミ分布関数である．

　ここで述べた方法と 2・2・5 項の第一原理リカージョン伝達行列法（RTM法）とではそれぞれ異なる特徴があるので，物理現象や系によって使い分けている．例えば，RTM法は精度は非常に良いが，計算規模は大きい．このため，多数の原子を含む系では計算負荷が大きく，十分な精度を得るには注意深い計算が必要とされる．一方，グリーン関数を用いる計算は比較的原子数の大きな系にも対応できるが，精度が多少粗いこと，連続的な空間情報が得られないなどの弱点もある．

　さて，図 2・38 に示すフェナレニル分子の透過確率のスペクトルは，電極と分子との相互作用が小さいときには，分子の各エネルギー準位に鋭いスパイク状のピークをなしており，すでに述べた共鳴トンネル型の振舞いをすることがわかる [39]．しかし，分子の末端原子と電極原子との相互作用エネルギー（ホッピング積分）t' が増加すると，このスパイク型ピークの幅が著

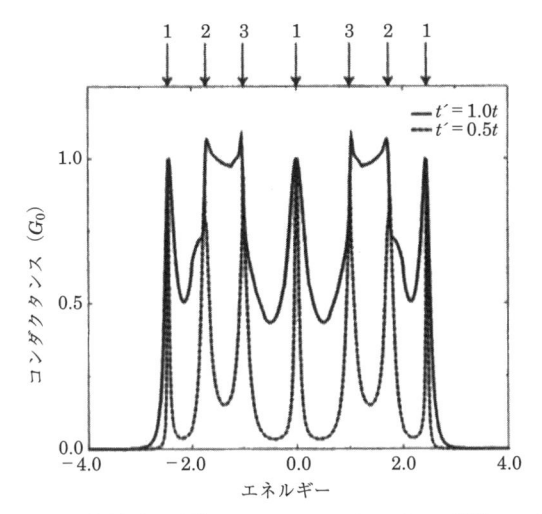

図 2·38　図 2·37 の分子架橋系の透過スペクトル．エネルギーの単位は，分子内ホッピング積分 t．分子の端の原子と電極原子とのホッピング積分 t' が $t/2$ と t の場合を示している．上の数字は，共鳴準位の縮重度である．横軸は入射電子のエネルギーである．

しく増加し，どのエネルギーの領域でも電子はかなりの確率で架橋領域を透過できる．これは分子の一種の金属化であるということができる．架橋系のコンダクタンスは，上記の透過スペクトルを両電極のバイアス差の領域で積分した値なので，ピークの幅がつけばつくほど，その値が増加する．

　伝導における分子と電極の接続構造の重要性を，より大きな分子で検討しよう．ここでは，オリゴポルフィリンを用いた架橋系の紹介をする．テープポルフィリンと呼ばれる完全共役ポルフィリンは，分子長の増加とともにHOMO（最高占有準位）−LUMO（最低非占有準位）ギャップが著しく低下することで知られている [42]．第一原理計算の結果では，無限に伸びたテープポルフィリンはゼロギャップに近く，分子架橋として用いたとき，高コンダクタンスが期待される [43]．図 2·39 にテープポルフィリンと電極との種々のつなぎ方を，図 2·40 にそれらに対応する透過スペクトルを示す．た

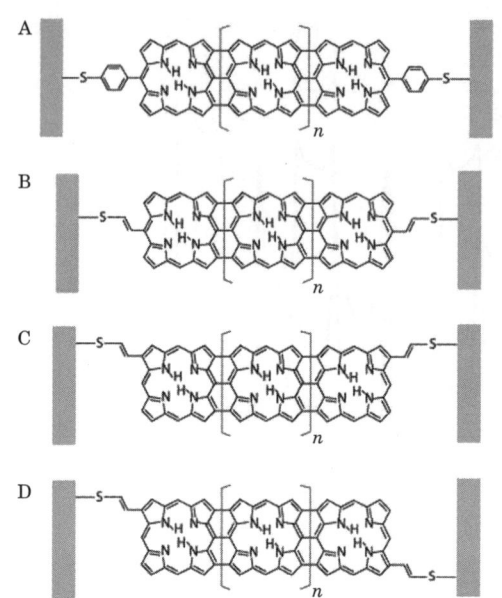

図2・39 テープポルフィリンと電極との種々のつなぎ方

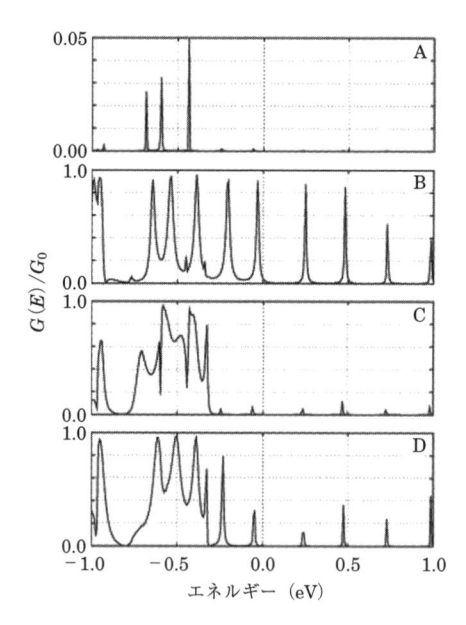

図2・40 図2・39に示す各接続構造でのテープポルフィリンの透過スペクトル

だし，$n = 6$（8量体）の場合である．テープポルフィリンによる架橋系の伝導は，Bの場合が最も大きいと期待される[44]．透過スペクトルのピークが金電極のフェルミ準位の近くに存在するためである．分子内での電流分布を見ると，ポルフィリン環同士をつなぐ3本のC—C結合のうち，中央の一本で流れやすくなっている．

量子伝導を示す分子の内部電流について，興味深い現象は電子のエネルギーが縮重準位に近いときに，分子内に大きなループ電流が誘導されることである．これはフェナレニル[45]，コローネン，ポリアセン分子[46]，フラーレンC_{60}[47]の他，ベンゼン環状部をもつ種々の分子で理論的に予測される現象である．図2・41では，その一例としてC_{60}のソースドレイン電流で誘導される大きなループ電流を示した．この内部電流を理論的に解析するために，各ボンドを流れる電流を開放系における電子波動関数の分子軌道による展開係数によって表すと

$$j_{nm} = \sum_{\nu,\nu'} \phi_{\nu m} H_{mn} \phi_{\nu' n} |a_\nu||a_{\nu'}| \sin(\theta_\nu - \theta_{\nu'}) \quad (2 \cdot 64)$$

となる．ここで$|a_\nu|$とθ_νは，それぞれ入射電子の波動関数の分子軌道νに対応する展開係数の振幅と位相である．またH_{mn}は分子軌道を構成する基底原子関数mとnの間のハミルトニアン行列要素，$\phi_{\nu m}$は分子軌道νにおける原子軌道mに対応する展開係数である．同じエネルギーに対して2つ以上の軌道の振幅が大きくなるとき，上記のボンド電流は共鳴的に大きくなり，電流の保存則からループ電流が出現する．このためには，電子のエネ

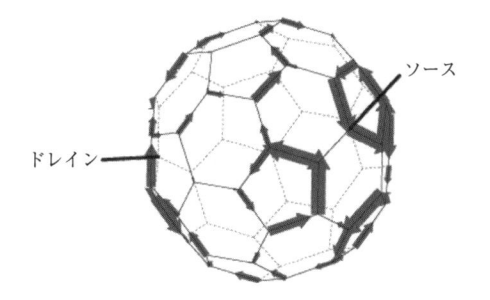

図2・41 フラーレンC_{60}の内部に，ソースドレイン電流で誘導されるループ電流の強度分布．電子のエネルギーがLUMO（最低非占有準位）付近にある場合．ループ電流の強さはソースドレイン電流の数10倍に達する．

ルギーが縮重レベルに近い場合に有利であるが，位相差を大きくするには，エネルギーが共鳴レベルよりやや低いか高いかしなければならない．このような性質は，強いループ電流の現れる条件を良く説明する．

2・3 力学分光の理論

2・3・1 はじめに

ナノサイズの探針を用いる局所分光は，原子尺度の分解能で試料表面の様々な動力学情報を我々に与えてくれる．本節では，再現性良く非破壊的に試料表面の原子分解能を達成する力学分光法として重要な非接触原子間力顕微鏡（NonContact Atomic Force Microscopy：NC-AFM）[48]を取り上げる．特に NC-AFM の代表的な測定量である像とフォーススペクトロスコピーを理解するための理論的基礎について解説する．

先ず NC-AFM の大きさ（サイズ）に現れる階層性（ヒエラルキー）に着目してまとめたのが図 2・42 である．カンチレバーを試料表面上で機械的に

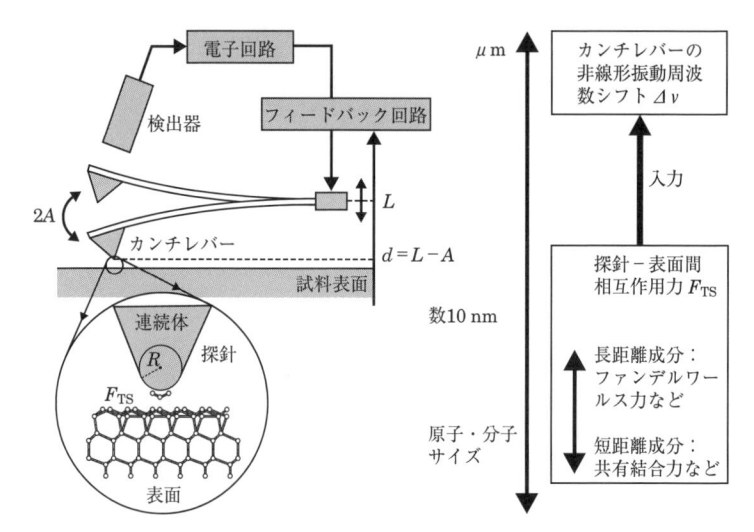

図 2・42　NC-AFM の階層性．サイズと力に複数の階層が共存している．

共振させ，その共鳴ピークのずれ（周波数シフト）を計測するのがNC-AFMである．レバーの振動は μm から 数 nm の大きさで生じる現象だが，探針先端と試料表面間に働く相互作用力の短距離成分は原子・分子レベルの現象である．一方，相互作用力の長距離成分は 数 10 nm 以上に及ぶ．つまりNC-AFMのシステムには，図2・42のような異なるサイズの現象が共存している．この実験法では，カンチレバーの共鳴振動数の微弱な変化 $\Delta \nu$，またはその振動エネルギーの散逸 Q^{-1} を測定して，像やスペクトロスコピーを構成する．探針－表面間相互作用力 F は系の原子尺度での構造と電子状態の詳細を反映するが，このことが，NC-AFMが系のミクロな情報を引き出すことを保証している．

したがってNC-AFM像やスペクトロスコピーのシミュレーションを行うにはミクロなアプローチで探針－表面間相互作用力を計算して，それをマクロなアプローチで周波数シフトに変換するという流れになる．具体的には，探針－表面間相互作用力の短距離成分である共有結合力は，要求される精度に応じて第一原理的電子状態計算法，強束縛法，古典的分子動力学法を使い分けて求める．一方，長距離成分であるファンデルワールス力は，探針－表面系を連続体近似して計算する．また，凝着や揺動散逸定理に由来するエネルギー散逸の効果を考慮することもある．これらミクロレベルの結果を，マクロなカンチレバーの非線形動力学計算の結果（周波数シフトやQ値の公式）に代入すると，NC-AFM像が求まる．2・3・2項ではNC-AFM測定におけるマクロな物理量である周波数シフト，2・3・3項ではミクロな物理量である探針－表面間相互作用について述べ，2・3・4項では理論の適用例，および実験と比較した結果を紹介する．

2・3・2　マクロな物理量 ― 周波数シフト ―
(1) NC-AFMレバーの動力学理論
図2・42左上に示されているNC-AFMのカンチレバーの振動は，近似的

に次のような1次元力学系の問題として扱うことができる [49].

$$\ddot{z}(t) + 2\gamma\dot{z}(t) + \omega_0^2 z(t)$$
$$= \frac{1}{m}F(z(t) + L(t) ; x(t), y(t)) + \omega_0^2 A_{\text{ext}}(t). \quad (2\cdot65)$$

ただし，$z(t)$ はカンチレバーの変位，γ は実効的な摩擦係数，ω_0 はカンチレバーの共鳴角振動数，m はカンチレバーおよび探針の実効的な質量，F は探針－表面間の相互作用力，$(L(t), x(t), y(t))$ はピエゾで調整される探針平均高さとラスタ走査の位置，$m\omega_0^2 A_{\text{ext}}(t)$ はフィードバック系による探針振動の駆動力である．

大振幅モードの場合，振動振幅 $z(t)$ は 10 nm 程度だが，F の有効レンジは高々 0.1 nm オーダであるため，表面との衝突が起こるタッピングモードでは振動応答は複雑なカオス的様相を呈する．またカンチレバー振動の駆動力 $A_{\text{ext}}(t)$ はフィードバック回路系の構造によって決まる量であり，定常的な状況のみ議論する場合には

$$A_{\text{ext}}(t) = \lambda \cos \omega t \quad (2\cdot66)$$

と仮定できるが，これは強制振動の場合に対応する．このとき探針の走査位置を一定にして考えると，方程式は

$$\ddot{z}(t) + 2\gamma\dot{z}(t) + \omega_0^2 z(t) = \frac{1}{m}F(z(t) + L) + \lambda\omega_0^2 \cos \omega t \quad (2\cdot67)$$

と表すことができる．ここで L は探針先端の平衡位置である．式 (2·67) の運動方程式は非線形な探針－表面間相互作用力を含むため，厳密に解析的に解くことはできないが，速度に比例する摩擦項と探針－表面間相互作用力が十分に小さい極限で，K. B. M. 法 [50] と呼ばれる摂動論を用いると，安定状態の正弦波解を解析的に求めることができる [51, 52]．すなわち，定常状態の振動振幅 A，位相 Φ は

$$A = \frac{\lambda}{2\sqrt{(\Omega - 1 + g(A))^2 + h(A)^2}}, \quad (2\cdot68)$$

2・3 力学分光の理論

$$\Phi = -\tan^{-1}\frac{h(A)}{\Omega - 1 + g(A)} \quad (2\cdot 69)$$

と表される．ここで $\Omega = \omega/\omega_0$ はカンチレバーの駆動角振動数と自然な共鳴角振動数の比である．式 (2・68) は共鳴曲線を表すが，この共鳴曲線のピークの自由振動からのシフト

$$\Delta\nu = -\nu_0 g(A_{\max}) = \frac{\nu_0}{2\pi kA}\int_0^{2\pi} F(L + A\cos\psi)\cos\psi\,\mathrm{d}\psi \quad (2\cdot 70)$$

は探針-表面間相互作用力の重み付き積分である．ここで $\nu_0 = \omega_0/2\pi$ はカンチレバーの共鳴振動数であり，式 (2・70) の最後では $A_{\max}$ を A とおいた．

このように周波数シフト $\Delta\nu$ は式 (2・70) のように，探針-表面間相互作用力 F の1周期にわたっての重み付き平均に比例するが，探針が表面に最近接する点（転回点）に近づくと式 (2・70) の重み $\cos\psi$ が増すため，非接触 AFM は大振幅振動でも探針-表面間相互作用力の情報を拾うことができる．こうして，原子分解能が達成される．

式 (2・68) における h は共鳴ピーク幅（Q値の逆数）で，以下のような2つの項の和で与えられる：

$$h(A) = h_1(A) + h_2(A), \quad (2\cdot 71)$$

$$h_1(A) = \frac{1}{\pi\omega_0}\int_0^{2\pi} \gamma\sin^2\psi\,\mathrm{d}\psi, \quad (2\cdot 72)$$

$$h_2(A) = \frac{1}{2\pi kA}\int_0^{2\pi} F(L + A\cos\psi)\sin\psi\,\mathrm{d}\psi. \quad (2\cdot 73)$$

ここでQ値を Q で表すと，Q は摩擦係数 γ と

$$Q = \frac{\omega_0}{2\gamma} \quad (2\cdot 74)$$

の関係にある．Q値の逆数は振動の1周期当たりの散逸エネルギーに比例するが，これには摩擦係数 γ に由来する部分（式 (2・72)）と，不可逆な原子過程に由来する部分（式 (2・73)）とがある [53]．ここで式 (2・73) は，$F(z)$

が z の1価関数のときゼロになるが,多価関数のとき必ずしもゼロにはならないことに注意したい.

(2) 周波数シフトの物理

前項式 (2・70) を用いると,周波数シフトの物理的意味が明らかになる.

小振幅極限 $A \ll L$ のときは簡単である.この場合,力 F は

$$F(L + A\cos\phi) \cong F(L) + A\cos\phi \frac{\partial F(L)}{\partial z} \quad (2\cdot75)$$

のように Taylor 展開できるので,式 (2・70) は

$$\varDelta\nu = -\frac{\nu_0}{2k} \cdot \frac{\partial F(L)}{\partial z} \propto \frac{\partial F(L)}{\partial z} \quad (2\cdot76)$$

となり,NC-AFM は相互作用力の1次微分に比例する量(次元は力定数に対応)を見ていることがわかる.

一方,大振幅極限 $A \gg L$ のときは,相互作用の形を決めれば計算できる.例えば,ファンデルワールス相互作用や静電相互作用に典型的な形として,力が $F(z) = -C/z^n$ のような距離の逆べきで与えられる場合,周波数シフトは厳密に

$$\varDelta\nu \cong -\frac{(2n-3)!!}{2^{n-0.5}(n-1)!} \cdot \frac{\nu_0}{kA^{1.5}} C \cdot \frac{1}{(L-A)^{n-0.5}} \quad (2\cdot77)$$

のように,留数積分を用いて計算できる [54].ここで $L - A$ は,探針が表面に最近接する距離に対応している.

式 (2・77) は

$$\gamma = \frac{\varDelta\nu k A^{1.5}}{\nu_0} = \frac{(2n-3)!!}{2^{n-0.5}(n-1)!} C \cdot \frac{1}{(L-A)^{n-0.5}} \quad (2\cdot78)$$

のように規格化されて使用されることが多い [55].

これで,大振幅モードの周波数シフトの公式が得られた.次項では実際に本式を使って周波数シフトを計算する.

2・3・3 ミクロな物理量 ― 探針-表面間相互作用 ―
(1) 長距離成分

探針-表面間相互作用力の長距離成分は探針の形状を反映する．ここでは長距離成分の例としてファンデルワールス相互作用を考えてみよう．先ず距離 r だけ離れた2個の原子間に働くファンデルワールス相互作用エネルギー $V_{\text{atom-atom}}^{\text{vdW}}(r)$ は

$$V_{\text{atom-atom}}^{\text{vdW}}(r) = -\frac{C^{\text{vdW}}}{r^6} \tag{2・79}$$

のように距離の逆べきの6乗で与えられる．ここで C^{vdW} はファンデルワールス相互作用の係数である．

式 (2・79) を出発点にして，1個の原子と，これから距離 z だけ離れた試料表面との間に働く相互作用エネルギー $V_{\text{atom-surface}}^{\text{vdW}}(z)$ が求まる．すなわち1個の原子と，数密度 ρ_S で原子がつまった平坦な連続体表面との間で，相互作用エネルギーを下記のように積分すると，

$$V_{\text{atom-surface}}^{\text{vdW}}(z) = \int_S V_{\text{atom-atom}}^{\text{vdW}} \rho_S \, dv_S = -\frac{\pi C^{\text{vdW}} \rho_S}{z^3} \tag{2・80}$$

と計算できる．

探針と表面間に働くファンデルワールス相互作用エネルギー $V_{\text{TS}}^{\text{vdW}}(z)$ は，式 (2・80) を数密度 ρ_T で原子がつまった連続体探針に関して積分することで，

$$V_{\text{TS}}^{\text{vdW}}(z) = \int_T V_{\text{atom-surface}}^{\text{vdW}}(z) \, \rho_T \, dv_T = -\frac{A_H}{6\pi} \int_0^H \frac{S(h)}{(z+h)^3} dh \tag{2・81}$$

と得られる．ここで $A_H = \pi^2 C^{\text{vdW}} \rho_T \rho_S$ はハマッカー定数，$S(h)$ は探針の水平方向の断面積，H は探針の長さである．図2・43に典型的な探針形状（四角錐，円錐，放物面，球）を示す．

したがって，ファンデルワールス相互作用力 $F_{\text{TS}}^{\text{vdW}}(z)$ は，例えば球探針の場合，

| 四角錐型 | 円錐型 | 放物面型 | 球型 |

$S(h) =$
$4\tan^2(\alpha/2) \cdot h^2 \qquad \pi\tan^2(\alpha/2) \cdot h^2 \qquad 2\pi R \cdot h \qquad \pi(2Rh - h^2)$

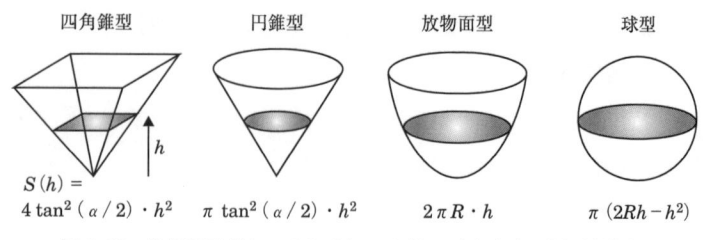

図 2・43　各探針形状と，それぞれの h 軸に垂直方向の断面（積）．

$$F_{\mathrm{TS}}^{\mathrm{vdW}}(z) = -\frac{dV_{\mathrm{TS}}^{\mathrm{vdW}}}{dz} = -\frac{A_{\mathrm{H}}R}{6}\left[\frac{1}{z^2} + \frac{1}{(z+H)^2} - \frac{2}{H}\left(\frac{1}{z} - \frac{1}{z+H}\right)\right]$$

$$\xrightarrow[H\to\infty]{} -\frac{A_{\mathrm{H}}R}{6} \cdot \frac{1}{z^2} \tag{2・82}$$

のように求まる．ここで $H \to \infty$ の極限は，探針の鉛直方向の長さ H が探針‐表面間距離 z よりも十分大きい場合に対応している．NC-AFM の力検出では $z \sim$ 数 Å $\ll H \sim$ 数 μm であることを考えれば，これは妥当な近似である．

このようにして求めた相互作用力を前項の式 (2・77) もしくは式 (2・78) に代入すると，周波数シフトが求まる．典型的な探針形状に対する断面積 $S(h)$，相互作用力 $F_{\mathrm{TS}}^{\mathrm{vdW}}(z)$，規格化周波数シフト γ を表 2・1 にまとめた．

表 2・1　各探針形状に対する断面積 $S(h)$，ファンデルワールス相互作用力 $F_{\mathrm{TS}}^{\mathrm{vdW}}(z)$，$\alpha$ は探針の頂角．

探針の型	断面積 $S(h)$	力 $F_{\mathrm{TS}}^{\mathrm{vdW}}(z)$	$\gamma = \Delta\nu k A^{1.5}/\nu_0$
四角錐	$\chi_p \cdot h^2$; $\chi_p = 4\tan^2\left(\frac{\alpha}{2}\right)$	$-\dfrac{A_{\mathrm{H}}}{6\pi}\chi_p \cdot \dfrac{1}{z}$	$-\dfrac{A_{\mathrm{H}}\chi_p}{6\sqrt{2\pi}} \cdot \dfrac{1}{(L-A)^{0.5}}$
円錐	$\chi_c \cdot h^2$; $\chi_c = \pi\tan^2\left(\frac{\alpha}{2}\right)$	$-\dfrac{A_{\mathrm{H}}}{6\pi}\chi_c \cdot \dfrac{1}{z}$	$-\dfrac{A_{\mathrm{H}}\chi_c}{6\sqrt{2\pi}} \cdot \dfrac{1}{(L-A)^{0.5}}$
放物面	$2\pi R \cdot h$	$-\dfrac{A_{\mathrm{H}}}{6\pi}R \cdot \dfrac{1}{z^2}$	$-\dfrac{A_{\mathrm{H}}R}{12\sqrt{2\pi}} \cdot \dfrac{1}{(L-A)^{1.5}}$
球	$\pi(2Rh - h^2)$		

(2) 短距離成分

相互作用力の短距離成分，例えば共有結合力などを，下記の現象論的レナード－ジョーンズ ポテンシャル

$$V_{\text{TS}}^{\text{cov}}(z) = 4\varepsilon\left[\left(\frac{\sigma}{z}\right)^{12} - \left(\frac{\sigma}{z}\right)^{6}\right] \tag{2・83}$$

の形で表すと，相互作用力は

$$F_{\text{TS}}^{\text{cov}}(z) = \frac{48\varepsilon}{\sigma}\left[\left(\frac{\sigma}{z}\right)^{13} - \frac{1}{2}\left(\frac{\sigma}{z}\right)^{7}\right] \tag{2・84}$$

と書ける．したがって，式 (2・78) を用いると周波数シフトの短距離成分が求まる．すなわち大振幅モードの極限で規格化周波数シフトは相互作用の長距離成分と短距離成分の和として，

$$\begin{aligned}
\gamma &= \frac{\Delta\nu\, kA^{1.5}}{\nu_0} \\
&= \frac{\varepsilon}{\sqrt{\sigma}}\left[5.5\left(\frac{\sigma}{L-A}\right)^{12.5} - 3.8\left(\frac{\sigma}{L-A}\right)^{6.5}\right] \\
&\quad - \begin{cases} \dfrac{A_{\text{H}}\chi}{6\sqrt{2}\pi}\cdot\dfrac{1}{(L-A)^{0.5}} & \text{（四角錐・円錐型）}, \\ \dfrac{A_{\text{H}}R}{12\sqrt{2}\pi}\cdot\dfrac{1}{(L-A)^{1.5}} & \text{（放物面・球型）} \end{cases}
\end{aligned} \tag{2・85}$$

のようになる．γ を $L-A$ に対してプロットするとフォーススペクトロスコピーが得られる．また，γ を探針の各水平位置 (x, y) に対して計算すれば NC-AFM 像が得られる．

第一原理的電子状態計算を用いて探針－表面間相互作用の短距離成分を求める場合，探針－表面のスラブモデルを用いて，密度汎関数法などに基づき，任意の探針の位置 (x, y, z) に対する力 $F(x, y, z)$ を計算する．この力の 3 次元プロットは，直接，式 (2・84) のような解析的な表現に直すことはできない．したがって，式 (2・70) に直接代入して数値積分によって周波数シフトを計算する必要がある [56, 57]．

2・3・4 理論と実験との比較
(1) Si (1 1 1) 面のフォーススペクトロスコピー

式 (2・85) の規格化周波数シフトの式に $\nu_0 = 172\,\mathrm{kHz}$, $A = 16\,\mathrm{nm}$, $k = 41\,\mathrm{N/m}$ を代入してSi(1 1 1)面の実験と比較したのが図2・44である [54]．放物面探針ではうまく再現できなかったが，特に四角錐のときは $\alpha = 118°$，円錐のときは $\alpha = 124°$ のときに実験を良く再現していることがわかる．このように，実験時の探針形状が錐の形をしていることが，実験との比較から推測できる．

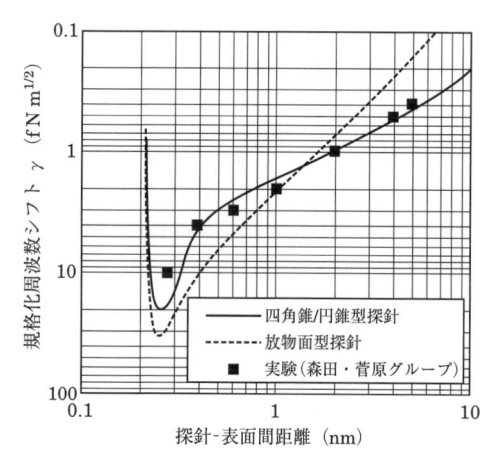

図 2・44 規格化された周波数シフトの理論と実験との比較（四角錐，円錐型探針および放物面型探針の場合）[54]

(2) 共鳴曲線とフォーススペクトロスコピー

解析的な議論により得られた式 (2・68) の共鳴曲線を，運動方程式の数値積分により得られた共鳴曲線と比較すると，図2・45のように良好な一致が得られる [51, 52]．振動中心を試料表面に近づけていくと，共鳴ピークがA，B，C，Dのように低い周波数方向にシフトすること，および点PQ間で動的な双安定性が生じていることがよく説明できる．同様に図2・46のように，周波数シフトを探針高さの関数として表したフォーススペクトロスコ

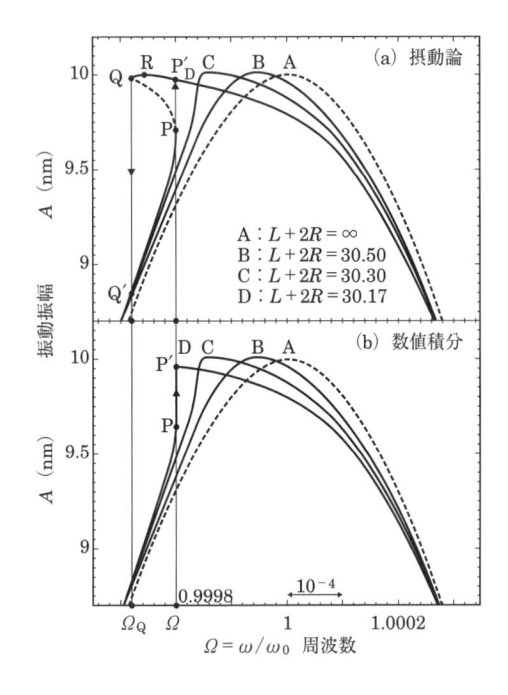

図 2・45 (a) 解析理論(摂動論)により得られた共鳴曲線と，(b) 運動方程式の数値積分により得られた共鳴曲線との比較 [51, 52]．

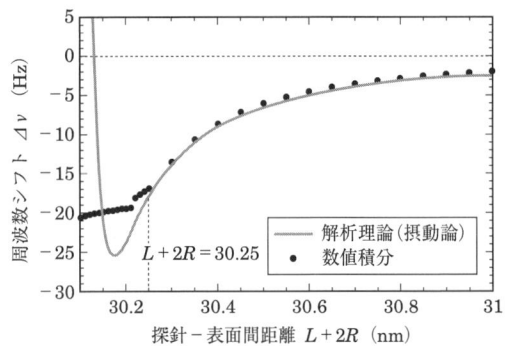

図 2・46 解析理論(摂動論：実線)と数値積分(点)で得られた，フォーススペクトロスコピー(探針高さ - 周波数シフトプロット) [51, 52]．

ピーも，動的な双安定領域以外では解析理論と数値積分とで良い一致を示している．この曲線の形状は探針の水平位置によって原子尺度で変化し，実験的に測定できる．

(3) Si(1 1 1)$\sqrt{3}\times\sqrt{3}$-Ag 表面の NC-AFM 像

前項では力の短距離成分としてレナード – ジョーンズ ポテンシャルを用いた結果を紹介したが，ここでは第一原理計算で求めた結果を紹介しよう．

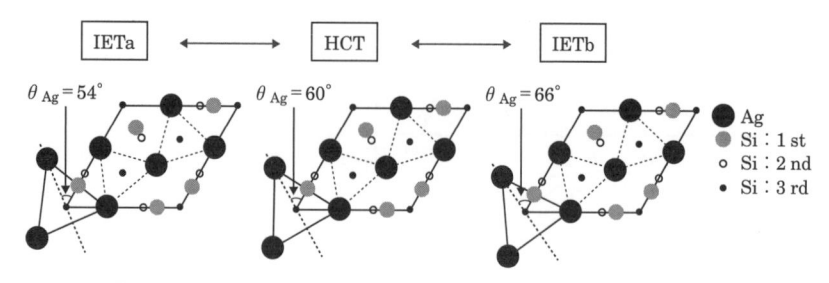

図 2・47　$\sqrt{3}$-Ag 表面に現れる 3 種類の構造．IETa と IETb とは位相が逆になっている．

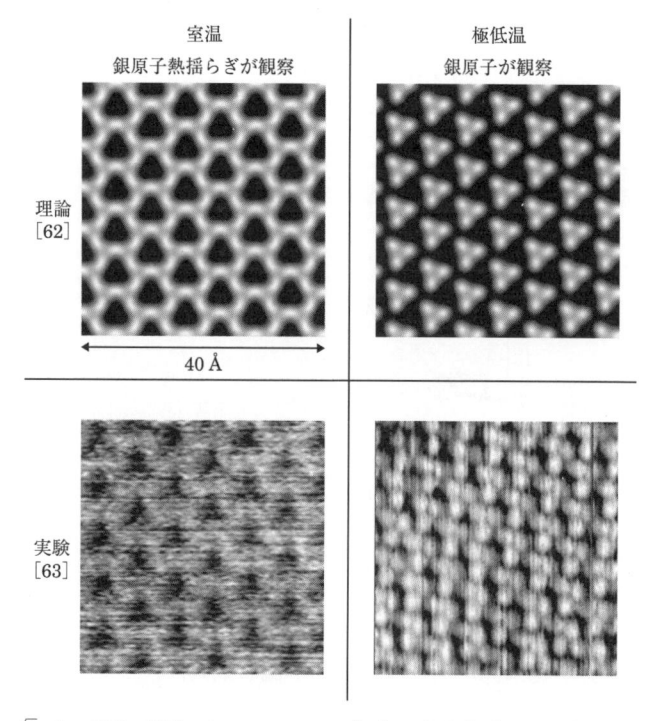

図 2・48　$\sqrt{3}$-Ag 表面の理論シミュレーション [62] と実験 [63] との比較．理論による室温実験の結果の再現（左半分），および極低温実験の予測（右半分）に成功している．

Si(1 1 1)$\sqrt{3}\times\sqrt{3}$-Ag という金属吸着半導体表面（以後 $\sqrt{3}$-Ag 表面と略記）を考える．この $\sqrt{3}$-Ag 表面の安定構造は，図2·47左端，右端に示すように，ユニットセル内に大きさの異なる銀の三角形が配置する Inequivalent-Triangle（IET）構造である [58]．エネルギーバリアの低さ（約 0.1 eV）から，室温ではこの2種類の構造（IETa構造とIETb構造）を中心に，熱的に揺らいでいる [58, 59]．この2種類の構造の間に，対称なHoneycomb-Chained-Triangle（HCT）構造 [60, 61]（図2·47中央）が存在するが，これは安定構造ではない．

室温の熱揺らぎを考慮して計算した NC-AFM 像（図2·48左上）[62] が室温実験の結果（図2·48左下）を非常に良く再現していることがわかる [62, 63]．室温では銀原子が揺らいでいるため，非接触 AFM 像には銀原子は明るい点として現れない．しかし低温では熱揺らぎが抑えられるため銀原子が明るい点として現れる．IET 構造で計算した NC-AFM 像（図2·48右上）[62] は極低温実験の結果（図2·48右下）を予測する事にも成功している．

2·3·5 おわりに

本節では NC-AFM の階層性に着目し，ミクロな探針-表面間相互作用力からマクロな周波数シフトを導出する方法を詳述した．まずカンチレバーのダイナミクスの摂動解析から周波数シフトの公式を導出し，その物理的な意味を議論した．特に逆べきの相互作用力がどのように周波数シフトに現れるのかを見た．さらに探針の形状効果を議論して探針-表面間相互作用力の長距離成分の計算法を解説した後，モデルポテンシャルと第一原理的電子状態計算による短距離成分の計算法について触れた．このような理論的枠組みに基づき，シリコンのフォーススペクトロスコピーや，銀吸着シリコン表面の NC-AFM 像を再現・予測した結果を紹介し，力学分光理論の有効性を示した．

参考文献

[1] G. Binnig, H. Rohrer, C. Gerber and E. Weibel：Phys. Rev. Lett. **50** (1982) 120.
[2] G. Binnig, C. F. Quate and C. Gerber：Phys. Rev. Lett. **56** (1986) 930.
[3] S. Morita and Y. Sugawara：AppliedSurface Science **140** (1999) 406.
[4] J. Tersoff and D. R. Hamann：Phys. Rev. **B31** (1985) 805.
[5] Y. Kuk, P. J. Silverman and H. Q. Nguyen：J. Vac. Sci. Tecvhnol. **A6** (1988) 524.
[6] M. Okano, K. Kajimura, S. Wakiyama F. Sakai, W. Mizutani and M. Ono：J. Vac. Sci. Technol. **A5** (1987) 3313.
[7] Y. Kuk and P. J. Silverman：Rev. Sci. Instrum. **60** (1989) 165.
[8] D. W. Pohl：Rev. Sci. Instrum. **60** (1987) 54.
[9] L. Howald, H. Rudin and H.-J. Guntherodt：Rev. Sci. Instrum. **63** (1992) 3909.
[10] V. Newcomb and I. Flinn：Electron. Lett. **18** (1982) 442.
[11] Y. Kuk and P. J. Silverman：Appl. Phys. Lett. **48** (1986) 1597.
[12] 西川 治 編著：「走査型プローブ顕微鏡 STM から SPM へ」, 丸善(1998).
[13] 塚田 捷, 渡辺 聡, 内山登志弘, 清水達雄：応用物理 **62** (1993) 1204.
[14] M. Tsukada, K. Kobayashi, N. Isshiki, and H. Kageshima：Surface Sci., Rept. **33** (1991) 265.
[15] J. Bardeen：Phys. Rev. Lett. **15** (1961) 57.
[16] J. Tersoff and D. R. Hamann：Phys. Rev. **B41** (1985) 805.
[17] S. Watanabe, M. Aono and M. Tsukada：Jpn. J. Appl. Phys. **32** (1993) 2911.
[18] K. Kobayashi, N. Isshiki and M. Tsukada：Solid State Commun. **74** (1990) 1187.
[19] S. Datta：*"Electronic Transport in Mesoscopic Systems"*, Cambridge (1995).
[20] A. Kawabata：J. Phys. Soc. Jpn. **60** (1991) 3222.
[21] J. Friedel：Phil. Mag. **43** (1952) 153.
[22] J. Kondo：Solid State Phys. **23** (1969) 183.
[23] H. Grabert and M. H. Devoret：*"Single Charge Tunneling, Coulomb Blockade Phenomena in Nanostructures, NATO ASI Series, vol. 294"*, Plenum (1991).
[24] 春山純志：「単一トンネリング概論」, コロナ社(2002).
[25] 塚田 捷, 広瀬賢二, 小林伸彦, 田上勝規：日本物理学会誌 **59** (2004) 452.
[26] A. N. Cleland, J. M. Schmidt and J. Clark：Phys. Rev. Lett. **64** (1990) 1565.
[27] M. Tsukada：Z. Phys. **D19** (1991) 283.
[28] R. Wikins, E. Ben-Jacob and R. C. Jaklevic：Phys. Rev. Lett. **63** (1989) 801.
[29] 塚田 捷, 渡辺 聡：数理科学 **352** (1992) 10.
[30] 電子格子相互作用についての一般的なアプローチは「岩波講座現代物理学の基礎8 物性II」に詳しい.
[31] M. Tsukada and N. Shima：J. Phys. Soc. Jpn. **56** (1987) 2875.
[32] K. Hirose and M. Tsukada：Phys. Rev. Lett. **73** (1994) 150.
[33] N. Kobayashi, M. Brandbyge and M. Tsukada：Surf. Sci. **433** (1999) 854.
[34] R. Landauer：IBM J. Res. & Dev. **1** (1977) 223.

参考文献

- [35] N. Kobayashi, K. Hirose and M. Tsukada : Jpn. J. Appl. Phys. **35** (1996) 3710.
- [36] H. Ohnishi, Y. Kondo and K. Takayanagi : Nature **395** (1998) 780.
- [37] N. Kobayashi, M. Brandbyge and M. Tsukada : Phys. Rev. **B62** (2000) 8430.
- [38] K. Hirose, N. Kobayashi and M. Tsukada : Phys. Rev. **B69** (2004) 245412.
- [39] S. Nakanishi and M. Tsukada : Surf. Sci. **438** (1999) 305.
- [40] J. Taylor, H. Guo and J. Wang : Phys. Rev. **B63** (2001) 245407.
- [41] M. Brandbyge, N. Kobayashi and M. Tsukada : Phys. Rev. **B60** (1999) 17064.
- [42] K. Tagami, M. Tsukada, T. Matsumoto and T. Kawai : Phys. Rev. **B67** (2003) 245324.
- [43] K. Tagami and M. Tsukada : Jpn. J. Appl. Phys. **42** (2003) 3606.
- [44] K. Tagami and M. Tsukada : e-J. Surf. Sci. Nanotech. **1** (2003) 45.
- [45] K. Tagami and M. Tsukada : Nano Letters **4** (2004) 209.
- [46] M. Tsukada, N. Kobayashi, M. Brandbyge and S. Nakanishi : Prog. Surf. Sci. **64** (2000) 139.
- [47] S. Nakanishi and M. Tsukada : Phys. Rev. Lett. **87** (2001) 126801-1.
- [48] F. J. Giessibl : Science **267** (1995) 67.
- [49] M. Gauthier, N. Sasaki and M. Tsukada : Phys. Rev. **B64** (2001) 085409.
- [50] N. Bogoliubov and Y. A. Mitropolsky : *"Asymptotic Methods the Theory of Nonlinear Oscillations"*, Gordan and Breach, New York (1961).
- [51] N. Sasaki and M. Tsukada : Jpn. J. Appl. Phys. **37** (1998) L533.
- [52] N. Sasaki and M. Tsukada : Appl. Surf. Sci. **140** (1999) 339.
- [53] N. Sasaki and M. Tsukada : Jpn. J. Appl. Phys. **39** (2000) L1334. 佐々木成朗, 塚田 捷 : 表面科学 **23** (2002) 111.
- [54] N. Sasaki and M. Tsukada : Appl. Phys. **A72** (2001) S39.
- [55] F. J. Giessibl : Phys. Rev. **B56** (1997) 16010.
- [56] N. Sasaki and M. Tsukada : Jpn. J. Appl. Phys. **38** (1999) 192.
- [57] N. Sasaki, H. Aizawa and M. Tsukada : Appl. Surf. Sci. **157** (2000) 367.
- [58] H. Aizawa, M. Tsukada, N. Sato and S. Hasegawa : Surf. Sci. **429** (1999) L509.
- [59] N. Sasaki, S. Watanabe, H. Aizawa and M. Tsukada : Surf. Sci. **493** (2001) 188.
- [60] T. Takahashi, S. Nakatani, N. Okamoto, T. Ichikawa and S. Kikuta : Jpn. J. Appl. Phys. **27** (1988) L753.
- [61] S. Watanabe, M. Aono and M. Tsukada : Phys. Rev. **B44** (1991) 8330.
- [62] N. Sasaki, S. Watanabe and M. Tsukada : Phys. Rev. Lett. **88** (2002) 046106.
- [63] Y. Sugawara, T. Minobe, S. Orisaka, T. Uchihashi, T. Tsukamoto and S. Morita : Surf. Interface Anal. **27** (1999) 456.

第3章 電子分光

3・1 トンネル分光

3・1・1 はじめに

走査トンネル顕微鏡法(Scanning Tunneling Microscopy：STM)において試料と探針の間に印加するバイアス電圧を変化させ，対応するトンネル電流の変化を測定することにより電子分光が可能になる．STMのもつ高い空間分解能をいかすことにより，局所構造に対する「電子状態の計測」や単一分子に帰属する「振動モードの検出」といった，従来の分光法では捉えることのできなかった，物質の局所構造が示す物性を理解するための重要な知見を得ることが可能になっている．また，STMを用いて，単一原子・分子レベルでの操作(マニピュレーション)や反応制御，吸着種の動的過程やナノスケール量子構造の解析に関しても精力的に研究がなされているが[1]，対象の内に潜む機構を解明するためには，分光学的手法による解析が欠かせない．STMを用いた分光では，トンネル電流そのものが数nA以下の非常に小さな信号であり，測定系外部からのノイズにも非常に敏感なため，トンネル障壁間に印加されるバイアス電圧に対するトンネル電流の変化をいかに高精度で検出するかが要となる．ここではSTMを用いて行われる電子状態計測法の基礎となる走査トンネル分光法(Scanning Tunneling Spectroscopy：STS)[2,3]と，単一分子の振動分光として有用な非弾性トンネル分

光法（Inelastic Tunneling Spectroscopy：IETS）[4]（STM-IETS）について述べる．

3・1・2　顕微鏡法から分光法へ

　STMは，非常に鋭く尖らせた金属探針を試料表面から数nm程度の距離に近づけ，試料-探針間を流れるトンネル電流をプローブとして試料表面の構造を観察する顕微鏡である．トンネル電流は，探針-試料間距離に指数関数的に依存するため，これをプローブとすることで原子レベルの高い空間分解能を有することになる．STMを用いた原子レベルでの加工が可能なことからもわかるように，バイアス電圧をあまり大きくすることはできず，STMで観察されるのは，試料表面におけるフェルミ準位近傍の電子状態密度の空間分布に対応する像に限られる．しかし，例えば，光電子分光が占有準位からの電子放出，逆光電子分光が非占有準位への電子注入により，それぞれ，占有，非占有準位の情報のみを取り出すことと比べ，STMでは，探針-試料間に印加するバイアス電圧を正負に変化させることで，占有・非占有状態に関する情報を併せて取り込むことができる特長をもつ．

　このことを，図3・1に示す金属的な探針と半導体的な試料表面のトンネル接合を用いて考えてみる．ここで，探針と試料は十分に広い平行平板と仮定

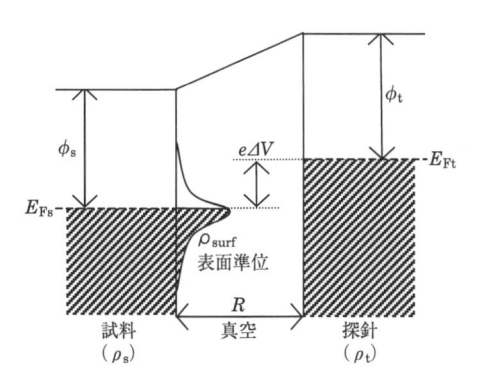

図3・1　STMトンネル接合部の電子エネルギー状態図

する(1次元近似). E_{Ft}, E_{Fs} をそれぞれ探針と試料のフェルミ準位, ϕ_t と ϕ_s をそれぞれ探針と試料の仕事関数, ρ_t, ρ_s をそれぞれ探針と試料の表面電子状態密度, R は探針-試料間の距離を表している. R が〜数 nm 以下になると, トンネル接合距離が小さくなり, トンネル障壁を通って電子が量子力学的にトンネルする確率が高くなる. 探針に対する試料バイアス($E_{Fs} - E_{Ft} = -eV$)がゼロの場合, フェルミ準位は等しくなり, 正味の電流は観察されない[5]. 試料バイアス V を電源から与え, E_{Ft} と E_{Fs} をずらしたものが, 図における電子のエネルギー状態図で, トンネル電流が観察されることになる. ここでは, 試料バイアス $V>0$ において探針の占有状態から試料の非占有状態へトンネルする場合が描いてある. 試料に印加するバイアス電圧を反転($V<0$)させれば, 逆に探針の非占有状態へ, 試料の占有状態からのトンネルが起こる. また, 試料バイアス V が小さい場合($eV < (\phi_t + \phi_s)/2$)を想定している.

低温の状態で, トンネル電流 I はウェンツェル・クラマー・ブリルアン(Wentzel Kramers Brillouin：WKB)近似を用いて

$$I \propto \int_0^{eV} e\rho_s(E)\, \rho_t(-eV+E)\, T(R, eV, E)\, \mathrm{d}E \qquad (3 \cdot 1)$$

と表される. ただし, E は試料のフェルミ準位を基準とした電子のエネルギー, $T(R, eV, E)$ はトンネル接合距離 R において試料バイアス V を印加した場合のエネルギー E におけるトンネル遷移確率である. T は真空トンネル障壁の傾いた角型ポテンシャルを平坦な角型ポテンシャルで近似すれば, WKB 近似では

$$T(R, eV, E) \cong \exp\left(-\frac{2R\sqrt{2m}}{\eta}\sqrt{\frac{\phi_s + \phi_t}{2} + \frac{eV}{2} - E}\right) \qquad (3 \cdot 2)$$

で与えられる. 式 (3・1), (3・2) は, トンネル電流が, トンネル接合距離に指数関数的に強く依存することに加え, 探針の電子状態と試料の電子状態およびトンネル遷移確率を E_{Ft} と E_{Fs} の間で積分して得られることを示してい

る．したがって，金属探針の電子状態がエネルギーに対し滑らかで，特別な構造をもたなければ，トンネル電流 I に含まれる情報は主に表面の電子状態密度を反映することになる．

このような1次元トンネル接合の議論は，探針を原子レベルの突起に，試料を表面原子構造に起因する局所電子状態に置き換えると3次元にも拡張できる[6-9]．また，STSなどにおける原子レベルでの空間分解能や電子状態の情報を得る仕組みがSTMの延長であることが理解される．

3・1・3 走査トンネル分光法の原理と測定例

トンネル電流の印加電圧に対する振舞い（I-V特性）から表面電子状態のエネルギー分布を求める手法はトンネル分光法（Tunneling Spectroscopy：TS）と呼ばれ，原子分解能を有するSTMを用いて，表面電子状態を空間分布まで含めて描き出す手法を走査トンネル分光法（Scanning Tunneling Spectroscopy：STS）[2, 3, 10, 11]と呼ぶ．ここでは，STS測定について，理論的な背景と実際の実験方法について解説する．

我々が欲しいのは，試料の局所状態密度に関する情報である．図3・1のように，STMの探針-試料間にバイアス電圧を加えるとフェルミ準位に差が生じ，差の部分からの寄与を加え合わせた形でトンネル電流が流れる．したがって，トンネル電流を印加電圧 V_s で微分して得られる曲線は，表面電子状態密度を反映した構造を表すものと期待される．

実際に，$\mathrm{d}\rho_\mathrm{t}/\mathrm{d}V = 0$ の仮定の下に式 (3・1) を微分すると

$$\frac{\mathrm{d}I}{\mathrm{d}V} \propto e\rho_\mathrm{s}(eV)\,\rho_\mathrm{t}(0)\,T(R, eV, eV)$$
$$+ \int_0^{eV} \rho_\mathrm{s}(E)\,\rho_\mathrm{t}(-eV+E)\,\frac{\partial T(R, eV, E)}{\partial V}\,\mathrm{d}E \quad (3\cdot3)$$

を得る．ここで，上式第1項の $T(R, eV, eV)$ は，式 (3・2) から V に関して単調に増加する関数であり，トンネル接合距離が小さくなるにつれて

V の高次項の寄与が大きくなる [12]. したがって, 表面電子状態密度 ρ_s のエネルギー分布を単純に求めるためには, 測定された I–V 特性からトンネル確率 T の影響をできるだけ取り除く必要がある. $\mathrm{d}I/\mathrm{d}V$ の代わりに $(\mathrm{d}I/\mathrm{d}V)/(I/V) = \mathrm{d}(\log I)/\mathrm{d}(\log V)$ (正規化されたトンネルコンダクタンス, または単にトンネルコンダクタンス) を用いると, V の高次項の寄与を軽減できることが示されている [13]. すなわち, 式 (3·3) を式 (3·1) で割り,

$$\frac{\dfrac{\mathrm{d}I}{\mathrm{d}V}}{\dfrac{I}{V}} \propto \frac{\rho_\mathrm{s}(eV)\rho_\mathrm{t}(0) + \displaystyle\int_0^{eV} \frac{\rho_\mathrm{s}(eV)\rho_\mathrm{t}(-eV+E)}{T(R,eV,eV)} \frac{\partial T(R,eV,E)}{\partial V} \mathrm{d}E}{\dfrac{1}{eV}\displaystyle\int_0^{eV} \rho_\mathrm{s}(E)\rho_\mathrm{t}(-eV+E) \frac{T(R,eV,E)}{T(R,eV,eV)} \mathrm{d}E}$$

$$= \frac{\rho_\mathrm{s}(eV)\rho_\mathrm{t}(0) + A(V)}{B(V)} \tag{3·4}$$

と変形する. 探針の表面電子状態密度 ρ_t は一定であると仮定しているので, 式 (3·4) の分子の第1項は試料の表面電子状態密度 ρ_s に比例する. 一方, 分子の第2項と分母では, $T(R,eV,E)$, $\partial T(R,eV,E)/\partial V$ と $T(R,eV,eV)$ の比が含まれているので, トンネル確率 T に起因した指数関数的な振舞いが打ち消され, $A(V)$ と $B(V)$ は V に対して穏やかに変化する関数となることが期待される. 同様に, トンネル確率 T に起因した探針-試料間距離 R の依存性も除去できることが期待される. この式 (3·4) では, $A(V)$ は求める量 ρ_s に対して穏やかに変化するバックグラウンドとして残り, 一方, $B(V)$ は, 積分区間でトンネル確率の比 $T(R,eV,E)/T(R,eV,eV)$ で重みを付けた ρ_s の平均であり, 式 (3·4) の ρ_s を規格化していると見なすことができる. このように, $\dfrac{\mathrm{d}I/\mathrm{d}V}{I/V}$ は $\mathrm{d}I/\mathrm{d}V$ よりも試料表面の電子状態密度をより良く表すことができるとされている. 実際, この近似は, フェルミ準位近傍で試料の状態密度 ρ_s がバンドギャップをもつ材料のように極めて 0 に近い場合を除き, 良く成立していることが確かめられている [14].

STSのデータを示すときには,上述の理論的な背景を考えた上で,I,dI/dV,$\dfrac{dI/dV}{I/V} = d(\log I)/d(\log V)$を試料バイアス$V$の関数として表示する方法が用いられる.例えば,$I$-$V$特性は積分値であるが,バンドギャップの存在や大きさを議論する場合に便利で,電流軸を十分に拡大して$V = 0$付近で電流値がノイズレベルよりも小さければバンドギャップが存在する(半導体的である)とし,また,$V = 0$付近でI-V曲線の傾きがゼロでなければバンドギャップは存在しない(金属的である)といった判断を容易に得ることができる.

実際にSTSを再現性よく測定するためには,STM観察の場合よりも振動ノイズが低く,かつ探針 - 試料間の相対的位置の変化(ドリフト)の少ない装置が必要である.また,測定側のエレクトロニクス(フィードバック制御回路と信号増幅/集録部分)のノイズも少ないほど良い.しばしば商用電源グランドからのノイズの混入が問題となることがあるが,その場合は,動力用のグランドと測定機器用のグランドを切り離し,装置本体を測定用のグランド(基準電位)とするとノイズレベルの低減につながることがある.STM観察に必要なエレクトロニクス以外には,(ⅰ)フィードバックのスイッチング回路,(ⅱ)試料印加電圧を± 3V程度ランピング可能な電圧出力回路,(ⅲ)トンネル電流測定回路,が付加されていれば,STS測定は可能である.現在では,市販の装置でもこれらの回路は標準装備されており,新たな回路を製作する必要はほとんどない.

STSにはいくつかの方法が知られているが,まず,一般的に用いられる方法を紹介する.図3・2はSTS測定におけるそれぞれの回路の一般的な動作タイミングを示している.STM観察のためのラスター走査は,(a)のようにX軸走査とY軸走査からなる.ここで,(a)の実線部分で,少しずつ場所を変化させながらスペクトルをとることを考える.X軸走査(場所の移動)の際は,フィードバック(d)をonの状態にしながら探針を移動させる.このときは,表面の凹凸に起因したZ軸への印加電圧の変化が測定さ

(a) ラスター走査

(b) X軸走査

(c) 凸凹データ測定
　　(Z軸印加電圧の変化)

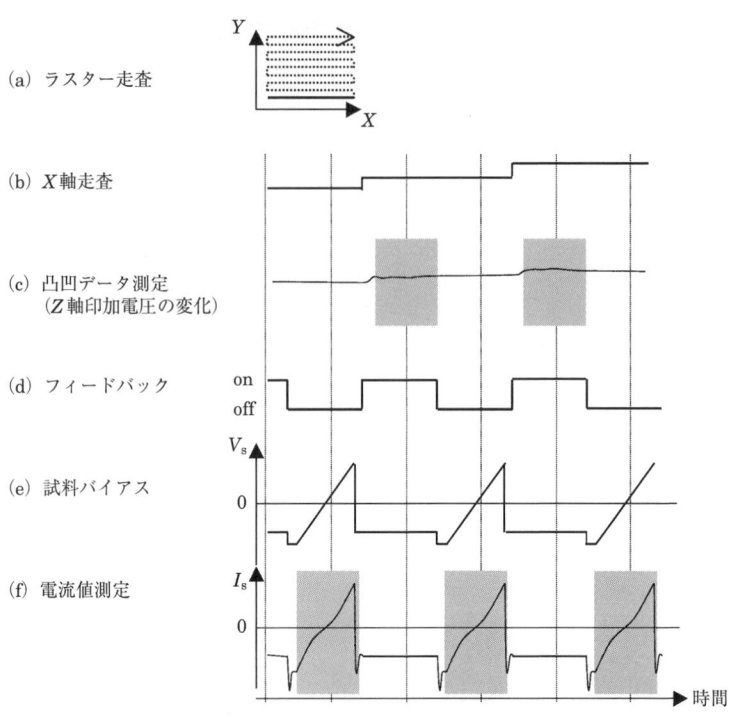

(d) フィードバック

(e) 試料バイアス

(f) 電流値測定

図 3・2　STS 測定のタイミングチャート

れる(図中 (c) の陰影部のタイミング)．凹凸データの測定は，使用されている AD/DA (アナログ-デジタル信号変換) ボードのサンプリングレートによるが，各測定点で数回から数 10 回サンプリングを行い，それらを平均して求めることが多い．移動量によって，この操作を数 10 から数 100 点で繰り返すことになる．

　続いて，ラスターを止め，探針 - 試料間距離を固定するためにフィードバック回路 (d) を一時的にホールドする．そして，バイアス電圧 (e) をランピングさせてトンネル電流 (f) の変化(I-V曲線)を測定する．試料バイアス (e) の掃引時間は長過ぎると探針位置などの変化により測定対象由来の信号を検出できなくなり，短過ぎると電圧変化による誘導電流や変位電流が測

定誤差となる．これら誤差を抑えるために，バイアス電圧を変化させた後，ある程度遅延をかけて電流値を計測する工夫がなされた装置もある．

この操作を繰り返し，異なる点でのスペクトルを得ることができる．Y軸についても走査すれば，表面の電子構造の2次元的な情報が得られることになる．実際の測定では，適切なランピングスピードを設定するのはもちろんのこと，1点について何本かのI-V曲線を平均したり，STS測定後，表面構造における等価な原子についてのI-V曲線を平均するなどして，信号対雑音比（S/N）を向上する手法が用いられる．電流値の測定点もまたADボードのサンプリングレートによるが，STM走査の各点でSTSを行う場合にはデータ量が膨大なものとなるため，注意が必要である．

この手法の応用として電流像トンネル分光法（Current Imaging Tunneling Spectroscopy：CITS）により，表面電子状態を実空間の像として捉えようという手法もある [3]．これは，STM観察を行いながら各走査点でフィードバックを切って探針の高さを固定し，バイアス電圧を掃引変化させてトンネル電流の変化（I-V曲線）を測定し，再びフィードバックを働かせて次の走査点へ移るという動作を数10 Hz程度の高速で繰り返す．そうして，各走査点で得られたI-V曲線から任意のバイアス電圧に対するトンネル電流像を表示することにより，表面電子状態の空間分布に関する情報を得ることが可能となる．

I-V曲線の測定とは別の方法として，通常の"定電流モード"で測定を行いながら，バイアス電圧に2 kHz程度の変調電圧を重畳し，トンネル電流中の同周波数成分をロックインアンプで検出して，直接微分コンダクタンスを得る方法がある（dI/dV像）[1]．ロックインアンプで設定する時定数にもよるが，基本的には測定時間がSTMの走査時間と一致するので，特別に測定時間が長くなることもなく，比較的簡単に測定することができる．しかし，この方法ではバイアス電圧に対応したエネルギー準位の電子情報しか調べることができない．

いずれの方法をとった場合も，$I-V$ 特性から表面電子状態を導出する式(3·4) では「探針表面の電子状態密度はエネルギーに対して滑らかで特別な構造をもたない」という仮定があるため，得られたスペクトルの議論は近似の範囲を超えてないことを常に頭に入れておく必要がある．つまり，実際の測定に用いられる探針の表面電子状態密度は，異原子・異分子の吸着，原子配列の構造変化によって，この理想的な状態と異なることが多い．実際，STM の走査中にあるいは $I-V$ 特性の測定中にトンネルスペクトルが変化する場合があり，STS で得られるスペクトルの再現性は必ずしも高くない．特に表面電子状態が未知の場合，どのスペクトルが真の表面状態密度を反映しているのか，判断が難しい．また，同じ探針でも瞬間的に 5 V 以上の高電圧を印加することで，あえて探針の状態を変えて測定をしてみると，STM 観察で同じような分解能が得られる探針でも異なるスペクトルが得られることもしばしばある．そのため，STM が測定対象の周辺環境を原子分解能で確認できることを利用して，理想的な環境（ステップ・欠陥などの存在しない領域）にある構造に対し，異なる探針 - 試料のセットで同じ測定を行ったりすることで，参照スペクトルとなり得るデータを蓄積して，データの再現性を確認することが大切である．また，異なる表面構造に対して表面電子状態密度の絶対値の差異に関する議論を行う場合は，必ず同じ探針 - 試料の組み合わせで測定した結果の中で議論する必要がある．このように，STS 測定に用いる探針には細心の注意が必要である．これは，STM と STS の測定における差異による．トンネル電流のトンネル接合間距離依存性からもわかるように，先端原子から下層の原子が 0.1 nm でも奥に下がっていれば，下層からのトンネル電流への寄与は 1 桁ほど減少する．したがって，STM 観察では，探針の構造そのもので像が変化するが，探針先端に 1 原子さえ突き出ていれば下層の原子配列には鈍感である．また，その突き出た原子が異種原子であった場合でも高分解能な STM 像が得られると考えられている．場合によっては，かえって突き出た原子が異原子であった方が

高分解能な像が得られるのではという予想もある．一方，STM の場合に比べて STS では最表面だけでなく下層の原子配列構造や原子種がトンネルスペクトルを変化させる恐れがある．つまり，トンネルスペクトルでは電流の絶対値を計測するのではなく，印加電圧に対する電流変化をプロットするので，下層に異原子種が存在して特定のエネルギーで電子状態密度が高くなっていると，トンネルスペクトルに対する影響は大きいと考えられる．したがって，より適した STS 用の探針を作製するためには，先端の形だけでなく，表面の不純物を完全に除去することも必要である．

半導体基板上で STS 測定を行う場合にはもう一点注意が必要である．初歩的な STM の理論では試料と探針との間に与えたバイアス電圧はすべてトンネルギャップに掛かっているものとして解説されるが，これは試料の抵抗がトンネル抵抗に比べて無視できるほど小さいとする仮定が暗に含まれている．半導体試料を測定する場合，特に低バイアス領域では与えられたバイアス電圧のうち試料内部に掛かる割合が無視できなくなる場合がしばしば起こる．このような状況は図 3・1 とは異なり，図 3・3 に示すような金属‐絶縁体‐半導体（MIS）接合の形で記述されるものとなり，半導体表面近傍におけるバンドの湾曲（バンドベンディング）が実効的なトンネルバイアスに影響を与える．バンドベンディング量は試料表面近傍の局所的なドーパントや欠陥密度，仕事関数，表面準位密度に大きく依存し，さらには，バイアス電圧

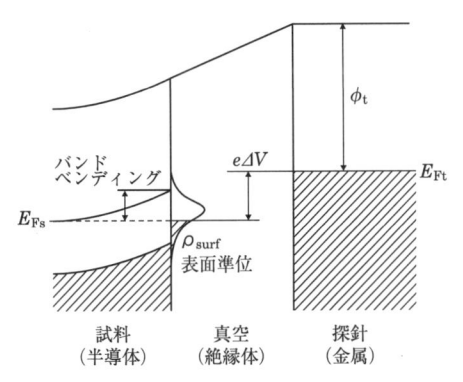

図 3・3　MIS 構造のバンド図

やトンネル電流,探針側の仕事関数,さらには,環境光強度などにも依存して変化する.試料へのバンドギャップを超えるエネルギーをもつ光照射は試料表面において光キャリアを生成し,このキャリアがバンドベンディング部分の電界に沿ってドリフトすることで結果的にバンドベンディングを解消する方向に逆方向の電場を生じる.これは表面光起電力として知られる現象である[15].これらの理由により見かけ上のバイアス電圧と実効的なバイアス電圧が異なる場合,STSの解釈は非常に難しいものとなり,しばしば誤った解析結果を生んでしまう.

STSは単なるSTM観察による原子分解能の像を得る実験と比べて技術的により難しい面もあるが,空間分解能は原理的にSTMと同じ(試料表面と平行な方向で0.1nm程度)である.このことは,他の表面電子状態測定法では表面の広い範囲($\sim$数nm^2)であるのに対し,STMが測定対象の周辺環境を原子分解能で確認できることと併せて局所的な表面電子状態を原子レベルで調べる点においても,極めて特徴的で有効な手段であるといえる.

3・1・4 非弾性トンネル分光

エネルギーの変化を伴う非弾性過程を扱う非弾性トンネル分光法(Inelastic Tunneling Electron Spectroscopy:IETS)は,絶縁層中のトンネル現象を解析したことに始まるが,前項で紹介したトンネル分光による電子分光法の一種である.エネルギー変化のない弾性トンネル過程のみを仮定した場合,式(3・1)で得られるトンネル電流は,接合に印加する電圧を上げていくと滑らかに増大するので,微分コンダクタンス d^2I/dV^2 も電圧に対して滑らかに増大していくことになる.しかし,実際に金属-絶縁層-金属構造の接合間に流れるトンネル電流を極低温下で検出し d^2I/dV^2 の電圧依存性を計測してみると明確な構造が見られることが,1966年はじめに報告された[16]. d^2I/dV^2 スペクトルに見られる構造は印加電圧の極性に関係せず,

絶縁層に存在する分子の振動エネルギーに対応することから，分子の振動を励起する非弾性トンネルに関連していると理解され，主にトンネル接合間に存在する分子の振動スペクトルを得ることができる測定手法として利用されることとなった．マクロスコピックな系に対するIETSに関しては，多くの優れた総説[17]があり有用である．

一方，表面に吸着した単一分子の振動分光は，STMの開発当初から期待されてきたが，トンネル電子により吸着分子の不安定な動きが誘起される問題や，振動励起に伴う微弱な微分トンネルコンダクタンス d^2I/dV^2 の変化を観測するには機械的安定性が十分でないこともあって，信頼性の高い実験結果が得られなかった．こうした中，1998年に，実験面での多くの困難を克服して銅基板上に吸着した単一アセチレン分子（C_2H_2）の振動分光が成功した．一般的にSTM像のみの解析からは吸着分子の化学的な同定を行うことは困難であったために，この結果は表面分析装置としてのSTMの新たな展開を示すものとなった．その後いくつかの研究グループからの報告がなされるようになってきてはいるが，その数はまだ少ない．本項では，IETSの基本原理とSTMを用いた単一分子に対する振動分光法としての非弾性トンネル分光法（STM-IETS）の測定法について述べる[18-28]．

図3・4に金属-絶縁層-金属構造をもつトンネル接合系のエネルギーダイアグラムを示す．絶縁層中に $\hbar\omega$ の振動エネルギーをもつ分子が含まれているとする．これはちょうど吸着分子系を観察する際のSTMにおけるトンネル接合に対応する．接合に印加する電圧 V_s を増加させると，両極のフェルミ準位は $e\varDelta V$ のエネルギー差をもち，トンネル電流が流れる．$0 < eV_s < \hbar\omega$ の間は，トンネリングは右極の占有状態から左極の同じエネルギー準位に対応する非占有状態間で生じ，トンネル電流はバイアス電圧の増加とともに滑らかに増加していく．これはちょうど前節のような弾性トンネルのみを仮定した場合に対応する．しかし，$eV_s = \hbar\omega$ となったとき，この弾性トンネルに加えて，トンネルの最中にエネルギー $\hbar\omega$ を分子に与えてトンネルす

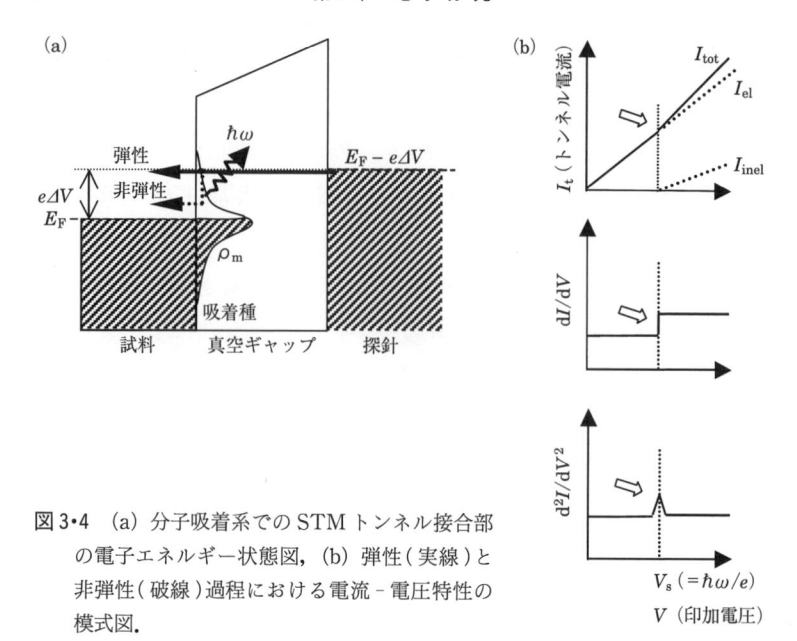

図 3・4 (a) 分子吸着系での STM トンネル接合部の電子エネルギー状態図，(b) 弾性（実線）と非弾性（破線）過程における電流‐電圧特性の模式図．

る経路が新たに加わる．この現象は，トンネルの終始状態でトンネル電子のエネルギーが異なるため非弾性トンネル過程と呼ばれる．非弾性トンネル過程による電流が流れ始めるとき，弾性トンネルの過程に加えて新たな電流伝導経路が加わることとなるので，全体のトンネル電流の増加は，$V_s = \hbar\omega/e$ で屈曲点をもつことになる．さらに印加電圧を上げていくと，両トンネル過程を介してトンネル電流は滑らかに増大していく．したがって，図3・2右側に示したように，$V_s = \hbar\omega/e$ でトンネル電流の1次微分はステップ状になり，2次微分ではスペクトル中にピークとして観測される [16, 17]．ここで，$1\,\mathrm{meV} = 8.065\,\mathrm{cm}^{-1}$ の関係から，例えば $0 \to 400\,\mathrm{mV}$ まで電圧を掃引すれば，$0 \to 3200\,\mathrm{cm}^{-1}$ 程度まで絶縁層中に存在する分子の振動エネルギーとの比較をすることができる．振動スペクトルの自然幅は赤外吸収実験からもよく知られているように非常に小さい半値幅（$< 1\,\mathrm{meV}$）をもつ [21]．トンネル分光法では，電極間に印加する電圧を精密に制御することができるが，

トンネル電子のエネルギーの不確定さは電極のフェルミ準位近傍の電子のエネルギー分布で決まり，これがスペクトルの分解能を支配する．そこで，後述のように極低温（＜4.2 K）の測定環境が必要不可欠である．振動スペクトルは測定温度と変調電圧の影響を受ける．STM-IETS では，分子の振動モードが存在するエネルギー領域（0〜±500 meV）でトンネル接合を確保する必要があるため，金属基板上に吸着した分子の測定が適当である．

　IETS は振動励起に伴い増加する電流成分を微弱なトンネルコンダクタンス（dI/dV：I はトンネル電流，V はバイアス電圧）の変化として観測する．そのため，STM-IETS のための基本的な装置構成は STS と同じである．しかし，ほとんどの STM 制御回路とソフトウェアは，I-V 測定を 1 秒程度で完了させるようになっている．STM-IETS で見られる実際の変化は数％であり[22]，I-V 曲線を数値的に微分しただけでは，期待される信号はノイズに埋もれてしまうのでスペクトルは得られない．そこで，図3・5 に示すように，直流掃引電圧に微小な交流電圧を加えて接合に印加し，ロックインアンプでトンネル電流の2階微分に対応する信号を検出する変調

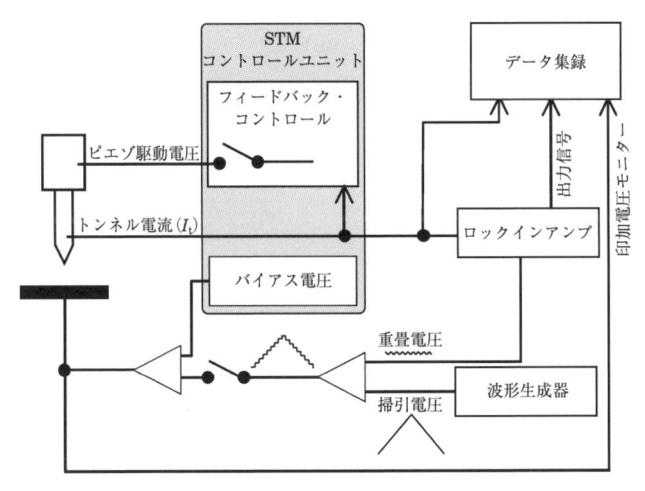

図3・5　STM-IETS 測定のダイアグラム

法による測定を行う．

　測定は，探針を分子の位置に移動し，ギャップ距離を決定した上でフィードバック回路を所定の時間切断し，バイアス電圧を掃引してトンネル電流を計測する．掃引電圧を微小電圧（$\Delta V \sin \omega t$）で重畳変調し，検出信号の参照信号とする．このとき試料バイアス電圧として印加されるのは，$V = V_0 + \Delta V \sin \omega t$ となるので，検出されるトンネル電流 $I(V)$ は

$$I(V) = I(V_0 + \Delta V \sin \omega t) \tag{3・5}$$

と表せ，これを Taylor 展開すれば

$$\begin{aligned}I(V) &= I(V_0) + \left(\frac{dI}{dV}\right)\Delta V \sin \omega t + \frac{1}{2}\left(\frac{d^2I}{dV^2}\right)(\Delta V \sin \omega t)^2 + \Lambda \\ &= I(V_0) + \left(\frac{dI}{dV}\right)\Delta V \sin \omega t + \frac{(\Delta V)^2}{4}\left(\frac{d^2I}{dV^2}\right)(1 - \cos 2\omega t) + \Lambda\end{aligned} \tag{3・5′}$$

となる．倍振動成分（2ω）の振幅を取り出すことにより，トンネル電流の微分コンダクタンス（d^2I/dV^2）に対応する信号を得ることができる．

　ここで得られるスペクトルに期待される分解能について考えてみる．探針および基板におけるフェルミ準位近傍の状態密度が十分であれば，前述のように低温で測定すれば，半値幅は 1 meV 以下の振動スペクトルを計測することができる．フェルミ準位の温度分布に起因する熱的な影響は，温度 T（K）のとき，次式で表される [16]．

$$f(\nu) = \left(\frac{1}{kT}\right)\exp \nu \frac{(\nu - 2)\exp \nu + (\nu + 2)}{(\exp \nu - 1)^3}. \tag{3・6}$$

ここで，eV を接合に印加するエネルギー（電圧），eV_0 は計測されるエネルギーとして，$\nu = e(V - V_0)/kT$，$k = 0.0861$ meV/K である．この関数はガウス型に似ており，半値幅は $5.4kT$ となる．この幅は，液体窒素温度 $T = 77$ K で ~ 37 meV（約 300 cm^{-1}），液体ヘリウム温度 $T = 4.2$ K では，~ 2 meV（約 16 cm^{-1}）となる．そのため，詳細な振動スペクトルを得るためには極低温下での測定が望ましいことがわかる．

また，ロックインアンプを用いた変調法によるこのような測定では，変調電圧がフェルミ準位を強制的に振動させることになるため，その大きさもトンネル電子のエネルギーの不確定さに関連し，分解能を決定する．変調電圧が大きいほど信号自体は大きくなるが，分解能は悪化する．例えば，変調電圧 ΔV による非弾性トンネルスペクトルの広がりは

$$m(V-V_0) = \begin{cases} \dfrac{8\{(\Delta V)^2 - (V-V_0)^2\}^{\frac{3}{2}}}{3\pi(\Delta V)^4} & (|V-V_0| < \Delta V), \\ 0 & (|V-V_0| > \Delta V) \end{cases}$$

(3・7)

のように与えられている [23]．この関数の半値幅は $1.22\Delta V$ で，$\Delta V = 1\,\mathrm{mV}$ のとき $1.22\,\mathrm{meV}$（約 $9.8\,\mathrm{cm}^{-1}$）となる．

このように，IETS における分解能は，励起されるエネルギー状態がもつ自然幅，トンネル接合のフェルミ準位の熱的なぼけ，変調電圧などの装置的な要素によって決定される．したがって，高分解能な IETS スペクトルを得るためには，試料温度をできるだけ低くし，変調電圧を適切に設定することが必要である．

ロックインアンプはその最終段にローパスフィルターを使用するが，その帯域は通常，時定数 τ によって設定される．大きな時定数を設定すれば等価雑音帯域幅が狭まりノイズには強くなるが，出力の応答が遅くなり，電圧の掃引が速いと鋭く強いピークがつぶれてしまう．そのため，1 つのピーク強度を正確に出力させるためには，$6\sim10\tau$ ほどの時間をかける必要がある．例えば，$\tau\sim100\,\mathrm{ms}$ では，後述の STM の安定性も考慮して，測定範囲 $\pm400\,\mathrm{mV}$ の電圧掃引に 100 秒程度の時間を設定し，良い結果が得られている．変調周波数は，あらかじめトンネル電流信号の周波数解析を行い，できるだけノイズレベルの低い周波数領域に設定する．ただし，使用するプリアンプの増幅帯域内に設定しなければならない．

STM本体には機械的にも電気的にも非常に高い安定性が要求される．STM-IETSの測定中は，フィードバック回路を切断した状態にする必要があるため，その間，探針－試料間の相対的な位置を固定しておく必要がある．x, y 方向の位置変化は，探針と試料が熱平衡状態に達していない場合と，スキャナーのクリープ現象が解消されていないときによく見られる．前者は，純粋に温度勾配にのみ起因するいわゆる熱ドリフトであるが，STMユニットが輻射熱シールド中で液体ヘリウムにより冷却されている限り垂直・水平のいずれにもほとんど影響はないものと考えられる．また，後者に関しても，同じ範囲を繰り返し走査することで，ある程度は解消できる．

　問題となるのは，Z 方向の安定性で，熱，クリープに加え振動の影響も大きい．また，制御系で使用しているフィードバック回路の影響も現れる．回路の切断時に Z-ピエゾに掛かる電圧を保持する必要があるが，開閉スイッチと積分回路を高電圧アンプの前に挿入してこの操作を行っている場合，後者のコンデンサーからのリーク電流が Z-ピエゾへの電圧低下を生じる原因となる．リーク電流への対処により，その変化をピエゾチューブにおいて $0.05\,\mu\mathrm{V/s}$ という非常に小さい値に抑えている例がある [24]．IETS測定ではサンプル-ホールドスイッチの高速な動作を必要としないので，リーク電流を最小限に抑えるために，ICを用いたスイッチから機械式リレーのような動作で物理的にフィードバック回路への接続を切断するリード型スイッチへ変更することも有効であると考えられる．一方，最近多用され始めているディジタル・シグナル・プロセッサ(Digital Signal Processor：DSP)を用いたディジタルフィードバック回路の場合は，このようなリーク電流による Z 方法の位置変化は問題にならない．例として，フィードバックを $100\,\mathrm{s}$ 切断した場合，トンネル電流には $\sim 25\,\%$ 程度の変化が認められている．このトンネル電流変化は $\sim 0.001\,\mathrm{\AA/s}$ のギャップの変化に相当する．その結果，緩やかな電圧上昇で測定した I-V 曲線にはわずかな非直線性が生じる．実際問題としてこの非線形性は直線でないバックグラウンドを

与えるが，振動ピーク検出自体への影響は小さいと考えられる．しかしフィードバックを切った状態がさらに長時間に及ぶ場合には(例えばスペクトルを繰り返し測定する場合など)注意が必要である．

　ここで実際の試料で得られたデータを示しながら，STM-IETS 測定時の問題点を考える．図 3·6 は Pd(1 1 0) 表面上に吸着した C 4 系の分子について得られたもので，時間の関数として (a) 印加電圧，(b) トンネル電流，(c) ロックインアンプの ω 出力(位相 $= 0°$)，(d) ロックインアンプの 2ω 出力(位相 $= -90°$)を示している．この範囲には同一のサンプル電位について 2 回(上昇と下降)測定が行われているが，これは，急激な電位の変化による吸着分子への影響を最小限にとどめることと，後述するようなスペクトルの再現性をチェックするために有益である．サンプル電位には 〜15 mV_{p-p} の変調電圧が印加されている．測定は，STM の動作が十分に安定した状態で，探針を分子の直上におき，フィードバックを切断した後約 200 秒程度で測定し，その後フィードバックを回復させ再び探針の位置を調整し測定を繰り返す．図中のスペクトルは，この動作を 16 回繰り返し積算平均した結果を示している．(b) の電流変化をみると，直線的なオーミックな振舞いをしている．探針に不純物が付着していると，電流変化は，直線的ではなくなったり，不連続な変化を見せたりする場合が多い．一方，(d) の d^2I/dV^2 に相当するスペクトルにおいては，サンプル電位の正と負の両バイアスで矢印を付けた付近に鋭いピークが現れている．このピーク極性は正と負で逆転しているが，電位の絶対値はほぼ等しい．さらに，ピークが現れる電位には 〜2 mV 程度のシフトがあるが，これはロックインアンプの応答の遅れによるもので，次の図 3·6(e) では全体をシフトさせる補正を行っている．

　図 3·6(e) は，図 3·6(d) を d^2I/dV^2 対 V のグラフとして表したものである．Pd(1 1 0) 表面上で測定したスペクトルとトランス 2 ブテン分子上で得られたスペクトルを比較すると，± 360 mV 付近の鋭いピークは分子で得

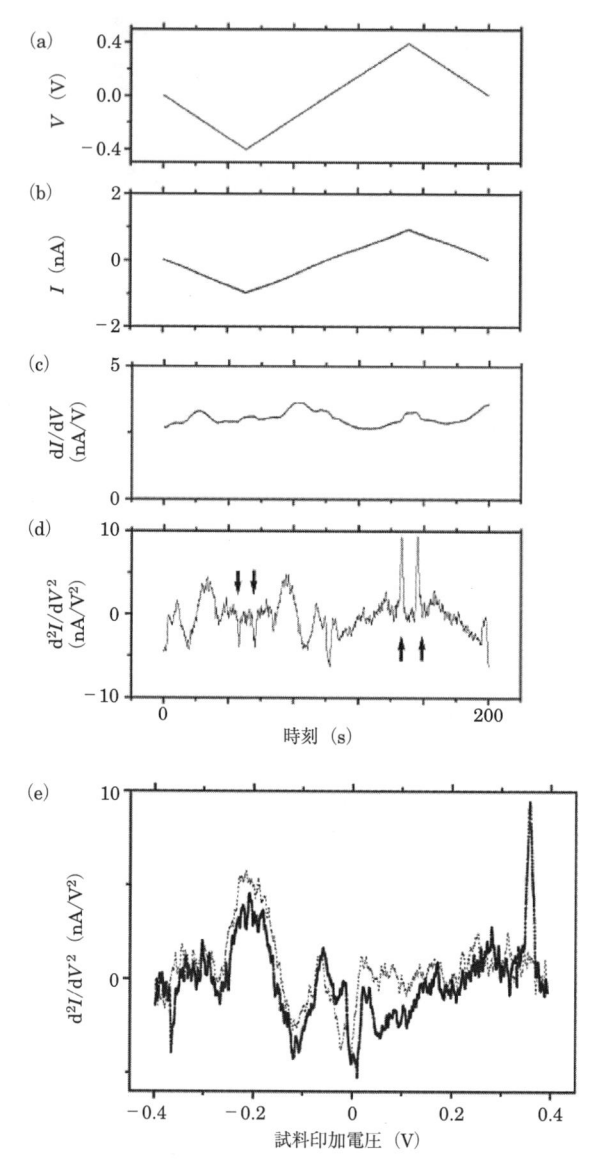

図3・6 STM-IETS 測定時の信号変化. (a) 印加電圧, (b) トンネル電流, (c) ロックイン検出したトンネル電流のコンダクタンス, (d) 微分コンダクタンス(矢印は ν(C—H) の振動ピーク), (e) トランス2ブテン(実線)と Pd(1 1 0)(点線)の STM-IETS スペクトル.

られたスペクトルにのみ観測されることがわかる(半値幅 $\sim 12\,\mathrm{mV}$). 同位体を用いた実験では振動数のシフトも観察され，C—H の伸縮振動モード $\nu(\mathrm{C-H})$ に対応するものであると結論付けられる．その他のピークについては $\nu(\mathrm{C-H})$ と同等の強度で現れるものは観測されなかった．また分子と金属上の両方に見られる大きななだらかな構造が負電位の領域で観察されるが，これは探針の形状に依存する構造と考えている．すなわち，探針の汚染ではなく，むしろ探針の先端で実際に像の測定に寄与している，いわゆるミニ探針の形状に依存するものであると考えられる．

$V_\mathrm{s} = 360\,\mathrm{mV}$ に相当するピークは $\mathrm{d}^2 I/\mathrm{d}V^2 \sim 10\,(\mathrm{nA/V^2})$ 程度であり，このピークに対応する微分コンダクタンスの増加(チャンネルの増加)は $\sim 5\%$ である．この $\nu(\mathrm{C-H})$ に相当する信号は Cu(1 0 0) 表面でアセチレン分子について，市販の装置でも十分に有意義なデータが測定できるが，Pd(1 1 0) 表面においては観測にかからない．これは他の分子で見られたような振動励起によって誘起された分子の運動，すなわちホッピング [25] や，化学変化 [18]，により IETS そのものが難しいというわけではない．安定した吸着位置で IETS が可能であるにもかかわらずこの表面では観測されない．その原因は明らかにされていないが，吸着による電子状態の変化か分子の配向の違いによるものであると推測される．そのため，実験を始める上ではむしろ，IETS ピークは測定する分子と表面の組み合わせに強く依存するものであることに留意することが大切で，まずは Cu(1 0 0) 表面上のアセチレンや Pd(1 1 0) 表面上のトランス 2 ブテンなどを標準試料として測定を開始することは良い確認手段になると考えられる．

この他，Cu(1 1 1) 面のように表面準位の影響が大きく測定が困難な場合では，ステップ端を利用することで解析が可能になることが示されている [28]．また，先に，電界のしみ込みによるバンドベンディングの影響について述べたが [15]，温度によるバンドベンディングの影響を考慮する必要もある [29]．

さて，ここまでは表面上の1点で観察するSTM-IETSを議論したが，次に，ある振動モードの強度を空間的にマッピングする手法を説明する．振動モードの空間的な分布を知ることは非常に多くの情報を与えてくれる．例えば，DCCH(重水素置換されたアセチレン)についてのSTM-IETSマッピングはν(C—D)の振動モードが非常に局在化したものであることを明瞭に示している[26]．そこで用いられたマッピングの手法はフィードバックを掛けた通常のスキャンとIETS測定を測定点ごとに順次繰り返し行う方法である．この方法は正確な測定方法であるが，これも一般的な測定手法でないため，専用のソフトウエアの開発が必要である．そこである定まったサンプル電位でフィードバックを掛けた通常の表面走査を続けながら，同時にd^2I/dV^2をロックインアンプの出力からもう一つのチャンネルとしてイメージ化する手法を考えてみる．この手法は，既存のSTM測定ソフトウェアのほとんどですぐに測定可能なモードである．この手法では

(ⅰ) バイアス電圧への変調周波数がフィードバックループの応答速度よりも早く，ピエゾのZ位置の変化は通常のSTMトポグラフ像のそれと等しいこと，

(ⅱ) ロックインアンプの時定数が走査の速度で決まる値より小さいこと，

が必要である．(ⅰ)に関しては，実際に変調電圧を重畳しながら像を観察してSTMトポグラフ像への影響が無いことを確認すればよい．(ⅱ)については IETS像をラスター走査の左右両方向でとることによりロックイン出力の遅れの程度を確認することができる．また，d^2I/dV^2スペクトルが，分子・基板の両方で同程度の強度を示すエネルギー領域，つまり，振動励起由来の信号が検出されないエネルギー領域のマッピング像と比較することで，この手法により振動励起由来の信号を測定できていることを確認できる．ここではその実際の例として，Pd(1 1 0)表面上に共吸着したトランス2ブテン分子とブタジエン分子が両方観測できる領域でこのマッピング手法

が可能であることを示す[20]．スキャンスピードは左端から右端まで約 10 s，ロックインアンプの時定数は 30 ms，変調電圧 $\varDelta V = \sim 15\,\mathrm{mV_{p-p}}$，周波数 $f = 797\,\mathrm{Hz}$ を用いた．この2つの分子についてはトランス2ブテン分子では $\nu(\mathrm{C-H})$ が強く観測されるが，ブタジエン分子では非常に弱いことが報告されている[18]．図3・7(a) の STM 像からダンベル形のトランス2ブテン分子と楕円形のブタジエン分子がともに存在することがわかる．しかし，図3・7(b) に示した $V = 360\,\mathrm{mV}$ での $\mathrm{d}^2 I/\mathrm{d} V^2$ 強度のマッピングではトランス2ブテン分子のみが明るく観測され，ブタジエン分子の位置には何も現れない．走査方向に対して IETS 像のずれはほとんどなく，時定数と走査速度の組み合わせは適当であることが確認できる．このように，市販されている装置をベースに簡単な計測系を付加することでも，十分に振動強度 (IETS) マッピングが可能であり，分子の化学種を識別して像が得られることがわかる．

STM-IETS 測定で得られるスペクトルには，従来の IETS 測定では見ら

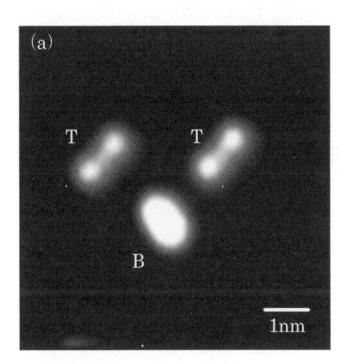

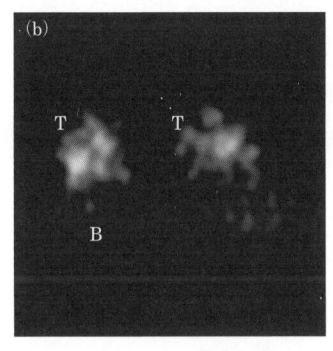

図3・7 変調法を応用した，(a) STM トポグラフ像，(b) C—H 伸縮振動に対する空間マッピング像 ($V_\mathrm{s} = +360\,\mathrm{mV}$, $I_\mathrm{t} = 1\,\mathrm{nA}$, (b) の重畳電圧：$18\,\mathrm{mV_{p-p}}$)．

れないようなスペクトルの振舞いが数多く見られている．さらに，世界的に見てもまだまだ測定例が少なく，従来蓄積されてきた各種振動分光法と比較しながらスペクトルの解析を行う必要がある．したがって，STM-IETS の

発展には理論解析はもちろん，より多くの分子に対するデータベースの蓄積が求められている．

　これまで，赤外吸収分光や電子エネルギー損失分光に代表される振動分光が，分子の吸着サイトや配向ならびに吸着層の幾何学的構造および吸着に伴う化学結合の変化を高感度に調べることができる有力な手法として用いられ，分子の振動モードに関しても数多くの研究がなされてきた．現在では，膨大なデータベースが構築され，その振舞いもよく理解されている．しかし，これらの手法は表面全体の平均的な情報しか明らかにはしておらず，また，分子構造を制御することは難しい．こうしたなか，単一分子のSTM観察とSTM-IETSによる振動分光が可能になったことの意味は大きい．つまり，吸着単一分子の構造を振動モードで特定することに加え，STM系における非弾性トンネル電子を利用して振動励起すれば，様々な表面現象を選択的に誘起することも可能になるものと考えられるからである．STMの高分解能性は分子の周辺環境の選別はもとより，分子内の特定な官能基あるいは特定の部位を狙って振動励起するという空間的極限での選択性にも優れており，振動強度のマッピングの手法を応用し，例えば大きな分子の局所的な官能基部位を検出し，振動励起して分子の切断や化学修飾を行うといったことも可能と考えられる．本項で見てきたように，STM-IETSは高い可能性をもち，今後も，ナノスケール科学を支える技術として大いに発展することが期待される．

3・1・5　まとめ

　以上，トンネル分光の基礎について述べてきた．多くの可能性をもつことが伝われば幸いである．各所で触れたように，正しい結果を得るためには，きちんとした測定技術が必要となるが，こうした技術は，他の局所分光の基礎としても重要なものである．プローブ顕微鏡を原理から正しく理解することで，新しい手法や技術への展開も可能となり，幅広く，また，より深い情

報を得られることになる．解析については，対象とする材料の物性に関する知識が必要で，それについては，それぞれの分野の書籍や論文を参考にされたい．

3・2 スピン偏極トンネル分光

3・2・1 はじめに

電子はスピン量子数によるスピンの自由度をもつが，非磁性体表面を用いたSTM/STSではスピンについては注意を払わなかった．しかし，状態密度がスピンについて異なる強磁性体などの試料や探針を用いると，それぞれのスピン状態について考察する必要が出てくる．多くの場合，試料表面に垂直な方向あるいは試料面内の方向に量子化軸をとり，量子化軸に沿って，平行と反平行な方向を定め，それぞれの方向に沿ったスピンを上向きスピン，下向きスピンと定義する．真空を障壁とするSTM/STSでは，トンネル過程の前後でスピンの状態が保存されていると考えてよく，上向きスピン電子は上向きスピンの非占有準位へ，下向きスピンは下向きスピン状態に流れる．電子が流れ込んでただちにスピンが反転するような散乱を無視すれば，トンネル電流は上向きスピン電子と下向きスピン電子のそれぞれについて独立に計算できる．電子の磁気モーメントの方向がスピンと反対を向くので，強磁性体では磁化の方向と反対の方向のスピンをもつ電子の数が磁化と平行のスピンをもつ電子の数より多くなる．電子の総数の多いスピンを多数スピン，少ないスピンを少数スピンと呼ぶ．スピンについての電子数が異なるため，探針あるいは試料の磁化状態が変わると，トンネル電流が変化すると期待される．トンネル電流の変化量を試料表面の位置の関数として画像化できれば，試料表面の磁化状態を画像化できるものと考えられる．このように磁化状態の可視化，すなわち試料表面における電子状態のスピンについての偏りの可視化を可能とするSTM/STSをスピン偏極STM/STS(Spin Polarized STM/STS：SP-STM/STS）と呼ぶ [30]．

　表面の磁化状態の計測には走査プローブ顕微鏡の一つである磁気力顕微鏡（Magnetic Force Microscopy：MFM）が広く利用されているが，試料表面の磁気モーメントと探針先端の磁気モーメント間に働く長距離相互作用である磁気双極子相互作用を検出しているため，空間分解能に制限がある．一方，短距離相互作用であるトンネル効果を用いる SP-STM/STS は STM/STS で到達可能な空間分解能をもつ磁気イメージング技術の一つとして期待されている．

3・2・2　強磁性体探針による分光

　SP-STM/STS を実現する方法にはいくつかあるが，基本的な動作原理を理解するために，強磁性体試料と強磁性体探針を用いた実験系について説明する．強磁性体の状態密度を単純化して強磁性体電極によるトンネル接合を模式化したものを図3・8に示した．強磁性体磁化方向に沿った量子化軸について上向きスピンと下向きスピンの電子状態を分けて書くと，状態密度が

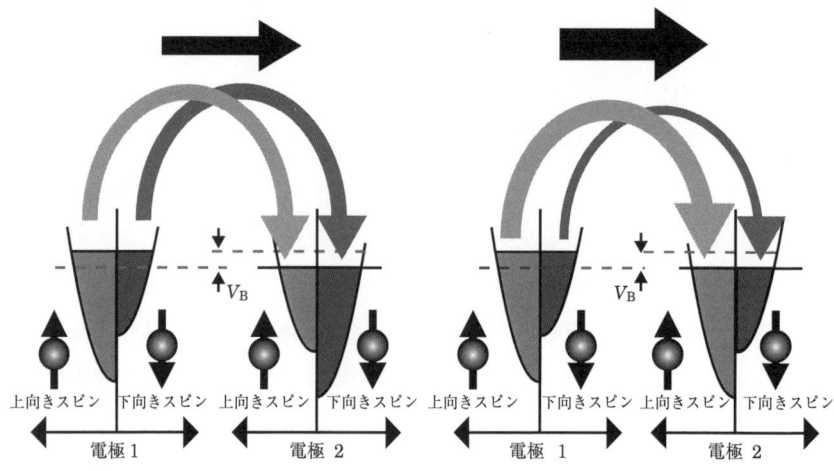

図3・8　強磁性体電極間のスピン偏極トンネル効果の原理図．（左）電極の磁化（スピン）が反平行，（右）平行．

交換エネルギー分だけずれており，磁化と反平行のスピン状態にある電子数はその反対の電子数より多く，多数スピンとなっている．図では多数スピンの方を上向きスピンと書くことにする．

2つの強磁性体でトンネル障壁を挟んだトンネル接合では，それぞれのスピン状態間で電子が行き来する．バイアスを印加すると図3・8に示すように，両電極の磁化が平行な場合は電流が大きくなり，反平行にすると電流は小さくなる．電子状態のスピンについての偏りはスピン偏極度（スピン分極率，スピン偏極率）と呼ばれ，磁化ベクトルに平行なベクトル量となる．2つの電極の磁化ベクトルは平行・反平行の方向からずれていてもよく，その場合，トンネルコンダクタンスは2つの磁化ベクトルの内積に比例する[31]．一方の磁化ベクトルを固定すれば，他方の磁化ベクトルの回転によりコンダクタンスが変わる．このような素子はスピンバルブ（spin valve）と呼ばれる．またトンネル接合において，外部磁場を印加したときに，磁化の相対角度が変化し，素子抵抗が変わることをトンネル磁気抵抗（Tunneling Magneto Resistance：TMR）と呼ぶ．TMRは磁気ランダムアクセスメモリーの記憶素子などへの応用が注目されている．SP-STM/STSはいくつかのバリエーションが提案されてきたが，探針の磁化を固定とし，試料表面の異なる磁化状態にある磁区の上を走査すると，スピンバルブと同様に，試料の磁化状態に応じてトンネル電流が変化する．これを記録すれば試料表面の磁気構造を知ることができる．

SP-STM/STSでは，表面のトポロジカルな構造に依存するトンネル電流やトンネルスペクトルから，スピン状態に依存した成分を抽出することが必要とされる．反強磁性体Cr単結晶（0 0 1）表面と強磁性半金属CrO_2探針を用いたSP-STMの最初の実験では，規則的にスピン状態が交番する試料を用いることで表面構造に依存するトポロジカルな成分の差し引き，スピン成分の抽出を試みている[32]．しかし，この方法はスピン状態が交番することが既知である必要があり，汎用性に乏しい．これに対し，STSスペ

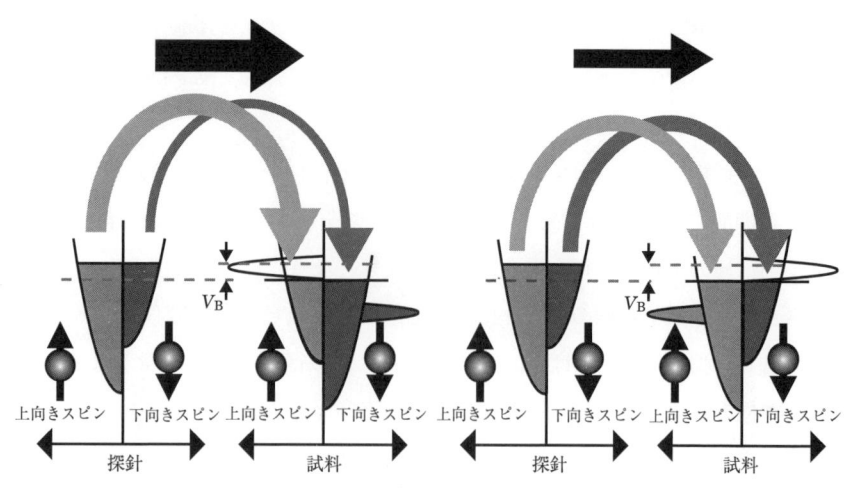

図 3・9 試料に高スピン偏極した表面準位がある場合のスピン偏極トンネル効果，表面準位によるスピン依存電流の強調．

クトルのスピン成分のバイアス電圧依存性を利用してスピン成分を抽出する方法は汎用性が高い [33]．特に，STS スペクトルに顕著に現れるフェルミ準位近傍の表面状態が交換分裂によって大きくスピン偏極している場合は有効である．低温における Gd(0 0 1) では表面電子状態が明確に交換分裂する [34] ほか，Fe(0 0 1) [35] や Cr(0 0 1) [35, 36] 表面など bcc の遷移金属表面では少数スピンに起因する 100％ 近くスピン偏極した表面状態がフェルミ準位近傍に存在する．Co(0 0 1) 表面 [37]，Mn(0 0 1) 薄膜表面 [37] でも同様にスピン偏極度の大きい表面状態が存在する．図 3・9 に，このような場合の電子状態を模式的に示した．Gd では表面状態の交換分裂はフェルミエネルギーに対して対称的になるが，Fe(0 0 1) などでは，少数スピンの表面電子状態はフェルミ準位近傍にあり，多数スピン状態はフェルミ準位より遠い所にある．Fe(0 0 1) 面では，少数スピンの表面状態はフェルミ準位より 0.2 eV 程度非占有準位側に，少数スピンの表面状態は，1.8 eV 程度占有準位側に位置する．フェルミ準位近傍の表面状態は STS スペ

クトルに鋭いピークとして表れ [35], 離れた準位は STS スペクトルのバックグランドと識別が難しくなる.

バルクの電子状態もスピン偏極しており, 原理的には SP-STM/STS でのスピン測定に利用できるが, スピン偏極度の大きな表面準位は, STS のスピン依存性を強調し, SP-STM/STS 測定を比較的容易にする. スピン依存の小さいバイアスでの STM 像と, 表面準位に合わせたバイアスでの STS 像を比較すれば, 前者は表面の凹凸を後者がスピン状態を可視化したものとなる.

3・2・3 実験例

SP-STM/STS では, Gd, GdFe, Fe, Cr, Co などの金属表面でスピン測定がなされているが, ここでは Fe を例に SP-STM/STS の実験について考える. Fe(0 0 1) の清浄表面は 1×1 構造となり, 単結晶の Fe(0 0 1) 表面の観察ではウイスカが用いられる [35, 38]. また, 薄膜の場合は, MgO(0 0 1) 基板上に 2 nm の Fe と 30 nm の Au 薄膜を形成しシード層とし, その上に Fe 薄膜成長させたものや [39], MgO 基板上に直接成長したものがある [40]. 後者の場合の試料作成手順の概要を述べる. MgO 基板をへき開し, アセトンによる煮沸洗浄などを行った後, STM の試料ホルダとのコンタクト用の Au 電極を四隅にスパッタ蒸着し, STM 装置へ導入する. その後, 600 K で 6 時間程度脱ガスをし, RHEED で表面状態の確認をしながら, 1173 K で Ca の表面への析出がないように 1 分程度加熱する. この基板上に Fe を 573 K で 0.1 nm/min の成長レートで成長させると, STM で原子像を得ることのできる平坦なテラスを有する表面が作れる.

Fe の原子分解像を得ながら安定した STS 測定を実現するためには, 先端の状態が安定した探針を使用する必要がある. スピンに依存しない測定や強磁性体薄膜探針の下地に W 探針を用いる. W 探針は電子衝撃加熱を用いて先端の清浄化を行い, Si(1 1 1) 表面などを観察して一晩以上安定して原

子像が測定でき，走査中に試料表面が変化することがないことが確認できたものを使う．探針の作製方法の詳細は研究者毎に異なるが，バイアスを掃引したときや長時間にわたる走査中に探針状態の変化や試料表面への探針からの汚染物の落下がないようにする．

STS 測定では，バイアスを変調し，トンネル電流の変調周波数成分をロックインアンプで検出し，微分コンダクタンスをプロットする．バイアスの変調振幅は $10 \sim 30\,\mathrm{mV_{p-p}}$ とし，変調周波数は数 kHz ～ 数 10 kHz にすることが多い．図 3・10 に Fe(0 0 1)/MgO(0 0 1) 表面でロックインアンプを用いて測定したトンネルコンダクタンスの例を示す．探針先端や試料表面の状態を変えないようにバイアス電圧の掃引幅は大きくとらない．フェルミ準位近傍の表面準位の測定は小さいバイアスで可能であり，安定したスペクトル測定のためにも都合が良い．図 3・10 には，2 つのスペクトルを示したが，試料表面の平坦性が良く STM で原子分解能像が安定に得られる試料のほと

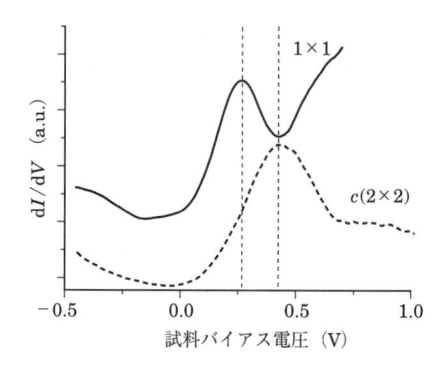

図 3・10 Fe(0 0 1)/MgO(0 0 1)表面で測定した表面準位

んどの領域では 0.45 V の位置にピークがくる．この表面では STM 像や LEED の回折像から $c(2 \times 2)$ の構造をとっていることがわかる．この表面のわずかな領域で見られる 1×1 構造の領域では，ウイスカ上で測定されるスペクトルピーク位置($-0.2\,\mathrm{V}$)とほぼ同様の位置にピークが得られる．1×1 構造の上に吸着原子が $c(2 \times 2)$ 構造を作っており，これが $1 \times$

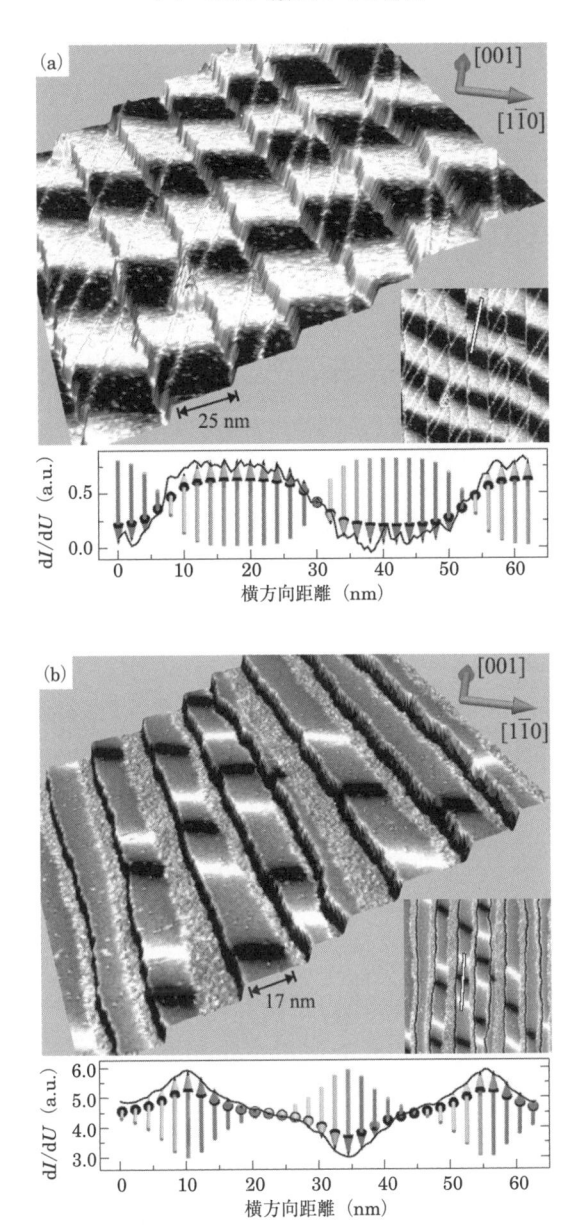

図 3・11 Fe/W(0 1 1)のスピン像.(a) GdFe 薄膜探針による薄膜に垂直なスピン像,(b) Fe 薄膜探針による膜面内に平行なスピン像 [42].

1 構造で得られる表面準位の高エネルギー側へのシフトを生じさせていると考えられる．このように，表面準位は表面の構造に敏感である [40]．したがって，W 探針上に蒸着した Fe 薄膜表面を探針として利用する場合，探針先端における Fe 薄膜の構造制御は難しく，平坦な Fe 薄膜と同じ電子構造を保障するのは難しい．このことを考慮し，図 3・9 では探針側には表面準位を書かなかった．Fe(0 1 1)/W(0 1 1) 表面などでも Fe(0 0 1) 表面と同様にスピン偏極した電子状態が表面にあり [41]，SP-STM/STS 測定を行う際に有利である．SP-STM/STS 測定では，このように高スピン偏極した表面準位をもつ良く定義された磁性体表面を用いることで，スピンコントラストの強調ができる．

表面の磁気構造を SP-STM 像として観察するには，スピン偏極度測定に実験の定量性は必ずしも必要がなく，相対的なスピン成分の大きさと向きがわかればよい．スピンコントラストを示した SP-STM 像の典型的なものの一つとして，図 3・11 に微傾斜 W(0 1 1) 面上の 2 ML の Fe 薄膜表面のスピンコントラストを示す [42]．GdFe 薄膜探針を用いて試料面に垂直な方向について可視化したものを (a)，Fe 薄膜探針を用いて薄膜面に垂直な方向のスピン像を (b) に示す．探針の磁化方向によって検出できるスピン偏極度成分を決めることができる．図におけるスピンコントラストは，表面準位が検出されるバイアスにおける微分コンダクタンスに相当するロックアンプの出力をマッピングしたものである．

STM の凹凸測定において原子分解能が得られていれば SP-STM/STS のスピンについての空間分解能は STM/STS 測定の空間分解能であると考えられるが [43]，図 3・11 の遷移領域のスピンコントラストの変化に見られるように，磁壁などの遷移領域の長さが実際の磁気像の分解能を決めている [42]．

3・2・4 SP-STM/STS用探針
(1) 強磁性体探針

探針先端のスピンの検出方向は磁性体探針の磁気異方性により特徴付けられる．探針材料，膜厚，蒸着時の印加磁場などを変えることで，磁気異方性を変えることができ，スピン検出方向を選べる．薄膜面内に垂直なスピン感度をもつGd薄膜やGdCo薄膜，薄膜面内のスピン状態の検出が可能なFe薄膜探針などが提案されている[43]．探針先端における表面状態のスピン偏極の大きさ，向きを詳細に決定し制御することが試料表面のスピン偏極度を定量的に決めるために必要とされるところであり，今後の課題となっている．

強磁性体探針では，探針からの漏洩磁場の試料磁化状態への影響を考慮する必要がある．漏洩磁場の影響の少ない試料では強磁性体探針でもスピン依存像を得ることはできる．例えば，Fe_3O_4表面の観察では強磁性体であるNi探針[44]によりFeイオンのスピン状態に依存した凹凸像が得られている．しかし，一般に，漏洩磁場の低減は重要である．

強磁性体の薄膜を用いることで探針全体の磁気モーメントの低減がはかれる他，磁気閉回路を構成した磁性体の一部を探針として利用し，磁場を磁気回路中に閉じ込めて漏洩磁場を低減する試みがある[45]．この実験系を発展させ，CoFeSiB多結晶で作ったリング状探針にコイルを取り付け交番磁場を探針磁気閉回路に誘起することで探針状態を変調してトンネル電流の変化分を記録した実験が報告されている[46]．この実験では，試料側の磁化状態を固定し，探針の磁化状態を反転したときのトンネル電流変化をロックインアンプで測定している．反転に使う磁場が小さくなるように保持力が小さく，漏洩磁場を少なくするために飽和磁化の小さい材料を選択するのが良い．また，強磁性体探針の磁化を変調する場合，磁化を反転したときに結晶がひずむ磁歪などによる探針-試料間距離の変調が伴わないように注意する必要がある．

(2) 反強磁性体探針

反強磁性体探針は漏洩磁場を低減するための一つであり，Cr薄膜探針 [43] や NiMn 探針 [47] の利用が試みられ，漏洩磁場の影響が少ないことを示す実験結果が得られている．

(3) 半導体探針

GaAs などの III-V 族化合物半導体では，バンドギャップエネルギー程度の円偏光を照射すると，光学的選択則によってスピン偏極電子が励起される．このスピン偏極励起電子をプローブ電子として利用できれば，光によりスピン状態を制御でき，かつ漏洩磁場の影響が少ない SP-STM/STS 用の探針が作れる [48]．Fe(0 0 1) 薄膜表面の高スピン偏極表面準位を利用してスピン依存信号の強調を狙った実験では，励起電子がある準位と Fe(0 0 1) 表面の非占有準位にあるスピン偏極した表面準位が揃うバイアス印加条件下では大きなスピン依存信号が得られる [49]．光励起による SP-STM/STS では，励起光の円偏向度を変えたときに，探針に照射される光の強度や位置が変わらないように注意する必要がある．ビームアナライザなどで円偏向を変調したときに，ビームスポット形状の歪みや位置の移動がないように測定限界まで調整する．ポッケルスセルや光弾性変調器を用いた円偏光変調により電流変化の検出を行う場合には特に注意を要する．ビューポートや光学機器を通過する際に偏光に依存した透過率変化が生じ，そのため励起光強度の変調が発生する．また，探針に照射する光は磁性体試料へも当たるため，磁性体試料表面で磁化と円偏向度に依存した反射率変化もあり，その影響を除く必要がある [50]．試料の高スピン偏極準位を利用した場合，スピン依存成分が強調され，励起光強度変化による影響が少なくなる．また，半導体探針では良く定義された先端を有する探針作製が難しく，探針の作製方法や先端の処理方法についてはさらなる検討が必要である．しかし，真空中でへき開することで作製した GaAs 探針では，Cu や Au の原子分解能像が W 探針と同程度の分解能と安定度で得られるため [51]，よく定義された磁

性体試料を用いた研究を進めることにより，非磁性体探針による SP-STM/STS を実現できるものと期待される．光励起の場合，数 100 ps から数 ns のスピン緩和時間程度の時間分解能でスピン状態を変調できるため，同程度の時間変化分解能を有する SP-STM/STS ができる可能性がある．

3・2・5 まとめ

S-STM/STS は高分解能汎用磁気構造測定装置として注目を集め，いくつかのアイディアが提案されてきたが [30]，TMR 素子で期待されるようなスピン状態に依存したコンダクタンス変化の検出は容易ではなく，比較的容易に SP-STM/STS 測定を行うためには，試料のスピン偏極度の高い表面状態をうまく捉えることが必要であった．また，W(1 1 0) 表面の Fe アイランドにおけるスピン・ボルテックス状態の SP-STM/STS による観察もできており [52]，SP-STM/STS が他に比べて高い空間分解能を有する磁気イメージング手法であることは広く認知されたと思われる．

SP-STM/STS により強磁性や反強磁性のスピン状態を捉えるためのいくつかの実験的なアイディアの測定原理に関する検証実験には成功したものと考えられるが，検出スピン偏極度の定量化などの詳細についてはさらに検討すべき点は多い．また，スピンを測定するという観点からは，原子間力顕微鏡による磁気短距離相互作用の検出 [53] や磁気共鳴力顕微鏡（Magnetic Resonance Force Microscopy：MRFM）による単一スピン計測の可能性 [54] が実験的に示唆されている．SP-STM/STM はもとより，SPM のスピン計測は，表面磁気構造の研究への応用から，ダイナミックな表面磁性の測定への展開はもとより，スピンを利用した量子ビットの制御・アクセスなどの分野への応用も期待される．

3・3 局所トンネル障壁・微視的仕事関数計測

3・3・1 はじめに

仕事関数は，電子が真空に放出する際のポテンシャル障壁を与え，表面化学反応や電子放出特性を決める重要な表面物性量として古くから議論されてきた．古典的には，固体のフェルミ準位と(固体の影響を受けない位置での)真空準位の差として定義されるが，この場合，単結晶試料における面方位依存性は存在し得ない．しかし，実際は，表面に存在する電気二重層が面方位によって異なるため，ポテンシャル障壁高さが異なり，表面化学反応や電子放出特性も大きく異なることが知られている．そこで，通常，このことを考慮し，注目している表面のサイズに比べて表面に十分に近い位置での真空準位とフェルミ準位の差として議論される．ただし，従来は，表面を構成している個々の原子の影響が現れない所まで表面から離れた位置での真空準位を基準とし，あくまで巨視的物性量として議論されてきた．しかし，走査プローブ顕微鏡法の発達に伴い，表面化学反応過程や電子放出過程が本来微視的な現象であることから，これらを理解し制御するために，仕事関数を微視的に議論することの重要性が認識されてきた．ここでは，原子スケールまで表面に近づいた位置での真空準位とフェルミ準位の差として仕事関数を議論する．これが微視的仕事関数の定義であり，微視的現象において電子が放出する際のポテンシャル障壁を与える．この場合，放出された電子の感じる鏡像ポテンシャルが影響する可能性があるが，後で議論するように，STM を用いた計測では問題にならないことが確かめられている．

単純化した1次元トンネルモデルによれば，STM におけるトンネル電流は探針-試料間距離に対して指数関数的に減少し，このときの減衰係数は実効的な局所トンネル障壁高さ(Local tunneling Barrier Height：LBH)に対応する．LBH は試料と探針の微視的仕事関数で決まるため，トンネル電流の探針-試料間距離依存性から仕事関数を算出することができる[55]．

図 3・12 は，代表的な仕事関数低減物質である Cs を Pt(1 1 1) 表面に吸着させた場合の LBH 像である [56]．円形の黒いコントラストの部分は吸着 Cs であり，Pt 基板側への電子の移動により強い電気双極子が生じ，微視的仕事関数を低下させていることがわかる．さらに，注意深く見ると，その周りを明るいコントラストの部分，暗いコントラストの部分が同心円上に囲み，Cs 吸着位置近傍で Cs 吸着の影

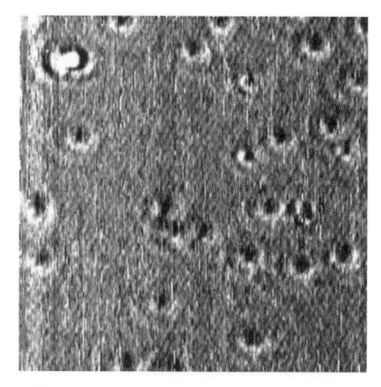

図 3・12　Cs 吸着 Pt(1 1 1) 表面における LBH 像（走査範囲：$7.0 \times 7.0\,\mathrm{nm}^2$）．

響を遮閉するように電子状態が変調を受けていることがわかる（定量的な解析から，吸着 Cs の効果はさらに広い範囲にまで広がっていることが確認されている [57]）．すなわち，この方法で電子のポテンシャル障壁を決める電気双極子を高感度・高分解能で計測できることがわかる．ここでは，STM を用いて微視的仕事関数を計測する原理・問題点および注意点を議論する．

3・3・2　計測原理

仕事関数 $\varPhi$ の金属を探針および試料として用いた場合，印加バイアスの絶対値が十分に小さいとすると，トンネル現象は障壁高さが仕事関数 $\varPhi$ に等しい矩形のポテンシャル障壁モデルで考えることができる．このときのトンネル電流の探針 – 試料間距離依存性は

$$I \propto e^{-2\kappa z} \quad \left(\text{ただし，減衰係数 } 2\kappa = \frac{2\sqrt{2m\varPhi}}{\hbar}\right) \quad (3\cdot 8)$$

となる．探針と試料の仕事関数が異なる場合（それぞれを $\varPhi_\mathrm{t}, \varPhi_\mathrm{s}$ とすると），実効的な障壁の高さは両者の算術平均（$\varPhi = (\varPhi_\mathrm{t} + \varPhi_\mathrm{s})/2$）と見なすことができる（図 3・13）．探針の仕事関数は測定中には一定であると想定さ

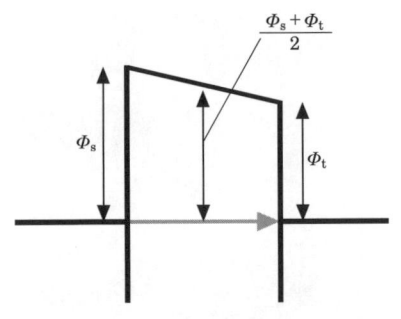

図3・13 STMにおける単純化したポテンシャル障壁の模式図

れるので，これより，減衰係数の分布から表面の仕事関数分布を取得することができることになる．

STMにおいて，トンネル障壁高さはトンネル電流の距離依存性を決める．トンネル電流Iを探針‐試料間距離zの関数として測定し，それから減衰係数を導き出す（I-z法）のが最も直接的な方法であるが，表面上の各点でこの測定を行うことは容易ではない．STMのZ軸用ピエゾ素子に対するフィードバック電圧に変調を加えることで探針位置をZ方向に微少に振動させ，このときのトンネル電流の変化をロックインアンプを用いて連続的に計測することが可能である（変調法）．図3・14にここで用いられる装置構成図の例を示す．

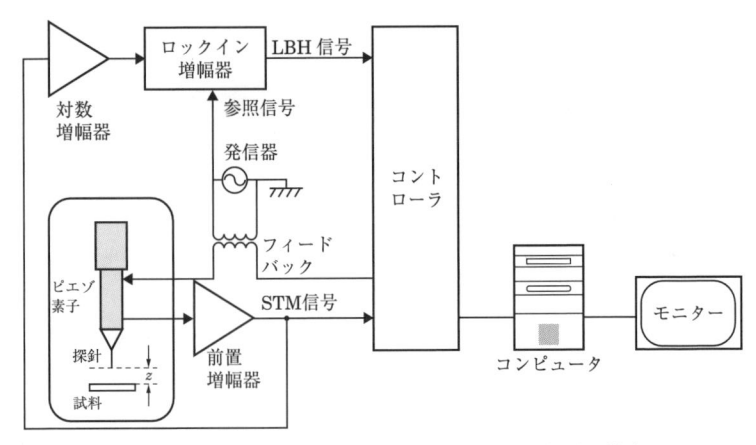

図3・14 変調法によりLBH像を計測するための装置の構成図

このとき障壁高さは

$$\varPhi = \frac{\hbar^2}{8m}\left(\frac{\mathrm{d}\log I}{\mathrm{d}z}\right)^2 \tag{3・9}$$

で与えられる．この計測は，フィードバックで追従できない変調周波数を選ぶことで，一定電流を保つ Z 軸ピエゾ素子のフィードバックが動作している状態においても可能である．すなわち，LBH 像と表面形状像（一定電流モード）を同時に計測することが可能である．

次にもう少し詳しく検討する．電子が固体表面から放出される，あるいは固体表面に入射する場合，固体内部に誘起される正電荷との間に引力（鏡像力）が生じる．これをポテンシャルエネルギーの変化で表すと，固体表面からの距離を x とするとき，

$$V_{\mathrm{image}} = -\frac{e^2}{16\pi\varepsilon_0 x} \tag{3・10}$$

で与えられる．この力は試料表面および探針表面の両者から生じ，さらに相互に影響し合うので，鏡像力を考慮した電子の感じるポテンシャル障壁は，近似的に，

$$V(\zeta, z) = \varPhi_0 - \frac{\alpha \varPhi_0 z}{\zeta(z-\zeta)} \quad \left(\text{ただし，} \alpha = \frac{1.15 e^2 \ln 2}{16\pi\varepsilon_0 \varPhi_0} \cong \frac{2.88}{\varPhi_0}\right) \tag{3・11}$$

で与えられる [58]．ここで，$\varPhi_0$ は鏡像力がない場合のトンネル障壁高さ（仕事関数），ζ は探針 - 試料間の試料から測った距離である．この場合のトンネル電流を見積もるには WKB 法が有効である．WKB 法におけるトンネル確率は

$$D = \exp\left\{-\frac{2}{\hbar}\int_a^b \sqrt{2m(V(z)-E)}\,\mathrm{d}z\right\} \tag{3・12}$$

で与えられる（$V(z)$ が z によらない場合に，これは式 (3・8) に一致する）．図 3・15 に探針 - 試料間距離が変化した場合の被積分関数を模式的に図示する．

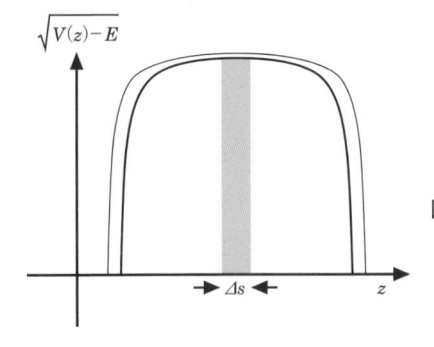

図 3・15 トンネル障壁高さ計測における鏡像効果の影響を示す図．探針‐試料間距離の変化した場合の WKB 法における被積分関数を示した．

先に述べたように，トンネル障壁高さは，探針‐試料間距離が変化した場合のトンネル電流の変化で与えられる．探針‐試料間距離が小さ過ぎない場合，距離を変化させたときのトンネル電流変化は図 3・15 における陰影部分の面積に対応する．この面積は鏡像力の有無でほぼ同じ値をとる．したがって，鏡像力が存在することによりトンネル電流値は大幅に変化するものの，この方法で得られるトンネル障壁高さは，鏡像効果により大きくは影響を受けない．さらに，鏡像効果によりトンネル障壁高さが減少したとしても，距離を(微小に)増大させたときに障壁高さも増大するため，トンネル電流の変化量が大きく観測される．これにより，算出される障壁高さの減少分が相殺されることになる．探針‐試料間距離 3 Å 以上で，トンネル電流の探針‐試料間距離依存性からトンネル障壁高さを算出する場合には，算出されるトンネル障壁高さは一定の値となり，鏡像力はほとんど影響しないことが示されている [58]．

バイアス電圧が大きくなるとその影響も考慮しなければならない．バイアス電圧が有限の場合のエネルギー関係を図示すると図 3・16 のよう

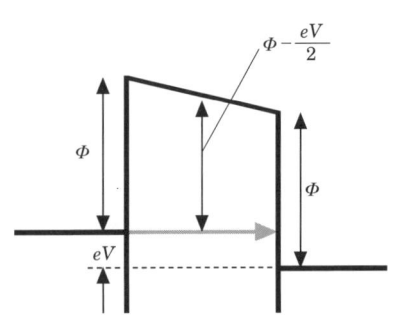

図 3・16 有限のバイアス電圧が印加した場合のトンネル障壁高さを示す図

になる．トンネル電流には障壁の浅いトンネル成分が最も大きく寄与する．この図からわかるように，この場合，一番大きく寄与するトンネル電流は，実効的に，$eV/2$ だけ浅くなった障壁をトンネルした成分となる．これによって観測されるトンネル障壁高さは減少することになる．

さらに厳密にいえば，トンネル電流に寄与するのは，電子の全運動エネルギーではなく，その表面垂直成分である．したがって，トンネルする電子の表面平行成分が大きい場合に減衰係数は大きくなり，ここで計測されるトンネル障壁高さは，

$$\Phi_A = \Phi_0 + \frac{\hbar^2 k_{/\!/}^2}{2m} \tag{3・13}$$

となる．ここで，$k_{/\!/}$ はトンネルする電子の波数の表面平行成分である．固体内電子のバンド構造によっては，このことも考慮する必要がある．

3・3・3 表面形状の影響

LBH 計測で計測されるものは，本質的には，固体表面から真空にしみ出している電子密度の減衰係数である．電子密度の減衰係数は，電子放出の際のポテンシャル障壁高さ(局所的な仕事関数)に加えて，原子スケールでの表面凹凸によっても影響を受ける．フーリエ解析に基づく検討によれば，表面平行方向の周期 a の形状振動成分のトンネル電流は，減衰係数

$$2\kappa' = 2\sqrt{\kappa^2 + \frac{1}{4}G_1^2} \quad \left(\text{ただし，} G_1 = \frac{2\pi}{a}\right) \tag{3・14}$$

で減衰する [59]．すなわち，周期 a の形状振動成分は，振動のない成分に比べて急速に減衰するものの，観測される障壁高さを増大させる．凹凸の周期が原子スケール(数 Å 程度)の場合，STM 計測で通常用いられる探針－試料間距離において，LBH 像にこの影響が現れる．すなわち，微視的仕事関数が一定であっても幾何学的に高い場所で LBH が高く観測される．ロックイン検出によりノイズが低減するので，変調法は表面形状計測に積極的に

用いられることもある．

　原子スケールの微細な凹凸でなくても，障壁高さ計測に影響を与える場合がある．表面が傾いている場合，探針先端位置の変調の方向が表面垂直方向からずれ，実効的に変調距離が設定した値より小さくなる．このときの変化量は表面の傾きを θ とすると，$\cos\theta$ だけ小さい．これによって，表面上に存在するステップあるいはアイランドの縁でトンネル障壁がしばしば小さく観測される．

3・3・4　計測上の注意点

　前項では，LBH を計測する原理とこれによって派生する問題点を議論した．LBH を求めるためには，与えられた探針‐試料間距離の変化に対する電流変化を正しく計測する必要がある．ここでは，実際の計測に関わる問題点や注意点を議論する．

(1)　装置構成に関わる注意点

　先に述べたように，簡便に LBH 像を得るためには，探針位置を表面垂直方向に微小に振動させトンネル電流変化を測定する変調法が有効である．ただし，この場合，ピエゾ素子に交流電圧を印加することで振動させるため，(a)：印加交流電圧によるクロストーク，(b)：機械的な振動が加わることによる浮遊静電容量変化に起因する交流電流，(c)：装置内部の機械的共振を考慮する必要がある．また，さらに，ピエゾ素子を介して電圧を位置変位に変換するが，(d)：ピエゾ素子の変形には有限の時間遅れを伴うことも考慮すべきである．

　(a) については，トンネル電流の流れない探針‐試料間距離にて，配線の引き回しを工夫し，クロストークのない状況を見つけ出す必要がある．(b) についても確立した処方箋はなく，試行錯誤を繰り返すことになるが，この影響の有無を確認するため変調信号とトンネル電流変化との位相の関係をチェックすることは有効である．(c) については，試料ホルダと探針ホルダ周

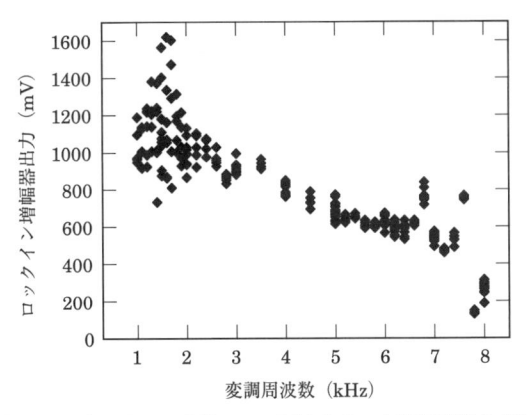

図3・17 変調法にて計測された電流変化の変調周波数依存性

りの剛性を高め，共振しにくい構成とすることが重要である．ただし，それでもこの影響を完全になくすことはできず，トンネル電流変化の振幅を，印加する周波数の関数として計測し（図3・17），共振が現れず周波数に対して変化のない領域を用いる必要がある．図3・17中，1.6 kHz と 6.8 kHz 付近の特異な信号の増大は機械的な共振によるものと予想される．また，(d)についても，ピエゾ素子の動きが印加した交流信号に追従できなくなると，トンネル電流変化の振幅の減少として観測される（図3・17）．

以上の点を考慮しても，問題点を完全に除去することは実際上極めて困難である．そこで，高い定量性が求められる場合には，ピエゾ素子に交流電圧を印加するのでなく，定電流のフィードバック回路を一時的に切り，探針をゆっくり引き上げて，電流と探針-試料間距離の関係（I-z）を直接計測し，LBH を算出する I-z 法が有効である．

(2) 探針-試料間原子間力に関わる注意点

STM を利用した他の計測法と同様に，LBH 計測においても探針の状態が重要である．STM 計測では探針-試料間距離が数 Å にて計測を行うが，この場合に，探針と試料の間に働く原子間力による探針あるいは試料の弾性変形の影響は無視できるものではない．探針からの原子間力によって変形し

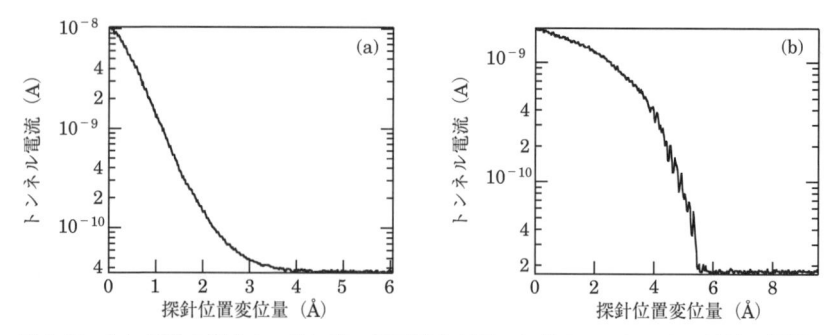

図 3・18 (a) 正常の場合と，(b) 強い原子間力が働いた場合，のトンネル電流の探針 - 試料間距離変位依存性．電流のゼロ点は増幅器のオフセットによりシフトしている．(a) の場合，小さい変位量の部分を除き指数関数で良く再現できる．

やすい単原子層グラファイトを試料として用い，原子間力の影響を調べた例がある [60]．

これによれば，用いる探針により図 3・18(a) のような I-z 特性の現れる場合と，(b) のような場合が観測された．(b) における特異な I-z 特性において，近い距離で現れた減衰係数の小さい部分は，探針を引き上げたときに原子間力により探針の動きに単原子層グラファイトが追従し，実質的な探針 - 試料間距離変化が小さくなったことによる．また，さらに引き離したときの急峻な減少は，単原子層グラファイトが変形に耐えきれず原子間力に抗して元の位置に戻ったため，急速に探針 - 試料間距離が増大したことによると解釈される．このとき，わずかな条件の違いにより得られる値が大きく変化し，定量的な議論を行うことができない（図 3・18(a) の場合の探針 - 試料間距離の小さい所で現れた傾きの減少は，わずかに残った原子間力の影響であると予想される）．図 3・18(b) の I-z 特性は，探針先端の曲率半径が大きく，探針と試料の間に大きな原子間力が働いたためであると予想される．定量性の高い計測を行うためには，(a) のような I-z 特性を示す探針を選択し用いることが重要である．実際，(b) の I-z 特性を示す探針を用いて観測された LBH 像のモアレコントラストは，他の実験から予想された Pt(1 1 1)

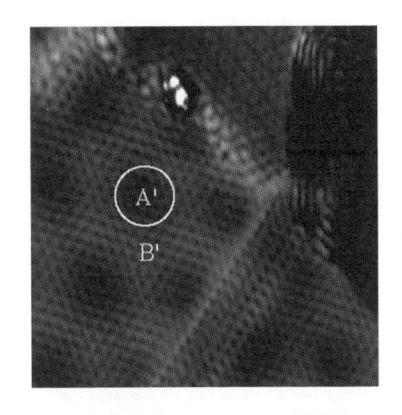

図3・19 強い原子間力が働いた場合のPt(1 1 1)上単原子層グラファイトのLBH像(走査範囲：6.5×6.5 nm^2)．B′の領域では炭素原子がPt原子の上にあり，ここでは電子の移動によりA′の領域より微視的仕事関数が低くなるはずである．しかし，原子間力の影響で逆のコントラストが現れている．

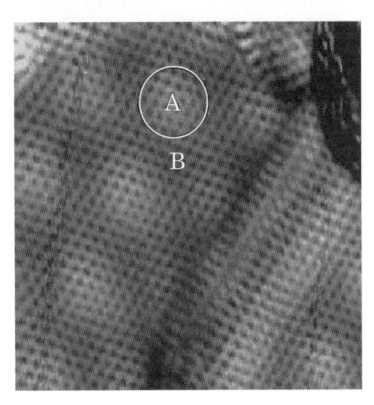

図3・20 Pt(1 1 1)上単原子層グラファイトの正常なLBH像(走査範囲：6.5×6.5 nm^2)．Bの領域で炭素原子がPt原子の上にあり，予想どおりここでは電子の移動によりAの領域より微視的仕事関数が低くなっている．

基板とグラファイト間の相互作用とは逆のコントラストであった(図3・19)．すなわち，Ptとグラファイトの電気陰性度を考慮すると，Pt-グラファイト間相互作用の大きいon-topサイトで仕事関数が低くなるはずであるが，Pt-グラファイト間相互作用の小さいサイトでグラファイトが探針の動きに追従したためさらに小さな障壁高さとして観測された．ここで，図3・18(a)のようなI-z特性を示す探針を使用することで予想と一致するLBH像が観測されるようになった(図3・20)．また，このLBH像と同時に計測したSTM形状像にはモアレコントラストが全く観測されなかった(図3・21)．このことから，これまで観測されていたSTMによるPt(1 1 1)上単

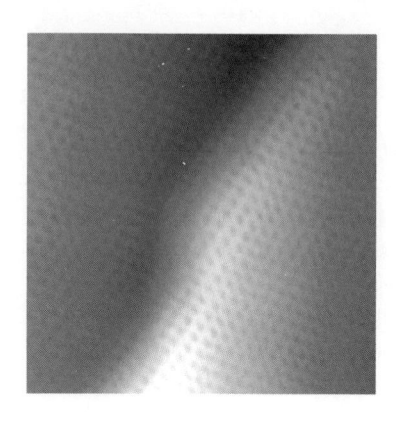

図 3・21 原子間力が抑制された場合の Pt(1 1 1) 上単原子層グラファイトの STM 形状像（走査範囲：$6.0 \times 6.0\,\mathrm{nm}^2$）．

原子層グラファイトのモアレコントラストは原子間力が働くことによって生じた単原子層グラファイトの変形によるアーティファクトであったと推察される．

　強い原子間力の影響による特異な I-z 特性は，Au 試料を観測する場合，あるいは，Au 探針を用いる場合にもしばしば観測された．この場合に観測されるトンネル障壁高さの値も 1 桁以上も変化し，再現性の著しく乏しいものであった．これも，探針 – 試料間相互作用が働いたためであると考えることができる．Au はフェルミ準位付近の準位密度が小さい．そのため，Au を試料，あるいは，探針に用いた場合，探針 – 試料間距離が小さくなり，強い原子間力が働きやすくなったと考えられる．適切な I-z 特性を示す探針を選ぶことで再現性が高く，上述のモデルで理解できるような LBH 像を得ることができた [61]．場合によっては，試料あるいは探針に単原子層グラファイトあるいは Au を用いなくても，同様の特異な I-z 特性が観測されることがある．適切な I-z 特性が現れることを確認した上で LBH 計測をすることが重要である．

3・3・5　まとめ

　以上議論したように，STM 装置による LBH 計測においては，多くの注

意すべき点があるが，これらを注意深くチェックすることで再現性，定量性のある計測を行うことは可能である．特に，原子間力，表面形状効果の影響は，探針‐試料間距離が小さい場合に大きくなる．形状とのクロストーク，トンネル電子エネルギーの表面平行成分の影響を低減するためにも，トンネル障壁高さは十分な分解能が得られる限り表面から離れた位置で計測することが本質的に重要である．

3・4　局所容量計測

走査プローブ技術をベースに開発された，探針と試料との間の局所的な静電容量を計測する走査容量顕微鏡について，まず，いつどのような背景のもとで発展してきた技術であるかについて述べる．次に，試料の半導体特性を利用した測定原理を説明した後，その特性を良く示すいくつかの測定例と，半導体のデバイス評価技術として期待されているこの顕微鏡の現状について述べる．

3・4・1　歴史的背景

探針と試料との間の静電容量を計測することによって試料表面の形状を計測するアイディアが1949年のドイツの特許に見い出される．伝導性の探針と伝導性の試料との間の静電容量は，それらの間の距離に依存する．これを

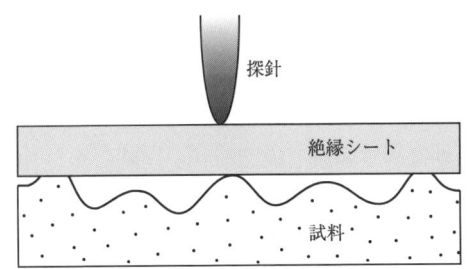

図3・22　容量計測による表面形状計測

利用して表面形状を計測する場合，探針を駆動しながら静電容量が一定の値に保たれるように常に探針を試料表面から等距離に保ち，そのときの探針の位置を記録する．あるいは常に探針と試料との平均的な距離を一定に保つ必要がある．これに対しドイツの特許では，図3・22に示したように試料表面に絶縁シートを置き，探針をシート上を移動させることによって解決している．これにより常に探針は試料からの距離を平均的な一定値に保つことができる．絶縁シートの厚みなどを考えると，ナノメートルの空間分解能はとても達成できなかったものと想像されるが，走査容量顕微鏡法（Scanning Capacitunce Microscopy：SCM）にとって必要な基本機能を備えている．

次にSCMが姿を変えて登場するのは，2つの重要な技術が開発された80年代後半になる．その1つは容量型のビデオディスクの開発によって生み出された高感度のキャパシタンスセンサー[62]で，もう1つは走査トンネル顕微鏡により生み出された走査プローブ技術である．前者によって，ナノメートルレベルの局所的静電容量が計測可能になり，後者の技術により探針と試料表面との距離を精密にコントロール，あるいは一定圧力で接触させて走査できるようになった．

1985年，キャパシタンスセンサーを生み出した静電容量型ビデオディスクシステムをベースにしたSCMが提案された[63]．これには走査プローブ技術は用いられておらず，その後に続く報告は見られない．1988年から1989年にかけて，走査トンネル顕微鏡（STM）と原子間力顕微鏡（AFM）をそれぞれベースにしたSCMが報告された[64, 65]．ともにプローブは試料表面に接触させない非接触型であり，表面形状の計測例が示されたが，表面形状の計測にはAFMが優れているため，その後大きな発展は見られなかった．その後1991年になって，接触型のAFMをベースとしたSCMが報告された[66]．このタイプの優位性は静電容量と表面形状が同時にかつ独立に取得できることにあり，現在このタイプのSCMが主流である．次にこのSCMの計測原理を説明する．

3・4・2 計測原理

接触型のAFMでは探針が試料表面に接触している．探針は金属などの導電性がある物質である．試料が酸化シリコンを有するシリコン基盤である場合，探針(金属)と試料の酸化シリコン/シリコンは微小で局所的なMOS構造を形成する．シリコンがn型の場合，バイアス電圧 V を増加していくと探針直下のシリコン内に空乏層ができるため，図3・23(a)に示すようにMOSの静電容量が減少する．基板のシリコンがp型では図3・23(a)に示すように極性が逆となる．通常は，試料と探針との間に交流電圧を印加して静電容量をモジュレーションし，容量の変化をロックインアンプで検出する方法が用いられている．したがって，計測しているのは静電容量(C)ではなく，dC/dV であり，図3・23(b)に示すような図3・23(a)を微分して得られる電圧依存を示すことになる．計測したい探針と試料との間の静電容量は

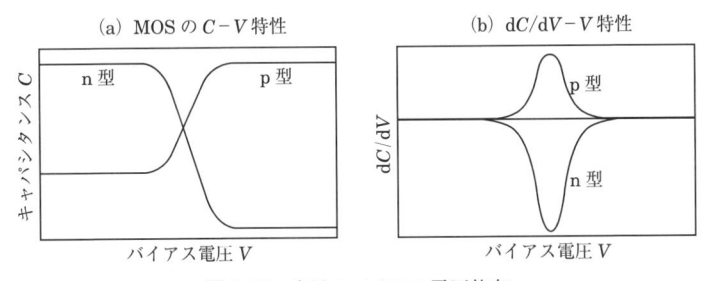

図3・23 容量のバイアス電圧依存

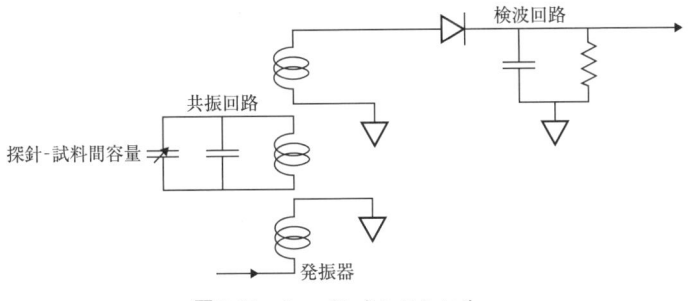

図3・24 キャパシタンスセンサー

10^{-17} F 程度あるいはそれ以下であるが,計測に使用するケーブルなどで発生する浮遊容量はこれに比べ 2 桁以上大きく,絶対値の計測は絶望的である.このため,SCM では,探針と試料間の静電容量の変化量を計測する.

キャパシタンスセンサーは図 3・24 に示すように,約 1 GHz の発振器,共振器,検波回路から構成されている.探針 – 試料間の静電容量が共振器の一部になっており,計測したい探針 – 試料間の静電容量の変化は共振器の共振周波数を変化させ,発振器から共振器を経由して検波回路に入る波(約 1 GHz)の振幅を変化させる.したがって,探針 – 試料間の静電容量の変化は検波回路の出力電圧の変化として,センサーから出力される.この出力はロックインアンプに入力され,モジュレーション周波数成分をモニターする.このキャパシタンスセンサーの感度は 10^{-19} F である.ちなみに,1 nm の間隔をもつ面積が 100 nm^2 の 2 つの電極の間のコンデンサー容量は約 10^{-18} F で,同軸ケーブル 1 cm 当たりの容量は約 10^{-12} F であり,このセンサーがいかに高感度であるかがわかる.

装置構成を図 3・25 に示す.装置のベースは図の右半分の接触型の AFM

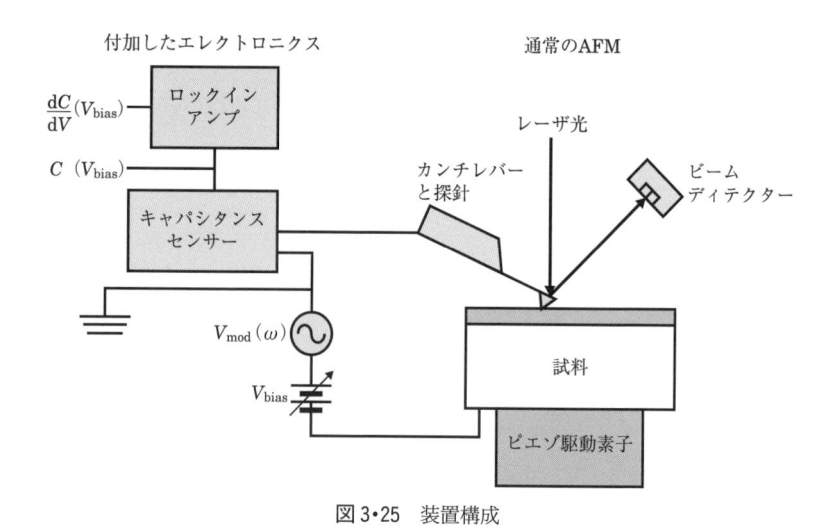

図 3・25 装置構成

である．このAFMに，探針－試料間の静電容量を検出するキャパシタンスセンサーと，バイアス電圧やモジュレーション電圧印加に必要な電源などを，図の左半分に示したように付加する．SCMデータとAFMデータはXY走査中に同時に各地点で計測する．これによりSCMとAFMの画像が同時に得られる．

3・4・3　半導体への応用例

SCMで，どのような画像，ひいてはどのような情報が得られるのかを示す例を3つ紹介する．1つ目は3つの異なる領域をもっている試料[67]で，領域Iはn型，IIはp型，IIIはドープ量を多くして金属化したn型シリコンの領域である．IIIの領域はIとIIに比べ高くなっているが，この試料ではIとIIの領域では高低差がなく，表面形状の観察ではIとIIの領域の識別は困難である．これに対し，SCMでは図3・23(b)に示したようにdC/dVのSCM信号は，n型とp型では一方が正の信号，他方は負の信号となるため，最もSCMにおけるコントラストが大きくなる．予想どおり図3・26のSCM像で見られるように，IとIIの領域で大きなコントラストが得られることがわかる．さらに，IIIの領域では金属特性をもつため静電容量は電圧に依存しないため，IIIの領域ではdC/dVのSCM信号がゼロとなる．この領域が灰色であるから，黒い領域Iでの信号は負でありn型であることや，白い領域IIでは正の信号でp型であることもわかる．

SCM信号は，半導体にドーピングされた不純物濃度ではなくて，キャリア濃度に依存する．作製されたデバイスの不純物濃度分布は固定されたもの

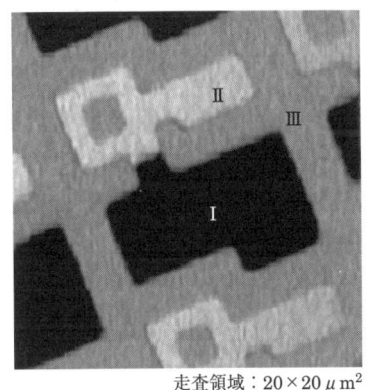

走査領域：$20 \times 20 \mu m^2$
図3・26　3つの異なる領域のSCM像

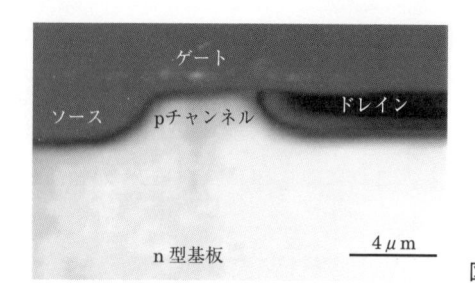

図 3・27 MOS-FET の断面 SCM 像

であるが，キャリア濃度は印加された電圧によって変化するので，SCM ではデバイスの作動状態を観察できる可能性がある．2つ目は市販の IC メモリーの断面に露出した MOS-FET を作動させた状態で観察した例である．図 3・27 はドレインに $-2.2\,\mathrm{V}$ を掛けた状態で，$-4\,\mathrm{V}$ のゲート電圧で得られた SCM 画像である．この SCM 像からゲートの下にチャンネルが形成されていることがわかる．$0\,\mathrm{V}$ のゲート電圧ではこのチャンネルは観察されず，予想どおり作動中の半導体デバイスの SCM 観察が可能であることを示している．最近，p チャンネルの MOS トランジスタの作動状態での観察例も報告されている [68]．

図 3・23 の $C\text{-}V$ 特性は，半導体のキャリアの電荷や濃度のみならず，絶縁膜（酸化シリコン）の誘電率や厚みにも依存する．そこで，図 3・28(a) の

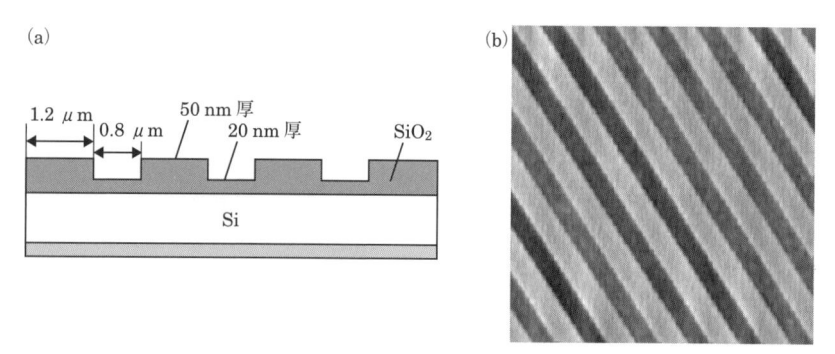

図 3・28 酸化膜厚差の SCM 像

ように酸化シリコン膜にストライプ状に厚みの差(20nmと50nm)をもうけた試料[69]でSCM像にコントラストが得られるはずである．得られたSCM像が図3・28(b)である．予想どおりのイメージが得られており，このことは，半導体表面の絶縁膜の評価にSCMが使える可能性を示している．

3・4・4 現　状
(1) キャリア濃度分布計測
　ドーピングした不純物が熱拡散によって，どのようなキャリア分布になっているかが計測できれば，デバイスの製作にとって有用な情報となる．SCM信号はキャリア濃度に依存するため，SCMの開発の当初から期待され，多くの報告がある[70-77]．計測手段として用いるためには，実験面ではSCMデータの信頼性を向上させること，データ処理の面ではSCMデータからキャリア濃度への変換方法を確立することが重要である．これらの問題に対して，実験面では断面試料の製作方法を工夫したり[74]，得られたデータの検討に関しては，モデルをたててSCM信号とキャリア濃度との関係を計算したり[72]，得られた濃度分布とSIMS(Secondary Ion Mass Spectroscopy)で得られたデータとの比較検討[73,76]や，プロセスシミュレーションによる計算結果との比較検討[77]が報告されている．

(2) pn接合計測
　2次元のキャリア濃度分布計測からpn接合の位置を計測できる可能性がある．これにより，例えば，デバイスの設計に有用な情報であるチャンネル長が評価できることになる．しかしながら，pn接合部には空乏層が存在するが，空乏層の位置が判明しても，その空乏層内におけるpn接合の位置の評価は困難である．さらに，空乏層は探針との電位差の影響を受けやすいことも考慮しなくてはならない．この問題に対して，各計測地点で静電容量のバイアス電圧依存を得るスペクトロスコピーを用いた手法の検討[78]や，バイアス電圧依存のシミュレーション[79,80]などが報告されている．

(3) メモリーへの応用

高空間分解能を有することから,種々のSPM,特にAFMや走査磁気力顕微鏡は高密度メモリーデバイスへの応用が検討されてきた.静電容量のバイアス依存性特性は,絶縁膜中の電荷の影響を受けることを利用して,SCMのメモリーデバイスへの応用が報告されている[66, 81-84].メディアに相当する試料にはいくつかのバリエーションがあるが,共通しているのは,探針と試料との間にパルス電圧を印加することで書き込みや消去を行うことである.現在のメディアに比べはるかに高密度であり,魅力ある応用分野である.

(4) その他

ここでは,これまでに取り上げることができなかった2つの話題について述べる.1つ目は半導体探針の試みで[85],この場合,MOS構造のMOが試料でSが探針である.これにより,金属上の絶縁膜の評価への応用や,メモリーへの応用ではメディア側に半導体を用いる必要がなくなる利点がある.2つ目は試料内部の構造を調べる可能性,すなわち情報の3次元化についての検討である[86].バイアス電圧の増加は半導体内部に形成される空乏層領域を拡大させる.この拡大の程度は内部のキャリア濃度に依存する.この特性を利用して,試料内部にインプラントされた領域の存在を反映したSCM像のバイアス電圧依存性が観察されている.

3・4・5 おわりに

以上,SCMの原理と応用について述べてきた.現在主流のタイプのSCMでは半導体の特性をその計測原理に組み込んでおり,必然的に,その応用は半導体に特化している.それだけに計測手段として確立すれば,その有用性の価値は高く,半導体分野の人々の注目を集めている.現在では市販の装置もあり,容易にSCMを試みることができる状況にあり,今後の発展が期待される.

3・5 電気化学分光

3・5・1 固液界面と電気化学 STM

固体と液体が接する固液界面が関与する重要な学問分野，あるいは工業的技術分野は極めて広く，多岐にわたっている．例えば，電気化学，触媒化学，コロイド・界面化学，液相結晶成長，各種表面処理技術，LSI 加工技術および配線技術，さらには，生体細胞膜が重要なものにあげられる．

図 3・29 に，固液界面の概念図を示す [87, 88]．超高真空中での清浄表面と異なり，電解質溶液中に浸漬された金属および半導体電極表面には水分子や電解質アニオンの吸着層が存在しており，その近傍では，電解質イオンの分布が電極電位によって変化するという特異な構造をもつ電気二重層が形成されている．このような複雑な環境の中で，電子移動を伴う種々の電気化学反応が進行する．

図 3・30 に，硫酸水溶液中で得られた Pt(1 1 1)，(1 0 0) および (1 1 0) 面の電流-電位 (I-V) 曲線を示す．横軸が電極電位，縦軸がそのときに流れる電流値である．電極電位は三角波掃引を行っている．電位の掃引によっ

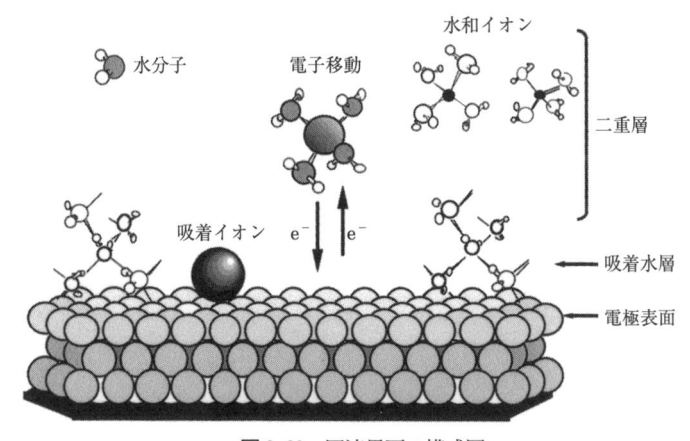

図 3・29 固液界面の模式図

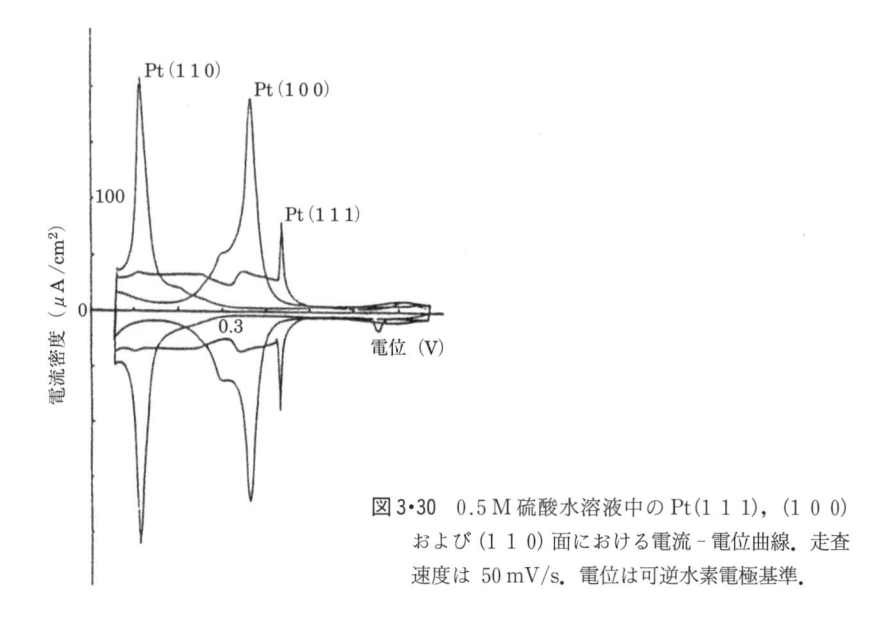

図3·30 0.5 M 硫酸水溶液中の Pt(1 1 1), (1 0 0) および (1 1 0) 面における電流-電位曲線. 走査速度は 50 mV/s. 電位は可逆水素電極基準.

て水溶液中の水素イオンが吸着・脱離を起こしそれによって, 電気化学的な電流が流れる. 大変興味深いことに, 表面構造によって電流-電位曲線つまりは水素イオンの吸・脱着の様子が異なっていることがわかる [87, 88]. このような例から理解されるように, 固液界面で起こる反応の本質を理解し, それらを制御しようとすると, 原子・分子レベルでの固液界面構造に関する知識が必要不可欠である. このとき, 電極上で進行する反応を制御していなければ, 表面の構造や反応に伴う構造の変化を解析することは不可能である. STM という真空中で誕生した手法を固液界面へと適用できるように装置の開発が行われ, 固液界面反応を厳密に制御しながら同時に原子分解能で表面構造および反応を解析することが可能となった.

電極反応を制御するためには, 試料の電位を参照電極(基準となる電位を与える電極)に対して規制する必要がある. 探針についても同様であり, 探針表面で起こる電気化学反応を制御して電気化学的な電流を十分小さくしなければ, トンネル電流 (I) の制御は困難になる. 図3·31 に開発された 4 電

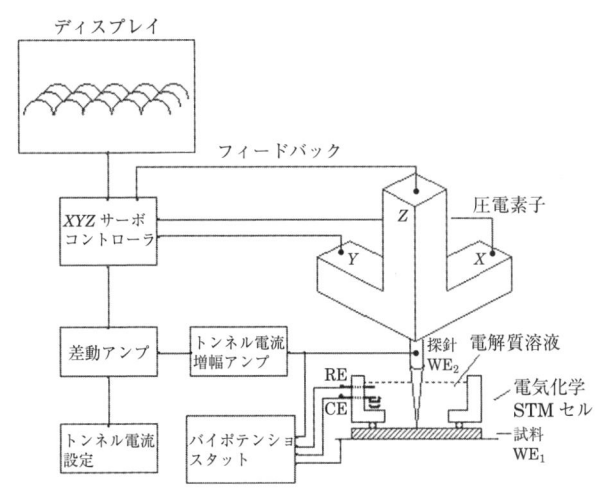

図3・31 4電極電位制御型電気化学 STM の基本構成

極電位制御型電気化学 STM の基本構成を示す[87]．バイポテンショスタットによって，試料（WE_1）および探針（WE_2）の電位は参照電極（RE）に対してそれぞれ E_W, E_T に設定される．対極（CE）は試料上の電極反応に伴う電流を流すために用いられるため，特定の電位に設定されることはない．この構成によって，電極表面上で起こる反応を外部電圧で精密制御しながら STM 測定することが可能になった．探針は，先端以外をガラスや高分子で絶縁被覆することにより，探針に流れる電気化学電流をさらに減少させることができる．

溶液中において，バイアス電圧（V）は試料電位 E_W と探針電位 E_T の差に対応する．先程述べたように，電気化学 STM 測定を行う場合には，電気化学反応が進行しない電位領域に E_T を保持する必要がある．このため，掃引することのできる電極電位境域は非常に小さくなり，溶液中における I-E_T 測定は，ほとんど行われていない．一方，STM 観察中に E_W を変化させることにより，電気化学 STM を用いて電気化学的な表面構造変化を実時間で測定することができる．また，I を変化させることにより，電極表面構造

を詳細に解析することも可能である．さらに，電極電位とは独立したパラメータである探針-試料間距離(s)を制御することによって，I-s測定も行われている．

以下の項においては，実際の例を用いて上記の測定の解説を行う．電極電位はすべて参照電極の一つである可逆水素電極基準で示す．

3・5・2 試料電位掃引を伴う電気化学STM測定

硫酸水溶液中，金，白金，ロジウム，イリジウム，パラジウム，銅といった金属の(1 1 1)面上では，図3•32に示すような硫酸イオンと水分子(あるいは水分子由来の吸着種)の共吸着した"$\sqrt{3} \times \sqrt{7}$"と呼ばれる構造が生じる[87]．興味深いことに，このように規則配列した表面相はE_wを負側に変化させると不規則相へと構造相転移を起こす．この相転移はE_wに可逆的である．

図3•33に0.5M硫酸水溶液中で観察したAu(1 1 1)面の電気化学STM像を示す．データの取り込みは上方から下方へと行っている．図3•33上方では，E_wを1.1Vに設定した．大きな明るいスポットは図3•33に示した硫酸イオンに対応し，その間を縫うようにして，水分子が存在していることが見てとれる．硫酸イオン吸着層の単位格子を図中に平行四辺形で示した．

図3•33の中央で電位(E_w)を1.1Vから1.0Vへとステップさせた．すると，硫酸イオンは表面に吸着しているにもかかわらず，Au(1 1 1)面の(1×1)構造が解像された．これは，1.0Vにおいて硫酸イオン吸着層が不規則相に転移するためである．不規則相において，硫酸イオンは表面上を拡散しており，そのために電気化学STMによって観察されないのであろうと解釈されている．

E_wはステップ的に変化させるばかりでなく，プログラム的に変動させることも容易であり，実時間測定も行われている．E_wの制御は温度変化を伴

3・5 電気化学分光

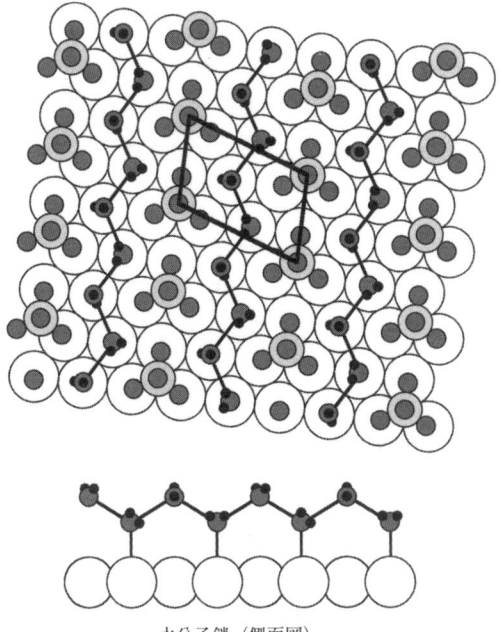

水分子鎖（側面図）

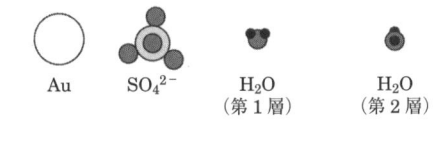

Au　SO_4^{2-}　H_2O（第1層）　H_2O（第2層）

図 3・32 硫酸水溶液中において形成される Au(1 1 1) 面上の硫酸イオンと水分子の共吸着モデル

$10 \times 10 \, nm^2$

図 3・33 0.5 M 硫酸水溶液中における Au(1 1 1) 面の電気化学 STM 像．$E_T = 400 \, mV$, $I = 3 \, nA$．画像取り込みを下方向に行い，途中で E_W を 1.1 V から 1.0 V に変化させた．

わないために熱ドリフトを考慮に入れる必要がなく，精度の高い実験が可能である．この原理を応用することによって局所的な I-E_W 曲線も測定可能であるが，観察される電流の変化にはトンネル電流と電気化学電流の両者が寄与するため，データの解釈は複雑になる．今後の課題として残されている．

3・5・3 電気化学 STM 像のトンネル電流依存性

ヨウ素原子を Pt(1 1 1) 表面上に蒸着させると，$(\sqrt{7}\times\sqrt{7})$R 19.1° 構造をとって吸着することが知られている．ヨウ素吸着層は表面被毒をおさえ，空気中においても真空中と同じ構造をとることが知られている．図3・34(a) は，こうして作製したヨウ素修飾 Pt(1 1 1) 表面を過塩素酸水溶液中において観察した電気化学 STM 像である．明るく見える1つ1つがヨウ素原子である．原子列の方向および原子間距離の測定より，蒸着によって形成されたヨウ素原子の $(\sqrt{7}\times\sqrt{7})$R 19.1° 構造は水溶液中においても保持されることがわかる．

ここで E_W および E_T を固定したままでトンネル電流(I)を 30 nA から

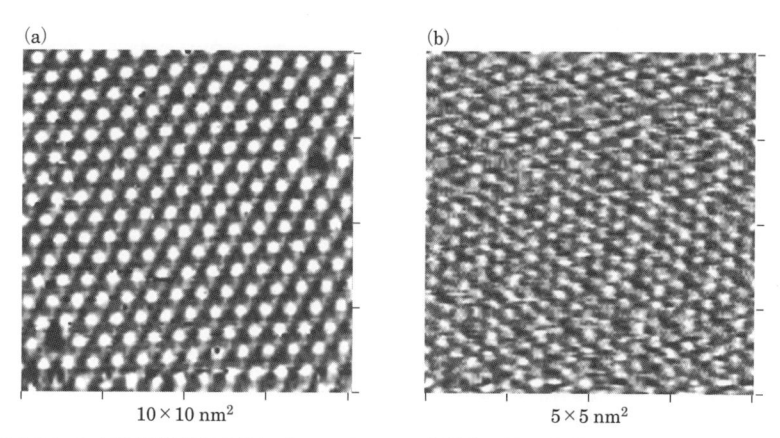

図3・34　0.1 M 過塩素酸水溶液中におけるヨウ素単分子層で修飾された Pt(1 1 1) 面の電気化学 STM 像($E_W = 300$ mV, $E_T = 309$ mV)．(a) $(\sqrt{7}\times\sqrt{7})$R19.1° 構造($I = 30$ nA)，(b) (1×1) 構造($I = 50$ nA)．

50 nA に変化させる．このとき観察される STM 像を図 3・34(b) に示す．原子間距離は明らかに小さくなっており，原子列方向も約 20° 回転している．この構造は (1×1) であり，表面の個々の白金原子を観察していることになる．電流を 30 nA に戻すと，図 3・34(a) に見られるような $(\sqrt{7}\times\sqrt{7})$ R 19.1° 構造が再び現れる．ヨウ素吸着層が損傷を受けている様子は観察されず，I を増加したときの (1×1) 構造は「ヨウ素層を透過した」白金原子の (1×1) 構造を観察していることとして理解される．高電流下でヨウ素が透過する機構は明らかでないが，s の減少による探針と電極表面との波動関数の重なりの変化に起因するのではないかと提案されている．今後は，計算によるシミュレーションも視野に入れたデータの解析が待たれる．

3・5・4 水溶液中におけるトンネル電流 – 距離曲線

3・5・1 項で述べたように，水溶液中における I-E_T 曲線もしくは I-V 曲線の測定は困難である．3・5・3 項で述べたように，電気化学 STM 像の I 依存性は探針 – 試料間距離 (s) の変化に起因するのではないかとも考えられており，水溶液中における I-s 測定が行われるようになってきている．

図 3・35 に，0.1 M 過塩素酸水溶液中において測定された Au(1 1 1) 表面上の I-s プロットを示す．$E_w=1.0$ V であり，金表面の電気化学的な酸化反応が起こらない環境に Au(1 1 1) 面は置かれている．○，◇ はそれぞれステップを挟んで上のテラスおよび下のテラスの固定点，□ はステップ近傍の固定点で測定されたものである [89]．図 3・35(a) に示されたように，表面の位置に依存した I-s プロットの変動は観察されなかった．図 3・35(b) には，図 3・35(a) に得られたデータの対数表示を示す．すべての点が，直線上に位置している．傾きからトンネルバリアは，0.65 eV と解析された．この値は，過塩素酸水溶液中，$E_w=0.4$ および 1.4 V においても大きな違いを示さなかった．一方，超高真空中におけるトンネルバリアとしては最大で 1.8 eV が得られており [89]，水溶液中の値は真空中の値よ

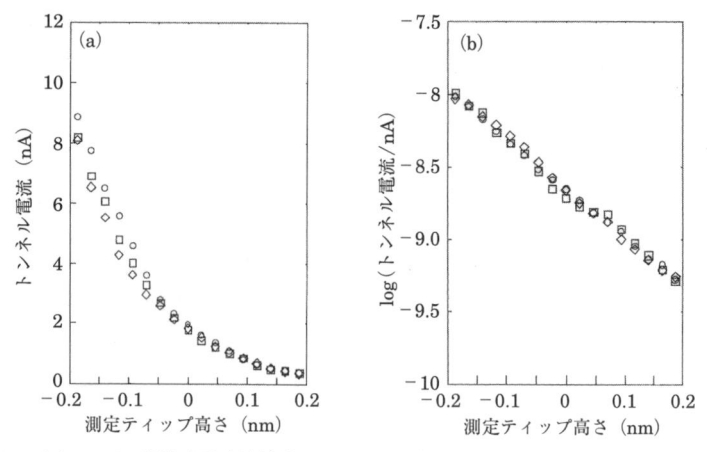

図3·35 (a) 0.1 M 過塩素酸水溶液中における Au(1 1 1) 表面での I-s プロット (E_w = 1.0 V), (b) (a) から求められた I-s 対数プロット.

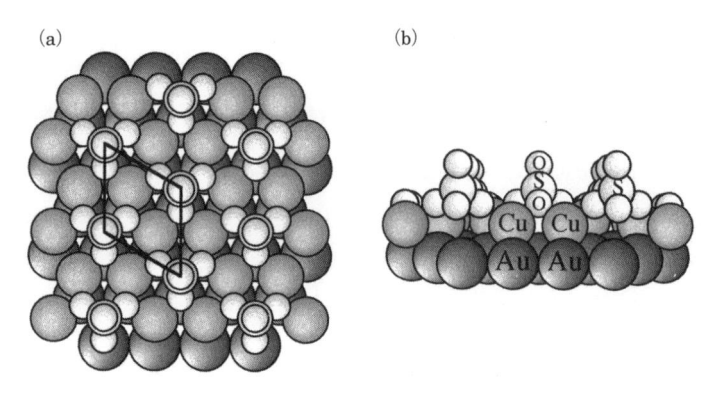

図3·36 硫酸水溶液中において, Au(1 1 1) 電極上に銅原子を 2/3 原子層電積させたときのモデル. (a) 上から見た構造, (b) 横から見た構造.

りも小さく測定された. 固液界面に形成される電気二重層の構造を考える上で興味深い.

図 3·36 に, 硫酸水溶液中において Au(1 1 1) 上で, 銅を 2/3 原子層電析したときの表面おけるモデルを示す. 水溶液中において, Au(1 1 1) 上

に銅は $(\sqrt{3} \times \sqrt{3})$ R 30° のハニカム構造とって吸着し，ハニカム構造の穴の上に硫酸イオンが存在する [87]．最近，この電極構造上で I-s 測定が行われている [90]．I-s 曲線には複数の折れ曲がりが観察され，それは図3・36 に示されるような層状構造に探針が侵入していくためであると解釈された．

3・5・5 まとめ

電気化学 STM は，超高真空 STM と同様の分解能を与える [91, 92]．現在では，電気化学 STM は，水溶液中の表面構造解析に必須の手段として認識されている．しかしながら，I-V 測定が困難であることもあり，電気化学 STM の開発から 20 年になろうとする今でも，水溶液中における STS 測定は活発に研究されているとはいいがたい．

電気化学には電極電位という真空中にはないパラメータが存在し，この特徴的なパラメータを用いた局所分光が今後重要になると予想される．例えば，今後，ポルフィリン [93] や蛋白質 [94] の酸化還元を局所的に追跡する研究も進展することと思われる．水溶液中におけるナノワイヤーの電子状態 [95] なども，興味あるトピックスである．また，I-s 測定は，水溶液中においても真空中と同様に行うことができるため，電極表面種の同定や電極表面の垂直方向の構造解析に威力を発揮することが期待される．水溶液中における局所分光法が実りのある解析手段として成長していくためには，超高真空中で得られるデータとの比較や [89, 91, 92]，計算シミュレーションの導入も必要であろう．

参 考 文 献

[1] 三浦 登，毛利信男，重川秀実：「朝倉物性物理シリーズ 4 極限実験技術」，朝倉書

店（2003）．
- [2] R. S. Becker, J. A. Golovchenko, D. R. Hamann and B. S. Swartzruber：Phys. Rev. Lett. **55** (1985) 2032.
- [3] R. J. Hamers, R. M. Teromp and J. E. Demuth：Phys. Rev. Lett. **56** (1986) 1972.
- [4] B. S. Stipe, M. A. Rezaei and W. Ho：Science **279** (1998) 1907.
- [5] 塚田 捷：「仕事関数」，共立出版（1983）．
- [6] J. Tersoff and D. R. Hamman：Phys. Rev. **50** (1983) 1998；Phys. Rev. **B31** (1988) 805.
- [7] N. D. Lang：Phys. Rev. **B34** (1986) 1164；Phys. Rev. **B36** (1987) 8713；Phys. Rev. **B37** (1988) 10395.
- [8] M. Tsukada and N. Shima：J. Phys. Soc. Jpn. **56** (1987) 2875.
- [9] K. Hirose and M. Tsukada：Phys. Rev. Lett. **73** (1994) 150.
- [10] K. Hata, S. Ozawa, S. Sainoo, K. Miyake and H. Shigekawa：Surf. Sci. **447** (2000) 156.
- [11] Y. Sainoo, T. Kimura, R. Morita, M. Yamashita, K. Hata and H. Shigekawa：Jpn. J. Appl Phys. **38** (1999) 3833.
- [12] Y. Kuk and P. J. Silerman：Rev. Sci. Instrum. **60** (1989) 165.
- [13] R. M. Fenstra, J. A. Stroscio and A. P. Fein：Surf. Sci. **181** (1989) 295.
- [14] J. A. Stroscio, R. M. Feenstra and A. P. Fein：Phys. Rev. Lett. **57** (1986) 2579.
- [15] O. Takeuchi, S. Yoshida and H. Shigekawa：Appl. Phys. Lett. **84** (2004) 3645.
- [16] R. C. Jaklevic and J. Lambe：Phys. Rev. Lett. **17** (1966) 1139. J. Lambe and R. C. Jaklevic：Phys. Rev. **165** (1968) 821.
- [17] P. K. Hansma *ed*.：*"Tunneling Spectroscopy"*, Plenum, New York (1982).
- [18] Y. Kim, T. Komeda and M. Kawai：Phys. Rev. Lett. **89** (2002) 126104.
- [19] 米田忠弘，金 有洙，道祖尾恭之，重川秀実，川合真紀：表面科学 **24** (2003) 313．
- [20] Y. Sainoo, Y. Kim, T. Komeda and M. Kawai：J. Chem. Phys. **120** (2004) 7249.
- [21] P. Jakob and B. N. J. Persson：J. Chem. Phys. **109** (1998) 8641.
- [22] W. Ho：J. Chem. Phys. **117** (2002) 11033.
- [23] J. Klein, A. Leger, M. Belin, D. Defourneau and M. J. Sangster：Phys. Rev. **B7** (1973) 2336.
- [24] B. C. Stipe, M. A. Rezaei and W. Ho：Rev. Sci. Instrum. **70** (1999) 137.
- [25] T. Komeda, Y. Kim, M. Kawai, B. N. J. Persson and H. Ueba：Science **295** (2002) 2055-2058.
- [26] B. C. Stipe, M. A. Rezaei and W. Ho：Phys. Rev. Lett. **82** (1999) 1724.
- [27] L. J. Lauhon and W. Ho：Rev. Sci. Instrum. **72** (2001) 216.
- [28] Y. Konishi, Y. Sainoo, K. Kanazawa, S. Yoshida, A. Taninaka, O. Takeuchi and H. Shigekawa：Phys. Rev. **B**, in press (2005).
- [29] Y. Konishi, S. Yoshida, Y. Sainoo, O. Takeuchi and H. Shigekawa：Phys. Rev. **B70** (2004) 165302.
- [30] 磁性体薄膜探針を用いた実験は Humberg 大学のグループが精力的に研究を進め成果を出しており，M. Bode, Rep. Prog. Phys. **66** (2003) 524 などの総説を参照のこ

と.
- [31] J. C. Slonczewski : Phys. Rev. **B39** (1989) 6995.
- [32] R. Wiesendanger, H.-J Guntherodt, G. Guntherodt, R. J. Gambino and R. Ruf : Phys. Rev. Lett. **65** (1990) 247.
- [33] M. Bode, M. Getzlaff and R. Wiesendanger : Phys. Rev. Lett. **81** (1998) 4256.
- [34] M. Bode, M. Getzlaff, S. Heinze, R. Pascal and R. Wiesendanger : Appl. Phys. **A66** (1998) S121.
- [35] J. A. Stroscio, D. T. Pierce, A. Davies and R. J. Celotta : Phys. Rev. Lett. **75** (1995) 2960.
- [36] M. Kleiber, M. Bode, R. Ravlić and R. Wiesendanger : Phys. Rev. Lett. **85** (2000) 4606.
   S. Heinze *et al.* : Science **288** (2000) 1805.
   T. Kawagoe, Y. Suzuki, M. Bode and K. Koike : J. Appl. Phys. **93** (2003) 6575.
- [37] S. N. Okuno, T. Kishi and K. Tanaka : Phys. Rev. Lett. **88** (2002) 066803.
- [38] T. K. Yamada, M. M. J. Bishoff, G. M. M. Heijne, T. Mizoguchi and H. van Kempen : Phys. Rev. Lett. **90** (2003) 056803.
- [39] T. Kawagoe, E. Tamura, Y. Suzuki and K. Koike : Phys. Rev. **64** (2001) 024406.
- [40] H. Oka, A. Subagyo, M. Sawamura, K. Sueoka and K. Mukasa : Jpn, J. Appl. Phys. **41** (2002) 4969.
- [41] S. Heinze, S. Blugel, R. Pascal, M. Bode and R. Wiesendanger : Phys. Rev. **B24** (1998) 16432.
- [42] M. Bode, S. Heinze, A. Kubetzka, O. Pietzsch, M. Hennefarth, M. Getzlaff, R. Wiesendanger, X. Nie, G. Bihlmayer and S. Bl-ugel : Phys. Rev. **B66** (2002) 014425.
- [43] A. Kubetzka, M. Bode, O. Pietzsch, and R. Wiesendanger : Phys. Rev. Lett. **88** (2002) 057201.
- [44] A. Subagyo and K. Sueoka : J. Magn. Magn. Mat. in press.
- [45] M. Johnson and J. Clarke : J. Appl. Phys. **67** (1990) 6141.
- [46] U. Schlickum, W. Wulfhekel and J. Kirschner : Appl. Phys. Lett. **83** (2003) 2016.
- [47] N. Berdunov, S. Murphy, G. Mariotto and I. V. Shvets : Phys. Rev. Lett. **30** (2004) 057201.
- [48] K. Sueoka, K. Mukasa and K. Hayakawa : Jpn. J. Appl. Phys. **32** (1993) 2989.
   M. Prins. M. van der Wielen, R. jansen, D. Abraham and H. van Kempen : Appl. Phys. Lett. **64** (1994) 1207.
- [49] K. Sueoka, A. Subagyo, H. Hosoi and K. Mukasa : Nanotechonology **15** (2004) S619.
- [50] Y. Suzuki, W. Nabhan, R. Shinohara, K. Yamaguchi and T. Katayama : J. Magn. Magn. Mater. **198/199** (1999) 540.
- [51] H. Oka and K. Sueoka : Jpn. J. Appl. , in press.
- [52] M. Bode, A. Wachowiak, J. Wiebe, A. Kubetzka, M. Morgenstern and R.

Wiesendanger：Appl. Phys. Lett. **84** (2004) 948.
[53] H. Hosoi, K. Sueoka and K. Mukasa：Nanotechonology **15** (2004) 505.
[54] D. Ruger, R. Budakian, H. J. Mamin and W. Chul：Nature **430** (2004) 329.
[55] G. Binnig and H. Rohrer：Surf. Sci. **126** (1983) 236.
[56] Y. Yamada, A. Sinsarp, M. Sasaki and S. Yamamoto：Jpn. J. Appl. Phys. **41** (2002) 5003.
[57] A. Sinsarp, Y. Yamada, M. Sasaki and S. Yamamoto：Jpn. J. Appl. Phys. **42** (2003) 4882.
[58] J. H. Coombs, M. E. Welland and J. B. Pethica：Surf. Sci. **198** (1988) L353.
[59] J. Tersoff and D. R. Hamman：Phys. Rev. **31** (1985) 805.
[60] Y. Yamada, A. Sinsarp, M. Sasaki and S. Yamamoto：Jpn. J. Appl. Phys. **41** (2002) 7501.
[61] Y. Yamada, A. Sinsarp, M. Sasaki and S. Yamamoto：Jpn. J. Appl. Phys. **42** (2003) 4898.
[62] R. C. Palmer, E. J. Denlinger and H. Kawamoto：RCA Rev. **43** (1982) 194.
[63] J. R. Matey and J. Blane：J. Appl. Phys. **57** (1985) 1437.
[64] C. C. Williams, W. P. Hough and S. A. Rishton：Appl. Phys. Lett. **55** (1989) 203.
[65] Y. Martin, D. W. Abraham and H. K. Wickramasinghe：Appl. Phys. Lett. **52** (1988) 1103.
[66] R. C. Barrett and C. F. Quate：J. Appl. Phys. **70** (1991) 2725.
[67] T. Yamamoto, Y. Suzuki, M. Miyashita, H. Sugimura and N. Nakagiri：Jpn. J. Appl. Phys. **36** (1997) 1922.
[68] C. Y. Nakakura, D. L. Hetherington, M. R. Shaneyfelt, P. J. Shea and A. N. Erickson：Appl. Phys. Lett. **75** (1999) 2319.
[69] T. Yamamoto, Y. Suzuki, M. Miyashita, H. Sugimura and N. Nakagiri：J. Vac. Sci. &Technol. **15** (1997) 1547.
[70] C. C. Williams, J. Slinkman, Y. Huang and H. K. Wickramasinghe：Appl. Phys. Lett. **55** (1989) 1662.
[71] Y. Huang, C. C. Williams and J. Slinkman：Appl. Phys. Lett. **66** (1995) 344
[72] J. J. Kopanski, J. F. Marchiando and J. R. Lowney：J. Vac. Sci. Technol. **B14** (1996) 242.
[73] Y. Huang, C. C. Williams and M. A. Wendman：J. Vac. Sci. Technol. **A14** (1996) 1168.
[74] J. S. McMurray, J. Kim and C. C. Williams：J. Vac. Sci. Technol. **B15** (1997) 1011.
[75] J. F. Marchiando, J. J. Kopanski and J. R. Lowney：J. Vac. Sci. Technol. **B16** (1998) 463.
[76] J. J. Kopanski, J. F. Marchiando, D. W. Berning, R. Alvis and H. E. Smith：J. Vac. Sci. Technol. **B16** (1998) 339.
[77] J. S. McMurray, J. Kim, C. C. Williams and J. Slinkman：J. Vac. Sci. Technol. **B16** (1998) 344.

[78]　H. Edwards, R. McGlothlin, R. S. Martin, Elisa U, M. A. Gribelyuk, R. Mahaffy, C. K. Shih, R. S. List and V. A. Ukraintsev：Appl. Phys. Lett. **72** (1998) 698.
[79]　M. L. O'Malley, G. L. Timp, S. V. Moccio, J. P. Garno and R. N. Kleiman：Appl. Phys. Lett. **74** (1999) 272.
[80]　M. L. O'Malley, G. L. Timp, W. Timp, S. V. Moccio, J. P. Garno and R. N. Kleiman：Appl. Phys. Lett. **74** (1999) 3672.
[81]　R. C. Barrett and C. F. Quate：Ultramicroscopy **42** (1992) 262.
[82]　K. Sanada, R. Yamamoto and S. Umemura：Jpn. J. Appl. Phys. **33** (1994) 6383.
[83]　M. Dreyer and R. Wiesendanger：Appl. Phys. **A61** (1995) 357.
[84]　J. W. Hong, S. M. Shin, C. J. Kang, Y. Kuk, Z. G. Khim and S. Park：Appl. Phys. Lett. **75** (1999) 1760.
[85]　K. Goto and K. Hane：Appl. Phys. Lett. **73** (1998) 544.
[86]　C. J. Kang, C. K. Kim, J. D. Lera, Y. Kuk, K. M. Mang, J. G. Lee, K. S. Suh and C. C. Williams：Appl. Phys. Lett. **71** (1997) 1546.
[87]　K. Itaya：Progress in Surface Science **58** (1998) 121-248.
[88]　板谷謹悟，犬飼潤治：「先端化学シリーズII 電気化学，光化学，無機固体，環境ケミカルサイエンス」，日本化学会 編，丸善 (2003).
[89]　Y. Nagatani, H. Hayashi, T. Yamada and K. Itaya：Jpn. J. Appl. Phys. **35** (1996) 720-728.
[90]　G. Nagy and T. Wandlowski：Langmuir **19** (2003) 10271-10280. 本論文の引用文献も参照のこと．
[91]　犬飼潤治，板谷謹悟：表面科学 **24** (2003) 754-763.
[92]　犬飼潤治，板谷謹悟：触媒学会 **46** (2004) 564-569.
[93]　N. J. Tao：Phys. Rev. Lett. (1996) 4066-4069.
[94]　P. Facci, D. Alliata and S. Cannistraro：Ultramicroscopy **89** (2001) 291-298.
[95]　B. Xu, H. He and N. J. Tao：J. Am. Chem. Soc. **124** (2002) 13568-13575.

第 4 章　力学的分光

4・1　原子間力計測

　原子間力顕微鏡法(Atomic Force Microscopy：AFM)では，試料表面から及ぼされる力を探針で検出し，力を一定にした状態で表面を走査することにより，表面の凹凸像を得る．したがって，試料表面と探針の間に働く力の素性を明らかにすることは，AFM 像を解釈する上において極めて重要である．一方，AFM を用いることによって，サブナノメートルの精度で探針－試料間の距離を制御しながら力の測定が可能であり，距離依存性など原子間に働く力の性質を精密に評価することができる．ここでは，そうした研究を通じて明らかにされた種々の原子間力について解説する．

　探針－試料表面間の力を検出する方法の一つとして，先端の鋭い探針をカンチレバー(片持ちはり)の先端に取り付け，探針が受ける力によってたわんだカンチレバーの変位量から力を求める方法がある．接触法と呼ばれるこの方法では，簡便に試料表面構造の凹凸像を得ることができるものの，ファンデルワールス力などの引力が探針－試料間に支配的に働く場合には探針先端が試料にくっついてしまい，微弱な力を測定することができない．引力領域での AFM 像観察や力の精密測定のためには，カンチレバーを振らせながら測定するダイナミック法と呼ばれる方法が用いられる．昨今いろいろな研究施設などで見受けられる大気中で動作するタイプの AFM は，このダイナ

ミック方式を採用しており（タッピングモードとも呼ばれる），カンチレバーの共振周波数近くの周波数でカンチレバーを振動させ，その振幅応答や位相応答から力を推定している（4・2節参照）．

しかしながら，探針先端と試料表面の原子間に及ぼされる力のみを測定しようと考えるのであれば，当然ながら探針と試料それぞれの表面での吸着層の影響を避けなければならず，超高真空内での測定が不可欠である．超高真空下では，カンチレバーの振動に対する空気抵抗が低くなり，共振のQ値が高くなる（Q値については4・1・1項で詳述する）．Q値が高くなると，上に述べた通常のダイナミック法では振幅あるいは位相測定の時間応答（応答時間 $\tau \sim Q/\pi f_0$, f_0 は共振周波数）が遅くなり [1]，走査像を得るに十分な速さで振幅・位相を計測することが困難となる．そこで，Q値の高さによる高い力検出感度（最小検出力は $1/\sqrt{Q}$ に比例）を生かすためにも，ダイナミック法の中でも特に非接触法と呼ばれる方法が主に用いられる．ここでは非接触AFM法において測定される原子間力について言及する．

4・1・1 非接触法・周波数シフト

非接触法では，まず，カンチレバーをその共振周波数で振動させる（図4・1）．探針が試料表面に近づき試料表面から力を感じると，それに対応してカンチレバーの共振周波数が変化する（図4・2）．例えば，引力が働く場合

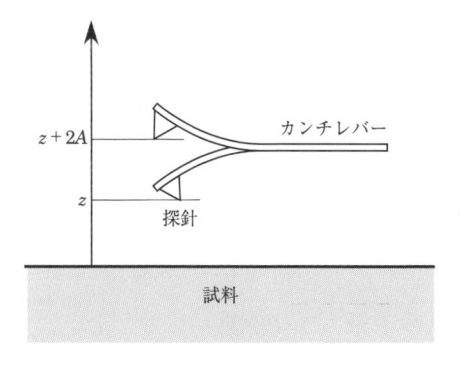

図4・1 振動するカンチレバー

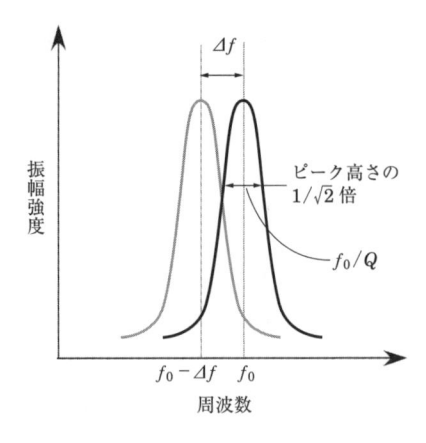

図 4·2 カンチレバーの共振ピーク．探針が試料表面から引力を感じることによって，カンチレバーの共振周波数は低くなる．

には共振周波数は低く（負の周波数シフト）なり，斥力の場合には高く（正の周波数シフト）なる．非接触法では，この周波数シフトの値を FM 復調器で読みとり，その値から探針に及ぼされた力を見積もる [1]．試料表面から探針に及ぼされる力の値を求めるためには，周波数シフトが力の関数としてどのように表現されるか，すなわち，周波数シフトの定式化を議論する必要がある．以下，その式の導出を詳細に追っていく [2]．

カンチレバーの振動変位 z を記述する運動方程式は，カンチレバーのバネ定数を k として，以下のように表される．

$$m\ddot{z} + \gamma\dot{z} + kz = kA_0 e^{i\omega t}. \tag{4·1}$$

ここで，m は振動系の質量，γ はカンチレバー振動の粘弾性や支点固定部でのエネルギー損失などに起因する粘性係数，A_0 はカンチレバーを振動させるための励振振幅である．振動変位 z は励振周波数と同じ周波数で振動することから $z = Ae^{i\omega t + \theta}$ とし（θ は変位振動と励振振動との間の位相差），カンチレバーの振幅 A を角振動数 ω（$= 2\pi f$，f は周波数）の関数として求めると，$\omega_0 = \sqrt{k/m}$ として，

$$A = \frac{kA_0}{m(\omega_0^2 - \omega^2) - i\gamma\omega} \tag{4·2}$$

となり，

$$|A| = \frac{kA_0}{\sqrt{m^2(\omega^2-\omega_0^2)^2+\gamma^2\omega^2}} \approx \frac{A_0}{2\sqrt{\left(\dfrac{\omega}{\omega_0}-1\right)^2+\left(\dfrac{1}{2Q}\right)^2}} \quad (4\cdot3)$$

となる．式 (4・3) の第 2 項から第 3 項への変形の際には，$k/\gamma\omega_0$（$=m\omega_0/\gamma$）を Q とおき，かつ Q が十分大きいと近似している．γ に起因した粘性項によるエネルギー損失 $\varDelta E$ と振動によるエネルギー E の比 $\varDelta E/E$ が $2\pi/Q$ で与えられることから，この近似は，粘性によるエネルギー損失が振動のエネルギーに比べ十分小さいことを意味している．

式 (4・3) からいえることは，Q が十分大きい，すなわち，粘性によるエネルギー損失が十分小さい場合には，振幅 A はカンチレバーの共振周波数 f_0（$=\omega_0/2\pi$）で最大となり，かつその振動振幅は励振振幅の Q 倍となっていることである．Q は共振振動の Q 値（半値全幅）と呼ばれ，共振の鋭さを表す（図 4・2）．式 (4・3) 右項からもわかるように，$f=f_0\pm f_0/2Q$（f をすべて ω に置き換えても同じ）の周波数で振動振幅は，共振周波数 f_0 でのそれに比べ $1/\sqrt{2}$ 倍になる．実際に非接触法 AFM 法で用いられるカンチレバーの Q 値は，真空中で 10000 を超える値となり，上記の近似の条件を十分に満たしている．

この振動系に外部から力が及ぼされるとその共振周波数は変化する．例えば，バネ定数 k_{ex} で表される力が外部から振動範囲全域にわたって加わるとすると，見かけ上，カンチレバーのバネ定数が k_{ex} だけ変化したと見なすことができるため，k_{ex} が k に比べ十分小さいとすると，共振周波数は $-f_0k_{\mathrm{ex}}/2k$ だけ変化する．実際の AFM 測定の場合には，探針 - 試料間に働く力の"バネ定数"はカンチレバーの振動する距離の範囲内で変化しており定数ではないので，このように単純ではない．力の"バネ定数"を力微分係数として $k_{\mathrm{ts}}(z)$ と表記することとして，その際の周波数シフトは，摂動論より探針先端と試料表面間の距離 z の関数として，

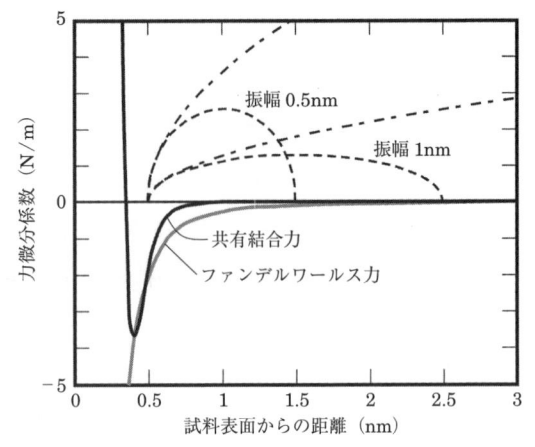

図4・3 周波数シフトの計算方法.周波数シフトは,力微分係数をカンチレバーの振動する範囲内で,半円の重み関数を掛けて積分することにより計算される.共有結合力と放物面状の探針($R = 4$ nm)に働くファンデルワールス力(引力部分のみ)による力微分係数 $k_{ts}(z)$ と,振動振幅が 0.5 nm と 1 nm の場合の重み関数を表示している.また,大振幅近似での重み関数である放物線についても一点鎖線で記している.

$$\Delta f(z) = -\frac{f_0}{2k}\int_0^{2A} k_{ts}(z+r)\frac{\sqrt{2Ar-r^2}}{\pi A^2/2}\,dr \qquad (4\cdot 4)$$

と求められる.積分内において k_{ts} にかかる項は面積1の半円であり(図4・3),この重み関数を乗じて力微分係数 $k_{ts}(z)$ をカンチレバーが振動する領域で積分することにより,周波数シフトを求めることができる.またこの式を逆に解くことにより,周波数シフトの距離依存性 $\Delta f(z)$ の測定から,力微分係数 $k_{ts}(z)$ が求まり,さらには力やポテンシャルの距離依存性を求めることが可能である.かなり精度の良い測定が必要であるが,周波数シフトの距離依存性の実測値から数値的に積分を解き[3],力微分係数の距離依存性を求めて力を評価している例も報告されている[4].

図4・3からもわかるように,周波数シフト $\Delta f(z)$ は,カンチレバーの振動振幅 A に大きく依存する.さらに,力の性質によってもその振舞いは異なり,試料から離れた距離まで及んでいる長距離力に対しては,振動振幅

A を変えてもあまり変化しないのに対し,試料表面で急激に変化する短距離力に対しては,振幅が小さい方が大きくなることから優先的に検出されることがわかる.

探針‐試料間の力の及ぶ範囲に比べてカンチレバーの振動領域が広い場合には,積分の重み関数である半円を,試料に近い領域で形状が等しい放物線(図4・3に記されている)に置き換えることが近似的に可能である(大振幅近似).これは式 (4・4) の積分中で $\sqrt{2Ar-r^2}$ を $\sqrt{2Ar}$ に置き換えることに相当する:

$$\varDelta f(z) \approx -\frac{\sqrt{2}}{\pi}\frac{f_0}{kA^{\frac{3}{2}}}\int_0^\infty k_{\mathrm{ts}}(z+r)\sqrt{r}\,\mathrm{d}r. \qquad (4\cdot 5)$$

このように置き換えることによって,逆べき乗則や指数関数で表される力微分係数 $k_{\mathrm{ts}}(z)$ をもつ力に対して,解析的に積分計算が可能となることから,しばしばこの近似は用いられる.

大振幅近似が適用できる場合には,式 (4・5) より $\varDelta f(z) \propto f_0/kA^{3/2}$ が成立する.この式によれば,周波数シフトは,カンチレバー本来の共振周波数 f_0 に比例して,カンチレバーのバネ定数 k に反比例し,さらに振動振幅に対しては $A^{-3/2}$ の形で依存する(大振幅近似が成り立たない場合には,積分範囲および積分の重み関数が振動振幅によって若干変化するので,必ずしもそうとはいえない).周波数シフトはこれら実験上のパラメータに依存することから,実験結果および理論計算結果を比較する上では,周波数シフトそのものの値をもって力の大小を直接的に比較することはできない.共振周波数とバネ定数は測定に使用するカンチレバーの種類に依存し,振動振幅は実験上のパラメータであるから,これらの値で周波数シフトを規格化した値

$$\gamma(z) = \frac{kA^{\frac{3}{2}}}{f_0}\varDelta f(z) \qquad (4\cdot 6)$$

が,異なるカンチレバーや異なる実験条件で測定された周波数シフト値を比較する上で目安となり,実際のデータ解釈上でも頻繁に利用されている.た

だし，先に述べたように，この規格化された周波数シフトもすべてのケースに適応できるわけではなく，厳密には，大振幅近似が成立する場合にのみ有効である．最近の実験技術の向上に伴い，振動振幅を小さく設定することが可能となり，大振幅近似が成立しないと思われる条件での測定が増えている．それらの実験結果の評価・比較の際には注意が必要である．

以上，周波数シフトの定式化により結論されることをまとめると，周波数シフトは力微分係数 k_{ts} をカンチレバーの振動範囲で積分した値に比例する．さらに，周波数シフトは共振周波数 f_0 やカンチレバーのバネ定数，振動振幅に依存することから，その値を比較する際には，式 (4・6) の規格化された周波数シフト $\gamma(z)$ により評価する必要がある，などとなる．

4・1・2 ファンデルワールス力

先の項では，探針－試料間に働く力を評価するための非接触 AFM での測定値である周波数シフトの定式化を行った．そこで本項ではこれらの式を用いて具体的な力に対する周波数シフトの値を実際に求めることにする．まずは原子間に働く代表的な力の一つであるファンデルワールス力に着目する．ファンデルワールス力は原理的には任意の 2 原子間に働く力であり，したがって AFM 測定ではどのような状況においても必ず現れてくる力といえる．

ファンデルワールス力は，原子内に誘起される動的な分極間の静電相互作用によるとされ，そのポテンシャルはレナード－ジョーンズ型の 12-6 則と呼ばれる形で表されることが知られている：

$$V_{\text{atom-atom}}(z) = \frac{D_{\text{vdW}}}{z^{12}} - \frac{C_{\text{vdW}}}{z^6} \quad (D_{\text{vdW}},\ C_{\text{vdW}} \text{は比例定数}). \quad (4 \cdot 7)$$

以下では簡単のために引力（6乗則）領域における周波数シフトを求めたい．

ポテンシャルの式が与えられていることから，それを距離で微分して力を求め，さらに微分して力微分係数を求め，式 (4・4) あるいは (4・5) に代入すれば周波数シフトが求められそうに思えるが，そうはならない．上記のポテ

ンシャルは2つの原子間の力によるポテンシャルであり,探針と試料表面との間のポテンシャルではないからである.探針を構成するすべての原子と試料表面を構成するすべての原子の間に働く力によるポテンシャルをすべて足し合わせた上で,2回微分することにより探針と試料間に働く力の力微分係数を求める必要がある.

試料表面とそこから距離 z だけ離れた位置に置かれた原子との間に働くポテンシャルエネルギーは,原子間のポテンシャルエネルギーを

$$V_{\mathrm{atom-atom}}(z) = -\frac{C_{\mathrm{vdW}}}{z^6} \tag{4・8}$$

(C_{vdW} は比例係数)として,試料表面のすべての原子に対して積分することにより求められる:

$$V_{\mathrm{atom-sample}}(z) = -\frac{\pi C_{\mathrm{vdW}} \rho_{\mathrm{s}}}{z^3}. \tag{4・9}$$

ここで ρ_{s} は試料の原子数密度である.

探針とのポテンシャルエネルギーを求めるためには,式 (4・9) をさらに探針を構成する原子に対して積分する必要がある.その際,積分領域は探針内部となるので,積分結果は探針の形状に依存することとなる.探針先端から測った探針の断面積を $S(r)$ とすれば,探針 – 試料間のポテンシャルは

$$V_{\mathrm{tip-sample}}(z) = -\frac{A_{\mathrm{H}}}{6} \int_0^\infty \frac{S(r)}{(z+r)^3} \, dr \tag{4・10}$$

となる.ちなみに先端の鋭い円錐状の探針(先端の全角度 α)の場合,$S(r) = \pi \tan^2(\alpha/2) r^2$ であり,放物面状の探針(先端の曲率半径 R)では,$S(r) = 2\pi R r$ となる.A_{H} ($= \pi^2 C_{\mathrm{vdW}} \rho_{\mathrm{s}} \rho_{\mathrm{t}}$,$\rho_{\mathrm{t}}$ は探針の原子数密度)はハマッカー定数と呼ばれる物質固有の定数であり,ファンデルワールス力の係数と原子数密度に依存するパラメータである.シリコン探針を用いてシリコン表面を観察する場合には,シリコンのハマッカー定数(1.865×10^{-19} J)を用いればよい.

これらの積分を計算し,距離に関して微分すると探針 – 試料間に働くファ

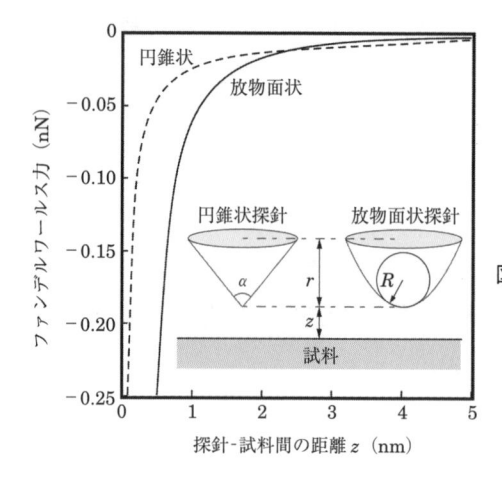

図4・4 探針形状によるファンデルワールス力の違い．図中の実線と破線は，それぞれ放物面状（$R = 2$ nm）と円錐状（$\alpha = 80°$）の探針に対して計算されたファンデルワールス力を示している．

ンデルワールス力 $F(z)$ が求められる（図4・4）．原子間の力の足し合わせであることから，先端近傍の原子数が多い探針（図4・4では放物面状の探針）ほど，強く引力が働くことがわかる．

さらにもう一度微分して力微分係数を求めると，

円錐状探針　　　$k(z) = -\dfrac{A_\text{H} \tan^2\left(\dfrac{\alpha}{2}\right)}{6} \dfrac{1}{z^2},$　　　　(4・11)

放物面状の探針　$k(z) = -\dfrac{A_\text{H} R}{3} \dfrac{1}{z^3}$　　　　(4・12)

となり，これを式 (4・4) に入力して，周波数シフトを求めると，

円錐状探針　　　$\Delta f(z) = -\dfrac{A_\text{H} \tan^2\left(\dfrac{\alpha}{2}\right) f_0}{6k} \dfrac{1}{A^2} \left\{ \dfrac{A+z}{(2Az+z^2)^{\frac{1}{2}}} - 1 \right\}$

(4・13)

放物面状の探針　$\Delta f(z) = -\dfrac{A_\text{H} R f_0}{6k} \dfrac{1}{(2Az+z^2)^{\frac{3}{2}}}$　　　　(4・14)

となる [5, 6]．上式では，f_0/k に比例した形となっているが，$A^{-3/2}$ に比例

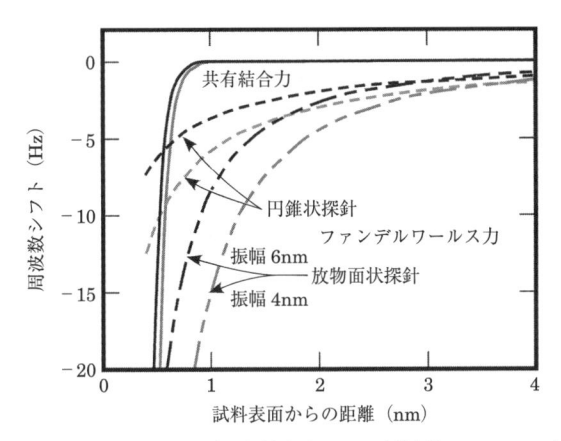

図4・5 ファンデルワールス力および共有結合力による周波数シフト．シリコン表面とシリコン探針間に働く力を想定している．4 nm（黒）と 6 nm（灰）のカンチレバーの振動振幅に対して計算しており，ファンデルワールス力に対しては，放物面状（$R=2$ nm）と円錐状（$\alpha=80°$）の探針を想定している．カンチレバーのバネ定数は 46 N/m，共振周波数は 300 kHz として計算している．

した形にはなっていない．これは先に述べた大振幅近似を用いずに計算しているからである．これらを距離の関数としてプロットしたものを図4・5に示す．周波数シフトの値が探針の形状やカンチレバーの振動振幅などによって変化する様子が見てとれる．

4・1・3 共有結合力

プローブ顕微鏡における空間分解能は，基本的には，プローブにより検出される信号の距離に対する変化率に大きく依存している．例えば，走査トンネル顕微鏡法（Scanning Tunneling Microscopy：STM）で検出されるトンネル電流は，探針と試料表面間の距離をわずかに 0.1 nm 変化させるだけでもその値は1桁変化する．したがって，トンネル電流値を制御することによって探針と試料表面間の距離を 0.01 nm 以下のレベルで制御することが可能となる．

非接触 AFM では，これまでにも述べてきたように，周波数シフトが距離

制御に用いられる信号である．先に求めたファンデルワールス力による周波数シフトの距離に対する変化率は，探針形状などに依存するものの，トンネル電流ほどの高感度・高空間分解能はとても期待できない．非接触 AFM においても，高空間分解能・原子分解能を実現するためには，距離変化に対して大きく変動する高感度な力を検出する必要がある．原子間の電子共有により結合力を示す共有結合力は，そのような力として，AFM における原子分解能を実現する信号となる．

共有結合は原子間の距離が近接したときしか及ばないので，探針－試料表面間に働く共有結合力は，探針先端の原子と試料表面最外層の原子との間に働く力のみによると考えてよい．したがって，ファンデルワールス力の場合のように積分する必要がない．原子間の共有結合力は，指数関数的な距離依存性を示すモース・ポテンシャル

$$V(z) = U_0 \left[\exp\left\{ -\frac{2(z-z_0)}{\lambda} \right\} - 2\exp\left\{ -\frac{z-z_0}{\lambda} \right\} \right] \quad (4\cdot15)$$

(U_0 は結合エネルギー，λ は減衰長，z_0 は結合距離）でしばしば記述されるので，ここでもこれを仮定する．

簡単のために第 2 項の引力領域のみに限定し，2 回微分を行って力微分係数を求め，式 (4・5) に代入して周波数シフトを計算すると

$$\Delta f(z) = -\frac{f_0}{kA^{\frac{3}{2}}} U_0 \sqrt{\frac{2}{\pi\lambda}} \exp\left\{ -\frac{z-z_0}{\lambda} \right\} \quad (4\cdot16)$$

となり，やはり指数関数的な距離依存性を示す．通常の測定ではカンチレバーの振動振幅は数 nm 程度であり，共有結合の及ぶ範囲に比べて大きいので，共有結合力による周波数シフトの計算では先に述べた大振幅近似を適応することができる．上記の式もこの近似を用いて計算している．

精密な計算 [7] によれば，シリコン－シリコン原子間に働く共有結合のポテンシャル変化は $\lambda = 0.787$ Å の減衰長で指数関数的に減衰することが明らかにされており，AFM 測定における周波数シフトも同様に変化すると考

えられる．この場合，0.1 nm の距離の変化に対して，ポテンシャルおよび周波数シフトは約4倍変化することとなり，トンネル電流ほど敏感ではないものの十分な距離敏感性を有し，原子分解能が期待できる．

図4・5 に，シリコン表面とシリコン探針との間に働くファンデルワールス力および共有結合力に対する周波数シフトの距離変化，いわゆるフォースカーブを表示している．ファンデルワールス力による周波数シフトは，共有結合力に比べ距離に対して変化が少なく，また探針形状に対して依存することなどが見てとれる．カンチレバーの振動振幅に対して周波数シフトが変化している様子もこの図から知ることができる．

興味深い点は，周波数シフト $\Delta f(z)$ の距離依存性すなわち距離の変化に対する変化量が，必ずしも力微分係数 $k(z)$ のそれに対応していない点である．図4・3 の周波数シフト $\Delta f(z)$ の計算方法を示す図で，例として，共有結合力とファンデルワールス力による $k(z)$ をプロットしているが，距離 0.5 nm あたりで両者の傾きはほぼ等しくなっている．しかしながら，

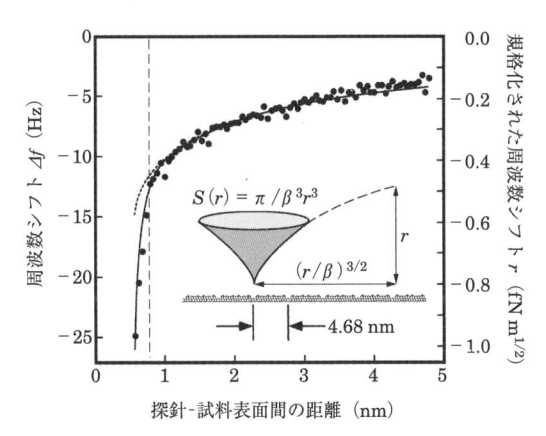

図4・6 シリコン表面上での周波数シフトの距離依存性測定(フォースカーブ測定)．周波数シフトが 0.8 nm 付近から急激に変化していることがわかる．図中にある探針形状を仮定しファンデルワールス力による周波数シフトを計算すると，1 nm より離れた領域でうまく説明することができ，残りの領域は共有結合力により説明される [5]．

図4·5の周波数シフトでは,共有結合力とファンデルワールス力で,その傾きにかなりの差がある.これは,周波数シフトが力微分係数 $k(z)$ を積分したものであることを反映しているものであり,単純にその距離での力微分係数 $k(z)$ あるいは力そのものの変化率や傾きのみに周波数シフトが依存しているわけではないことを示している.プローブの距離敏感性や感度を議論する上では,力あるいは力微分係数ではなく,周波数シフトの距離依存性

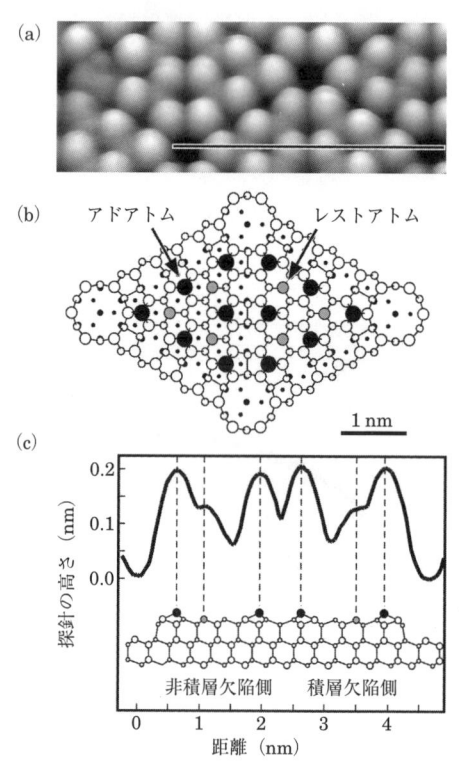

図4·7 シリコン表面上でのAFM像.(a)は,共有結合力を検出した条件(図4·6の測定において距離 0.72 nm に相当)に設定して測定したSi(1 1 1)表面の 7×7 構造のAFM像である.表面最外層のアドアトムや2層目のレストアトムが観察されている.(b)はこの表面の構造モデル,(c)は像(a)の断面プロットと構造モデルの比較を示している[5].

を評価する必要があることに注意しなければならない.

図4・6は,共有結合による周波数シフトの距離依存性を実際に捉えたフォースカーブ測定の実験結果である[5].探針先端が試料表面から離れている場合には,周波数シフトはファンデルワールス力によるゆるやかな変化を示すが,0.8 nm以下に近づくと共有結合力が探針先端原子と表面原子間に働き始め,周波数シフトは急速に変化している.共有結合力の高い距離依存性のため,これを検出することにより極めて高い分解能での表面原子像を得ることができる(図4・7).

また,試料表面での元素が異なれば,それに伴い,探針先端原子との共有結合力の結合エネルギーや減衰長も変化する.したがって共有結合力による周波数シフト $\Delta f(z)$ も変化することが期待される.図4・8にはシリコンにスズ(Sn)を吸着させた系をAFMにより観察した像を示している.共有結合力の差に対応して吸着子と基板原子との間にコントラストが現れている様子が見てとれる[8].

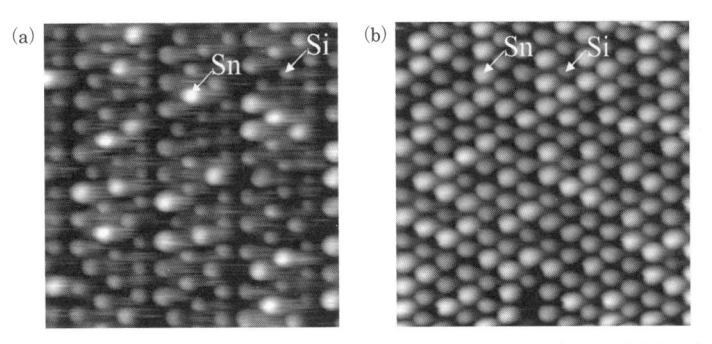

図4・8 (a) スズ(Sn)に置換されたアドアトムをもつSi(1 1 1)7×7表面の非接触AFM像($\Delta f = -6.7$ Hz)と,(b) 1/6 ML Sn/Si(1 1 1)-($\sqrt{3} \times \sqrt{3}$)R30°(モザイク相)の非接触AFM像($\Delta f = -5.5$ Hz).ともに振動振幅は18 nmに設定されている.元素の違いによる共有結合力の差に対応して,Sn原子が明るくコントラストされている[8](大阪大学 森田清三 教授提供).

4・1・4 静電気力

これまで，探針が試料表面から受ける力としてファンデルワールス力と共有結合力をあげ，それらによる周波数シフトについて説明してきた．真空中すなわち探針と試料表面の間に何も介在しない場合には，さらに，静電気力が働く．ちなみに探針と試料が磁化されている場合には，これらに加えて磁気力や交換力が探針‐試料間に働くが，これらに関しては他節で説明される．

2電極間の静電エネルギーは，$CV^2/2$ として記述される．ここで，C は電極間の静電容量，V は電極間に加えられた電圧である．AFM においてもこのエネルギーに起因した力 $\left(= -\dfrac{1}{2} \dfrac{\partial C}{\partial z} V^2 \right)$ が，対向2電極である探針と試料間に及ぼされる．実際，電圧 V を変化させて周波数シフトを測定すると，図4・9(b) のように，きれいな放物線状のカーブが得られる．ただし，その放物線での極値を示すバイアス電圧は上式で予想される0ではなく，若干ずれている．これは接触電位差によるものである．

図4・9(a) にも示されるように，2つの物質を近接させるとそれぞれの真空準位が整列し，フェルミ準位に段差が生じる．これが接触電位差である．

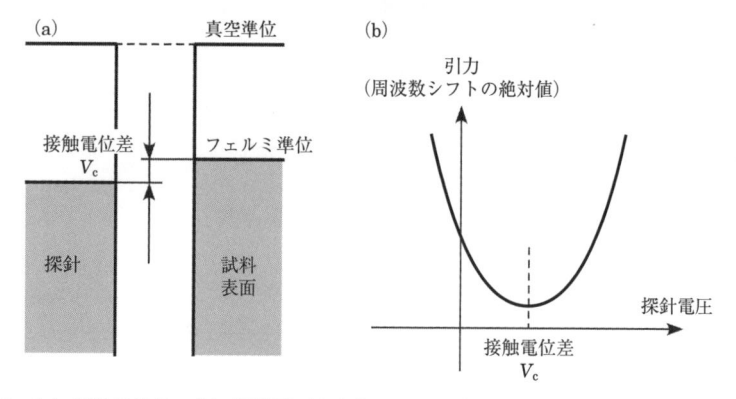

図4・9 (a) 接触電位差，(b) 探針電圧を変化させて周波数シフトを測定すると，放物線状に変化する曲線が得られる．極値での電圧が接触電位差に相当する．

このため，静電気力によるポテンシャルエネルギーは $CV^2/2$ ではなく，実際には $C(V-V_c)^2/2$ となり，探針‐試料間に接触電位差 V_c 分だけの電圧を加えることにより静電気力の影響をおさえることができる．

接触電位差は，2電極間の仕事関数(＝真空準位－フェルミ準位)の差に相当し，探針と試料表面の場合では，探針直下の試料表面上での局所仕事関数や局所ポテンシャルを直接的に反映する．したがって，試料表面を走査しながら接触電位差を測定することによって，表面の局所仕事関数やポテンシャルの分布を，相対値ではあるものの，像にすることができる．試料表面に対向電極を置いてその間の接触電位差を測定することで仕事関数の相対値を求める方法は，古くからケルビンプローブ法と呼ばれ，表面状態の評価に利用されていた．そこで，ここで述べる AFM を用いたポテンシャル分布測定方法も走査ケルビンプローブ原子間力顕微鏡法 (Kelvin probe Force Microscopy：KFM) と呼ばれている．探針に印加する電圧に変調電圧を加え，その際の力(周波数シフト)の応答がゼロになるように印加電圧を制御することにより，極値を示す電圧すなわち接触電位差を測定できる．試料表面上を走査しながらこの測定を行うことにより，試料表面上での局所仕事関

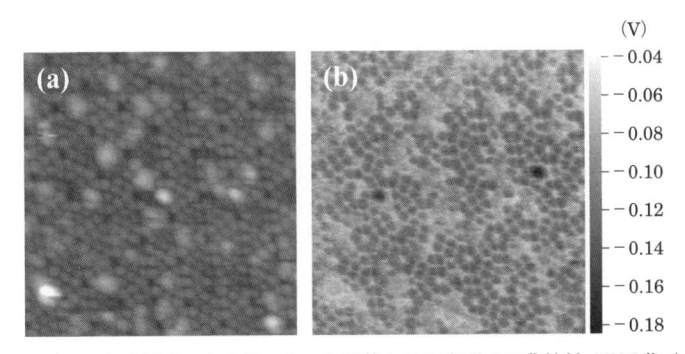

図 4・10 Si(1 1 1)表面上に金クラスターを蒸着させた表面での非接触 AFM 像 (a) と，接触電位差像 (b) [10]．金クラスターのポテンシャルがシリコン表面に比べ高いことや，シリコン表面上のアドアトムのポテンシャルが低いことなどが観察されている（日本電子　北村真一氏提供）．

数分布像と表面ポテンシャル像が同時に得られる [9, 10]．この手法により，例えば，表面構造の違いに起因したポテンシャルの差や，表面での電荷移動に伴うポテンシャル変化などを原子スケールの空間分解能で捉えることが可能となる（図4・10）．こうしたポテンシャル分布の測定は，他の手法では精度よく測定することが難しいこともあって，試料表面での評価手法として最近注目を集めており，関連の研究が盛んに行われている．

　静電気力は，基本的にはファンデルワールス力と同様に長距離力とされ，これを検出してもあまり高い空間分解能は期待できない．しかしながら，特殊な場合には，短距離力が現れて原子分解能に寄与することが知られている．例えば，イオン結晶表面のように，試料表面の面内方向に周期的なポテンシャル分布（周期 d ）が生成される場合，表面垂直方向の電界に指数関数的に減衰する成分 $E_z \propto \exp(-2\pi z/d)$ が現れることが電磁気学の計算から示される [11, 12]．ポテンシャル周期 d が短いほど急激に変化する電界が生成され，この電界により探針先端原子が分極されて双極子を形成し，引力 $F \propto -wE_z^2$ （ w は探針先端原子の分極率）が生じる．これまでの議論からわかるように，この力に起因する周波数シフトも引力と同様の指数関数的な減衰を示すことから，試料表面のポテンシャル周期 d が十分小さければ，高い距離敏感性・高い空間分解能が期待できることとなる．実際，探針を酸化膜で意図的に覆って共有結合力が発生しないようにした場合でも，電荷移動による原子スケールでのポテンシャル変化が期待できるシリコン表面上で，このような高感度の静電気力を検出することにより高い空間分解能でのAFM像観察が可能であることが実証されている [13]．

　このような静電気力による短距離力は，NaClやKBr [14]（図4・11）などのアルカリハライドやCaF$_2$ [15] などのイオン結晶表面のAFM観察においても重要な役割を果たしており，原子分解能を可能にすると考えられている．イオン結晶では，正イオンと負イオンが規則正しく配列しており，へき開面では電荷中性が保たれている場合が多く，やはり面内に正イオンと負イ

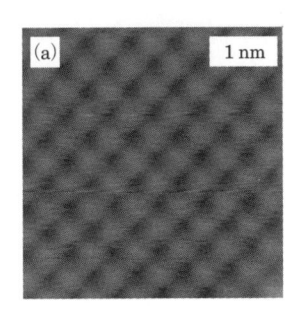

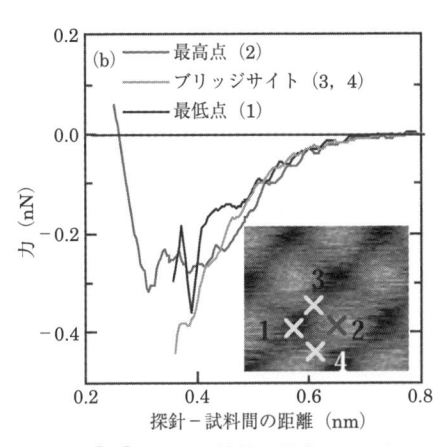

図4・11 KBr(1 0 0)表面の非接触AFM像[14].イオン結晶の場合,どちらか一方の原子のみがAFMにより観察され,どちらが観察されるかは探針先端の原子(KイオンかBrイオンか)に依存する.この研究では,各サイトでのフォースカーブの詳細な解析および理論計算との比較により,観察されているAFM像中の原子がどちらであるか(この場合は,Brイオン)を決定している(バーゼル大学 Hoffmann博士より提供).

オンが規則正しく配列して,周期的なポテンシャル変動が存在している.このような周期的ポテンシャルが存在すると,先ほどの場合と同様に,その周期程度($d/2\pi$)で減衰する電界($E_z \propto \exp(-2\pi z/d)$)が表面垂直方向に発生し,それに起因する力および周波数シフトが現れる.

イオン結晶のAFM観察では,探針がいったん試料表面に接触した後に高分解能の像が得られることが多いことから,試料表面から探針先端に正イオンあるいは負イオンが吸着することが高分解能化に重要であるとされている.つまり正イオンあるいは負イオンが探針先端に吸着し,その電荷と先の電界との積で表される力を検出して,高分解能測定が可能になるのである.この場合,正イオンが吸着した場合には,負イオンとの結合力が強いので,負イオンによる像が観察され,負イオンが探針に吸着した場合には逆のコントラストになることが予想される.

もちろん,TiO_2 や MgO のように共有結合性も含む試料の場合には,先

のシリコンの場合と同じように,探針先端原子と試料表面原子との間の共有結合形成も AFM 観察に影響を与えるので,両者の組み合わせによる像コントラストが得られると考えられる.

4・1・5 原子分解能を実現するには

これまで述べてきたことから,AFM により原子分解能を実現する上での方針を考察できる [16]. まずは,高い距離敏感性を持つ短距離力を優先的に検出することが重要であり,このためには,ファンデルワールス力や探針 ‐ 試料表面の電位差による静電気力などの長距離力をおさえる必要がある.

電位差による静電気力は,周波数シフトのバイアス電圧依存性を測定し,静電気力による周波数シフトが最小となる電圧に設定することによりおさえられる. もちろん,ケルビンプローブ原子間力顕微鏡法のように,常に静電気力が最小となるよう,バイアス電圧を自動的にフィードバック制御することも可能である. しかしながら,通常の試料・実験条件では,試料表面での電位の変化による静電気力の変動はさほど大きくはないので,表面上の任意の点で周波数シフトのバイアス電圧依存性を測定し,極値となる電圧に固定する方法でも十分である.

ファンデルワールス力をおさえるためには,(i)探針を細くする,(ii)カンチレバーの振動振幅 A を小さくする,などの方策が考えられる. 周波数シフトの定式化の結果からも明らかなように,円錐状の探針であれば開き角 α を小さくする,放物面状の探針では先端の曲率半径 R を小さくする,など形状を細くして,ともかくも探針先端原子の周りの原子の数を減らすことがファンデルワールス力の抑制につながる.

図 4・5 からわかるように,カンチレバーの振動振幅 A を小さくすることも,長距離力の寄与を減らして優先的に短距離力を検出する上で効果的である. しかしながら,振動振幅 A を下げると,周波数シフトの信号検出回路での電気的なノイズが大きくなり,測定に支障を与える可能性がある. 適切

な振動振幅を設定することが重要であり，場合によっては，電気的ノイズを減らすべく測定系に改良を施す必要がある．

4・2　静電気力計測

4・2・1　はじめに

静電気力顕微鏡法(Electrostatic Force Microscopy：EFM)は，探針-試料間に働く静電気力を検出することにより，試料表面の電位・電荷分布，接触電位差などを高分解能でマッピングすることが可能なプローブ顕微鏡の一つであり，薄膜試料の表面・界面の局所電子状態を調べる有効な手段として広く用いられている[17]．

AFMによる静電気力の検出は，1988年に最初に試みられ[18]，その後，高分子(PMMA)膜上の表面電荷可視化の実験が，現在の静電気力顕微鏡の原型となる最初の報告となった[19, 20]．さらに，表面研究における接触電位差測定に用いられていたケルビン法を応用した，ケルビンプローブ原子間力顕微鏡法(Kelvin probe Force Microscopy：KFM)が提案され[16]，これによって試料の定量的な表面電位測定が可能となった．以来，この手法は半導体試料[21]から生体関連試料[22, 23]に至るまで様々な試料や種々の実験に応用されている．走査表面電位顕微鏡法(Scanning Surface Potential Microscopy：SSPM)は通常KFMと同じであり，静電気力顕微鏡あるいは電気力顕微鏡法(EFM)も同義で用いられることが多い．走査マクスウェル応力顕微鏡法(Scanning Maxwell-stress Microscopy：SMM)では[24]，KFMと同様に表面電位のマッピングが可能であるが，後述するように測定方式がやや異なる．EFMでは試料の形状信号と同時に静電相互作用を検出する必要があり，それぞれの信号を異なる周波数域の信号として捉える方法が一般的となっている．とりわけ，KFMが定量的測定が可能なことから最も広く用いられている．本節では，KFMの動作を中心に静電気力顕

微鏡法について説明する．

4・2・2 表面電位測定の原理

今，最も単純な系として，フェルミ準位が各々 E_{F1}, E_{F2} の金属的な探針と平坦な導電性基板からなる2導体系を考える．導体電位を固定しない状態で両導体の真空準位は等しいと仮定すれば，両者のフェルミ準位は図4・12のような関係にある．両導体間を電気的に短絡してフェルミ準位を等しくすると，導体間には仕事関数の差に相当する接触電位差 V_S が生じ，導体間には電場が発生する．この電場の直接の源は，探針および試料導体上に誘起された表面電荷であり，探針-試料微小間隙には電気二重層が形成される．試料表面上に双極子をもつ分子があればこの双極子による分極からの寄与が上記電気二重層に加わる．

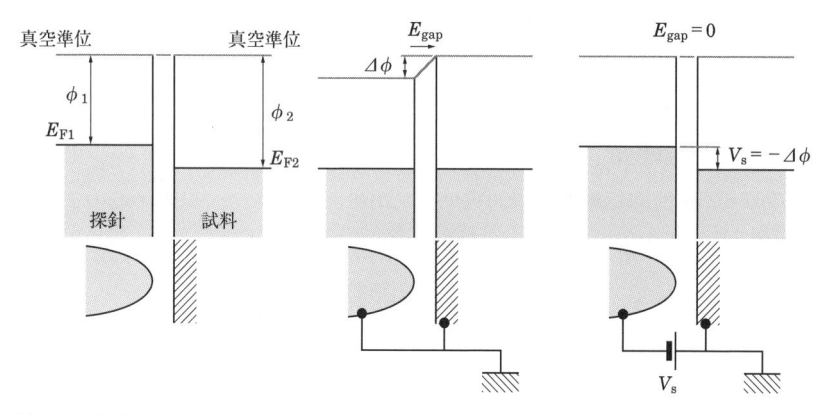

図4・12 探針-試料のエネルギー準位図．それぞれ，探針と試料が絶縁されている状態（左），接地されている状態（中），$E_{gap} = 0$ となるように外部電圧 V_S を加えた状態（右）を表す．

この状態で，角周波数 ω_m の交流電圧 V_{AC} を探針-試料間に加えると，この接触電位差による誘起表面電荷と交流電場の間に働く静電気力により，カンチレバー自由端上の探針は角周波数 ω_m で振動することになる．すなわ

ち，探針 - 試料間の電気容量を C（ただし，C は探針 - 試料間距離 z の関数）とするとき，探針 - 試料間の静電気力 F_z^{el} は，

$$F_z^{el} = -\frac{1}{2}\frac{\partial C}{\partial z}(V_S + V_{DC} + V_{AC}\cos\omega_m t)^2$$

$$= -\frac{1}{2}\frac{\partial C}{\partial z}\{(V_S + V_{DC})^2 + 2(V_S + V_{DC})V_{AC}\cos\omega_m t + V_{AC}^2\cos^2\omega_m t\}$$

(4・17)

となる．ここで，V_{DC} は探針に外部より加えられた電圧である．静電気力は電位の2乗に比例するため，応答周波数にはDC成分，ω_m 成分，$2\omega_m$ 成分が含まれる．DC成分は探針 - 試料コンデンサー電極間に生じる静的な引力，ω_m 成分は上述した直流電位差により生じた表面誘起電荷が変調交流電場によって受ける力，$2\omega_m$ 成分は交流電圧による容量的な力を反映する．探針に接触電位差を打ち消す直流電圧を加えると（$V_S + V_{DC} = 0$），探針 - 試料導体は同電位になり表面電荷は誘起されないために，上述した角周波数 ω_m の探針振動は起こらない．したがって，探針 - 試料導体に変調電圧 V_{AC} を加えた状態で（$V_{DC} = -V_S$），探針 - 試料間の静電気力の ω_m 振動応答を抑圧するように外部電圧を制御することで，表面電位あるいは接触電位差（Contact Potential Difference：CPD）を求めることが可能となる．

4・2・3　KFMの動作方式

　KFMでは，局所的な静電気力の検出を行うとともに，探針 - 試料間距離を制御するために探針 - 試料間相互作用力を測定する必要がある．これら2種類の力を検出する方式には，周波数変調（FM）検出法および振幅変化（AM）検出法をどのように組み合わせるかによって，表4・1に示したように，いくつかの動作方式に分かれる．一般的には，共振周波数近傍で機械的にカンチレバーを励振する，スロープ検出（AM検出，タッピングモード）による探針 - 試料間距離制御と，別の非共振周波数（通常低周波数）で振動

表 4・1 KFM のカンチレバー励振・電場変調方式

f_{res}：カンチレバーの基本共振周波数，$f_{res}^{(2)}$：第 2 共振周波数，AM：スロープ検出法，FM：周波数変調検出法．

方式	探針 - 試料間距離制御	カンチレバー励振周波数	静電力検出法	電圧変調周波数
(1) AM-AM	AM（タッピングモード）	$\sim f_{res}$	AM	非共振
(2) リフトモード AM-AM [25]	AM（タッピングモード）	$\sim f_{res}$	AM／リフトモード時分割走査	$\sim f_{res}$
(3) FM-AM [26]	FM	f_{res}	AM	$\sim f_{res}^{(2)}$ ($f_{res}^{(2)} \sim 6.3 f_{res}$) 第 2 共振周波数
(4) FM-FM [27]	FM	f_{res}	FM	FM 帯域内（共振利得あり）

する電圧を探針‐試料間に加え，この静電気力応答を検出するという方法が広く用いられている（表中 (1) AM-AM 方式）．しかしながら，この方法では静電気力を非共振周波数での応答として捉えるため，高感度の静電気力計測は困難な場合が多い．そこで，形状信号と静電気力信号の検出を時間的に分離するリフトモードが開発された [25]．リフトモードでは，同じ場所を 2 回走査する．最初の走査は通常のタッピングモード（AM 検出モード）であり，試料の形状情報が得られる．2 回目の走査では，カンチレバーを機械励振しない状態で，最初の形状情報を基にして，探針は試料表面から一定距離だけ離れた位置を走査するように制御される．この走査の間，バイアス電圧は共振周波数で変調され，カンチレバーの振動応答は理想的には静電気力のみを反映する（表中 (2) リフトモード方式）．つまり，形状信号と静電気力信号の両方の信号検出に，時分割的な方法でカンチレバーの共振周波数を利用することが可能であり，比較的高感度な測定を可能にする．また，リフトモードでは，形状信号と静電気力信号の間のクロストークを改善することが可能となる．一方で，2 回の走査の間に探針あるいは試料の位置ドリフトがあれば誤差となるため，後述する非接触原子間力顕微鏡（NC-AFM）など

の高分解能観察においては，この手法はほとんど用いられていない．NC-AFM における静電気力検出では，静電気力検出の高感度化をはかるために電場変調周波数としてカンチレバーの共振周波数を選ぶ．このために，表 4・1 における (3) FM-AM あるいは (4) FM-FM の方法が一般的である．(3) は，カンチレバーの Q 値が著しく高く，振幅変化の時間応答が悪くなる真空環境での KFM 動作を可能にするために開発された手法であり，探針-試料間距離制御に FM 検出法を用いるとともに，静電気力検出の励振周波数をカンチレバーの第 2 共振周波数に合わせることで静電気力検出の高感度化また高速化がはかられている [26]．この方法では第 2 共振周波数付近で振動する静電気力は AM 検出により測定される (FM-AM 方式)．これに対して (4) では，電場変調周波数を FM 検出帯域内に設定することで，FM 検出により形状信号と静電気力が，基本共振周波数で振動するカンチレバーの応答から同時に検出される [27]．この方法においては，変調周波数そのものは非共振周波数であっても，共振周波数の FM 変調成分として検出されることになる (FM-FM 方式)．周波数のシフト量は変調周波数ではなく，静電気力の大きさを反映することになる．したがって，FM 検出法においては，非共振角周波数 ω_m における変調であっても，検出信号は共振角周波数 ω_0 の変調として捉えられるために感度利得 (ω_0/ω_m) が得られ，電位分解能の点で有利となる．

　NC-AFM における表面電位測定 (FM-FM 方式) の模式図を図 4・13 に示す．NC-AFM において用いられる FM 検出法では，カンチレバーは，自励振動系の一部を構成しており，常に探針-試料間に働く力に応じて変化する共振周波数で振動している．したがって，上述したように，力の変化はこの周波数の変化として測定される．この方式における電位分解能について見ておこう．非接触 AFM における信号対雑音比 (S/N) は，

$$S/N = F^{\omega}\sqrt{\frac{\omega_0 Q}{8kk_\mathrm{B}TB}} \qquad (4\cdot18)$$

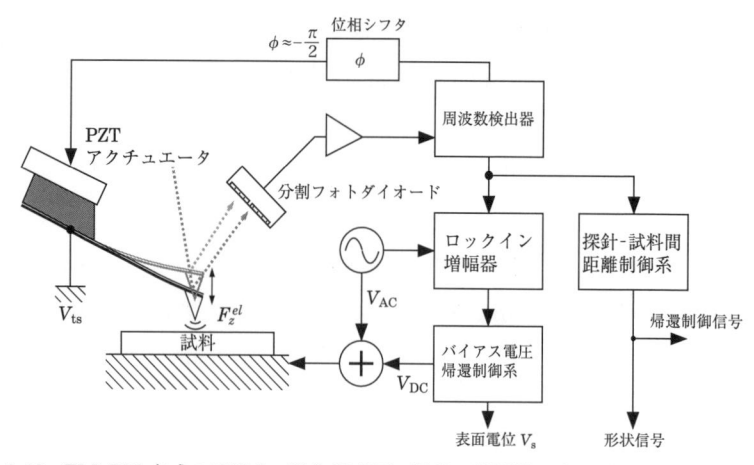

図 4・13 FM-FM 方式の KFM の動作模式図. 探針 - 試料間に変調電圧 $V_{AC}\cos\omega_m t$ が加わると, 探針には ω_m で振動する力 F_z^{el} が作用し, FM 動作の下では, カンチレバーの発振角周波数は $\Delta\omega^{el}\cos\omega_m t$ だけシフトする(発振角周波数: $\omega - (\Delta\omega + \Delta\omega^{el}\cos\omega_m t)$). ω_m は, カンチレバーの角共振周波数 ω より十分小さく, 形状信号の帰還制御帯域よりは大きくなるように設定される. 周波数検出器によってこの周波数シフトが検出され, ロックイン増幅器によって $\Delta\omega^{el}$ に比例する信号が静電気力の ω_m 変調成分信号が測定される. この信号が 0 になるように, バイアス電圧 V_{DC} が帰還制御される.

で与えられる. ここで, F^ω は加えている外部変調静電気力の振幅である. 式中の k, ω_0, Q は各々カンチレバーのバネ定数, 共振角周波数, Q 値を表す. また T は環境温度, B は測定周波数帯域である. KFM においては, 探針 - 試料間の電気容量の勾配が $(\partial C/\partial z) = 2\pi\varepsilon_0 R/z$ となることを考慮すると, $S/N = 1$ より検出可能な最小電位 $V_{\min}$ は,

$$V_{\min} = \frac{z}{\varepsilon_0 R V_{AC}}\sqrt{\frac{2kk_B TB}{\pi^2 \omega_0 Q}} \tag{4・19}$$

で与えられることがわかる(z: 探針 - 試料間距離, ε_0: 真空誘電率, R: 探針半径)[28]. 式 (4・18) および式 (4・19) は, 信号対雑音比および最小検出電位が変調周波数に依存しないことを示しており, したがって, 一見共振による信号雑音利得もないように思われる. 実は, 上式においては最小雑音

をカンチレバー振動の熱雑音としているが，共振周波数域以外ではこの熱雑音は，通常の実験条件で変位換算 $10^{-16}\,\mathrm{m}/\sqrt{\mathrm{Hz}}$ と大変小さな値となり，この場合の現実の最小雑音は，むしろカンチレバー変位光学測定系のショット雑音や他の測定系の雑音で決まることになる（通常 $\sim 10^{-12}\,\mathrm{m}/\sqrt{\mathrm{Hz}}$ ）[29]．したがって，共振利得を利用しない限り最小検出電位は式 (4・19) で与えられる値よりかなり大きくなる．共振周波数での最小検出電位は，現実の実験条件 ($z=1\,\mathrm{nm}$, $R=10\,\mathrm{nm}$, $V_{\mathrm{AC}}=2\,\mathrm{V}$, $f_0=100\,\mathrm{kHz}$, $k=1\,\mathrm{N/m}$, $Q=300$, $B=1\,\mathrm{kHz}$) で，約 $0.5\,\mathrm{mV}$ になる．

4・2・4　KFM による表面電位測定例

KFM による表面電位測定例として，金属基板（Pt）上に堆積したオリゴチオフェン 5 量体分子（Dimethylquinquethiophene：M5T）薄膜の表面電位測定結果を図 4・14 に示す [30]．KFM 測定は真空下（$6\times 10^{-4}\,\mathrm{Pa}$）で行われた．この M5T 分子薄膜は，真空蒸着により，図の左下の模式図に示すように，その分子軸を基板に垂直にして 2 次元層状成長して均一な薄膜を形成することが知られている．実際，図 4・14(a) の AFM 像より，薄膜内に見られる段差は分子長（2.4 nm）にほぼ等しく，2 次元層状成長していることがわかる．測定には，バネ定数は約 1.6 N/m，共振周波数は約 27 kHz の金コートカンチレバーが使用された．図 4・14(b) の表面電位像および (c) の電位プロファイルから，M5T 薄膜 1 層目の電位は，Pt 基板より約 190 mV 高いことがわかる．M5T 単分子のイオン化ポテンシャルは $\sim 4.8\,\mathrm{eV}$ であり，Pt の仕事関数はそれぞれ $5.3\,\mathrm{eV}$ であることから，この系で生じた界面分極あるいは電荷移動は，定性的にはこれらの量から説明できることになる．定量的な違いは，分子と基板表面との吸着相互作用による LUMO, HOMO レベルのシフトを反映していると考えられる．

さらに，2 層目以上の領域の表面電位から，M5T 分子膜の表面電位の層数依存性も明らかにされた [31]．M5T 分子層数の増加とともに層間の電位

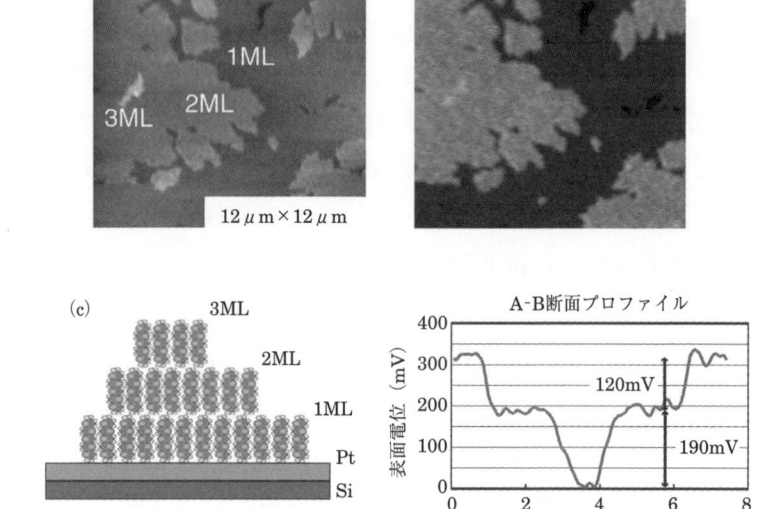

図4・14 (a) Pt基板上のM5T分子薄膜のNC-AFM像(走査範囲:1.5×1.5 nm², 周波数シフト:−15 Hz), (b) 同時に得られた表面電位像, (c) (b)図中のA-B間の表面電位ラインプロファイル.

差は小さくなる傾向があり,さらに多層になっていくと飽和していく傾向にあった.この説明として,(1) 界面での電荷移動への寄与が,界面近傍で大きく,界面より離れるに従って減少する,(2) 界面電荷移動によって形成された界面分極により2層目以上に誘起分極が形成される,の2つが考えられる.表面電位の起源が(1)であると仮定すると,電位の層数依存性から,移動電荷密度は1素電荷/1000分子 に相当することになる.こうした半導体性分子をゲートチャネルとして用いる分子薄膜FETを作製し,ソース−ドレイン電極間の分子薄膜の表面電位をKFMによりマッピングすることで,薄膜内のキャリア伝導機構や金属/薄膜界面の電位障壁を直接評価することが可能となる.現在KFMは,分子エレクトロニクスやナノエレクトロニク

(a)　　　　　　　　　　(b)　　　　　　　　　　(c)

暗環境　　　　　　　　$\lambda = 440$ nm

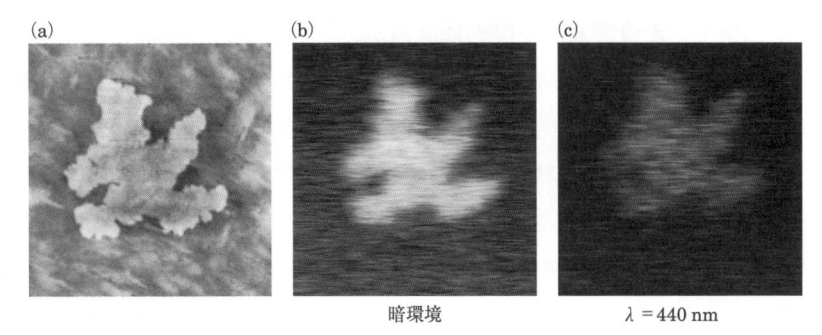

図 4·15　光照射による M5T 薄膜の表面電位変化．(a) Pt 基板上の M5T 単分子グレインの APM 像（3.5×3.5 nm^2），(b) 暗環境時の表面電位像，(c) 光照射（$\lambda = 441$ nm）時の表面電位像．

ス研究分野において，極めて有力な手段評価法となっている．

次に，KFM による局所光起電力の測定例を示す．上述した Pt 基板上の M5T 分子薄膜を用い，光照射時の薄膜の表面電位の変化が KFM により調べられた．図 4·15(a), (b) は，暗状態で観察された Pt 基板上の AFM 像と同時に得られた表面電位像を示す．この状態では，すでに述べたように，分子膜上の電位は基板に比べて約 190 mV 高い．この試料にモノクロメータを通して単色化した光を照射した状態で表面電位測定を行った．光源は高圧水銀灯で，モノクロメータからの出力光を光ファイバーを通して試料上方から照射する．モノクロメータからの単色光には水銀ランプの特性のために波長によって光強度に大きなばらつきがあるが，光強度が比較的同じ値となる波長域を選択して光照射を行い，ファイバー出射端で照射光強度の変動は，1〜3 mW 以内におさえられた．図 4·15(c) に，波長 441 nm の光を照射した場合の表面電位像を示す．この波長は分子の π-π^* 遷移への吸収バンドの端より十分短波長側にある．光照射により表面電位の値は約 20 mV にまで大きく減少した．これは，光吸収により生じたホールが界面電場によって金属側に移動したためと考えられる．

4・2・5 走査容量原子間力顕微鏡法

現在の半導体エレクトロニクスにおいては,誘電体/半導体,金属/半導体,半導体/半導体などの界面はデバイス特性に直接関与しているところから,界面近傍の局所電子状態・キャリア挙動の評価は必要不可欠なものとなっている.また分子エレクトロニクスにおいては,ヘテロ障壁となる金属電極からのキャリア注入挙動の解析が課題になっているが,その微視的評価法は確立していない.半導体の領域においては,こうした界面の局所的電気的性質を探る手法として 3・4 節で述べた走査容量顕微鏡法(Scanning Capacitance Microscopy:SCM)[33]が一般的な手法となっているが,近年,KFM と同様に静電気力を高感度で検出することにより,静電容量の 2 次元マッピングを行うことが可能な走査容量原子間力顕微鏡法(Scanning Capacitance Force Microscopy:SCFM)[32]が開発された.ここでは,この SCFM の概要を紹介する.

SCM は 2 次元ドーパント分布の高分解能分析技術としてすでに広く利用されているが,近年の素子の微細化に伴って,面内分解能と容量分解能についてトレードオフの関係が指摘されるようになった.面内分解能を上げるためには,当然ながら曲率半径の小さな導電性探針を用いる必要があるが,一方で探針-試料表面間の電気容量は小さくなり,検出すべき容量変化も小さくなる.最小検出容量は使用している静電容量センサー(キャパシタンスセンサー)の検出限界で制限されるから,結果として容量分解能は落ちることになる.通常の SCM で用いられる静電容量センサーの感度は約 10^{-21} F 前後である.試料が半導体の場合,電気容量はバイアス電圧によって変化するので,浮遊容量の影響を除くために,探針-試料間に交流電圧を加えて容量を電気的に変調し,ロックイン検出によって微分容量 $\partial C/\partial V$ を計測している.

式 (4・17) からもわかるように静電気力 F^{el} には,探針-試料間容量 C の情報が含まれている.特に,以下の式 (4・20) で表されるように,$2\omega_m$ の係

数には 2 次項が誘起電荷に対する応答を表すことを反映して，$\partial C/\partial z$ と既知の V_{AC} しか含まれないため，原理的には静電気力の $2\omega_m$ 成分の信号検出によって電気容量情報を与える $\partial C/\partial z$ を求めることが可能となる：

$$F^{el}_{2\omega_m} = -\frac{1}{4}\frac{\partial C}{\partial z}V_{AC}^2 \cos 2\omega_m t. \qquad (4\cdot 20)$$

しかしながら，現実の測定系では，この $2\omega_m$ 成分は探針先端の容量だけでなく，探針周辺部およびカンチレバーと試料との間に存在する浮遊容量の影響を直接的に受けるため，探針直下の情報を検出することは困難となる．一方，上述した半導体試料のように，容量がバイアス電圧の関数となっている場合，式 (4·20) における $\partial C/\partial z$ の項は，$V = V_{DC}$ の周りで以下のように展開される：

$$\frac{\partial C(V,z)}{\partial z} \approx \frac{\partial C(V_{DC},z)}{\partial z} + \frac{\partial^2 C(V_{DC},z)}{\partial z \partial V}V_{AC}\cos\omega_m t. \quad (4\cdot 21)$$

したがって，F^{el} には $3\omega_m$ の成分が含まれることになる：

$$F^{el}_{3\omega_m} \propto \frac{\partial^2 C(V_{DC},z)}{\partial z \partial V}V_{AC}^3 \cos 3\omega_m t. \qquad (4\cdot 22)$$

この $\partial^2 C/\partial z \partial V$ は，探針電場によって変調を受ける領域（空乏層領域など）からの応答だけを含むため，浮遊容量の影響は無視しうるまでに低減される．SCFM は，探針－試料間容量が交流外部電場によって変調されうる試料に対して，角周波数 $3\omega_m$ で振動する静電気力成分の振幅と位相を検出し，試料の微分容量 $\partial C/\partial V$ の大きさと極性をマッピングする顕微鏡である [32].

SCFM の具体的な装置構成を図 4·16 に示す．この図ではコンタクトモード AFM 時の動作模式図を示してある．$3\omega_m$ 成分の静電気力は微弱なため，この周波数をカンチレバーの共振（接触共振）周波数 ω_c に合わせ検出感度を稼ぐようにする．したがって，励振周波数 ω_m はこの ω_c の 1/3 になるように設定する必要がある．$3\omega_m$ 成分の検出のために，励振周波数 ω_m から 3 倍高調波を生成し，これをロックイン増幅器の参照信号として用いた．

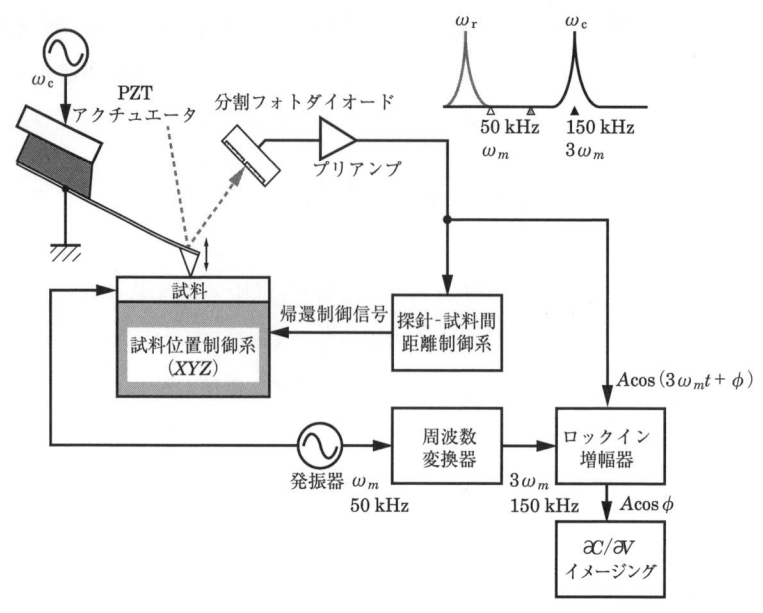

図 4·16 SCFM 装置構成図(コンタクトモード制御の場合).右上図は動作周波数の関係を示す.

　SCFM では,そもそもカンチレバーの共振応答を利用して微分容量に比例する静電気力の $3\omega_m$ 成分を検出することから,タッピングモードあるいは FM-DFM などダイナミックモード AFM との組み合わせが可能である[34].

4·2·6　おわりに

　現在,半導体電子デバイスは原子・分子スケールに迫る勢いで微細化しているが,こうした従来型の MOS 技術の展開以外にも,カーボンナノチューブ(CNT),単一/少数分子系,半導体ナノドット/ワイヤーなど新たなナノ材料・ナノ構造によるエマージングデバイス群の研究に関心が集まっており,ナノプローブ電気計測の果たすべき役割はますます大きくなっている.こうした展開の中で,本節で紹介した KFM や SCFM 以外にも,ナノプロ

ーブによる局所的なゲート電位効果を利用する走査ゲート顕微鏡法(Scanning Gate Microscopy：SGM)[35]や，試料面内に交流電流が流れるときに生じる電場勾配を水平力の変調として捉える走査インピーダンス顕微鏡法(Scanning Impedance Microscopy：SIM)などの手法[36]が，CNT-FETなどの微視的電気特性を評価する上で有効な手法として注目されている．

すべての相互作用は，距離依存性をもつ限り「力」として作用するため，力の計測では対象としている以外の相互作用情報も常に含みうるという問題を抱えているが，力計測は高感度化が容易なことから，力によるナノプローブ電気計測のなお一層の今後の発展に期待したい．

4・3　磁気力計測

磁気力顕微鏡法(Magnetic Force Microscopy：MFM)は，磁気記録の大容量化に伴って，マイクロマグネティックス(微小な磁気構造や磁気特性などを研究する学問)の重要性からその計測技術として脚光を浴びた．特に，磁性媒体の表面近傍におけるサブミクロン以下の漏洩磁場分布の計測技術として開発された．この技術は，原子間力顕微鏡が発表された翌年の1987年に開発され[37]，現在では，磁性体表面近傍の微小な漏洩磁場分布が手軽に測定できる主力技術の一つとなった．

一方，磁気ディスクをはじめとする大容量ストレージ技術は超高密度化の一途をたどっている．特に，最近では10年で30倍という速度で高密度化が進みつつある．最先端の磁気記録では，ビット長50 nm以下，トラック長250 nm前後の記録ビット寸法で，磁気ディスク・磁気ヘッド間のスペーシング(間隔)20 nm以下で記録再生が行われ，52.5 Gbit/in^{2}の高密度磁気記録が実現されている[38]．さらに，微小な磁気記録ビット，狭スペーシング，すなわち100 Gbit/in^{2}以上(ヘッドとディスク表面のスペーシングは約10 nm前後)が実現されている．これに伴い，磁場分布観察手段とし

て，より表面近傍でかつ 30 nm 以下の空間分解能をもつ高分解能な顕微鏡が必要となる．MFM は，手軽で，安価で高分解能な記録パターン像が得られ，磁気媒体表面近傍の計測ができる特長から大きな期待が寄せられている．ここでは，MFM の原理，計測技術，これを用いた記録磁区観察例について述べる．

4・3・1 MFM の原理

MFM は微小な磁石をプローブに用い，試料からの漏洩磁界によりプローブに発生する磁気力を検出して磁場分布を観察するものである．このような磁気力を用いた計測方法は，古くから，磁気天秤などでマクロな磁界計測あるいは磁化計測として使用されてきた．このように磁気力測定は昔からあったが，広い領域で用いられ，計測空間分解能が悪い状態であった．これを解決し，高い空間分解能を得るために，多くのブレークスルーが行われた．主な特長としては，(ⅰ) 磁気媒体からの表面近傍の漏洩磁気分布が計測できること，(ⅱ) 50 nm 以下の高分解能が得られることである．

(1) MFM の分解能

図 4・17(a) に MFM 探針と点磁化をもった試料との間に働く磁気力，磁気力勾配を計算するための摸式図を示す．図より，探針-試料間隔 Δs における探針先端から距離 z での磁気力勾配 $F'(z)$ は探針中の微小部の磁化 m，試料の点磁化 M とそれらの間の距離 R により次式で表される．なお，探針は円錐の形状をしているものと仮定している：

$$F'(z) = -m \iint M(z + \Delta s) \, r R^{-3} \, \mathrm{d}r \, \mathrm{d}\phi. \qquad (4 \cdot 23)$$

ただし，r は探針中心軸からの距離を示す．この式より，探針-試料間隔 Δs に対する磁気力を受ける実効的な MFM 探針を計算することができる [39]．まず，間隙をパラメータとして探針先端から z までの探針部分が受ける磁気力勾配を求めることができる．ここで，探針全体で受ける磁気力勾

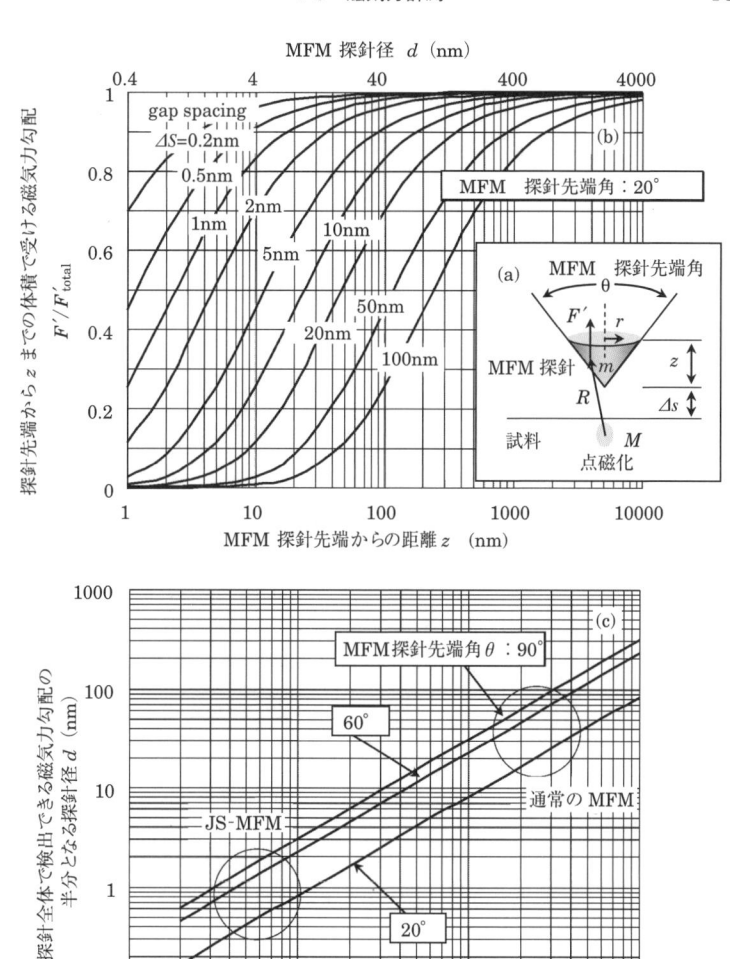

図 4・17 MFM 分解能予測のための MFM 探針・点磁化モデル (a),探針先端から距離 z までに作用する磁気力勾配 (b),探針 – 試料間距離に対する探針径あるいは MFM 探針径(分解能)の変化 (c) [39].

配(F'_{total})の半分の磁気力勾配になる z 位置での探針の直径を MFM 探針径と定義すると,図 4・17(b) を経て図 4・17(c) のように間隙 Δs に対する実効的な MFM 探針径を得る.図は,探針を試料に近づけると,高分解能化

が可能となることを示す．しかし，あまり近づき過ぎると，原子間力が探針に作用し，磁気情報が消されてしまう．そこで，通常の MFM は 20 nm 以上の間隙で探針を制御する非接触(NonContact MFM：NC-MFM)法が使用されている．

MFM 像の高分解能化には，(i) NC-MFM 法での高分解能化，(ii) 狭間隙での MFM 計測技術の開発の 2 つの方向がある．

(2) MFM の検出感度

MFM の測定に関わる力としては同じ極性が向き合って反発する斥力と逆極性同士が向き合って生じる引力とがある．これまでに，MFM では 2 種類の動作方法が考えられている．斥力領域での制御方式(接触，contact mode)および引力領域での制御方式(非接触，non-contact mode)である．前者は，力を検出し，後者は力の勾配を検出する．これらは，各々，カンチレバーのたわみ量，共振特性の変化より検出される．現在では，力の検出感度が約 3 桁以上(後述するが，力の勾配での検出を近似的に力に換算すると，約 10^{-12} N が計測できる．これは力の検出感度を 10^{-9} N とすると，約 3 桁感度が高いことを意味する．)高い力勾配をはかる方法が磁気力勾配計測に用いられている．この方法は，探針を試料表面から数 10 nm 離すことができるので，原子間力の影響を受けずに計測することができる．カンチレバーの変位，すなわち，力，力勾配の検出方法としては，光テコ方式 [40, 41] がほとんどの場合に使用されている．研究レベルで光干渉方式 [42] が使用される場合もある．現在使用されているカンチレバーは，バネ定数 0.1 〜数 10 N/m 前後，固有振動数 10〜150 kHz のものである．

力勾配検出法は，力の勾配がカンチレバーの共振特性に加わると，見かけのバネ定数が変化し共振点の移動が起こり，この変化から力の勾配を計測するものである．動作としては，カンチレバーを励振させ，振幅の変化(スロープ検出法)[37] あるいは共振させてその共振周波数の変化(FM 検出法)[43, 44] から力勾配を検出する．また，以下の理由により，力勾配検出法が

力検出法より高感度である．

z だけ離れた磁気双極子 m_1, m_2 に働く磁気力 F および磁気力勾配は次のように表せる：

$$F = -\frac{6m_1 m_2}{z}, \qquad F' = \frac{6m_1 m_2}{z^2}. \qquad (4\cdot 24)$$

上記より，$F = -z\cdot F'$ の関係がある．一方，磁気力勾配の検出限界 F_m' は，熱エネルギーによるカンチレバーの励振から次式のように計算される[43]：

$$F_m' = \frac{1}{A}\left(\frac{4k_0 k_B TB}{\omega_0 Q}\right)^{\frac{1}{2}}. \qquad (4\cdot 25)$$

ただし，A：振幅，k_0：バネ定数，k_B：ボルツマン定数，T：温度，B：検出回路（例えば，PLL回路）の測定帯域，ω_0：共振周波数，Q：共振特性のQ値である．市販されているMFM装置を使用する場合，F_m' が 10^{-4} N/m まで計測できる．これは試料から 10 nm 離れた探針を考えた場合，F は 10^{-12} N の力まで計測できることを意味する．一方，カンチレバーのたわみによる力検出の計測限界は 10^{-9} N であるので，磁気力勾配検出法は磁気力検出法より約3桁優れている．

また，計測される磁気感度は，次のように見込まれる．外部磁界がMFM探針に及ぼす力，すなわち，磁界‐力変換感度（実験値）が，例えば，約 5.0 Oe$/10^{-10}$ N である [45] ので，MFMの大気中での最小磁界検出値は，約 5×10^{-2} Oe となる．さらに，後述するが，真空中での駆動により，最小磁界検出値は，約 $1/3\sim 1/10$ に改善され，$16\sim 5\times 10^{-3}$ Oe となる．

4・3・2 MFM計測技術

これまでに，MFMにより磁気ディスク表面の微弱な漏洩磁気分布や磁気分布を高分解能で観察するために，次のような技術が研究開発されてきた．（ⅰ）微小な磁気プローブの形成，（ⅱ）高感度磁気プローブ材料の選択，

(iii) 非接触法による高感度力検出法の採用，(iv) 高感度磁気力勾配検出方式の改良，である．(i)，(ii) は MFM 探針(加工，材料)の改良，(iii)，(iv) は計測法の改良である．

(1) MFM 探針

(a) 形状：高分解能化には，図 4・17(c) に示すように，MFM 探針の尖鋭化をする必要がある．探針の開き角が 20°の場合，間隙が 20 nm で約 30 nm の分解能をもつ．これは，90°の場合と比べて，約 1/4 である．開き角を小さくすることにより，面内方向の分解能が改善されることがわかる．また，これは，MFM 探針の形状異方性をもたらすこととなり，探針の磁化が大きくなり高感度化も推進される．探針先端が鈍角の場合，探針の先端を集束イオンビーム加工して，尖鋭化を行うことも有効である [46]．

(b) 磁性材料：ここでは，軟磁性材料か高保持力材料かを選択することが重要である．計測対象としているものが，記録媒体の漏洩磁界であるとすると，この漏洩磁界に左右されない高保持力材料が最適となる．軟磁性材料では，微小な漏洩磁界に影響を受け，探針の磁化が小さくなってしまうために，磁気感度が低下してしまう．一方，高保持力材料では，保持力より低い漏洩磁界の場合，探針の磁化は飽和磁化に保持され，高感度な MFM 探針として作用する．例えば，PtCoCr の面内磁化膜を MFM 探針として使用することが有効である [47]．一方，磁気ヘッドなどの強磁場分布計測の場合は，逆に飽和磁化が大きい軟磁性材料が有効となる．

一般に，市販されている MFM 探針は，通常の原子間力顕微鏡探針に磁気材料(パーマロイ，磁気記録材料)をスパッタ蒸着したものが多い．

(2) MFM 計測方法

高分解能計測には，式 (4・25) のように，回路の測定帯域を小さくすること，共振周波数，共振特性の Q 値を大きくすることが有効である．

(a) FM 検出法：ポテンシャル中でカンチレバーを平衡点近傍で強制振動させると，次式を得ることができる：

4・3 磁気力計測

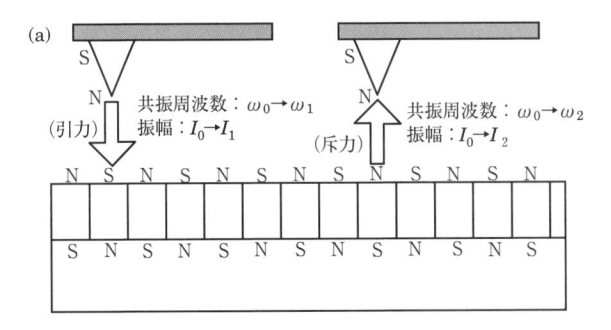

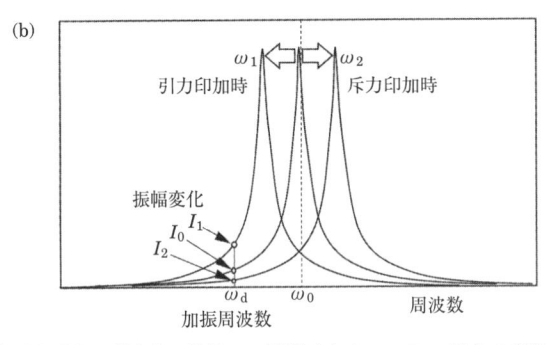

図 4・18 磁気力(斥力,引力)の探針への影響 (a) と,これに対する探針の共振特性の変化 (b).

$$m \cdot \ddot{z} = -k \cdot z - \xi \cdot \dot{z} - \frac{dV}{dz} + F\exp(i\omega t). \quad (4\cdot 26)$$

ただし,m は有効質量,$\xi \cdot \dot{z}$ は抗力,F,ω は外部からの力とその周波数を示す.これより,振幅の変化 ΔA ($= I_1 - I_0$) および共振周波数 ω_1 は次のように表される:

$$\Delta A = \left(2A\frac{Q}{3\sqrt{3}\,k}\right)F', \quad (4\cdot 27)$$

$$\omega_1 = \left(\frac{k - F'}{m}\right)^{\frac{1}{2}} \quad \left(\omega_0 = \sqrt{\frac{k}{m}} : 自由状態\right). \quad (4\cdot 28)$$

これは共振点が図 4・18(b) のように変化することを示す.これより,力の

勾配計測には，MFM の感度で述べたように，スロープ検出法と FM 検出法がある．前者はロックインアンプを用いてカンチレバーの振幅を計測する方法である．この方法は，共振特性のスロープ全体の周波数帯域を計測することになり，計測対象とする回路帯域が狭まらないという欠点がある．また，システムとしては簡単であるが，共振カーブが環境やカンチレバーの形によって変化するため定量性に問題がある．一方，後者の FM 検出法は，直接，共振周波数の変化を計測できるので定量性があり，さらに，帯域をできるだけ狭くとることができる．したがって，FM 検出法は検出帯域をスロープ検出法と比べ約 1〜2 桁狭めることができるので，式 (4・25) から F_m' は約 1 桁小さくなり，高感度化がはかれる．このことから，この方法は MFM に多く用いられる．

(b) **真空動作**：高感度磁気力検出を行うためには，カンチレバーの Q 値を高めることが必要であり，Q 値を高めるために MFM を真空で動作する方法が用いられる．例えば，1×10^{-6} Torr の真空中では，Q 値を 200 から 2000 へと高めることができる [48]．これにより高感度化が達成され，分解能が向上する．短冊型のカンチレバーを用いると，分子の摩擦抵抗が V 字型より少なくなり，さらに，20000 以上へと Q 値が向上することも報告されている [43]．

(c) **リフト法**：MFM はあまりにも試料表面に近いと原子間力の影響を受けることはすでに述べた．これを避けるために，開発された方法である．コンタクトモードあるいはタッピングモードで試料表面を検出し，これを基準として探針を所望の距離だけ試料表面から離して計測する方法である．この動きを画素毎に動かす方法，また，走査線毎に行う方法がある．前者では，計測時間がかかるので，走査線毎に行う方法が最も利用されている．

(3) **MFM 装置**

図 4・19 に MFM 装置および使用される探針を示す [48, 49]．装置は，カンチレバーを含めた共振系，試料の支持および XYZ 走査系，および制御系

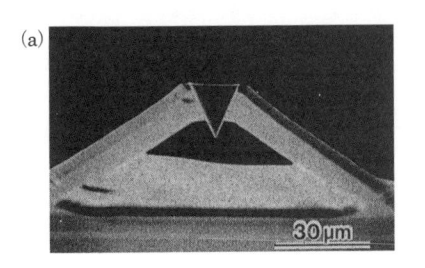

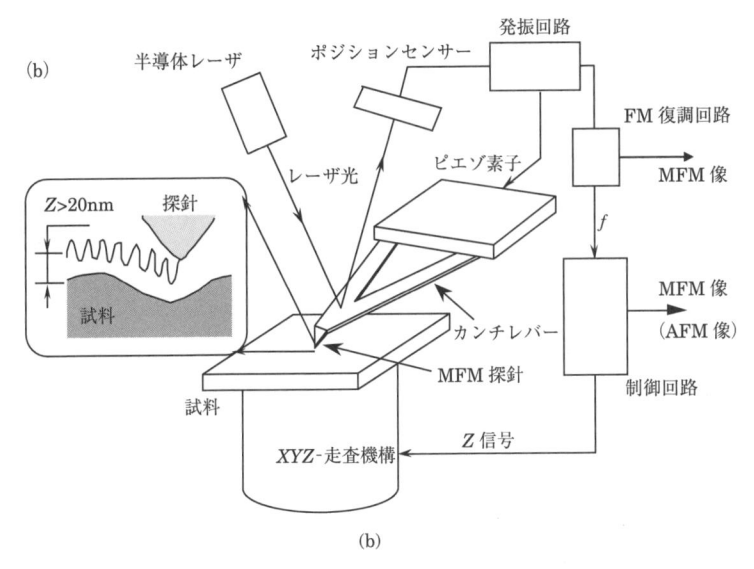

図 4・19 (a) 探針 SEM 像, (b) MFM のブロック図.

から構成されている.共振系は,カンチレバー,これを支持して加振する圧電素子,カンチレバーの振動を検出する光テコ光学系,検出されたカンチレバーの位置信号を正帰還してカンチレバーを共振させる電気系から構成される.通常の力勾配一定制御の場合は,以下のような制御が行われる.

FM 検出法の制御系では,この共振周波数の変化を PLL(Phase Locked Loop)回路によりアナログ信号に変換し,この値が一定になるように MFM 探針と試料との間隙を制御する.すなわち,MFM 像は等磁気力勾配面をト

レースしたものになり，探針が表面からより遠くに離れた所が漏洩磁場が強いことを示す．

一方，リフト法では，一定距離だけ表面から探針を離すため，そこでの漏洩磁場の強さを直接観測することができる．

さらに，高性能化するために本装置を走査電子顕微鏡（SEM）と結合し，高分解能化や観察領域の選択性を改善することができる[48]．

4・3・3 磁性媒体観察例
(1) 面内，垂直磁区のMFM像

(a) **面内磁気記録媒体のMFM像**：図4・20(a), (b)に試料表面から上空の漏洩磁場分布（MFM像）の理論特性を示す．図4・20(c)に実際の記録 40 kFCI（Flux Change per Inch）で記録したときのビット列のMFM像を示す．縦方向に明暗のストライプ上のMFM像が観察される．これらは，磁束の向きが変わる境界部を表しており，理論結果と良く一致している．

(b) **垂直磁気記録媒体のMFM像**：図4・21に光磁気（垂直磁気）記録した記録媒体の漏洩磁場分布の理論特性を示す．垂直磁区の場合，面内とは異なり，磁区境界部で磁気力勾配が正，負の極大値をもつのが特徴である．具体的には，図4・22, 4・23のようなMFM像が観察される．境界部の遷移領域の幅は約 100 nm であり，分解能は 100 nm 以下である．なお，PtCo多層膜のアズデポ（形成したままの状態）時の自然磁区も観察され，その境界の特徴である迷図パターンも観察された．

(2) 光磁気記録媒体観察例

図4・22には真空中動作および大気中動作でのMFM像を示す．媒体はPtCo垂直磁気膜であり，光記録された磁区が観察される．これらを比較すると，真空中動作でのMFM像分解能が約 60 nm と，大気中の約 100 nm に比べて，2倍向上している．また，真空中では，試料表面の水分がなくなり，探針と試料とを近づけて測定することができる．図4・23に，真空中動

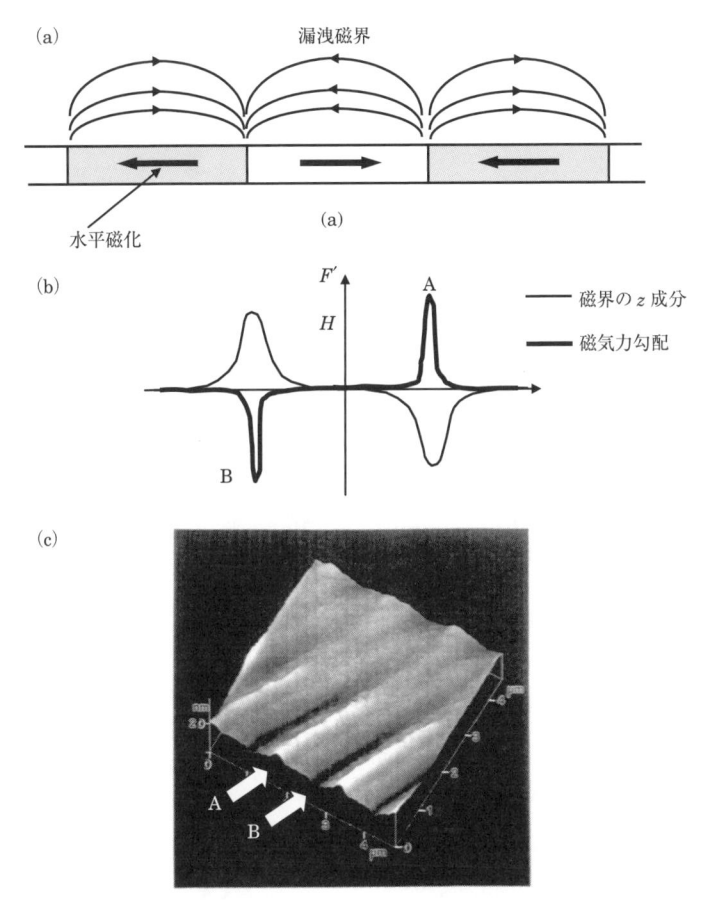

図4・20 (a) 面内磁気記録モデル，(b) 磁気力勾配理論曲線，(c) 約 40 kFCI 記録密度をもつ記録ビット列の MFM 像．

作での探針‐試料間距離の違いによる MFM 像を示す．図のように，距離 20 nm では像分解能が約 60 nm であるが，距離 10 nm に近づけると約 30 nm と分解能が 2 倍向上する．試料は TbFeCo 光磁気記録膜である．距離 10 nm における MFM 像内の微細な構造は，主に表面形状を示しているものと考えられる [44, 48]．

(a)

漏洩磁界

垂直磁化

(b)

磁界のz成分

磁気力勾配

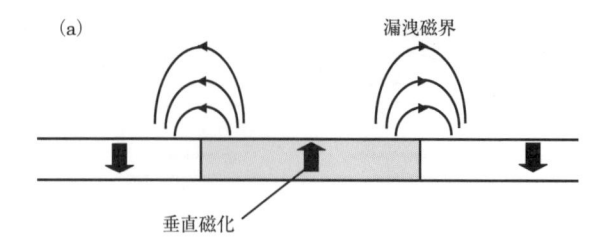

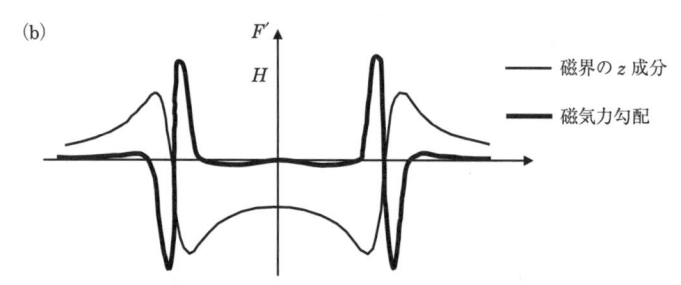

図 4・21 (a) 垂直磁気記録モデル，(b) 磁気力勾配理論曲線（MFM 像）．

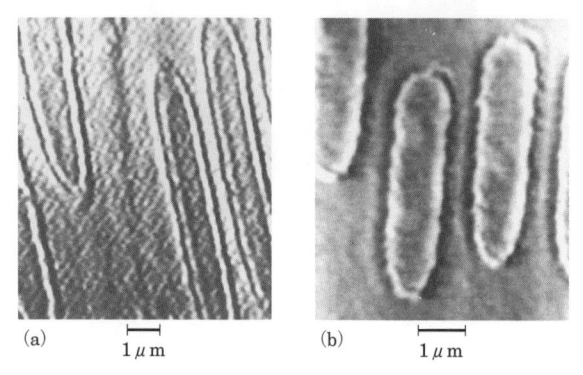

図 4・22 大気中と真空中動作の違いによる MFM 像（(a) 大気中，(b) 真空中，試料：PtCo 記録膜）

（3） MFM による面内磁気記録評価例

磁気記録における高密度化は，極めて重要なテーマの一つである．ここでは，高密度化に伴って発生するノイズ特性が MFM 像とどのように対応し

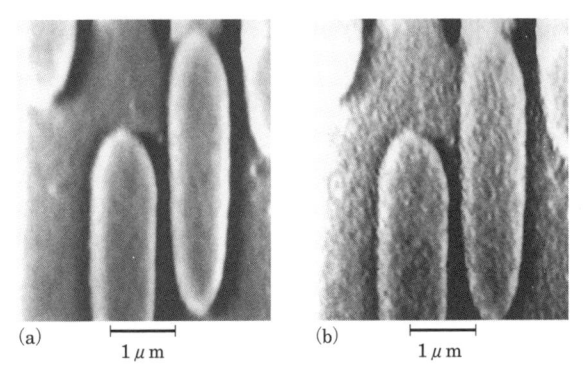

図 4・23　探針 - 試料間距離の違いによる MFM 像((a) 20 nm, (b) 10 nm, 試料：TeFeCo 記録膜)

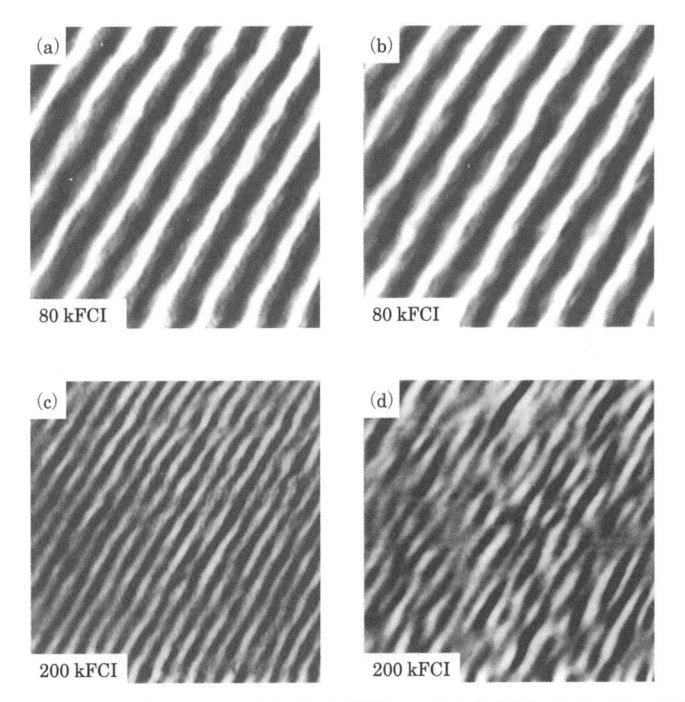

図 4・24　Cr 含有率の違いによる面内磁気記録膜の MFM 像((a) $CoCr_{16}Ta$, 記録密度 80 kFCI, (b) $CoCr_{10}Ta$, 80 kFCI, (c) $CoCr_{16}Ta$, 200 kFCI, (d) $CoCr_{10}Ta$, 200 kFCI)

ているか調べる [49]．試料には，10%Cr 含有率の CoCrTa と 16%Cr 含有率のものを用いた．図 4・24 に，80 kFCI と 200 kFCI で記録した際の記録状態を MFM で観察した結果を示す．これから，16% 含有率の試料は記録パターンの乱れが少なく，高密度記録可能であることがわかる．これは，ヘッドを用いた信号を読み出したときのノイズ特性の結果と一致しており，MFM 像内の記録パターンの乱れがノイズの原因と結び付いていると考えられている．現在，Cr の偏析状況がノイズに影響していると考えられ，既存の分析技術との複合的な計測が進められている．現状の MFM 像としては，500 kFCI（約 50 nm 記録ビット長）まで観察可能であり，分解能はこれ以下である．最近ではもっと細かいビットパターンまで計測可能である．

4・3・4 最近のマイクロマグネティクス計測
(1) 高分解能化へのアプローチ（狭間隙型 MFM 法）

(a) JS-MFM（Just-on-Surface MFM）：図 4・17(c) のように，探針－試料間隙を小さくすると分解能が上がる．しかし，図 4・23 に示したように原子間力が影響し，AFM 像が支配的となる．これを克服する一手段として，(ⅰ) 原子間力を一定にする（斥力領域での表面測定動作）こと，(ⅱ) 磁気情報を磁気力勾配として計測することが提案されている [39, 50]．斥力領域で探針を試料上数 Å のところで一定になるように制御するので，原子間力勾配の変化は小さいと考える．一方，磁気力勾配は極性が N 極や S 極をとるので正負の値となる．これにより磁気力変化は大きく，力勾配の変化は磁気力勾配の変化と見なすことができる．図 4・25 に表面磁場分布を示す．試料は PtCo 光磁気記録膜である．図 4・22 と異なり，磁気ドメインの境界部分に磁場情報がなく，内部に細かい磁化分布が存在することがわかる．これは電子線ホログラフィの結果と比較すると，磁化の乱れであると推測される．したがって，この方法は，図 4・26 のように表面に非常に近い磁化分布を計測していると考えられる．分解能は約 10 nm 前後である．PtCo 多層

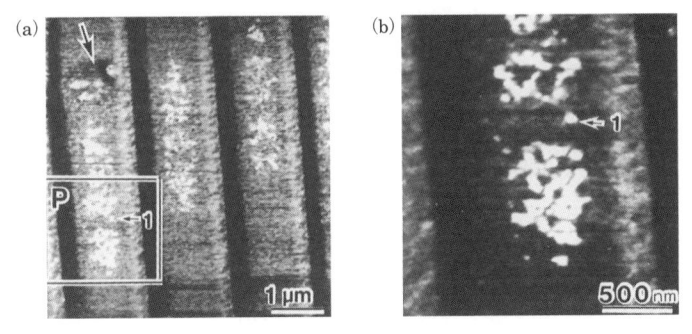

図 4・25 JS-MFM による表面漏洩磁場分布((a) MO 記録膜,(b) (a) の拡大図(P部))

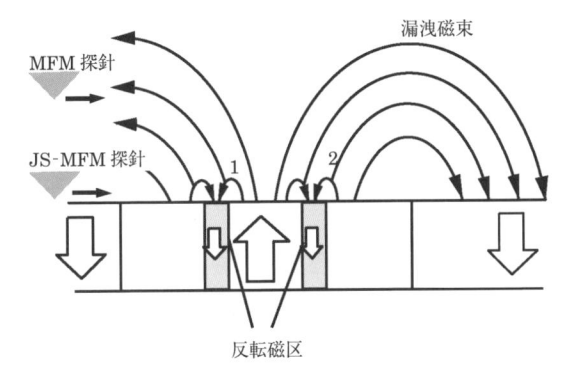

図 4・26 JS-MFM による表面漏洩磁場分布と通常の MFM 像との比較図;JS-MFM 像は表面の細かい漏洩磁束 (1, 2) を計測可能.

膜の最小ドメイン径は 10 nm 前後と推測されのでこれらが計測されているものと思われる.

(b) **コロイド MFM 法**:contact-MFM あるいは AFM 観察法にビッタ法を組み合わせた高分解能な磁壁顕微鏡法が開発されている [51]. この方法は,マグネタイト粒子を磁気情報に付け,形状情報として AFM で測定するものである. この方法を用いてガーネット結晶の迷図状磁区などがきれいに観察されている. 現状では 50〜100 nm 程度の分解能であるが,磁性流体などの周辺技術の開発によりさらに分解能の向上が期待される.

(2) 3次元漏洩磁場分布観察

この方式は，接触あるいは非接触モードで表面を捉え，これを基準にして探針をMFM像の各ピクセル毎に，上下に探針を位置決めすることにより記録媒体表面から漏洩する3次元磁場分布が測定できる[46, 52]．これにより，表面形状と3次元磁場分布を同時に測定することができる．本方法は，上述したリフト法の一つの応用である．

測定例として，TbFeCo光磁気記録膜上の漏洩磁場分布[46]や面内磁気記録膜上の漏洩磁場分布[52]が観察されている．光磁気記録の場合，表面から約50 nm離れたところで垂直磁気情報がはっきり観察することができるが，200 nm離れると磁気情報を観察することはできなくなる．この場合，200 nm前後離れると漏洩磁束が届かないことが観察される．面内磁気記録媒体からの漏洩磁場分布では，記録媒体から1 μm以上離れたところでも磁束が到達していることが観察されている．

(3) リフト法

上述したように，最近のMFMはほとんどこの方法が使用されている．この方法により，容易に安定にMFM像を取得できるようになった．図4・27に垂直記録した記録ビットのMFM像を示す．(a)は256 kFCI, 31.3

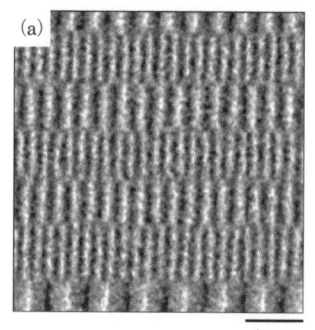

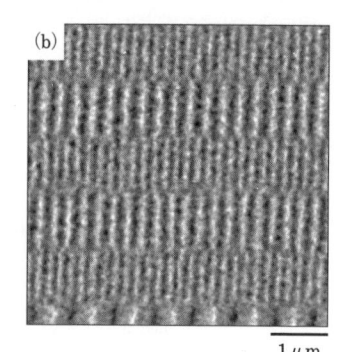

図4・27 リフト法MFMによる垂直記録ビットのMFM像((a) 7.9 Gb/in², (b) 8.0 Gb/in²，試料：CoCrPt合金)

kTPI で記録したもの（$7.94\,\mathrm{Gb/in^2}$ に相当）を MFM で観察したビット分布像，(b) は 295 kFCI, 27.2 kTPI で記録したもの（$8.02\,\mathrm{Gb/in^2}$ に相当）を MFM で観察したビット分布像である．試料はガラス基板に CoCrPt 合金（20 nm 厚），その上にカーボン膜（5 nm 厚）をスパッタしたものを用いている．ヘッドはリングヘッドを用いて記録した．図は，垂直記録で記録したもので，試料の磁区の形状は細長い長方形をしていると推測される．幅がビット長を示し，長手方向の長さがトラック方向を示す．垂直記録であるので，理論的には，縁の部分でコントラストの変化が強いはずであるが，探針-試料間が大きく離れているのかあるいは分解能が低いのか理由は定かではないが，明かるい部分と暗い部分に分けられ，これらが明瞭に観察されている．これらの部分は試料で交互に記録された垂直磁区より発生している漏洩磁束を示している．これまでには，$52.5\,\mathrm{Gb/in^2}$ 垂直記録ビットの MFM 像や 600 kFCI の超高密度記録，ビット長 30 nm の磁気記録の MFM 像が発表されている [53, 54]．

4・3・5 おわりに

1987 年に MFM 技術が発表されてから多くのブレークスルーの結果，MFM が製品として世の中に提供されるようになった．いまだ，多くの課題はあるが，従来のビッタ法や偏光顕微鏡と同様に，手軽な計測装置となりつつある．また，磁気記録が高密度化されれば，必要不可欠な計測技術になると考える．今後，MFM 技術は，さらに高分解能な MFM 技術や，3 次元的な漏洩磁界計測技術に発展するとともに，MFM 技術を応用した記録技術にも発展する可能性があり，注目しなければならない技術である．

4・4 散逸・非保存力計測

前節までに説明されてきたように，走査プローブ顕微鏡（SPM）は，原子スケールで鋭利な探針を試料表面に精緻に接近させることにより，原子スケールの高分解能で試料表面の形状をなぞるように描き出したり，極微領域の物性を測定することができる希有な顕微鏡/分光法である．一方，探針先端を試料の極近傍にまで接近させるので，探針－試料間の様々な相互作用は，探針先端と試料表面の原子配列や状態を変えてしまうことも頻繁に起こりえる．一般的に，SPMで観察される原子コントラストが試料表面の個々の原子位置を直接描き出していることはまれというべきである．常に，探針の形状・原子種や探針－試料間の相互作用が「観察された画像」や「測定された物性」に与える影響を慎重に検討する必要がある．また，意図的に探針先端を接触領域にまで近づけたり，局所的な電流注入，電界印加をすれば，非可逆的に原子が移動することがある．SPMを利用すれば，試料表面の原子を思いのまま移動させて人工的な原子配列を構築したり，個々の原子・分子を反応させたりできることも広く知られている．このような相互作用を引き起こすためには，探針から何らかの作用でエネルギーを注入する必要がある．仮に，SPM法を基礎として，このような非可逆的な原子・分子過程を引き起こすエネルギーを原子・分子スケールで計測することができれば，多様な表面物性測定の道を開くばかりではなく，個々の原子・分子を操作し，組み立てようというボトムアップ型ナノテクノロジーへの貢献が大いに期待できる．本節では，探針と試料間の力学的相互作用を原子スケールの空間分解能で計測できる非接触原子間力顕微鏡法（NC-AFM）（2・3節参照）[55]を基礎にして，散逸といわれているエネルギーを計測する手法を解説する．

探針と試料間に働く相互作用を高感度で検出するために，NC-AFMではカンチレバーを自励発振回路に組み込み，カンチレバー自身の共振周波数でカンチレバーが振動し続けるように制御する（2・3節参照）．カンチレバー

4・4 散逸・非保存力計測

端の探針と試料間に相互作用が働くと，カンチレバーの機械的共振周波数が見かけ上変化する．周波数変調（Frequency Modulation：FM）検出法を用いて自励発振の共振周波数変化を精度良く計測すれば，探針－試料間の微小な相互作用を感度良く検出することができる．この測定法では，探針を備えたカンチレバーと試料を，原子・分子スケールの微弱な力学的相互作用をとおして結び付いた一体の力学系と見なしている．原子・分子の相互作用は，量子力学や密度汎関数法に基づいた第一原理的な計算科学によって理解できるものである．一方，実験としては，調和振動子（振動するバネ，AFMでは振動するカンチレバー）という古典力学によって十分理解できるモデルに基づき，汎用の周波数測定法を用いて極めて高い精度（6桁以上）で振動周波数の計測を実行している．古典力学を利用して個々の原子・分子の相互作用の量子力学的特性を計測しようという点にNC-AFMの特色（科学技術的面白さ）があるともいえる．

ところで，NC-AFM法でカンチレバーを振動させ続けるためには，自励発振回路はカンチレバー機械系にエネルギーを与え続ける必要がある．探針と試料間が離れていてその間の相互作用が無視できるような場合でも，カンチレバー内部やカンチレバーを加振するピエゾ素子内部，あるいはカンチレバーを保持している構造物の内部・接着部で，原子・分子間の非保存的な相互作用によって加振エネルギーが熱エネルギーに変換されていく．この現象は内部摩擦と呼ばれることもあり，速度に比例するような抵抗力として現象論的・近似的に記述されることが多い（経験的には，「速度の自乗以上の項に比例する抵抗力」を考える必要がある状況は通常のSPM測定では極めて少ない．ただし，液体中で探針の加振によって渦が発生したり，液体の圧縮が起こるような条件では事情は異なってくる）．したがって，加振エネルギーの供給を打ち切れば，カンチレバーの振動は減衰し停止してしまう（厳密には，有限温度での熱によるカンチレバーの共振周波数での微小振動は続いている）．このエネルギーの散逸はカンチレバーのQ値として表現される．

Q値は様々な振動現象の減衰過程を特徴付ける量であり，コイル−コンデンサー−抵抗(LCR)を用いた電気共振回路でも頻繁に登場する．その定義は，「共振回路に蓄えられるエネルギー(カンチレバーの共振周波数における力学的全エネルギー)」と「共振の1周期で失われるエネルギー」の比の 2π 倍で与えられる．

ここで，探針と試料間に働く相互作用によってエネルギー散逸が伴う過程を類型化してみる．例えば，探針−試料間の相互作用によって探針と試料の原子位置が非可逆的に大きくずれて，探針が試料に接近するときと離れるときで異なった相互作用が働く(ヒステリシスがあるという)と，カンチレバーの振動エネルギーが散逸する．例えば，振動しているカンチレバー端の探針が試料に接近して試料表面の原子・分子に引力を及ぼし，探針が遠ざかるときに試料表面の原子・分子の位置が変化したとすると，探針は原子・分子を動かした分の正味の仕事をした(エネルギーを与えた)と見なせる．また，探針と試料原子のブラウン運動に伴う相互作用変化を介した確率的揺動力によっても，カンチレバーの振動エネルギーは散逸する．さらには，探針−試料間に接触電位差があると，あるいは電位差を印加しておくと，探針−試料間の容量(または浮遊容量)がカンチレバー振動によって変動され，変位電流が流れる．この電流が回路系の抵抗成分を流れるときに熱(ジュール熱)が発生するので，振動エネルギーが「電流による発熱」に転化した分だけカンチレバーの振動エネルギーは散逸する(探針−試料間に電圧を印加する電源は，交流電流に対しては1周期当たりの出入の電荷が正味ゼロとなるので時間平均として仕事をしない)．したがって，NC-AFMの凹凸像と同時にカンチレバーのエネルギー散逸を測定することによって，試料の散逸的力学特性や，探針−試料間の非保存的相互作用を解析できる力学計測が実現できる．

次に，散逸をどのように測定するのかを概観する．散逸を伴う場合の振動子の運動方程式は，前述したように減衰項(抵抗力)が振動子の速度に比例

4・4 散逸・非保存力計測

すると仮定して，以下のように表すことができる [56]：

$$m\ddot{z} + \frac{m\omega_0}{Q} \cdot \dot{z} + m\omega_0^2 z = F_{\text{ext}} + F_{\text{int}}. \quad (4\cdot29)$$

ここで，z はカンチレバーの振動による変位，ω_0 はカンチレバーの自由振動時の共振周波数，Q はカンチレバーの Q 値，m はカンチレバーの振動の換算質量，F_{ext} と F_{int} はそれぞれカンチレバー振動を励振するための外力と探針-試料間の相互作用力である．いま，カンチレバーの振動が単純な調和振動であると仮定すると，z は

$$z = A\cos(\omega t) \quad (4\cdot30)$$

と表すことができる．ここで A はカンチレバーの振動振幅，ω は探針-試料間の相互作用で変化した共振周波数で，相互作用が引力のときは一般的に ω_0 より小さくなる．さらに，加振力 F_{ext} はカンチレバーの振動と同じ周波数で振幅と位相を変えたものと仮定すると，

$$F_{\text{ext}} = F_0 \cos(\omega t + \alpha) \quad (4\cdot31)$$

と表すことができる．このような加振は自励発振回路で実現される(後述)．ここで，F_0 は加振振幅，α は振動と加振の位相差である．

共振周波数シフト $\Delta f \equiv (\omega - \omega_0)/2\pi$ は十分小さいとして，運動方程式 (4・29) に $\cos \omega t$，または $\dot{z}(= -A \cdot \omega \cdot \sin \omega t)$ の重みを付けて1周期にわたって積分すると，

$$\Delta f = \frac{\omega - \omega_0}{2\pi} \approx -\frac{1}{4\pi^2 mA} \int_0^{\frac{2\pi}{\omega}} F_{\text{int}} \cos(\omega t) \, dt - \frac{F_0}{4\pi m \omega A} \cos \alpha, \quad (4\cdot32)$$

$$F_0 A \pi \cdot \sin \alpha = \frac{\frac{1}{2} m \omega_0 A^2 \cdot 2\pi}{Q} + \omega A \int_0^{\frac{2\pi}{\omega}} F_{\text{int}} \sin(\omega t) \, dt \quad (4\cdot33)$$

が得られる．実際には，上式右辺で $\omega \approx \omega_0$ として近似して差し支えない．式 (4・33) は1周期当たりのエネルギー積分になっていて $\left(\int_0^{2\pi/\omega} F\dot{z} \, dt = \int_0^{2\pi/\omega} F \, dz \right.$ (1周期当たりの仕事量)$\left. \right)$，左辺は外力 F_{ext} が1周期当たりに

カンチレバーに与えるエネルギーである．右辺の第 1 項は，調和振動子の力学的全エネルギー($1/2 m\omega_0^2 A^2$)に 2π を掛けたもの(分子)を Q (分母)で割っているので，Q 値の定義によりカンチレバー内部で 1 周期で失われるエネルギーである．右辺の第 2 項は，探針と試料が最近接するときに sin の符号(速度の向き)が変化するので，F_{int} が最近接点で対称ならば積分値はゼロとなる．あるいは，最近接点でヒステリシスがあり，探針が試料に近づくときと遠ざかるときで値(相互作用)が変わるならば，有限値をもつ．すなわち，第 2 項はヒステリシスを伴う原子・分子過程のエネルギー散逸に対応する．

いま，位相差 α を

$$\alpha = \frac{\pi}{2} \pm 2n\pi \qquad (n = 0, 1, 2, \cdots) \tag{4・34}$$

になるように自励発振回路を調整したとすると，式 (4・32) が加振力 F_{ext} (あるいは F_0)に対して無関係となり，式 (4・33) ではカンチレバーの振動振幅 A と加振振幅 F_0 の積が最小値となる．すなわち，以下の式が成り立つ：

$$\varDelta f \approx -\frac{1}{4\pi^2 mA} \int_0^{\frac{2\pi}{\omega}} F_{\text{int}} \cos(\omega t)\, \mathrm{d}t, \tag{4・35}$$

$$F_0 A \pi \approx \frac{\frac{1}{2} m\omega_0^2 A^2 \cdot 2\pi}{Q} + \omega A \int_0^{\frac{2\pi}{\omega}} F_{\text{int}} \sin(\omega t)\, \mathrm{d}t. \tag{4・36}$$

逆にいえば，振動振幅 A が一定の条件の下では，条件 (4・34) を満たすことにより，カンチレバーの振動を維持するために必要な供給エネルギーを最小にすることができる．すなわち，振動振幅 A を一定に保つために，運動方程式 (4・29) の第 2 項による(カンチレバー内部および周辺での)散逸エネルギーと F_{int} のヒステリシスによる散逸エネルギーを補填する必要があるが，そのための加振力 F_0 を条件式 (4・34) のもとで最小にすることができる．

実際に散逸を計測するためには，カンチレバーの自励発振回路を理解する

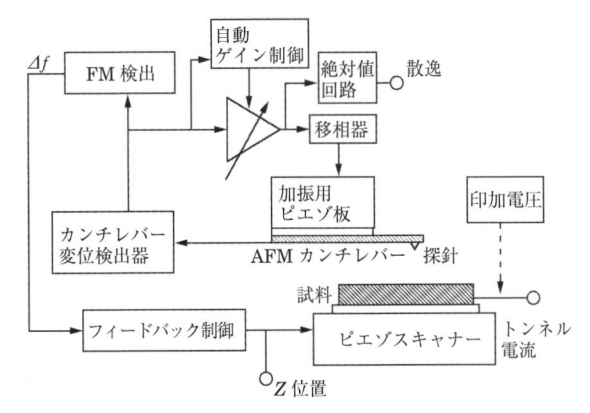

図 4・28 NC-AFM を基とした散逸エネルギー測定のブロック図

必要がある(図4・28)．通常の NC-AFM では，カンチレバーはピエゾセラミックスの板に貼り付けられている．カンチレバーの振動は変位検出器(光テコ，レーザ干渉，レーザドップラー，ピエゾ効果による歪自己検出法など)で測定され，その信号は自動ゲイン・コントローラ(AGC)と移相器を通してピエゾセラミックス板に電圧印加され，カンチレバーの振動励起として帰還される．カンチレバーの微小な共振振動を種として，AGC のゲインと移相器の位相を適切に調整することにより加振を最適化し，カンチレバーの発振をその機械的(見かけの)共振周波数で持続させることができる．探針-試料間の相互作用によって共振周波数が変化しても，自動的に発振周波数がその共振周波数にトラックされる．これが自励発振回路の原理である．

NC-AFM で画像を取得する際に，カンチレバーを加振するモードには主に2通りの方法がある．カンチレバーの振幅を一定に保つモード(振幅一定モード：constant amplitude, $A=$ 定数)とピエゾセラミックス板に印加する電圧振幅を一定に保つモード(加振一定モード：constant excitation, F_0 = 定数)である．図4・28は振幅一定モードに使われる例であり，AGC でカンチレバーの振動振幅を一定に保つように帰還信号のゲインを自動的に制御する．式(4・35)と(4・36)で振幅 A が一定ならば，Δf は相互作用力の重み

付け積分に比例する(F_{int} は一般に A の関数(探針－試料間距離の関数)となることに注意).一方,加振振幅 F_0 の変化は,振幅 A が一定である限り相互作用のヒステリシスに対応した量となる.したがって,振幅一定モードでは,ピエゾセラミックス板に印加される電圧の「振幅2乗の平均値の平方根」(rms)あるいは「絶対値」をアナログ回路によって計算させ,その出力を F_0 と見なし,散逸エネルギーとして計測する.移相器による位相シフト量は,探針と試料が離れた状態($F_{int} \approx 0$)で rms の値が最小になるように調整しておく.これは,式(4・33)で F_0 が最小になるとき,条件式(4・34)を満たすことから理解できる.Δf は $\omega_0/2\pi$ に比べて十分小さいので,$F_{int} \neq 0$ のときの Δf による移相器の位相ずれは無視できると考える.図4・28では,探針と試料間に電圧を印加し,また,電流アンプを取り付けることにより,トンネル電流を同時に測定できる計測系となっている [57].NC-AFM の場合,カンチレバーを高速で振動させているので(通常,100 kHz 以上),トンネル電流は探針が試料に接近したときにスパイク状に流れる.通常,微小なトンネル電流(pA～nA)を検出できる電流アンプは帯域が制限されている.したがって,検出されるトンネル電流は1周期当たりの平均値となり,STM で一般的に計測されている電流値に比べてかなり小さくなる点は注意が必要である.前述したカンチレバーの振動に伴う変位電流は交流信号であるので,帯域の狭い電流アンプで微弱な変位電流を直接検出することは容易ではない.

 加振一定モード($F_0 =$ 定数)の場合,散逸があると振動振幅 A が変化することになる.そのとき,式(4・35),(4・36)に見るように量的関係は複雑になる.式(4・36)から $F_0 =$ 定数 の条件下で振動振幅 A が決まる.NC-AFM では Δf が一定になるように制御することが基本なので,式(4・35)を通して振動振幅 A に対しての相互作用(探針－試料間の平均距離)が決まる.その結果,式(4・36)の第2項を介して振動振幅の変化を見かけのものとしてしまう可能性がある.一方,振動振幅一定の場合も,AGC という一

種のフィードバック制御を利用しているので，条件によっては制御が不安定になり，見かけの散逸を計測してしまう可能性もある [58]．また，式 (4・35)，(4・36) を求めるときに振動は調和的であるとして近似したが（式 (4・30)），探針－試料間の相互作用が強いとこの仮定が成立しない可能性もある．さらに，ピエゾセラミックス板の加振量を計測しているので，ピエゾセラミックス板とカンチレバーの貼り付けに不具合があると，この部分でのエネルギー散逸が大きくなり（実質的に Q が小さくなる），相互作用による散逸分を S/N が良いまま計測できなくなる．以上のように，散逸の測定・解釈には十分な注意が必要である．また，探針－試料間の相互作用に伴って発生する散逸量は一般的にかなり小さいので，S/N が良い計測システムを組む必要があり，また，Δf と A を一定に保つための多重のフィードバックのパラメータの設定や画像を得るときの条件（走査速度・走査方向を含めて）をいかに最適化するかが問われる．凹凸が激しい試料表面のときの散逸計測には，特にトポグラフとのクロストークが現れる可能性が高いことに注意する必要がある．

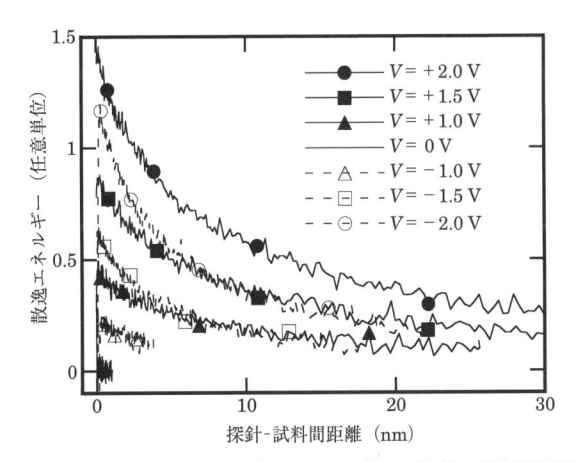

図 4・29 Si(1 1 1)7×7 面上で計測した散逸エネルギーの探針－試料間距離の依存性．探針の電位に対して，試料電圧を変えて計測した．

図4・29に散逸を計測した例をあげる．試料はSi(1 1 1)7×7表面で，カンチレバーを共振周波数で加振しながら探針を試料に近づけ，そのときの散逸エネルギー変化をプロットした．試料には，探針の電位に対して -2 〜 $+2\,\mathrm{V}$ の電圧を印加した．散逸エネルギーは，探針が遠方(数10 nm)から試料に近づくにしたがって増大する傾向がある．また，印加電圧の絶対値が高い場合，散逸エネルギーも大きい．その一方で，探針が試料に対して極近傍にまで近づくと，散逸エネルギーが急速に減少する現象が観察された．まず，遠方から近づけたときの散逸エネルギーの特性を考察する．この領域では探針－試料間電圧に対する依存性が高いことから，散逸の機構として，振動によって誘起される変位電流のジュール発熱が考えられる．いま，探針－試料間の静電容量が C，両者間で蓄積された電荷が q，接触電位差を含めた印加電圧を V とすると，変位電流 I は，

$$I = \frac{dq}{dt} = \frac{d(CV)}{dt} = V\frac{dC}{dt} \qquad (4\cdot37)$$

で与えられる．探針と試料をつなぐ外部回路の総抵抗値を R とすると，ジュール発熱による散逸エネルギー W は，

$$W = IV_{\mathrm{drop}} = I \cdot IR = \left(\frac{dC}{dt}V\right)^2 R = \left(\frac{dC}{dt}\right)^2 V^2 R \qquad (4\cdot38)$$

と表すことができる．ここで，V_{drop} は抵抗 R での電圧降下である．R，V が一定とすると，散逸エネルギー W は $\left(\dfrac{dC}{dt}\right)^2$ に比例する．古典的静電気学では，2物体間の間隔が狭まれば，静電容量 C は急激に増大するので，図4・29で探針が試料に接近したときの増大は容易に理解できる．この振舞いを電圧依存性から確認するため，特定の試料－探針間距離で，散逸エネルギーの電圧に対する変化をプロットした(図4・30)．散逸エネルギーの変化は，式(4・38)で示したように試料電圧に対して2次曲線で良く近似できる．以上のことから，図4・29の遠方での散逸エネルギーの振舞いは，振動によって誘起される変位電流のジュール発熱として理解できる．

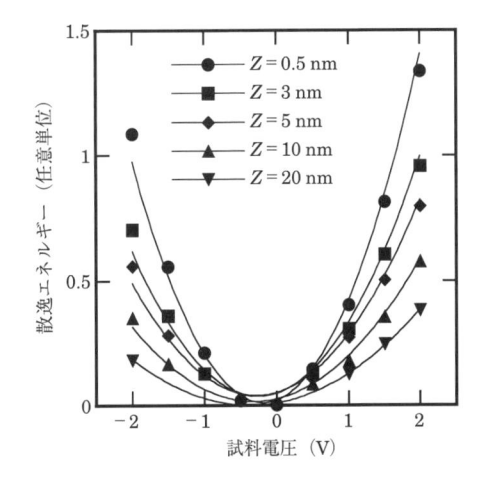

図 4・30 Si(1 1 1)7×7面上で計測した散逸エネルギーの試料電圧に対する依存性。特定の探針-試料間距離で図 4・29 のデータをプロットしなおした。曲線はプロット点から外挿した 2 次曲線である。

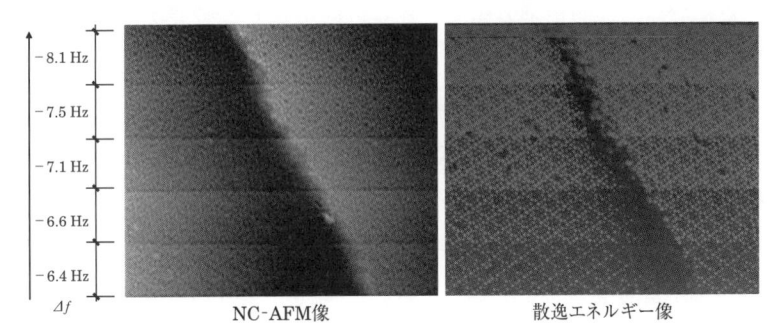

図 4・31 同時に観察した NC-AFM 像と散逸エネルギー像。画像化の設定条件である周波数シフト Δf を，図の下部からの走査に伴い段階的に負に大きくした（図の下部より上部で探針は試料に接近している）。試料電圧は $-1\,\mathrm{V}$，カンチレバーの振動振幅は 20 nm。散逸エネルギー像では，散逸エネルギーが減少している部位を明るく表示してある。

一方，近接領域での散逸エネルギーの急激な減少は，古典的な変位電流のジュール発熱では理解できない。1 つの解釈として，量子力学的振舞いから静電容量 C が近接領域で急激に減少している可能性が指摘される [59]。ところで，図 4・31 に示したように，NC-AFM 像と散逸エネルギー像を同時に近接領域で取得すると，NC-AFM 像よりも鮮明な原子像が散逸エネルギ

一像で観察される[60,61]．ここで，Si 吸着原子位置で散逸エネルギーが減少している点は注目に値する．直感的な解釈では，原子スケールの散逸エネルギーは，ヒステリシスを伴う原子変位をその機構とする場合，相互作用が強いと予想される表面原子上で増大するはずである．しかし，このデータの場合は増減が逆になっている．表面原子直上での量子力学的効果による静電容量の急激な減少を捉えたのか，あるいは，表面原子直上での強い引力相互作用がカンチレバーの振動を非線形なものとし，振動振幅一定の制御と相まって，カンチレバーの力学的全エネルギーが下げられ，カンチレバー内部での散逸エネルギーが減少した可能性がある[60]．いずれにしても，原子・分子の相互作用を介したヒステリシスや確率的揺動力による散逸エネルギーを捉えるためには測定系の感度をさらに向上させる必要があるが，NC-AFM が捉えている散逸エネルギーの機構解明も重要である．また，散逸エネルギーを巧みに利用すれば，通常のモードの NC-AFM より高感度な原子・分子観察ができたり，静電容量変化の高感度測定が実現できる可能性もある．

　最後に，散逸とは異なるが，探針 - 試料間距離を変えたときの周波数シフト $\mathit{\Delta}f$ の印加電圧依存性にも触れておきたい[62]．STM における CITS 法（3・1節参照）と同様に，フィードバック制御を間欠的にホールドし，その間に試料電圧を掃引して周波数シフト $\mathit{\Delta}f$ を記録する力学的分光法である．この手法は非接触原子間力分光法（NonContact Atomic Force Spectroscopy：NC-AFS）と呼ばれている．探針 - 試料間距離を変えながら周波数シフト $\mathit{\Delta}f$ -印加電圧特性をプロットすると，図4・32に示した面プロットができる．遠方（数nm）では，散逸エネルギーと同様に，$\mathit{\Delta}f$ は試料電圧に対して2次関数のように振舞う．これはよく知られた現象で，試料 - 探針間の静電容量に蓄積されるエネルギーの距離微分（すなわち，静電引力）が試料電圧に対して2次関数となっているからである．注目すべき点は，極近傍で探針 - 表面間の化学結合状態に依存した電圧応答ピークが現れることであ

4・4 散逸・非保存力計測

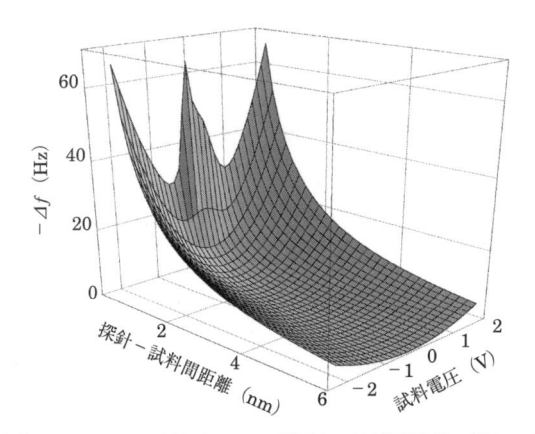

図 4・32 周波数シフト Δf の試料電圧および探針-試料間距離に対する依存性の非接触原子間力分光法(NC-AFS)による測定結果. 散逸エネルギーと同様に, 遠方で Δf は試料電圧に対して 2 次関数のように振舞う. 極近傍では, 探針-表面間の化学的結合状態に依存した電圧応答ピークが現れる. このプロットの最近接点で, 探針-試料間距離は 0.3 nm 程度であると推定している.

る. 探針先端の原子がもつ結合性準位と試料原子の結合性準位(言い換えれば, HOMO, LUMO 軌道)が, 印加電圧の変化によってもたらされる適当な静電的エネルギーシフト(探針と試料のフェルミ準位の相対的エネルギーシフト)によってほぼ一致し, 共鳴的に強い結合が形成される結果であると理解できる. また, 0.5 nm 当たりの幅のやや広い小さなピークは表面の原子位置依存性が低いので, 探針と試料が接近したために両者間のトンネル障壁が低下し, トンネル障壁を挟んで電子の非局在準位が形成されているのではないかと考えている(金属結合的であるともいえる).

近い将来, この NC-AFS を基礎として, トンネル電流・散逸エネルギーとの同時測定が実現され, 多角的なナノ力学的分光法が確立され, 様々なナノ力学的現象の解明と応用が進むと期待している.

4・5 分子間力計測

4・5・1 生化学反応のナノスケール測定

　生体内において情報伝達や信号検出などに関わる重要な生化学反応は，特殊な構造をもつ蛋白質分子が，ある特定の分子を認識して選択的に反応することを利用していることが多い．このような反応には，体内に入り込んだ異物質から身を守るための免疫系で重要な役割をもつ抗原・抗体反応や，ホルモンとその受容体のように体内での情報伝達を担う情報伝達物質（リガンド）・受容体（レセプター）反応などがあげられる．抗体や受容体は細胞内・細胞膜上にある複雑な立体構造をもつ蛋白質であり，特定の物質（鍵）に反応する鍵穴のような構造を有している．鍵穴に鍵が差し込まれることによりDNAの特定配列の転写を活性化したり，細胞膜上のイオンチャネルを開いたりすることで生体情報処理を行うことになる．このような情報処理は，細胞の分裂，増殖，死を通じて発生や形態形成を制御するばかりでなく，知覚，認識，運動，免疫といった高次の生命現象の基礎をなす．また，最近では特定の蛋白質のもつ高い分子認識能力と既存の半導体技術を組み合わせることで，バイオセンサーチップを作成したり，あるいは生化学フィルターを設計するなど，生体分子の分子識別能力を工業的に応用することも提案されている．さらには，機能性分子を自由自在に組み合わせて望みのメゾスコピック構造を作成するという自己組織化的なデバイス設計において，特定分子とのみ強く結合するような反応は機能性分子同士を特定の配列でつなぎ合わせる"糊"の役割を担うことも期待される．

　これまで，生体2分子反応を研究するためには反応熱や解離定数の測定など，マクロスケールにおける熱力学的な手法が主に行われてきた．これらの測定により，反応場による反応エネルギーの差異といった基本的な物性を知ることが可能になる．しかし近年，生化学反応を原子間力顕微鏡やその他のナノテクノロジーを用いて単分子スケールで研究することが考えられるよう

になった.これらの手法は,非常に柔らかいバネの先端に測定対象分子を取り付け,対向面となる試料に固定されたもう一方の分子との間に形成された結合を,徐々に力を加えることにより破断し,破断力と力の増加速度との関係を求めるものである.ここから分子間力のポテンシャルエネルギーの分子間距離依存性に関する情報を得ることができる.この手法は動的分子間力分光法(Dynamic Force Spectroscopy:DFS)と呼ばれる[63,64].

マクロスケールでの熱力学的な手法と比べ,DFSでは結合エネルギーだけでなく分子間相互作用の働く距離スケールを知ることができるため,これと実際の生体分子構造とを比較することで,生体分子のもつ特異な機能性をその複雑な3次元構造から理解する助けになると考えられる.そして,このような基本的な理解を元に,未知の生化学反応の解明や,人工的な生体機能性分子の設計などへ応用することが考えられている.

生体情報処理を担う化学反応の特徴として,その反応エネルギーは大抵の場合,ほぼ熱エネルギーと同等なほど小さいという点が上げられる.これは,反応自身が無条件に起こるわけではなく,周囲の状況に応じて反応性を変化させるために必要な条件であり,また,生化学反応が非常に高度に最適化された省エネルギーな反応を利用していることにも起因する.しかし,研究対象として考えた場合,この事実は精密な測定を難しくする.

本節では,DFSの測定原理とその測定手法,さらに測定における熱雑音の低減について述べる.

4・5・2 動的分子間力分光法の原理

DFSは溶液中での2分子吸着反応の相互作用エネルギーと相互作用の働く距離スケールを同時に測定することのできるミクロスコピックな測定手段である.測定の概要を図4・33に示す.非常に柔らかなバネの先に一方の分子を,対向する試料表面にもう一方の分子を,それぞれ分子鎖を介して固定した上で,両者を軽く接触させる(図4・33A).徐々に引き離す外力を増し

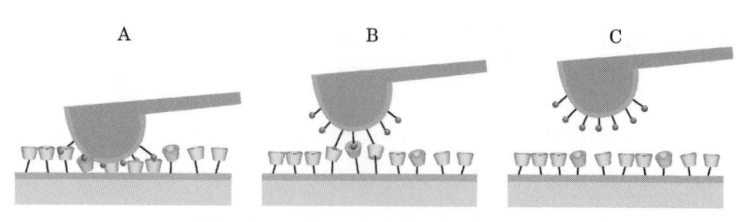

図4・33　AFMによる単一分子間力測定

ていき（図4・33 B），結合が破断した際のバネの伸びから破断力を求める（図4・33 C）．破断過程において，いったん切れた分子対が再結合するという確率を低く見積もった場合，測定される破断力は一般に，分子対を引っ張る力を増加させる速度に依存することが理論的に予想されており，この依存性から相互作用のエネルギー地形(energy landscape)，すなわちポテンシャルエネルギーの分子間距離依存性を得ることができる．以下で外力増加速度と破断力との関係を考察しよう．

　我々の考えるような生化学反応の反応エネルギー E_b は熱エネルギー $k_B T$ と比較可能な大きさをもつ．このような結合は常温において自然寿命 t_0 をもち，外力を加えずとも有限の時間のうちに破断する [65, 66]．図4・34 A に非常に単純化したエネルギー地形を図示した．横軸は反応経路に沿った分子間距離に対応する座標パラメータであり，縦軸がポテンシャルエネルギーを示す．溶液中の2分子の間にはその立体構造による複雑なファンデルワールス力や静電気力が働き，また溶媒和の影響も強く受けることになる．ここではこれらの影響を簡略化して，1次元の反応経路に1つの山をもつエネルギー地形を考える．分子結合が一定時間安定に存在するためには，エネルギー地形に距離無限大に対して負の値をとる最安定位置 x_b が存在し，結合した分子を引き離すためには E_b のエネルギー障壁（破断障壁）を超えなければならないと考えられる．この場合の2分子結合の自然寿命は，

$$t_0 = t_D \exp\left[\frac{E_b}{k_B T}\right] \tag{4・39}$$

で表され，エネルギー障壁の高さ E_b に指数関数的に依存する．$\nu_0 = 1/t_D$ は試行周波数（attemtion frequency）と呼ばれる定数で，分子運動の時間スケールを表すパラメータである．具体的には分子スケールでのダンピング係数と，ポテンシャル地形のくぼみおよび障壁の形状に依存して決まる値となる．

この系に外力 f が加わると，ポテンシャル形状は図 4・34 B のように $y(x) = -fx\cos\theta$ だけ変形する．ここで，x が反応経路に沿ってとられた反応座標であることに注意が必要であり，θ は反応経路と外力 f とのなす角で，外力の反応経路方向の成分が $f\cos\theta$ と書ける．ここで，$x_\beta = x_b\cos\theta$ と書くことにすると，有効エネルギー障壁は $E_b(f) = E_b(0) - fx_\beta$ となり，外力を加える前に比べて減少する．x_b は通常の反応経路上での最安定位置から測った障壁位置である．

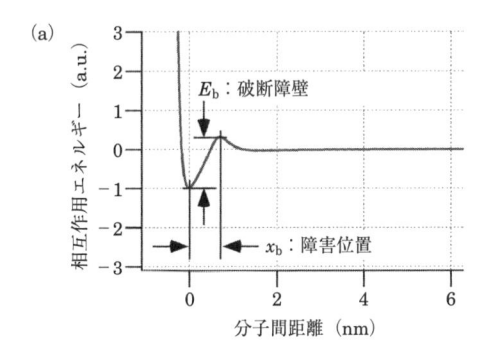

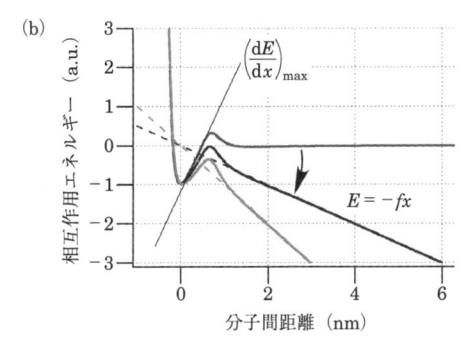

(a) E_b：破断障壁
x_b：障害位置
分子間距離（nm）

(b) $\left(\dfrac{dE}{dx}\right)_{\max}$
$E = -fx$
分子間距離（nm）

図 4・34　分子結合のエネルギー地形

DFS では外力によるポテンシャル変化は主にエネルギー障壁の高さを変化させ，障壁形状への影響は小さいと仮定する．つまり，外力による ν_0 の変化を無視して，E_b のみが変化すると考えるわけである．このとき破断する方向への反応レート(寿命の逆数)は，

$$k_-(f) = \nu_0 \exp\left[-\frac{E_b(f)}{k_B T}\right] = \frac{1}{t_0}\exp\left[\frac{f x_\beta}{k_B T}\right] = \frac{1}{t_0}\exp\left(\frac{f}{f_\beta}\right) \quad (4\cdot 40)$$

と書ける．ここで，t_0 は式 (4·39) で表されるこの系の自然寿命であり，

$$f_\beta = \frac{k_B T}{x_\beta} \quad (4\cdot 41)$$

は熱揺らぎの量を規定する力のスケールである．室温(~ 300 K)では $k_B T \sim 4$ pN nm であるため，$x_\beta \sim 1$ nm とすると $f_\beta \sim 4$ pN 程度の大きさとなる．このとき，10 pN の外力により，結合の寿命は約 10 倍変化することになる．

実験における外力の増加速度が一定 ($f(t) = a_f t$) であれば，寿命は指数関数的に減少し，これが実験の時間スケールと一致するあたりで実際に破断が生じることになる．この現象は確率的に起こるものであり，理論から破断力を決定的に求めることはできないが，統計的な扱いによりその確率分布を得ることが可能である．まず，時刻 t において分子対が結合状態にある確率を $S(t)$ と書こう．$t=0$ において分子対は結合状態にあるため $S(0)=1$ である．反応レートの定義から，単位時間当たりの S の減少を，

$$\frac{dS(t)}{dt} = -k_-(f(t))S(t) \quad (4\cdot 42)$$

のように書くことができる．この式は $[e^{f(x)}]' = f'(x) e^{f(x)}$ を用いて簡単に積分できて，

$$S(t) = \exp\left[-\int_0^t k_-(f(t'))\,dt'\right] \quad (4\cdot 43)$$

を得る．

実験における破断力分布は，f に対して dS/df をプロットすることで得

られることに注意しよう．この関数は一般に ある力 $f = f^*$ で最大値をもち，有限の幅をもつ山の形状をもつ関数になる．f^* を最頻破断力と呼び，dS/df の微係数をゼロにする f として求められる．つまり，

$$\left.\frac{d^2 S}{df^2}\right|_{f=f^*} = 0 \quad (4\cdot44)$$

ここから，

$$\left.\frac{df}{dt}\right|_{f=f^*} = k(f^*) f_\beta \quad (4\cdot45)$$

を得る．左辺は力の増加速度（加重速度）であり，力増加速度を一定値 a_f とする実験条件において式 (4・45) は，

$$r_f = \frac{t_0 a_f}{f_\beta} = \exp\left(\frac{f^*}{f_\beta}\right) \quad (4\cdot46)$$

と書き直せる．f^* と f_β および無次元化された力増加速度 r_f との間に非常に単純な式が成り立つことがわかる．つまり，図 4・35 に示すとおり f^* は力増加速度の対数 $\log r_f$ の増加とともに線形に増加し，その傾きは $f_\beta = k_B T / x_b \cos\theta$ に等しく，$f^* = 0$ を与える r_f を a_f / f_β で除算することで，t_0 を得ることができる．

実験においては様々な力増加速度に対して多数回の破断力測定をし，個々に破断力分布を作成する．分布の最大値を与える最頻破断力を力増加速度の対数に対してプロットしたグラフの傾きと x 切片から，それぞれ反応経路上における最安定位置からエネルギー障壁位置までの距離 $x_b \cos\theta$ および，結合の自然寿命 t_0 を得ることができるのである．図 4・36 は，はじめての DFS 測定結果である [46]．水溶液中のアビジン = ビオチン

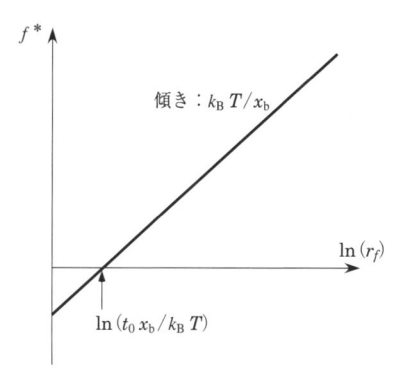

図 4・35　力増加速度と最頻破断力の線形関係

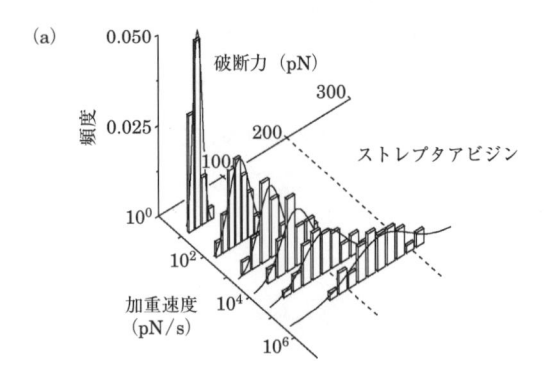

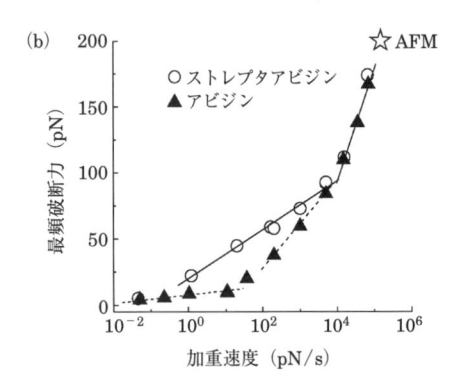

図 4·36 DFS 測定例

結合およびストレプタアビジン゠ビオチン結合について，生体膜力検出器（Biomembrane Force Probe：BFP）を用いて力増加速度を 10^{-2}〜10^5 pN/s の間で変化させつつそれぞれ破断力分布を測定し，最頻破断力を力増加速度に対してプロットしている．グラフは途中で折れ曲がる 2 本の直線となっているが，これは我々が図 4·35 で仮定した単純なモデルと異なり，現実の系ではエネルギー地形に複数の障壁が存在するため，ここではそのうちの 2 つが増加速度の速い・遅い領域で顕著に現れたと解釈されている．それぞれの直線部分について傾きおよび x 切片を測定することで，2 つの障壁について個別に情報を得ることが可能となる．

4・5・3 効率良い測定手法

上で述べた手法を用いて2分子結合を解析するためにはおびただしい数の破断力測定を繰り返さなければならない．通常，個々の力増加速度に対して有効な破断力分布を得るためには数百点程度の測定が必要であり，これを力増加速度ごとに繰り返すためである．また，それ以上に測定回数を増加させる要因として，次の点があげられる．

破断力の測定は，柔らかいバネの先に測定対象分子の一方を化学的手法により固定し，また対向基板にはもう一方の分子を固定しておく．分子はポリエチレングリコール（PEG）など，柔軟性に富むの親水性ポリマーを介して表面上に固定されるため，比較的自由に動き，最安定な結合状態を構成することを妨げないように工夫される．もちろん，表面上には無数の分子がほぼ均一の密度で固定されるため，これら2つの表面を接触させ，一定時間置くことにより，一般的には両表面の間に複数の分子結合が形成される．我々は，両表面間にただ一組の分子結合を形成することを理想とするため，表面上の分子密度は比較的低く設定し，結合可能分子数を調整する．また，溶液中に一方の分子を低濃度溶解することにより，基板上に固定された他方の分子に吸着させ，一定の割合で分子を不活性化することも有効である．このような方法により，結合可能分子密度が適当な値に調節されると，1回の接触において1つ以上の分子結合が両表面間に形成される確率を 10% 程度にまで低くすることができる．このような状況を作ることにより，複数個の分子結合が一度に形成される確率を小さくすることができ，ただ1つの分子対の破断力を測定することが可能になる．しかしこれは，測定される大多数のフォースカーブは破断を検出しないことを意味し，必要な測定回数を膨大なものにしてしまう．

実験手法として見た場合，フォースカーブの測定自体はコンピュータ制御により数百回，数千回，自動的に取得することは難しくない．しかし，こうして得たフォースカーブを選別し，個々のカーブから破断力を取得するのは

手作業によることが多く，このことは DFS の有用性を損なってしまう．

以下で，より効率的な測定方法が存在しないか考えて見よう．力増加速度を一定とした場合，式 (4・43) は次のような非常に単純な形に書くことができる：

$$\frac{\mathrm{d}S}{\mathrm{d}t}(f) = \left.\frac{\mathrm{d}S}{\mathrm{d}t}\right|_{f=f^*} \exp\left\{\frac{f-f^*}{f_\beta}\right\} \exp\left[1 - \exp\left\{\frac{f-f^*}{f_\beta}\right\}\right]. \quad (4・43')$$

この形にしてみると，破断力分布の f^*, f_β への依存性は非常に単純な形であることが一目瞭然となる．いくつかのパラメータについて実際にグラフを書いてみると図 4・37 のようになる．力増加速度が増えるに従い破断力分布は形状を変化させることなく位置のみを移動する．すなわち，この分布のピーク幅は f_β のみによって決まり，ピーク位置は f_β と f^* の両方に依存することになる．したがって，ある力増加速度について実験で破断力分布を得ることができれば，そのピーク幅から f_β が得られ，ピーク位置とこの f_β から f^* を得ることが可能になる．前述のとおり，前者からはエネルギー障壁位置が，後者からは自然寿命が得られる．実際に図 4・36 のデータを見ると，折れ曲がりの前後，すなわち測定にかかるエネルギー障壁の位置が変化することでピーク幅も変わっており，ピーク幅と f_β との関係は定性的に予想と

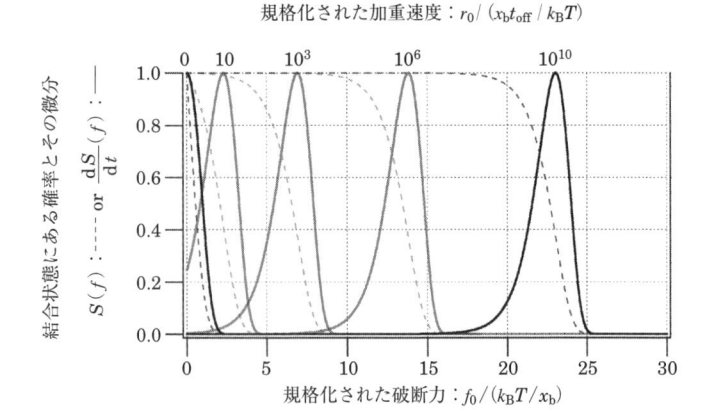

図 4・37　力増加速度に依存した破断力分布の変化

一致することになる．

　このような測定によりエネルギー障壁位置や自然寿命が求まるのであれば，これまで行われてきた多数のヒストグラムを取得する測定方法に比較して劇的に測定時間を短縮できる可能性が考えられる．ここで問題となるのが，熱雑音やその他測定を攪乱する外的要因によりピーク幅が変わってしまうことである．何らかの他の要因によりピーク幅が大幅に増加した場合，上記のような解析は意味をもたない．

4・5・4　熱揺らぎ

　測定に影響を及ぼし，ピーク幅の解析を難しくする大きな要因として，用いる力プローブの熱揺らぎの影響が考えられる．一般にDFS測定で測定される単一分子間力は，大きい場合でも数 10 pN 程度であり，このような小さな力を測定するために非常に柔らかい「バネ」が用いられる．例えば，原子間力顕微鏡（AFM）[67, 68] で用いられるカンチレバーは通常 1～10 nN/nm であるが，DFS測定では特別に設計された 100 pN/nm 以下のものが使われる．仮に測定対象の破断力が 10 pN である場合，このようなプローブを用いてさえ，カンチレバーの 1 Å の変位を測らなければならない．このように柔らかいレバーを測定環境である水溶液中に置くと，水中の花粉の運動と同じように，レバーは周りの水分子の衝突を受けてブラウン運動と同様に熱振動を起こす．この振動は力の測定や制御に対してノイズとして働くため，DFSの測定精度を低下させる．

　この様子を実際の測定例で見てみよう．図 4・38 は，短いアルキル鎖を介してそれぞれ探針と試料に固定されたフェロセン分子とベータシクロデキストリン分子との結合破断力をAFMを用いて測定したものである．水溶液中において，球状のフェロセン分子がドーナツ状のベータシクロデキストリン分子の穴の中に入り安定な結合を生じることが知られている．黒い太線で表されたものが通常測定されるフォースカーブで，カンチレバーの付け根部分

の移動量に対してカンチレバー変位,あるいはそれにバネ定数を掛けた力を縦軸として表示している.探針と試料が弱い押し付け力により接触しているグラフ左側から徐々に両者を引き離していくと,カンチレバーのたわみがゼロになる点を通過し,接合部分に引っ張り力がかかる領域(x軸の正側)に入る.引っ張り力が 70 pN を超えたあたりで探針先端と基板との凝着が破断されるが,両者の間に分子接合が残り,カンチレバーは完全に自由な状態まで戻ることなく引き止められる($x \sim 2.5$ nm).さらにカンチレバーを引き離すと,分子結合にかかる引っ張り力が増加し,約 50 pN 程度の所で結合は破断してカンチレバーが自由な位置に戻ることになる($x \sim 5.5$ nm).このような測定から分子の破断力は通常 50 pN として測定されることになる.グラフに見られるノイズレベルは十分に小さく,2〜3 pN の精度で破断力を測定できるように思われるだろう.

　図 4・38 で,黒線で示したような通常の AFM フォースカーブは,見かけのノイズレベルを下げるため,その測定帯域が 200 Hz 程度に制限されている.タッピング AFM や NC-AFM のように励振されたレバーを用いて行う測定を考えても明らかなように,光テコ方式によるレバー変位の検出帯域は優に 100 kHz を超えており,この帯域制限は意図的に行われているものである.この機能は通常のフォースカーブ測定においては有用なものであ

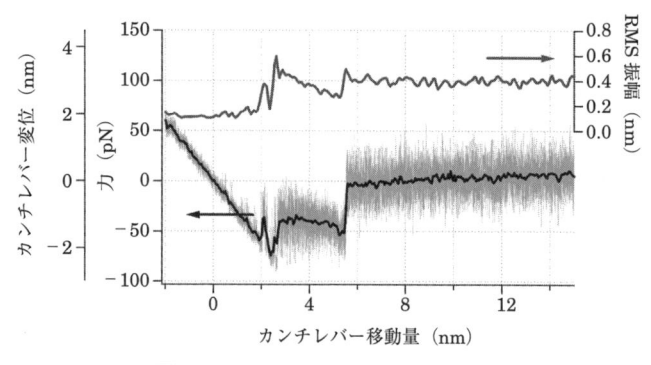

図 4・38　DFS 測定中のカンチレバー熱振動

るが,高い周波数域でのカンチレバーの動きが測定に影響を及ぼす DFS のような実験においては間違った解釈を与えてしまうため,注意が必要になる.同じ測定において帯域制限のためのローパスフィルターを通過する前の信号を取り出し,100 kHz のサンプリング周波数で測定した結果を灰色で示した(実際には黒線のデータは 100 kHz のサンプリングにより得られたデータを数値的に帯域を落として表示したものである).

　図より明らかなとおり,基板から探針が離れた瞬間からカンチレバーは非常に大きな熱振動を示しており,その振幅は測定しようとする破断力(50 pN)と同程度になってしまっている.以下で示すとおり,一般に調和振動子の熱振動振幅はそのバネ定数に依存して変化する.カンチレバーの先端が基板に接触している状態では有効的なバネ定数が非常に高くなるため,振動はノイズレベルと比較してほぼ無視できるが,探針が基板から離れ分子鎖によりつなぎ止められる部分では,カンチレバーと分子鎖の合成スティッフネスにより決まる振幅で熱振動が生じる.分子鎖が引き伸ばされるに従いスティッフネスが増加するため,振動振幅は徐々に小さくなり,破断後カンチレバーが自由な状況になった際に,最も大きな振幅で振動する.この様子は図 4·38 上部に示した振幅変化にはっきりと見てとることができる.

　このような熱振動の下で,黒線により測定されるような分子結合にかかる力の平均値を測定することには意味がない.分子にかかる力は時間とともに激しく変化するため,分子鎖にかかる力が時間とともに線形に増加するという DFS の基本的な要件を満たさないばかりでなく,分子はレバーが振動により基板から大きく離れた瞬間に切れることになるため,測定される破断力は実際のものよりも小さくなってしまう.

　以下では熱振動の影響を軽減するための指針を得るため,この問題を詳細に検討する.一般に,温度 T の熱平衡の下でバネ定数 k_fp をもつ単一の調和振動子は $k_\mathrm{B}T/2$ だけのエネルギーを分配される.このとき,熱振動振幅 Δx は $k_\mathrm{fp}\Delta x^2/2 = k_\mathrm{B}T/2$ から求めることができ,

$$\Delta x = \sqrt{\frac{k_\mathrm{B} T}{k_\mathrm{fp}}} \tag{4・47}$$

となる．すなわち，バネが柔らかいほどバネの熱揺らぎは大きくなるのである．しかし，このバネを力プローブとして用いる場合，状況は一転する．バネの熱揺らぎ Δx によるフォースカーブ上での熱ノイズ Δf は Δx に k_fp を掛けて得られるため，

$$\Delta f = \sqrt{k_\mathrm{B} T \cdot k_\mathrm{fp}} \tag{4・48}$$

となり，バネが柔らかいほどノイズは小さくなる．この様子をバネ定数 k_fp に対し左軸に Δx を，右軸に Δf をそれぞれ対数に取ったものを図 4・38 に示した．また，比較的柔らかい AFM のカンチレバーについての典型的な値として $k_\mathrm{fp} = 100 \,\mathrm{pN/nm}$, $\Delta x = 0.20 \,\mathrm{nm}$, $\Delta f = 20 \,\mathrm{pN}$ を示してある．

このような理由から，これまで Δf を小さくするために AFM のカンチレバーより さらに柔らかいバネを実現する方法として，赤血球などの生体膜の弾力を利用する BFP (Biomembrane Force Probe) [69, 70] や，レーザにトラップされたガラスビーズのトラップ力を利用する LOT (Laser Optical Tweezers) [71, 72] といった手法が用いられることも多かった．図 4・39 に示したとおり，これらの手法は最も柔らかい AFM カンチレバーに比

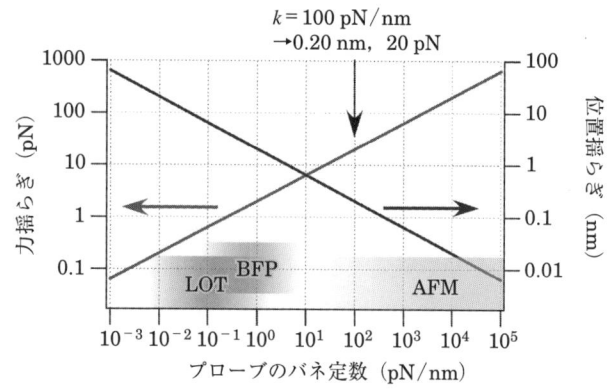

図 4・39 各種プローブのバネ定数と期待される熱揺らぎ

4・5 分子間力計測

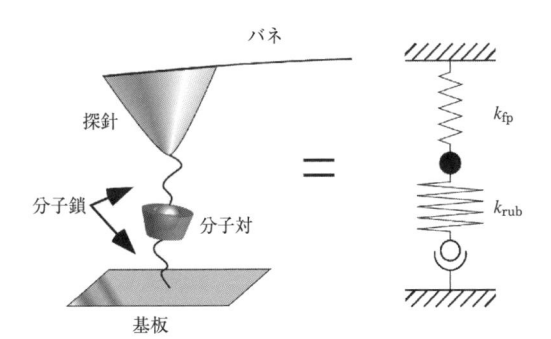

図4・40 分子対を表面に固定する分子鎖の役割

べてさえ，1～3桁も小さなバネ定数を安定して実現することができるのである．

しかし，実際の測定系は図4・40に示すとおり，バネ，測定対象の分子対，分子対を基板とバネとに結び付ける分子鎖，の3つから構成されており，系全体を考慮した議論が必要となる．まず，探針にはバネと分子鎖との両者によって力が加えられるため，運動における実効的なバネ定数は $k_{fp} + k_{rub}$ となる．ここで，k_{rub} は分子鎖のスティッフネスである．すると，バネの熱振幅は，$\Delta x = \sqrt{k_B T/(k_{fp} + k_{rub})}$，フォース曲線上での振幅は，$\Delta f_{apparent} = \sqrt{k_B T \cdot k_{fp}^2/(k_{fp} + k_{rub})}$ となり，ここでも小さな k_{fp} が小さな $\Delta f_{apparent}$ を与える．しかし，バネ，分子鎖，分子結合の実際の運動を考えた場合，水中の柔らかいバネに比べ後二者の運動の時間スケールは非常に速く，バネの運動は準断熱的なものとして扱うべきである．すなわち，バネの動きは分子鎖の長さを決めるのみであり，実際に分子対に力を及ぼすのが分子ゴムであると考える．すると，分子結合にかかる力の揺らぎは $k_{rub}\Delta x$ で評価することになり，

$$\Delta f_{effective} = \sqrt{\frac{k_B T \cdot k_{rub}^2}{k_{fp} + k_{rub}}} \quad (4 \cdot 49)$$

のように，硬いバネと，柔らかい，すなわち長い分子鎖を用いるほど分子対にかかる力の揺らぎを小さくできることが理解される．これは，柔らかいバ

ネと硬い分子鎖を用いることが有効とされてきたこれまでの指針とは180度異なるものである．ただし，硬いバネを用いると装置の安定性や熱振動以外のノイズ成分の影響が顕著になるため，実験に際しては装置の特性を考慮した上でフォースプローブのバネ定数を慎重に決定することが必要になる．

4・5・5 力増加速度の制御

これまでにも指摘されているように[73]，硬いバネと長い分子鎖を用いた測定には新たな困難が伴う．DFSでは張力の加重速度 v_f を一定にした条件で破断力分布を測定することが要求される．ところが，これまで行われたDFS測定はすべて，より簡便な方法として試料に対するプローブ根元部分の移動速度 v_x を一定にして行われてきた．このとき，

$$v_f = \frac{k_{\mathrm{fp}} k_{\mathrm{rub}}}{k_{\mathrm{fp}} + k_{\mathrm{rub}}} v_x \qquad (4 \cdot 50)$$

の関係から，分子鎖の伸びの影響が無視できる場合，すなわち，レバーが柔らかく，分子鎖が短い場合には，近似的にフックの法則 $v_f = k_{\mathrm{fp}} v_x$ が成り立ち，$v_x =$ 一定 は $v_f =$ 一定 と同義である．しかし，分子鎖の伸びを考慮した場合には一般に v_f が $k_{\mathrm{fp}} v_x$ よりも小さな値となり，分子鎖が伸びて k_{rub} が大きくなるに従って $k_{\mathrm{fp}} v_x$ に近づくことになる．特に，プローブよりも分子鎖のスティッフネスが小さい条件では，この影響が顕著になる．

そこで最近では，分子のスティッフネスが問題となる状況でも，プローブのたわみを検出してプローブ移動速度へとフィードバックすることで加重速度を一定に保つことのできる測定装置を開発する試みも行われている[74, 75]．図4・41はこの装置を用いたアビジン=ビオチン分子間力測定の例である．測定中の張力の変化を，(a) プローブ移動量，および (b) 時刻，に対してプロットしてある．図4・41(a)から分子ゴムのスティッフネスが探針-試料間距離に依存して変化するのが確認できるが，これに対応する形でプローブ移動速度を調節することにより，時間に対する力増加速度変化を非常に小

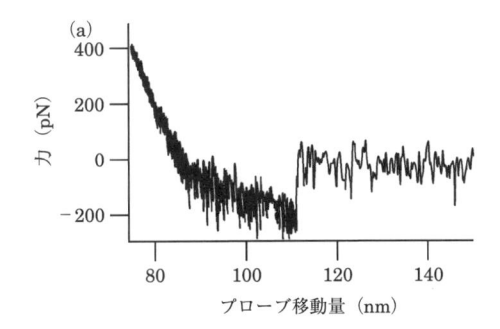

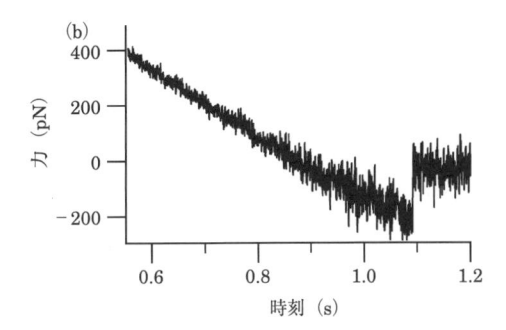

図4・41 フィードバックによる力増加速度制御

さく抑えられていることが図4・41(b)に示されている．

4・5・6 まとめ

単一分子間の相互作用を解析することが可能な動力学的分光法の詳細について述べてきた．ナノスケール科学の展開によって分野間の垣根が取り払われるにつれて，個々の現象を原子・分子レベルで解析したり制御するだけでなく，例えば，バイオ関係の分子を半導体材料と組み合わせて，これまでにない新しい機能材料の創製を目指すなど，多くの新しい試みが進められている．こうした展開の中，分子間相互作用を正しく理解する技術を整備することの必要性は，今後，ますます高まるものと思われる．

参考文献

[1] T. R. Albrecht, P. Grütter, D. Horne and D. Ruger : J. Appl. Phys. **69** (1991) 668.
[2] F. J. Giessibl : Phys. Rev. **B56** (1997) 16010.
F. J. Giessibl, H. Bielefeldt, S. Hambacher and J. Mannhart : Appl. Surf. Sci. **140** (1999) 352 ; Ann. Phys. **10** (2001) 887.
[3] U. Dürig : Appl. Phys. Lett. **76** (2000) 1203.
[4] M. A. Lantz et al. : Phys. Rev. Lett. **84** (2000) 2642.
[5] T. Eguchi and Y. Hasegawa : Phys. Rev. Lett. **89** (2002) 266105.
[6] H. Hölscher, U. D. Schwarz and R. Wiesendanger : Appl. Surf. Sci. **140** (1999) 344.
[7] R. Pérez, I. Štich, M. C. Payne and K. Terakura : Phys. Rev. **B58** (1998) 10835.
[8] Y. Sugimoto, M. Abe, K. Yoshimoto, O. Custance, I. Yi and S. Morita : Appl. Surf. Sci. **241** (2005) 23.
[9] 例えば, S. Kitamura and M. Iwatsuki : Appl. Phys. Lett. **72** (1998) 3154.
[10] S. Kitamura, K. Suzuki, M. Iwatsuki and C. B. Mooney : Appl. Surf. Sci. **157** (2000) 222.
[11] イスラエルアチヴィリ：「分子間力と表面力 第2版」, 近藤, 大島 訳, 朝倉書店 (1996).
[12] J. E. Lennard-Jones and B. M. Dent : Trans. Faraday Soc. **24** (1928) 92.
[13] M. A. Lantz, H. J. Hug, R. Hoffmann, S. Martin, A. Baratoff and H.-J. Güntherodt : Phys. Rev. **B68** (2003) 035324.
[14] R. Hoffmann, L. N. Kantorovich, A. Baratoff, H. Hug and H.-J. Güntherodt : Phys. Rev. Lett. **92** (2004) 146103.
[15] A. S. Foster, C. Barth, A. L. Shluger and M. Reichling : Phys. Rev. Lett. **86** (2001) 2373.
[16] 江口, 長谷川：日本物理学会誌 **59** (2004) 530.
[17] M. Nonnenmacher, M. P. O'Boyle and H. K. Wickramasigh : Appl. Phys. Lett. **58** (1991) 1921.
[18] Y. Martin, D. W. Abraham and H. K. Wickramasinghe : Appl. Phys. Lett. **52** (1988) 1103.
[19] J. E. Stern, B. D. Terris, H. J. Mamin and D. Ruger : Appl. Phys. Lett. **53** (1988) 2717.
[20] B. D. Terris, J. E. Stern, D. Ruger and H. J. Mamin : J. Vac. Sci. Technol. **A8** (1990) 374.
[21] O. Vatel and M. Tanimoto : J. Appl. Phys. **77** (1995) 22358.
[22] M. Fujihira and J. Kawate : J. Vac. Sci. Technol. **B12** (1994) 1604.
[23] S. Yamashina and M. Shigeno : J. Electron Microsc. **44** (1995) 462.
[24] H. Yokoyama, K. Saito and T. Inoue : Mol. Electronics Bioelectronics **3** (1992)

79.
- [25] H. O. Jacobs, H. F. Knapp, S. Muller and A. Stemmer : Ultramicroscopy **69** (1997) 239.
- [26] A. Kikukawa, S. Hosaka and R. Imura : Appl. Phys. Lett. **66** (1995) 3510.
- [27] S. Kitamura and M. Iwatsuki : Appl. Phys. Lett. **72** (1998) 3154.
- [28] M. Nonnenmacher and H. K. Wickramasighe : Ultramicroscopy **42** (1991) 351.
- [29] D. P. E Smith : Rev. Sci. Instrum. **66** (1995) 3191.
- [30] K. Umeda, K. Kobayashi, K. Ishida, S. Hotta, H. Yamada and K. Matsushige : Jpn. J. Appl. Phys. **40** (2001) 4381.
- [31] H. Yamada, T. Fukuma, K. Umeda, K. Kobayashi and K. Matsushige : Appl. Surf. Sci. **188** (2002) 391.
- [32] K. Kobayashi, H. Yamada and K. Matsushige : Appl. Phys. Lett. **81** (2002) 2629.
- [33] R. C. Barrett and C. F. Quate : J. Appl. Phys. **70** (1991) 2725.
- [34] K. Kimura, K. Kobayashi, H. Yamada and K. Matsushige : Appl. Surf. Sci. **210** (2003) 93.
- [35] A. Bachitold et al. : Phys. Rev. Lett. **84** (2002) 6082.
- [36] S. V. Kalinin and D. A. Bonnell : J. Appl. Phys. **91** (2002) 832.
- [37] Y. Martin and H. K. Wickramasinghe : Appl. Phys. Lett. **50** (1987) 1455.
- [38] NIKKEI ELECTRONICS 2000.4.24 (in Japanese) 768 (2000) 35-36.
- [39] S. Hosaka, A. Kikukawa and Y. Honda : Jpn. J. Appl. Phys. **33** (1994) 3779. S. Hosaka, A. Kikukawa and Y. Honda : Appl. Phys. Lett. **65** (1994) 3407.
- [40] G. Mayer and N. M. Amer : Appl. Phys. Lett. **53** (1988) 1045.
- [41] 保坂 他：日本特許第2138881号「微小部力測定法及び装置」(1987).
- [42] Y. Martin, C. C. Williams and H. K. Wickramasinghe : J. Appl. Phys. **61** (1987) 4723.
- [43] → [1]
- [44] A. Kikukawa, S. Hosaka, Y. Honda and S. Tanaka : Appl. Phys. Lett. **61** (1992) 2607.
- [45] S. Hosaka : IEEE Trans. J. on Magnetics (in Japan) **8** (1993) 226.
- [46] S. Hosaka, A. Kikukawa, Y. Honda, H. Koyanagi and S. Tanaka : Jpn. J. Appl. Phys. **31** (1992) L904.
- [47] Y. Honda, N. Inaba, M. Suzuki, A. Kikukawa and M. Futamoto : Abstract of 1993 Intermag. Conf. **FB-10** (1993).
- [48] A. Kikukawa, S. Hosaka, Y. Honda and H. Koyanagi : J. Vac. Sci. Technol. **B11** (1993) 3092.
- [49] Y. Honda, M. Suzuki, et al. : Jpn. J. Appl. Phys. **33** (1994) L1083.
- [50] S. Hosaka, A. Kikukawa, Y. Honda and H. Koyanagi : Jpn. J. Appl. Phys. **31** (1992) L908.
- [51] H. Miyajima : private communication.
- [52] Application Newsletter (TopoMetrix), **94-2** (1994) 8.

[53] H. Takano, Y. Nishida, M. Futamoto, H. Aoi and Y. Nakamura：Digest Intermag, **AD-06** (2000).
[54] M. Futamoto, Y. Hirayama, Y. Honda and A. Kikukawa：*"Magnetic Storage Systems Beyond 2000"*, G. C. Hadjiapanayis *ed.*, NATO Science Series, Kluwer Academic Publisher (2001) 103-116.
[55] S. Morita, R. Wiesendangar and E. Meyer *eds.*：*"Noncontact Atomic Force Microscopy"*, Springer, Berlin (2002).
[56] M. Tomitori and T. Arai：*"Proceedings of 7th world multiconference on systemics, cybernetics and informatics"*, Vol. VIII (SCI 2003) (2003) 319.
[57] T. Arai and M. Tomitori：Jpn. J. Appl. Phys. **39** (2000) 3753.
[58] M. Gauthier, R. Perez, T. Arai, M. Tomitori and M. Tsukada：Phys. Rev. Lett. **89** (2002) 146104.
[59] 渡辺一之，中岡紀行，渡邊 聡，田中倫子：日本物理学会誌 **59** (2004) 228.
[60] T. Arai and M. Tomitori：Appl. Phys. **A72** (2001) S51.
[61] T. Arai and M. Tomitori：Appl. Surf. Sci. **188** (2002) 292.
[62] T. Arai and M. Tomitori：Phys. Rev. Lett. **93** (2004) 256101.
[63] E. Evans：Annu. Rev. Biophys. Biomol. Strucrt. **30** (2001) 105.
[64] R. Merkel, P. Nassoy, A. Leung, K. Ritchie and E. Evans：Nature **397** (1999) 50.
[65] H. A. Kramers：Physica **7** (1940) 284.
[66] G. I. Bell：Science **200** (1978) 618.
[67] G. Binnig, C. F. Quate and C. H. Gerber：Phys. Rev. Lett. **56** (1986) 930.
[68] 森田清三：はじめてのナノプローブ技術，工業調査会 (2001).
[69] E. Evans, K. Ritchie and R. Merkel：Biophys. J. **68** (1995) 2580.
[70] D. A. Simson, F. Ziemann, M. Strigl and R. Merkel：Biophys. J. **74** (1998) 2080.
[71] A. Ashkin：Biophys. J. **61** (1992) 569.
[72] A. Ashkin, K. Schutze, J. M. Dziedzic, U. Euuteneuer and M. Schliwa：Nature **348** (1990) 346.
[73] E. Evans and K. Ritchie：Biophys. J. **76** (1999) 2439.
[74] 武内 修，保田 諭，重川秀実，三宅晃司：トライボロジスト **49** (2004) 42.
[75] 三浦 登，毛利信男，重川秀実：「朝倉物性物理シリーズ 4 極限実験技術」，朝倉書店 (2003).

第5章　光学的分光

5・1　固体の光分光の基礎

　光が物質に照射されると，一部は物質表面で反射され，残りは物質内部へ伝搬していく．物質の内部では光の ある部分は吸収されたり散乱されたりする．吸収された光の一部は熱として散逸するか，異なった周波数の電磁波として再放出される（フォトルミネッセンス）．光は物質内部の不均質性に起因して散乱される．このような不均質性には静的要因と動的要因があり，動的な揺らぎの例は音波により誘起される密度揺らぎである．音波による光の散乱がブリルアン散乱と呼ばれる．一方，光学フォノン，励起電子およびプラズモンなど他の素励起による散乱はラマン散乱として知られる．光の反射や吸収は電磁波と素励起間の最低次の相互作用であるから最も強い光過程となる．一方，光の散乱は入射光と散乱光を含む2つの相互作用過程であるので一般に弱くなる[1, 3, 6]．

　ここでは，はじめに物質中の電磁波（光）の伝搬についての一般論および光学定数の決定法について概略する．次に，固体中の電子および格子による吸収，引き続き光の散乱について述べる．また，ナノ物質とラマン散乱，およびこれに関連して表面電場増強とイメージングについても記述する．最後に，超高速時間領域分光に関する最近の研究の目覚ましい発展について紹介する．

5・1・1 物質中の光の伝搬と光学定数

光は電磁波であり,マックスウェル方程式に従う.電磁波は真空中だけではなく,物質の中を波として伝搬する.このとき,ε, μ をそれぞれその物質の誘電率,透磁率とすれば,電磁波の速度は $v = \dfrac{1}{\sqrt{\varepsilon\mu}}$ で与えられる.真空中における速度を $c = \dfrac{1}{\sqrt{\varepsilon_0\mu_0}}$ とすると,これらの比は

$$\frac{c}{v} = \sqrt{\frac{\varepsilon\mu}{\varepsilon_0\mu_0}} = n_1 \tag{5・1}$$

となる(ε_0, μ_0 はそれぞれ真空中の誘電率,透磁率).ここで n_1 は物質の屈折率である.ε, μ は物質中の方が大きいので,よく知られているように,物質中では真空中と比べて電磁波の速度は小さくなる.その比が屈折率に対応する.

導体中を伝搬する電磁波の電場はマックスウェル方程式の解として,平面波

$$\bm{E} = \bm{E}_0 \exp\left[-i\omega\left(t - \frac{n}{c}x\right)\right] \tag{5・2}$$

の形で表される.ここで,ω は電磁波の周波数,x は平面波の進行方向,n は複素屈折率であり,狭義の屈折率 n_1 を実数部,減衰係数 n_2 を虚数部として $n = n_1 - in_2$ と表される.複素屈折率に対応して複素誘電率 $\varepsilon = \varepsilon_1 - i\varepsilon_2 = n^2$ を導入すると

$$\varepsilon_1 = n_1{}^2 - n_2{}^2,$$
$$\varepsilon_2 = 2n_1 n_2 \tag{5・3}$$

の関係が得られる.複素屈折率の虚数部 n_2 は物質中を伝搬する光の電場の減衰に対応する項である.すなわち,光の強度 I の減衰項は式 (5・2) から,$I = I_0 \exp\left(-\dfrac{2\omega n_2}{c}x\right) \equiv I_0 \exp(-\alpha x)$ となる.それゆえ,光の吸収係数

α は

$$\alpha = \frac{2\omega n_2}{c} = \frac{4\pi n_2}{\lambda} \qquad (5\cdot 4)$$

の関係をもつ．これは照射する光の周波数に強く依存する量であり，その周波数依存性(吸収スペクトル)を測定することにより物質の性質を知ることができる．また α^{-1} は光学的深さとして知られている．

物質の光学定数(ε あるいは n)を求めるのに，普通行われている方法は反射率測定を利用することである．反射率 R と誘電率との関係は

$$R = \left|\frac{\sqrt{\varepsilon}-1}{\sqrt{\varepsilon}+1}\right|^2 \qquad (5\cdot 5)$$

で与えられる．偏光した光が物質表面で反射すると，その偏光状態は変化する．これは，偏光した光を斜めに入射させたとき，物質表面での複素振幅反射率が入射面内成分(p偏光)とそれと垂直な成分(s偏光)とでは異なっているためである．すなわち，直線偏光した光はこのように斜めに物質に照射されたとき，反射された光が楕円偏光する．偏光解析法では，偏光状態の変化は直交2成分(s偏光とp偏光)の相対的位相差($\varDelta = \delta_\mathrm{p} - \delta_\mathrm{s}$)と振幅比 $\left(\tan\varPsi = \frac{r_\mathrm{p}}{r_\mathrm{s}}\right)$ で決まる．このとき，物質の複素振幅反射率は $\rho = \tan\varPsi \cdot \exp(i\varDelta)$ で表される．フレネルの式から出発して，複素誘電率 ε は ρ および入射角 ϕ と次式の関係をもつ [1]：

$$\varepsilon = \sin^2\phi + \sin^2\phi \cdot \tan^2\phi \cdot \left(\frac{1-\rho}{1+\rho}\right)^2. \qquad (5\cdot 6)$$

したがって，$\varDelta$, $\varPsi$ の測定から物質の光学定数が決定される．

5・1・2 固体の光吸収

本項では固体の光吸収について典型的ないくつかの例を紹介する．

(1) 電子による光吸収

(a) バンド間遷移による光吸収：図 5・1 は典型的半導体の偏光解析例と

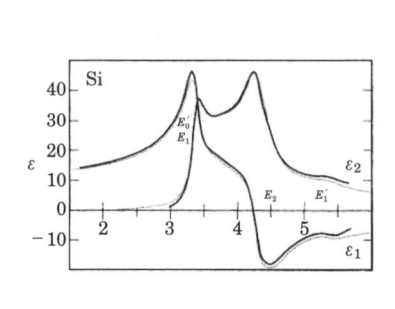

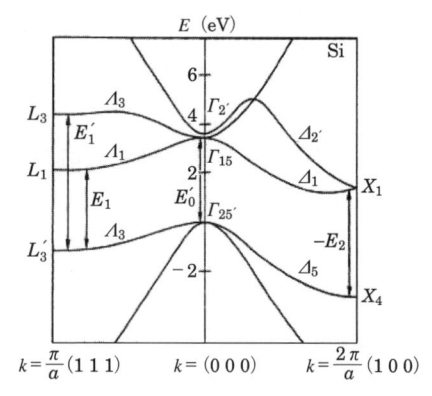

図5・1 Siの電子バンド構造(右)および偏光解析で測定されたSiの誘電関数の実部(ε_1)と虚部(ε_2)(左). εにおける実線:Lautenschlagerらによる測定[2],破線:D. E. Aspnesらによる測定[31].

して,シリコンのε_1とε_2を表す[2].誘電率の光エネルギースペクトルはシリコンの電子構造を忠実に反映する.シリコンの直接遷移のバンドギャップは$E_g \sim 3.4\,\mathrm{eV}$である.スペクトルに観測されるピークの存在や,例えば3 eV付近で見られる急激な変化はシリコンのバンドギャップ間の直接遷移(E_0', E_1, E_1', E_2遷移)に対応する光吸収を反映している(図5・1).このとき,光は価電子帯の電子を伝導体へと直接励起することができる.

光エネルギーが直接バンドギャップに足りないとき,間接遷移が起きる.この場合,フォトンはフォノンを介在して電子を価電子帯から伝導帯へと励起する.2つのバンド間の波数ベクトルの差はフォノンから供給される.フォノンのエネルギーおよび波数ベクトルをそれぞれE_p, qとすると,エネルギーおよび運動量保存条件は$\hbar\omega = E_c - E_v \pm E_p$および$k_c - k_v = \pm q$である($E_c, E_v$は価電子帯と伝導体の電子のエネルギーを,$k_c, k_v$はそれぞれの波数ベクトルを表す).ここで,±の符号はフォノンの放出と吸収に対応する.間接バンド近傍での誘電率の複素項は,E_{Ig}を間接エネルギーギャップとすると,$\varepsilon_2 \propto (\hbar\omega \mp E_p - E_{\mathrm{Ig}})^2$, $\hbar\omega > E_{\mathrm{Ig}} \pm E_p$(それ以下の光エネルギーでは0)の関係をもつことが知られている[1].

(b) **励起子による吸収**：バンドギャップ以上のエネルギーの光の吸収により，伝導帯には電子が励起され，価電子帯には正孔ができる．このとき，電子と正孔は結晶内をやや自由に動き回るが，一部はクーロン力により互いに弱く束縛され電子‐正孔対を形成する．この電子‐正孔対が励起子（exciton）と呼ばれる．電子と正孔の相対的動きは水素原子の電子と陽子の関係によく似ている．励起子には束縛状態と連続状態とが存在する．束縛状態は主量子数 $n = 1, 2, 3, \cdots$ などで量子化されており，その吸収線はバンドギャップより低いエネルギーの光の吸収によって生じる [1, 3]．

束縛状態の吸収線は，水素原子様の波動関数を基に求めると，$\hbar\omega < E_g$ で $\hbar\omega_n = E_g - \dfrac{B}{n^2}$ に現れ，誘電率の虚数部は $\varepsilon_2 \propto \sum_{n=1}^{\infty} \dfrac{1}{n^3} \delta(\omega - \omega_n)$ に比例する [1, 3]．$\hbar\omega > E_g$ の光に対して連続状態になり，このとき励起子吸収は $\varepsilon_2 \propto (\omega - \omega_g)^{1/2}$ に比例して増加する．例えば，GaAs の励起子は，(190 K 以下の低温で)バンド端に $n = 1$ に対応する束縛状態として観測される [4]．GaAs の場合，励起子の結合エネルギーは 5 meV 程度あるので，室温では($kT = 26$ meV)励起子は熱的にイオン化され，吸収強度は減少する．

(c) **自由キャリアーによる誘電関数への寄与(ドルーデモデル)**：ドルーデモデルは金属中の伝導機構に関する極めて素朴な古典的描像を与える．電子を重い動かないイオン芯という背景の中を運動する電子気体と見なし，以下のような基礎仮定をおく [5]．(i) 電子はイオンと次から次へと衝突し，電子の速度は気体の運動論と同じように衝突時に瞬間的に変化する，(ii) 衝突と衝突の間では他の電子との相互作用およびイオンとの相互作用は無視する(独立電子近似，自由電子近似)，(iii) 1個の電子の単位時間当たりの衝突確率は $1/\tau$ とする：時間 τ は緩和時間と呼ばれる．

今，交流電場の中での電気伝導について考える．このとき，電子に加わる力は $f(t) = -e\boldsymbol{E}(t)$ であり，m を電子の質量，$\boldsymbol{r}(t)$ を電子の空間的な変位とすると，電子の運動方程式は

$$m\ddot{r} = -\frac{m}{\tau}\dot{r} - eE(t) \tag{5・7}$$

で与えられる．ドルーデモデルの運動方程式においては，他の電子やイオンとの相互作用の程度は単に摩擦(摩擦係数：τ^{-1})に対応する減衰項として考慮される．

ここで，電場の時間変化は $E(t) = E(\omega)\exp(-i\omega t)$ の形で書くことができる．変位が $r(t) = r(\omega)\exp(-i\omega t)$ の形で時間に依存するとして式 (5・7) を解くと，結局，分極 P は [5,6]

$$P(\omega) = -Ne\,r(\omega) = -\frac{\dfrac{Ne^2 E(\omega)}{m}}{\omega^2 + \dfrac{i\omega}{\tau}} \tag{5・8}$$

で与えられる．ここで，N は電子の密度である．誘電関数 $\varepsilon = 1 + \dfrac{P}{\varepsilon_0 E}$ であるから，

$$\varepsilon(\omega) = 1 - \frac{\omega_p^2}{\omega^2 + \dfrac{i\omega}{\tau}}, \qquad \omega_p^2 = \frac{Ne^2}{m\varepsilon_0} \tag{5・9}$$

と表される．

一方，電流密度は $J = -Ne\dfrac{P}{m} = \sigma E$ であるから，分極の場合と同様の方法により，電気伝導度 σ は

$$\sigma(\omega) = \frac{\sigma_0}{1 - i\omega\tau}, \qquad \sigma_0 = \frac{Ne^2\tau}{m} \tag{5・10}$$

で与えられる．σ と ε との重要な関係は，式 (5・9) と (5・10) との比較から

$$\varepsilon(\omega) = 1 + \frac{i\sigma(\omega)}{\omega\varepsilon_0} \tag{5・11}$$

となる．

ここで，プラズマ振動 ω_p は電子気体の集団的縦波の励起である．プラズマ振動が量子化されたものがプラズモンである．固体中においは伝導電子の負の電荷は同濃度のイオンのもつ正電荷は釣り合っている．電子気体がイオ

ンの固定された正の背景から全体としてずれたときに生ずる電場は，その復元力として作用する．これがプラズマ振動の起源とされる．

振動数が $\omega\tau \gg 1$ を満たすほど大きければ(一般には周波数がプラズマ振動近傍で良く成り立つ)，ε は

$$\varepsilon(\omega) = 1 - \frac{\omega_\mathrm{p}^2}{\omega^2} \qquad (5\cdot 12)$$

のように近似される．ε が負のとき($\omega < \omega_\mathrm{p}$)，電磁波の解(式(5・2))は吸収(プラズマ吸収)により空間的に指数関数的に減衰するため物質中を伝搬できない．ε が正のとき($\omega > \omega_\mathrm{p}$)，解は振動し，電磁波は伝搬でき，物質は透明となる．この自由電子による誘電率への寄与はドルーデ項としてよく知られ，アルカリ金属のような単純な金属の光学特性をよく記述する[5, 6]．

半導体における熱キャリアによる光学特性もドルーデモデルで良く説明することができる[1]．また，超短パルスレーザの利用による最近の研究によると[7]，GaAs量子井戸の非平衡光励起キャリアによる伝導率および誘電関数についても，ドルーデの解析が結果を良く説明すると報告されている．

(2) 格子による光吸収

光が分子(あるいは格子)と相互作用するとき，振動に起因して電気双極子モーメントが変化する場合，その分子(格子)振動の振動数に等しい振動数の光が吸収されて分子(格子)は励起される．分子(格子)振動のエネルギー準位の間隔は 50〜5000 cm^{-1} である．これを光の波長に換算すると 2〜200 μm となり，吸収に対応する電磁波の領域は赤外線であることがわかる．

格子振動(フォノン)(半導体の価電子のように，イオンに強く束縛された電子の場合も)の光電場下における運動は，一般に強制減衰振動として記述できる．ここでは古典的なモデルについて説明する．m_i, γ_i, ω_i および q_i はそれぞれ振動子の質量，摩擦係数($=1/\tau_i$)，周波数および電荷とすると，

運動方程式は

$$m_i \ddot{r} = -m_i \gamma_i \dot{r} - m_i \omega_i^2 r(t) + q_i E(t) \qquad (5\cdot13)$$

と表される [1, 3, 6]．ここで，$m_i \omega_i^2 r$ は平衡位置からベクトル r だけ変位したとき振動子に作用する復元力であり，自由電子では0となる．自由電子の場合（式(5·7)）と同様の手続きで式(5·13)を解き，誘電関数を求めると，

$$\varepsilon = 1 + \frac{Nq_i^2}{m_i \varepsilon_0 (\omega_i^2 - \omega^2 - i\gamma_i \omega)}. \qquad (5\cdot14)$$

上述したように，結晶の光学フォノンは赤外領域の電磁波に対し応答する．

ここで，誘電関数とフォノン周波数との特徴的な関係を簡単に説明する．TOフォノンの光吸収に対応して $\omega = \omega_T$ で ε はピークをもち，$\omega \gg \gamma_i$ のとき，ローレンツ型に近似できる．また，$\gamma = 0$ の極限で ε_1 は $\varepsilon_1 = \varepsilon_\infty \frac{\omega_L^2 - \omega^2}{\omega_T^2 - \omega^2}$ の形をとる．周波数 $\omega_T^2 < \omega^2 < \omega_L^2 = \omega_T^2 + \omega_p^2$ の領域では誘電率は負となり，波動方程式の波動解は存在しない．TOフォノンとLOフォノンとの間の周波数では電磁波は固体の中へは伝搬できない [6]．実際，例えば，InAsではTOフォノンおよびLOフォノンの周波数はそれぞれ $220\,\mathrm{cm}^{-1}$ および $240\,\mathrm{cm}^{-1}$ であり，これらの2つの間の禁止周波数領域に対して反射率は極めて高い．また，式(5·14)をもとにした計算結果は測定された反射スペクトルと良く合う [1]．

5・1・3 固体の光散乱

物質中を伝搬する光のほとんどは，透過するか反射するかする．前項までは，固体が入射する光を吸収して高いエネルギー状態に励起される相互作用について述べた．しかし，極わずかの部分は物質中の原子や分子の振動あるいは電子の励起によって非弾性的に散乱される．ここでは，光散乱現象，特にフォノンやキャリアと光との動的相互作用により深く関わりをもつラマン散乱について説明する．

(1) ラマン散乱

　分子や結晶などの物質に光を当てたとき，物質から散乱される光を分光すると，入射光とは異なる振動数の微弱な光が観察される．これがラマン散乱である．ラマン分光で重要な点は，入射光(ω_{l})と散乱光($\omega_{\mathrm{s}} = \omega_{\mathrm{l}} \pm \omega_{\mathrm{q}}$)の振動数の差であり，散乱光自身の振動数ではない．振動数の差はラマンシフトと呼ばれ，分子振動や格子振動の場合はその振動数ω_{q}に対応する．ラマン散乱を直観的に理解するには以下のように考えると良い[8]．光電場が掛かると，物質を構成する原子の周りの電子雲の形がわずかに歪み，双極子モーメントが誘起される．この誘起双極子モーメント(分極)のベクトル$\boldsymbol{P}_{\mathrm{I}}$は線形の範囲で電場ベクトル$\boldsymbol{E}$に比例する：

$$\boldsymbol{P}_{\mathrm{I}} = \alpha\boldsymbol{E}. \tag{5・15}$$

原子核を囲む電子雲が変形しやすいほど，誘起される双極子モーメントは大きくなる．その比例係数αが分極率であり，これは電子雲の変形しやすさを表すパラメータである．

　入射光の電場$\boldsymbol{E}$は，$\boldsymbol{E} = \boldsymbol{E}_{\mathrm{l}}^{0} \cos \omega_{\mathrm{l}} t$で表されるので，誘起双極子モーメント$\boldsymbol{P}_{\mathrm{I}}$は

$$\boldsymbol{P}_{\mathrm{I}} = \alpha \boldsymbol{E}_{\mathrm{l}}^{0} \cos \omega_{\mathrm{l}} t \tag{5・16}$$

となる．式(5・16)は光が周期的に変化すると双極子モーメントも追随して同じ周期で変化することに対応する．双極子放射(振動する電気双極子からその振動数の電磁波が放射される)により，この原子から周波数ω_{l}の光が放射される．この光散乱の過程がレイリー散乱である．この過程と同時に，電子雲の周りの環境がω_{l}と比べてゆっくりとした周波数ω_{q}で振動すると，その効果はαをω_{q}の周波数で時間的に変調することとして現れる．放射される光に周波数ω_{l}以外の成分$\omega_{\mathrm{s}} = \omega_{\mathrm{l}} \pm \omega_{\mathrm{q}}$が混じることになる．これがラマン散乱の振動数シフトとして観測される．

　電子雲の形を時間的に変化させるものとして，最もよく研究されているのは分子振動や格子振動である．一般に，ラマンといえば振動ラマンを指すこ

とが多い．分子の回転や電子の遷移にかかわる回転ラマンや電子ラマンなども観測される．半導体やナノ量子構造体では，電子ラマン散乱の研究は電子・光学的特性を解析するために有力な手段である．以下では，結晶中の格子振動のラマン散乱を念頭に説明する．

　原子や分子が規則的に整列した結晶では，その秩序性に対応して新たな運動状態が出現するので，格子振動の波の伝搬を考慮しなければならない．すなわち，原子は隣り合った原子間の結合を通じて互いに力を及ぼし合って連動するので，振動は1つの原子に局在しなくて，格子振動の波として結晶を伝わる．したがって，光子とフォノンとの間にはエネルギーの授受に加えて，運動量のやりとりが行われる．そのため，振動ラマンスペクトルの解析のために周波数と波数ベクトルの分散関係を知る必要がある．

　結晶内での入射光の電場 E は，ω_1 および k_1 をそれぞれ入射光の周波数および波数ベクトルとして，$E = E_1^0 \cos(\omega_1 t - k_1 \cdot r)$ で表される．格子が周波数 ω_q で振動すると，分極率 α も周波数 ω_q で変化する成分をもつ．すなわち，格子振動により原子核が平衡位置から Q だけ変位したとき，分極率 α は $Q = 0$ を中心に展開すると

$$\alpha = \alpha_0 + \left(\frac{\partial \alpha}{\partial Q}\right)_0 Q + \frac{1}{2}\left(\frac{\partial^2 \alpha}{\partial Q^2}\right)_0 Q^2 + \cdots \quad (5 \cdot 17)$$

となる．α_0 は原子核が静止しているとき分極率である．振動による変位 Q は極微小であり，2次以上の項を無視すると，第2項が格子振動による分極率の変化に相当する．さらに，格子波，すなわちフォノンの波数ベクトルを q として，変位が $Q = Q^0 \cos(\omega_q t - q \cdot r)$ と表されるから，式 (5・16) は

$$\begin{aligned}P_1 = {} & \alpha_0 E_1^0 \cos(\omega_1 t - k_1 \cdot r) \\ & + \frac{1}{2}\left(\frac{\partial \alpha}{\partial Q}\right)_0 Q^0 E_1^0 [\cos\{(\omega_1 + \omega_q) t - (k_1 + q) \cdot r\} \\ & + \cos\{(\omega_1 - \omega_q) t - (k_1 - q) \cdot r\}] \quad (5 \cdot 18)\end{aligned}$$

となる．この式から，誘起された双極子モーメントには，$\omega_1 + \omega_q$ の振動お

5・1 固体の光分光の基礎

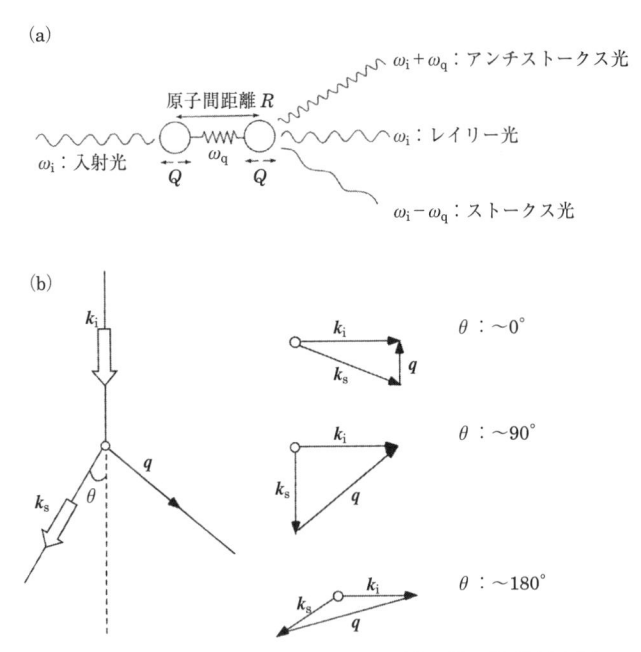

図5・2 分子振動とラマン散乱 (a)，および典型的な散乱配置 (b)．

よび $\omega_i - \omega_q$ の振動成分が含まれる．したがって，運動量とエネルギーの保存則に従い，$k_s = k_i \pm q$ 方向に伝搬する周波数 $\omega_s = \omega_i \pm \omega_q$ の光が ω_i の光と同時に放射される．これが格子系のラマン散乱である．波長の長くなったラマン散乱をストークス光，波長の短くなった散乱をアンチストークス光と呼んでいる（図5・2(a)）．

このようにラマン散乱は電子雲歪みやすさ（分極）に関係する励起過程である．ラマン散乱光の強度は，入射光と散乱光の偏光をそれぞれ e_i と e_s とすると，一般に

$$I \propto |e_i \cdot \alpha \cdot e_s|^2 E^2 \tag{5・19}$$

で表される [1, 3]．

ここで，上記運動量の保存則（$k_s = k_i \pm q$）とラマン散乱測定の光学配置との関係について簡単に触れる．図5・2(b) はラマン測定における入射光と

散乱光との標準的な配置を示す．θ は散乱角である．$\theta = 0°$ の配置は前方散乱配置，$\theta = \pi$ は後方散乱配置，および $\theta = \pi/2$ は 90°配置と呼ばれる．

(2) 選択則：遷移双極子モーメント

ある現象が起きるためにどうしても必要な条件を，分光学では選択則（selection rule）という．電気双極子モーメントおよび分極率の議論から，赤外吸収とラマン散乱の選択則を判定できる．ここでは両者を比較しながら説明する．赤外吸収もラマン散乱も分子（格子）と光とのエネルギー（運動量）の交換であることには変わりがない．しかし，光との相互作用の様式は違う．一方は光の吸収であり，他方は光の散乱であり，したがって選択則も異なる．すなわち：赤外吸収が起きるためには，分子が振動により原子変位（Q）したときに分子の電気双極子モーメント P が変化することが必要とされる．一方，ラマン散乱では分子の振動変位（Q）を起こしたときに分子の分極率 α が変化することが必要とされる．分子（格子）振動による赤外吸収およびラマン散乱は振動の形（モード）により異なる．以下に分子振動を念頭にもう少し詳しく説明する．

電磁波の吸収あるいは放出にかかわる 2 つのエネルギー準位間の遷移確率は遷移電気双極子モーメントの大きさの 2 乗に比例する．例えば，j-準位 ψ_j から i-準位 ψ_i の光の吸収遷移を考えると，アインシュタインの遷移確率は $\dfrac{8\pi^3}{3\hbar^2}\left|\int \psi_i^* \boldsymbol{P} \psi_j \, d\tau\right|^2$ となる．

(a) 赤外吸収の選択則：原子核が平衡位置から Q だけ変位したときの電気双極子モーメント P は，簡単のため 1 次元で取り扱うと

$$P = P_0 + \left(\frac{\partial P}{\partial Q}\right)_0 Q + \frac{1}{2}\left(\frac{\partial^2 P}{\partial Q^2}\right)_0 Q^2 + \cdots . \qquad (5\cdot20)$$

Q は小さいので 3 項目以下を無視すると，振動量子数 m から n 準位への吸収の遷移双極子モーメント P_{nm} は

$$P_{nm} = \int \psi_n{}^* P \psi_m \, d\tau$$

$$= P_0 \int \psi_n{}^* \psi_m \, d\tau + \left(\frac{\partial P}{\partial Q}\right)_0 \int \psi_n{}^* Q \psi_m \, d\tau \quad (5\cdot 21)$$

となる. ψ_n は振動の波動関数である. 第1項は振動の波動関数の直交性により0である.

第2項が赤外吸収に対応し,その遷移は振動によって誘起される電気双極子モーメントの変化率 $(\partial P/\partial Q)_0$ が0でないときに許される. このとき,振動量子数の変化 $\varDelta m = \pm 1$ という良く知られた赤外吸収の遷移則が得られる. ここで, 平衡位置にあるときの電気双極子モーメントの変位に対する傾き $(\partial P/\partial Q)_0$ は, どの振動モードで赤外吸収が起きるかどうかの指標となる.

(b) **ラマン散乱の選択則**:誘起された双極子による遷移モーメントは, 式 (5·15) と (5·21) をもとに

$$[P_1]_{nm} = \int \psi_n{}^* P_1 \psi_m \, d\tau$$

$$= \int \psi_n{}^* \alpha \psi_m \, d\tau \cdot E \quad (5\cdot 22)$$

で表される. これによると, 振動量子数 m から n 準位への遷移がラマン散乱で観測されるためには, 遷移分極率に対して $\int \psi_n{}^* \alpha \psi_m \, d\tau \neq 0$ が成立する必要がある. 式 (5·17) を (5·22) に代入し, 2次以上の項を無視すると

$$\int \psi_n{}^* \alpha \psi_m \, d\tau = \alpha_0 \int \psi_n{}^* \psi_m \, d\tau + \left(\frac{\partial \alpha}{\partial Q}\right)_0 \int \psi_n{}^* Q \psi_m \, d\tau \quad (5\cdot 23)$$

を得る. 赤外吸収と同様に, 第2項で $(\partial \alpha/\partial Q)_0$ が0でない限り $n = m \pm 1$ の条件を満たし, ラマン散乱が起こる.

(c) **振動モードと選択則**: 分子(格子)振動による赤外吸収およびラマン散乱は振動の形(モード)により異なる. はじめに, 表5·1をもとに, 分子振動モードの簡単な例を使って, 選択則が振動スペクトルを規定する模様についての直観的説明を試みよう [8].

表5・1 ラマン散乱および赤外吸収の選択則([8, 32]). 等核2原子分子(左, 例えばH_2), 異核2原子分子(中, 例えばHCl)および3原子分子(右, 例えばCO_2)を例にとっている.

分子振動					
分極率 α の変化					
$\left(\dfrac{\partial \alpha}{\partial Q}\right)_{Q=0}$	$\neq 0$	$\neq 0$	$\neq 0$	$= 0$	$= 0$
ラマン活性	○	○	○	×	×
電気双極子モーメント P の変化					
$\left(\dfrac{\partial P}{\partial Q}\right)_{Q=0}$	$= 0$	$\neq 0$	$= 0$	$\neq 0$	$\neq 0$
赤外活性	×	○	×	○	○

まず簡単な2原子分子について説明する. H_2, O_2 などの等核分子の振動モードは, 対称伸縮のみしかない. 分子が伸びたときも縮んだときも, どちらも双極子モーメントは0である(もちろん $(\partial P/\partial Q)_0 = 0$). 電子雲は, 例えば H_2 では H—H 結合が収縮したときは小さく, 伸びたときは大きく広がり, それに従って電子雲の歪みやすさ(分極率)も異なるであろう. 分極率は, 電子雲が縮めば小さく, 逆に広がれば大きくなることが想像されるであろう. 分極率(双極子モーメントも)は振動変位に対して連続的に変化する量であり, 平衡位置($Q = 0$)の所での分極率の傾き $(\partial \alpha/\partial Q)_0 \neq 0$ である. したがって, 良く知られているように H_2, O_2 などの振動は赤外不活性であるが, ラマン活性である(表5・1の左列).

一方, CO, NO, HCl などの異核種2原子分子では, これとはやや異なる. 分極率については等核分子と同じく $(\partial \alpha/\partial Q)_0 \neq 0$ であるが, 振動時には分子の伸び縮みに伴って分子中の2原子間の距離が増減するので,

$(\partial P/\partial Q)_0 \neq 0$ である．したがって，CO，NO，HCl などでは赤外，ラマンとも活性である（表5·1中列）．

CO_2 のような3原子直線型分子を考える．CO_2 は C を中心に左右に対称である．はじめに，2本の C—O 結合が同時に伸びたり縮んだりする伸縮振動モードを考える．この型の分子には対称および逆対称伸縮の2種類のモードがある．そのうち，対称振動では，H_2 の場合と全く同じく，双極子モーメントは0であり（したがって，$(\partial P/\partial Q)_0 = 0$），分極率の傾き $(\partial \alpha/\partial Q)_0 \neq 0$ である．したがって，CO_2 の対称伸縮振動は赤外不活性であるが，ラマン活性である（表5·1右列の左）．一方，2本の CO 結合が逆位相で振動する逆対称伸縮振動では，分子変形に対応する両極端の電子雲の形が，分子軸上での中心に対して反転したものに互いに一致する．双極子モーメントのようなベクトル量では方向が逆転するため（逆向きの極性），平衡位置での所でその符号を変えねばならない：$(\partial P/\partial Q)_0 \neq 0$．ところが電子雲は，振動変位後のその向きが平衡位置とは異なっていても，大きさと形状が同じであるから，$Q = 0$ の所で $(\partial \alpha/\partial Q)_0 = 0$ とならなければならない．したがって，この振動モードでは赤外活性であるがラマン不活性となる（表5·1右列の中）．変角振動についても，双極子モーメントや電子雲のかたち・大きさが異なるにしても，考え方は逆対称伸縮と同じである（表5·1右列の右）．

結晶の選択則についても簡単に触れる．ここでは，CH_4 様の正四面体的構造をもつダイアモンド構造および閃亜鉛鉱結晶について簡単に触れる．これらの結晶の選択則は上記の2原子分子と，ある意味では，似たような感覚で理解できるであろう．閃亜鉛型構造は2つの異なる元素から構成されるイオン結合性を有する GaAs や ZnS などの半導体であり，電気双極子モーメントをもつのでラマン活性かつ赤外活性である．一方，ダイアモンド型構造の物質は単一元素から構成される共有結合型の Si や Ge などの半導体である．これらは，電気双極子モーメントが0であるので，ラマン活性であるが，赤外不活性となる．

(3) 結晶のフォノンラマン散乱

ここでは典型的な光学フォノンのラマン散乱としてシリコン系および炭素系物質のスペクトルについて触れる．シリコンはフォノンラマン散乱が最もよく研究されている半導体である．高純度シリコン結晶では光学フォノンは，フォノン分散関係における Γ 点の状態に対応して，520 cm^{-1}（＝15.6 THz）に対称性が良く幅の狭いラマン線として観測される．このような単純なフォノンラマンのスペクトル形状は，後述するように，電子との相互作用やナノ化に著しく影響を受ける．

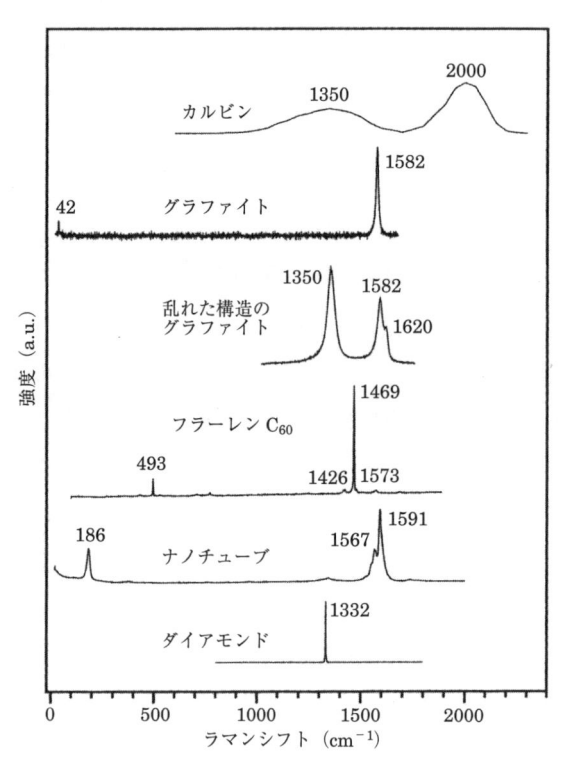

図5・3 炭素系材料のラマン散乱スペクトル [9]．カルビン（sp結合），結晶グラファイト（sp$_2$結合），乱れた構造のグラファイト，フラーレンC$_{60}$，ナノチューブおよびダイアモンド（sp$_3$結合）

炭素系材料にはグラファイト，ダイアモンド，フラーレン，およびカーボンナノチューブ（CNT）など，化学結合様式の異なる，いくつかの重要な形態が存在する．ラマン散乱はこのような炭素系材料の構造の違いに極めて敏感に変化し，それぞれ特有のスペクトルを有する（図5・3）[9]．同じC—C結合でも，例えばsp_2かsp_3結合など，結合様式や結合強さの違いに起因して，それらのラマン周波数は異なる．このうち，フォノンモードと構造との関係がよく知られているグラファイトのラマン散乱について説明する．グラファイトには6つの光学フォノンの振動様式があり，そのうち，2つのE_{2g}モードのみがラマン活性である．E_{2g1}はグラファイトの面間のずれ変位にかかわる振動モードであり，面間の結合力は弱く，その結果，このモードの周波数は小さい（$42 cm^{-1}$）．一方，E_{2g2}は面内の原子変位にかかわる振動モードであり，面内で隣り合う原子間の結合力は強く，したがって，周波数は大きい（$1582 cm^{-1}$）．このうちE_{2g2}はG-ピーク（graphite peak）と呼ばれ，グラファイトの結晶性の議論にしばしば使われる．これらのラマンスペクトルも，シリコンの場合と同様に，結晶性やサイズにも大きく影響を受ける[9, 15]．

(4) 電子ラマン散乱

半導体の電気的性質や光学的性質を支配する因子として，キャリアのバンド間遷移やバンド内散乱は大変重要である．電子ラマン散乱スペクトルによりこれらの過程が観察できる．

電子ラマン散乱は半導体量子構造体の電子状態や遷移過程の研究に有効である．その一例として$GaAs/Al_{0.3}Ga_{0.7}As$量子井戸の電子ラマンを図5・4に紹介する．挿入図は浅いアクセプター準位のエネルギー構造（1sおよび2s様状態）を示す．スペクトルの矢印（C）は1s-1sのバンド間の遷移に対応するラマン線である．また，より高いエネルギー（〜30 meV）には，1s-2s間の遷移（挿入図のA, B）に対応する電子ラマンバンドも観察される．電子構造の量子井戸厚さ（L）依存性に対応し，ラマンバンドの周波数シフ

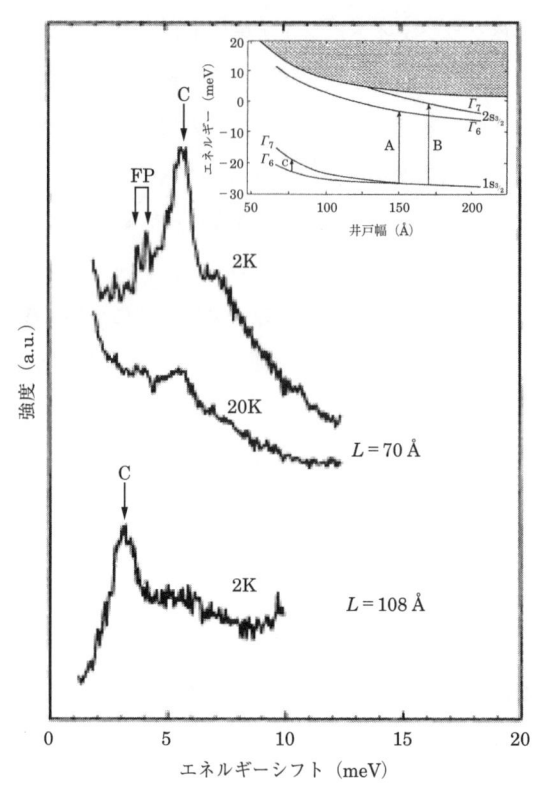

図5・4 GaAs/Al$_{0.3}$Ga$_{0.7}$As量子井戸の電子ラマン散乱スペクトル[10]．Lは井戸の厚さ．Cは浅いアクセプター準位における1s‐1s状態間の遷移．右上の挿入図は量子井戸の電子構造である．

が明瞭に現れている．このような電子ラマン線の出現および周波数の量子サイズ依存性は電子の閉じ込め効果に起因する[10]．

Siにおける電子ラマン散乱については多くの研究がある．p-Siでは，価電子帯の軽いホール(LH)バンドにある電子はラマン過程を経て重いホール(HH)バンドの空準位に励起され，広い電子連続準位として現れることが予想される．実際，p-Siのラマン散乱スペクトルには，シリコンの数本の光学フォノン(LO, TO)などに加えて，500 cm^{-1}付近から >1600 cm^{-1}

の周波数に広がるブロードなスペクトルが観測され，これがLH-HHバンド間遷移の電子連続準位に対応する電子ラマン散乱である[11]．また，バンド内散乱に関係して，n型Siのラマン散乱スペクトルには，周波数0から300 cm^{-1}に広がるスペクトルが生成する．その強度は添加不純物量を増やすと大きく，これは，光励起により伝導体のX点のドーピングキャリアのバンド内電子ラマン散乱に対応すると報告される[12]．

(5) 電子－格子相互作用

これまでの項では電子とフォノンのラマン散乱は分離して取り扱ってきたが，実際にはこれらは相互作用する．電子－フォノン相互作用は結晶場の歪みポテンシャル，あるいは，イオン性の結晶の場合はフレーリッヒ相互作用

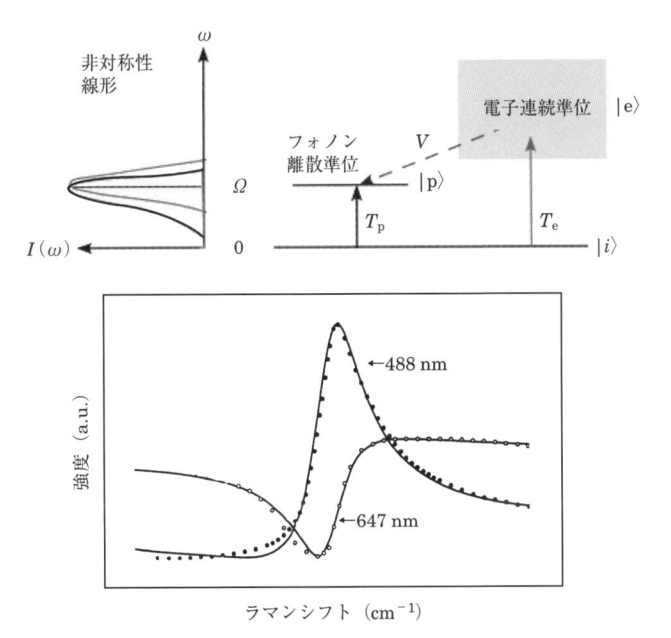

図5・5 上図：ファノ干渉の模式図．フォノンの離散準位（$|p\rangle$）と電子の連続準位（$|e\rangle$）の間でファノ干渉が起こる結果，フォノンのスペクトルは非対称化する．T_eおよびT_pはそれぞれ電子系およびフォノン系の遷移確率，Vは電子－フォノン間の摂動．
下図：p型Siのラマンスペクトル（不純物リン濃度は$4 \times 10^{20}\,cm^{-3}$）．点：測定点，実線：ファノ式による理論曲線[14]，図中の数字は励起光波長を示す．

をとおして現れる．相互作用が非常に強いとき，格子の"softening（柔軟化）"が起こり，これはフォノンスペクトルピークの低周波数化となって現れる [13]．

不純物半導体や超伝導物質などの系では，電子とフォノンとの間にファノ干渉が起きる．ファノ干渉とはエネルギー的に離散的な準位と連続的な準位間の結合によって起き，実験的には非対称的なスペクトル波形として観測される一般的現象である．図5・5(下)のラマン散乱スペクトルはp-Siのものである [14]．この場合，前項で述べたように，価電子帯の軽いホールバンドの電子は重いホールバンドのラマン散乱により空準位に励起される結果，電子の連続準位（T_e）が生成される．観察される光学フォノンの非対称性は，この電子の連続準位（$|e\rangle$）と光励起（T_p）で生成された離散的なフォノン準位（$|p\rangle$）との間のファノ干渉（V）を反映する．これは，もともと対称的なスペクトル波形を有するフォノン波と，広い周波数を有する電子波との「量子干渉」に起因するものである（図5・5の模式図）．図のラマンスペクトルにはフォノンピークよりやや低周波数側に強い「へこみ」が見られる．これは「反共鳴」の観察であり，そこでは，電子系と格子系との干渉効果の結果，両成分寄与が丁度打ち消し合う破壊的干渉が起きている．

同様なファノ干渉による非対称性スペクトルは超伝導材料などのラマン散乱にも見られる [9]．

(6) ナノ物質とラマン散乱

微結晶やナノ構造物質の大きさはラマンスペクトル形状の変動から求めることができる．本節ではその方法論とシリコン系および炭素系材料の研究例を紹介する．

(a) フォノン閉じ込め：

(ⅰ) $q = 0$ 選択則

ラマン散乱における運動量の保存則（$k_s = k_l \pm q$）は，入射光と散乱光の波数ベクトルの絶対値はほぼ等しい（$|k_s| \cong |k_l| = 2\pi/\lambda_l$）ので，$\lambda_l$ を入射

光の波長とすると $q = \frac{4\pi}{\lambda_l}\sin\frac{\theta}{2}$ と書ける.通常のラマンで使用される可視光の場合,q の最大値は $q_{max} \leqq 10^6\,\mathrm{cm}^{-1}$ であり,これは典型的な結晶のブリルアンゾーン境界の大きさ π/a と比べて2桁以上も小さい.したがって,一次のラマン散乱で観測されるフォノンの波数ベクトルはブリルアンゾーン中心に限られる.この波数ベクトル選択則は,一般に $q=0$ 選択則と呼ばれる.

(ⅱ) 選択則の崩壊とナノ結晶のサイズ

結晶に格子欠陥などの周期性の乱れが導入されたり,あるいは微粒子やナノ構造物質の場合,フォノンは狭い空間に閉じ込められる.その結果,$q=0$ 選択則は崩壊する.これは,波数ベクトルのより広い範囲に存在するフォノンがラマン散乱に寄与することを意味している.波数ベクトルの広がりは,フォノン閉じ込め長さ(フォノン相関長さ)を L とすると,$\Delta q \sim 1/L$ 程度である.実験的には,これはラマン散乱スペクトル形の非対称的変化となって現れる [15].

結晶性の崩壊に伴いフォノンが大きさ L の空間領域に閉じ込められると,フォノンの波は減衰する.ガウス関数 $\exp(-ar^2/L^2)$ をフォノン閉じ込め関数として用いたとき,ラマン散乱強度 $I(\omega)$ は

$$I(\omega) \propto \int \frac{\mathrm{d}^3 q\,|C(0,\boldsymbol{q})|^2}{[(\omega-\omega(\boldsymbol{q}))^2 + (\Gamma_0/2)^2]} \tag{5・24}$$

と表される [例えば15].ここで Γ_0 は完全結晶のスペクトル幅,$\omega(\boldsymbol{q})$ はフォノン分散関係である.また,$C(0,\boldsymbol{q})$ は $|C(0,\boldsymbol{q})|^2 \cong \exp(-q^2L^2/2a)$ で与えられる.a は微結晶の形に関係する係数といわれ,通常,Si や GaAs では2あるいは $8\pi^2$ が使用されることが多い.完全結晶のとき(L:無限大),式 (5・24) は $\omega(0)$ にピークをもつローレンツ型となる.すなわち,フォノンラマンスペクトルは,単結晶での鋭い対称のピーク形状から,多結晶化する(L が小さくなる)につれて非対称の幅の広いピーク形状になっていく.すなわち,その線形の変化から微結晶の大きさ L(あるいは欠陥間

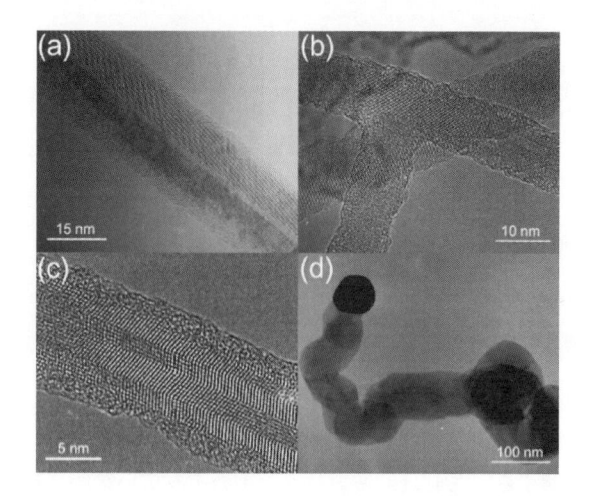

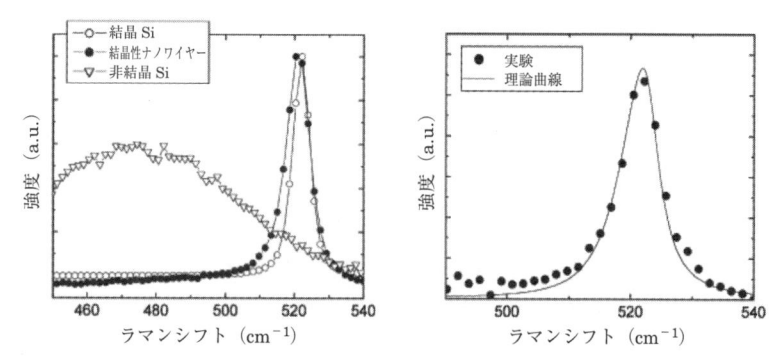

図 5·6　Si ナノワイヤーの TEM 像(上)およびそのラマン散乱スペクトル(下).
　　上図：(a)-(c) 直線状の結晶性ナノワイヤー(SiNW), (d) ミミズ状の非晶質構造.
　　下図：(左) SiNW と非晶質 Si との比較. (右) 式 (5·24) による SiNW ラマン散乱スペクトルの理論曲線(実線) [16].

の平均距離)を，式 (5·24) を使って見積もることができる.

　空間相関モデル(式 (5·24))の応用例として，Si ナノワイヤーの解析を紹介する．図 5·6(上) はプラズマ CVD で作成されたナノワイヤーであるが，電子顕微鏡(TEM)像から直線上の結晶性 Si ナノワイヤー(Si NW：(a)-(c))およびミミズ状の非晶質ワイヤー(d)が生成することがわかる．非晶

質ワイヤーのラマン散乱スペクトルは広い範囲にまたがるブロードバンドである．Si NW は 520 cm^{-1} 付近の鋭いバンドに対応するが，結晶 Si と比べて低周波数側への非対称的広がりがその特徴である（図5・6下左）．Si NW の場合，低周波数側へ広がるのは，シリコンのフォノン分散関係において周波数式 (5・24) における $\omega(\boldsymbol{q})$ が，波数ベクトルが $q=0$ からはずれ広がっていくに従い，減少することによっている．空間相関モデルによる解析を図5・6(下右)に示す．この場合サイズ L は Si NW の径に対応する．フィッティングによって得られたサイズ(9 nm)は TEM で観察される径(例えば図5・6(c))によく一致する [16]．

このように，ナノ結晶物質のサイズは空間相関モデルを使えば，ラマン散乱のスペクトル形状から容易に評価することができる．また，多結晶の粒界大きさや照射材料の欠陥間距離などの評価にも有用である [15]．

(iii) 構造乱れ誘起ラマンスペクトル

$q=0$ 選択則の崩壊，いい方を変えれば，フォノンの閉じ込めは何をもたらすか？ 顕著な現れはラマン散乱スペクトルの非対称広がりであり，これについてはすでに詳しく述べた．もう一つの効果は，ブリルアンゾーン中心（$q=0$）の外に存在するすべてのフォノンを観察することが原理的に可能となることである．ある種の物質では，イオン注入やナノ化により，結晶の周期性が崩れると，完全結晶では観察できない状態密度の極大が現れる．これは構造乱れ誘起ラマンスペクトル（Disorder Induced Raman Spectra：DIRS）として観察できる．典型的な，最も知られている DIRS スペクトルは図5・3における構造乱れグラファイト（disordered graphite）で見られる 1350 cm^{-1} のラマン線である．これは D-ピークと呼ばれており，G-ピーク（1582 cm^{-1}）に対する相対強度 R ($=I_D/I_G$) は，結晶子サイズ L_a と $R=C/L_a$：$C=4.4$ nm の関係をもつことが良く知られている．強度比 R から，多結晶やカーボン膜における粒界の大きさや，イオン注入グラファイトの欠陥間距離などが簡単に評価できる [9, 15]．

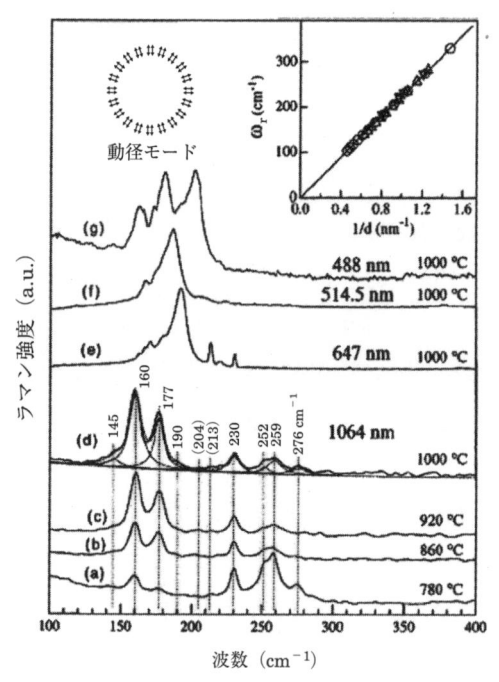

(b) **CNTのラマン散乱と直径**：ここではCNTのラマン散乱のうち，サイズの関係について簡単に説明する．CNTはいわばグラファイトの一面を丸めたものであるから，そのラマン散乱スペクトルでは $1582\,\mathrm{cm}^{-1}$ のG-ピークおよび $1360\,\mathrm{cm}^{-1}$ のD-ピークはグラファイトとほぼ共通する（D-ピークが見える理由は，曲がることにより強い歪みあるいは欠陥が面内に生じること，およびフォノンがCNTの狭いグラファイト面に閉じ込められることによるものと思われる）．しかし，特に単層CNT（SWNT）の場合は，$42\,\mathrm{cm}^{-1}$ の E_{2g1} モードはなく（図5·3），その代わりにチューブの径方向の堅い伸縮振動（radial breathing mode）が $100\sim 350\,\mathrm{cm}^{-1}$ に存在する（図

図5·7 単層カーボンナノチューブ（SWNT）における低周波数側のラマンスペクトル[17]．温度は試料作成温度，波長は励起光長を示す．SWNTの低周波数モードはCNTの径方向の堅い伸縮振動に対応する A_1 モードである（挿入図左）．その周波数 ω_r はCNTの径の逆数に比例する（挿入図右）．

5・7)[17]. その周波数 ω_r はチューブ直径 d_r に反比例し，$\omega_r = A/d_r$（$A = 223 \sim 248$）の関係をもつ（図5・7挿入図右）. この関係を利用してCNTの径を評価できる.

5・1・4　表面増強およびイメージング
(1)　表面増強ラマン散乱(SERS)とホットサイト

　AuやAgなどの貴金属の粗い表面，あるいはそれらの微粒子表面に吸着された分子から散乱されるラマン光強度が，自由粒子の散乱断面積から予測されるよりも $10^4 \sim 10^6$ 倍高い値を示す場合がある. これが表面増強ラマン散乱(Surface Enhanced Raman Scattering : SERS)として知られる現象である. 一般に，表面の分子の「数」はバルクに存在する数と比べると極端に少ない. その意味で 10^6 もの強度増強は魅力的であり，これまで多くのSERS観察の研究が行われている. それらの測定で共通する一般的特徴を以下に列記する：(i) SERSが起きる金属の種類はある程度限られている. 可視光領域で表面プラズモン励起があると考えられるAu, Agなどの貴金属がよく知られている. (ii) 金属は粗れた表面を必要とする. 粒子サイズは（$10 \sim 100$ nm）程度が適当とされる. (iii) 共鳴散乱効果がある. ここであげられた特徴のうち，粒子サイズの範囲は単に目安に過ぎない. これは吸着分子，金属の種類，励起波長，微粒子の形状に依存して変わるので，注意する必要がある. 簡単化していうことが許されれば，サイズの範囲は表面プラズモンの励起によって決まり，粒子が大きすぎると曲率が大きく面が平坦となるため電場増強が起きなく，逆に小さいときは金属の体積が小さすぎて十分なプラズモン励起が起きないと考えられる.

　表面増強ラマン散乱において，金属微粒子が吸着分子に対してどのような作用をもたらすか？ この問題について，最近SNOMやAFMなどの微視的観察手法との組み合わせにより，新たな研究の進展が見られた[18-20]. これらは分子を吸着させたAgやAuなどのナノ微粒子を固体基板に固定し

た系における，単一分子分光の研究である．吸着分子は，多くがローダミン（R6G）色素やヘモグロビン（Hb）などの生体分子である．Ag ナノ粒子に吸着した R6G の AFM 観察と SERS 測定 [18] によると，SERS は粒子同士が離ればなれである場合によく計測できるが，実際に高い増強効率を示すものは，それらの中で "hot particle (or site)" と呼ばれるごく一部のナノ微粒子に限られる．微粒子のサイズが 110 nm 程度のとき，強いラマン増強が起きる．また，微粒子の長軸方向に関する偏光ラマンによると，ラマン増強が分子のラマンテンソルのみならず，配向されたナノ粒子の選択的な分極にも強くかかわることが明らかとなった．観測されたラマン増強効率は $10^{14} \sim 10^{15}$ であり，これは 1 分子当たりの散乱断面積で 10^{-15} cm^2 に対応する．この値は通常のマクロ測定での断面積 10^{-30} cm^2 と比べて圧倒的に大きな値である [18]．

SERS 活性を示すメカニズムとしては，現在，次にあげる 2 つの機構が有力である：(i) 極めて小さい曲率をもつ金属微粒子の接点における，局所的電場増強 ― 2 つのナノ微粒子が接近すると，それらの双極子は光の電場のもとで（振動しながら）カップルする．光と金属微粒子の表面プラズモン間のカップリングにより，局所電場は増大する．局所電場の増大効率 M は古典的電磁気学に基づき計算される．例えば，微粒子間距離 $d = 1$ nm としたときの電場の増大効率 M は $\sim 3 \times 10^{10}$ でまで増強し，これは Hb（ヘモグロビン）/Ag 系の観測値によく一致している [19]．(ii) 共鳴的な光励起に伴う金属 ― 吸着分子間の電荷移動相互作用 ― 接触する 2 つの金属微粒子間に挟まれた分子が光励起されたとき，励起電子は金属→分子→金属へと流れる．このとき分子の振動が励起される [20]．

このような SERS 研究の進展に刺激され，その後，化学・生物学的分子センサー [21]，1 分子分光あるいは高分解ラマン顕微鏡 [22, 23] の開発などを念頭に，多くの研究論文が発表されている．

(2) イメージングへの応用

"hot site"で起こるラマン増強メカニズムはSPMで使われるような探針先端(ティップ：tip)でも起こりえる．最近，これについていくつかの興味ある研究が発表されている．図5・8 (a)はその一例であり，AFM短針先端を表面に近づけた場合および表面から離して測定した場合のDNAナノクラスターのラマン散乱スペクトルの比較である[22]．使用したSiカンチレバーティップは厚さ20 nmのAg膜で被覆されている．探針を試料に近づけたとき，アデニン分子に環状のブリージングモード(b)に対応する1336.9 cm^{-1}のバンドが強く増強されている．

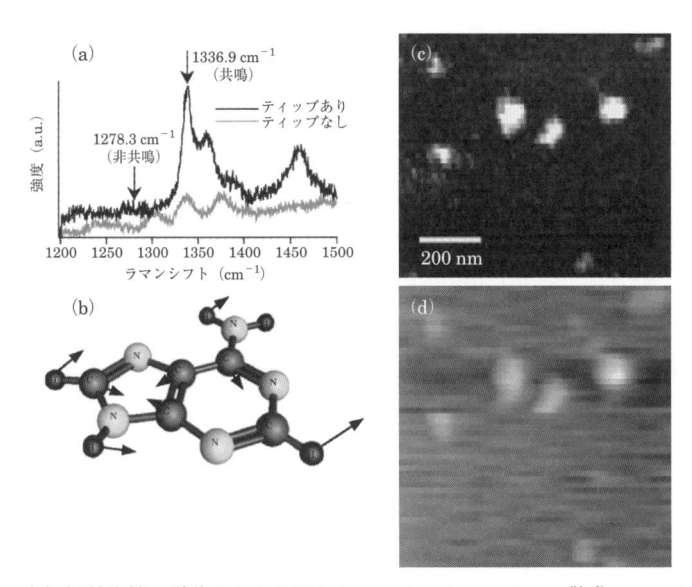

図5・8 (a) 短針先端で増強されたDNAナノクラスターのラマン散乱スペクトル(黒線)および先端を試料から遠ざけたときのラマン散乱(灰色の線)．
(b) 増強されたラマンバンド(1337 cm^{-1})に対応する分子振動モード．
(c) 短針先端を試料に近づけたときに得られた，DNAナノクラスターのラマンイメージ(波数 = 1336.9 cm^{-1})．このとき測定はCARS(Coherent anti-Stokes Raman scattering)による．
(d) 対応するAFM像[22]．

このような原理を使って，高分解ラマン顕微鏡の開発のための基礎研究がすでに進行されている [22, 23]．これはいわゆる「プローブ増強型の近接場顕微鏡（SNOM）」に対応する．以下にその一端を紹介する．図5・8(c, d) は AFM 探針を走査して得られた誘起ラマンスペクトルに対応する DNA クラスターのイメージである [22]．探針を試料に近づけたとき，AFM 像の DNA クラスター部分 (d) に良く対応した $1336.9\,cm^{-1}$ モードのラマンイメージが捉えられている (c)．探針を試料から遠ざけたとき，ラマン増強は急激に減少する結果，ラマンイメージは全く捉えることができない．同様な探針誘起のラマンイメージは CNT の光学フォノンについても観測されている [23]．使われた試料はプラズマ化学蒸着で作成された SWNT（単層 CNT）膜であり，使用された探針は Ag 製である．得られたラマン像は $2615\,cm^{-1}$ の G′-バンドによるものである．このモードは構造乱れ誘起ピーク D（$1310\,cm^{-1}$）（5・1・3節の (6) 項）の倍波に対応する．やや驚くことに，空間分解能はラマンイメージの方（23 nm）が AFM 像（29 nm）よりむしろ良い．これについてはラマン散乱光への探針による"近接場"効果に起源があると主張されている [23]．

最後に，このような探針誘起による電場増強は赤外吸収についても起こることが知られており，現在「高分解赤外顕微鏡」の開発研究も進められている [33]．

5・1・5 超高速分光

近年のフェムト秒（fs）レーザ技術の進歩には目覚ましいものがあり，10 fs 以下のパルス幅をもつレーザを市販で簡単に手に入れることができる．固体中を運動する電子・正孔，励起子，プラズモンおよびフォノンの状態について，これまでは，周波数を横軸にとって議論を進めてきた（「周波数領域」でのスペクトロスコピー）．量子力学的にはこれらは波動であり，その周期よりも短いパルス光で励起すると振動位相が揃ったコヒーレントな状態

を得ることができ，これを利用すれば運動状態を real-time に観測することが原理的に可能となる．すなわち，光励起自由キャリア，電子-正孔対，プラズモンおよびフォノンの生成過程や緩和過程，およびそれらの間の相互作用に関するダイナミクスを直接議論することが究極的には可能であろう．以下に「時間領域におけるスペクトロスコピー」の最近の進展の一端について紹介する．ここで紹介する測定の多くはポンプ・プローブ法と呼ばれる手法による．この方法は，ポンプパルスで試料を瞬間的に励起し，その応答をある遅延時間をおいて照射されるプローブパルスで励起状態として検出するものである．時間領域測定としては4光波混合法（2つのポンプパルスを用いたポンプ・プローブ法）やテラヘルツ（THz）電磁波測定法なども有効な手法である．

(1) 電子系の超高速応答

超短パルス光で励起されたキャリアによる光学的定数の時間変動は，広い周波数領域を有する THz プローブパルスを使って測定できる．図5・9は GaAs 量子井戸の伝導度（$\Delta\sigma$）および誘電関数（$\Delta\varepsilon$）の過渡的変化である[7]．ポンプ光のパルス幅は 1 ps で波長は 800 nm（近赤外パルス）である．遅延時間 Δt をおいて入射される THz プローブ光（E_{THz}）のパルス幅は 500 fs（fs＝10^{-15} s）であり，100〜300 μm の広い波長成分を時間的に含む．試料温度は 60 K である．伝導度と誘電関数は試料通過後の THz 光の電場の変動を検出し決定される．$\Delta\sigma$ は Δt＝1 ps で 7 meV 付近に励起子の吸収線が明瞭に観察され，Δt が増加するにしたがい，次第にこの吸収線は弱くなる．対応して，$\Delta\varepsilon$ の吸収線も時間とともにブロードになり，Δt＝100 ps でのドルーデの自由キャリアモデル（式(5・9)）との一致は良い（実線）．この結果は光励起の瞬間に生成した電子-正孔対（励起子）は 100 ps 程度の寿命で消滅し，自由キャリアとなっていくダイナミカルな過程を表している．

次に光励起で生成された個々の電子と正孔が，どのようにして電子-正孔

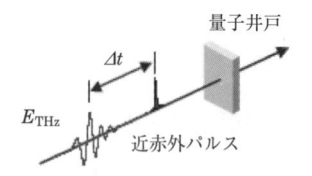

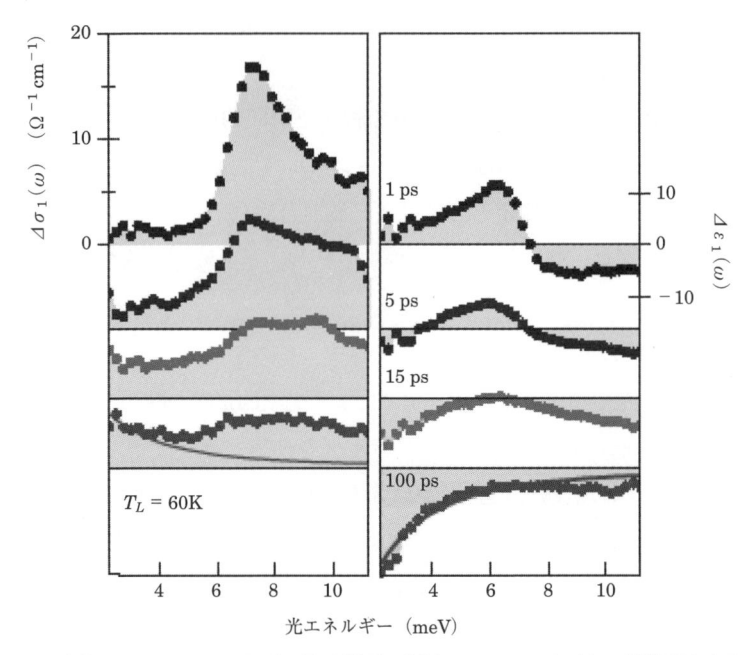

図 5・9 温度 60 K における GaAs 量子井戸の過渡スペクトル(下左:伝導度($\Delta\sigma$),下右:誘電関数($\Delta\varepsilon$))[7].点は実測値,100 ps における実線はドルーデモデルによる計算を表す.

上図:ポンプ・プローブ測定の概念図を表す.近赤外パルスはポンプパルスを,E_{THz} はプローブパルスを表す.

プラズマとなっていくか,についての「観測」を以下に紹介する.測定手法の考え方は GaAs 量子井戸の場合と基本的に同じである(ただし,大きな違いは時間分解能が2桁以上も高い).遅延時間 $t_D = 0$ から 175 fs で観測された GaAs の誘電関数の虚数部 (a) および実数部 (b) の逆数を図 5・10 に示す [24].光励起前のスペクトルにおける 8.8 THz のピーク(極性格子)は

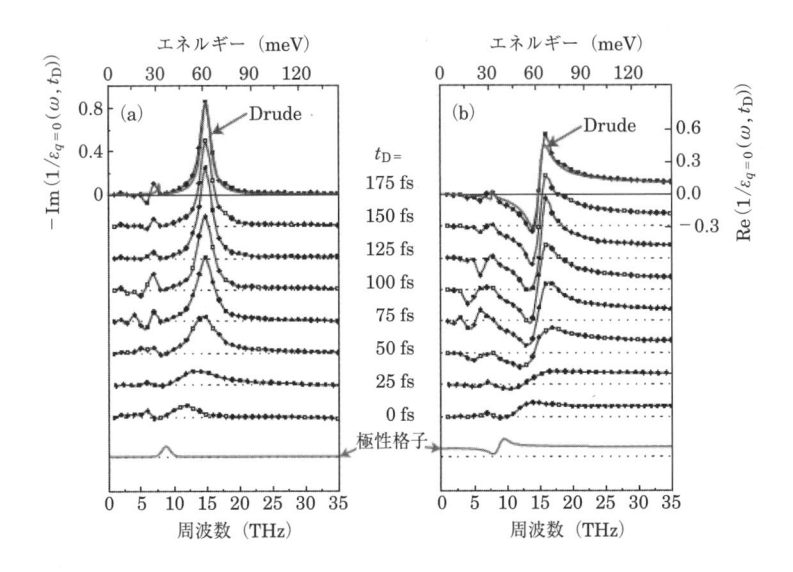

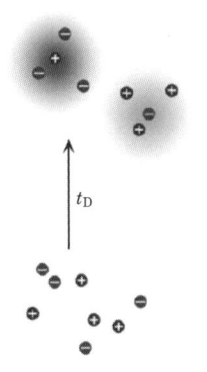

図5・10 GaAsの時間領域における誘電関数の逆数スペクトル((a) 虚数部, (b) 実数部 [24]). 極性格子:非光励起GaAsのスペクトル. 図下スケッチは励起直後に電子, 正孔がバラバラの状態から, 時間とともに互いにクーロン遮蔽しながらプラズマ化する様子を模式化したもの. 175 fsにおける実線はドルーデモデルによる計算を表す.

GaAsの光学フォノンの吸収である(5・1・2節の(2)項). このピークは励起後も存在し, これはフォノン励起が電子-格子相互作用に起因していることの反映である. $t_D = 0 \sim 25$ fs ではスペクトルはブロードである. これはキャリア間の相関がまだ弱い状態にあり, エネルギー交換がばらばらに行われていることを示す. $t_D > 100$ fs になると, スペクトルは徐々に狭くなり, 虚数部 $-\mathrm{Im}(1/\varepsilon_{q=0})$ にはプラズマ振動 ω_p (式(5・9))に対応する鋭い共

鳴線が現れる．そのピーク形状のドルーデモデルとの一致も良い（$t_D = 175$ fs での実線）．実数部 $\mathrm{Re}(1/\varepsilon_{q=0})$ も同様に，ブロードなスペクトル波形が時間とともにドルーデモデルに良く合う鋭いスペクトルへと進展する．この結果は，光励起直後はクーロンポテンシャルをまともに感じていた電子・正孔の多体系が時間経過に伴い絡みながら（クーロン遮蔽），やがて（とはいえ，10 fs 程度の超短時間スケールではあるが），集団振動であるプラズモンに成長していく様相がまさに実時間的で捉えられていることを物語っている（図 5・10 下の模式図）．

(2) 格子系の超高速応答：コヒーレントフォノン

固体における電子系のコヒーレンス（位相の揃った状態）の寿命は短く，ほとんど一周期以内で緩和するので，その「振動」挙動を時間領域で直接観測することは一般には難しい[*]．一方，フォノンのコヒーレンスは長時間保たれるので，「振動」を観測することが原理的に可能である．さて，物質が熱平衡にあるとき，格子振動は熱的にランダムに励起される（フォノンは熱的に励起された格子振動の量子化された状態）ため，フォノンの振動の位相もランダムである．このような時・空間的にランダムに振動するフォノンをインコヒーレントフォノンと呼んでいる．したがって，時・空間平均をとると，個々のフォノンの動きに対応した変化は互いに相殺され，巨視的な物理量としての観測信号には現れない．この場合，ラマン散乱や赤外吸収などの通常の周波数領域の分光によって研究される．

ところで，ここにフォノンの 1 周期より短い時間幅のパルスレーザを照射すると，その衝撃により位相のまちまちな多数の格子振動が瞬間的に誘起され，時・空間的に位相の揃った振動となる．そのコヒーレントな振動は統計的平均をとっても相殺されず，観測可能な巨視的物理量の変化を引き起こ

---

[*] 金属表面における電子系のコヒーレントな運動状態の観測については，Petek らの見事な測定がある〔H. Petek *et al.*：Phys. Rev. Lett. **79** (1997) 4649；A. Kubo *et al.*：Nano Lett. **5** (2005) 1123, 他〕．

す.このようにパルスレーザ励起により,位相の揃ったフォノンはコヒーレントフォノンと呼ばれ,種々の時間分解測定により光学的性質(反射率や透過率など)の時間変化として観測することができる.これは,例えば図5・11(a)で観測されるように,反射率時間変化における「振動」として捉えることができる.

(a) **コヒーレントフォノンの生成メカニズム**:現在次のような2つのモデルが提案されている[25].

(i) インパルシブ誘導ラマン(Impulsive Stimulated Raman Scattering:ISRS)

誘導ラマン散乱の中で,特に励起光として超短パルスレーザを用いたときの過程をISRSと呼ぶ.フェムト秒(fs)パルスレーザ照射の場合,スペクトル幅が広く誘導放射条件を満たす2つの周波数成分(ω_l:$\omega_s = \omega_l - \omega_q$)が存在するので,照射すると瞬時に誘導ラマン散乱が起きてコヒーレントなフォノンが励起される.ISRSメカニズムでは,原子の熱平衡位置の周りで振動が瞬間的に誘起されるので,時間変化としてsin関数的に振舞うと考えられる.

(ii) 変位型励起(Displasive Excitation of Coherent Phonon:DECP)

パルスレーザを物質に照射すると瞬時に電子が励起状態に励起され,このとき格子は新しい電子励起状態によって要求される平衡位置に引きずられる.すなわち,大量の励起電子生成により格子周辺の遮蔽が劇的に変化するため,ポテンシャルが変動する.このため,結晶格子の位置が瞬時に平衡位置からずれるため,格子原子は一斉に新しい平衡位置に向かって移動し始める.DECPメカニズムは格子の平衡位置(格子ポテンシャルのミニマム)の瞬間的なずれによって引き起こされるので,振動はcos関数的に振舞うと考えられる.ラマン過程であっても共鳴励起の場合,cos関数的な振動が予想されるので,DECPメカニズムを単に共鳴的なISRSとする考えもある.

(b) **コヒーレントフォノンの特長**:通常の周波数領域の分光(ラマン散

乱など）と比較したとき，コヒーレントフォノン分光には以下のようなメリットがある：（ⅰ）位相を直接観察できる，（ⅱ）振幅を直接観察できる，（ⅲ）周波数の変動を観察できる，（ⅳ）寿命（位相緩和時間）を直接決定できる，および（ⅴ）励起電子の挙動を同時に観察できる，などがあげられる．例えば，位相緩和時間からはキャリア－格子間相互作用，フォノンの非調和結合および欠陥散乱 [25, 34] などを直接議論できる．

(3) フォノンの振幅と周波数の変動

振幅や周波数の変動を時間領域で検出できることの「強み」を，高密度光励起下での最近の測定を例にとり，説明する [13]．図 5·11(a) は Bi をポンプ光の励起パワーを最大 $7.6\,\mathrm{mJ/cm^2}$ まで上げたときの反射率変化であり，通常の励起光強度（$\mu\mathrm{J/cm^2}$ 台程度）と比較している．時間変化として観察される振動の主成分はコヒーレント A_{1g} 光学フォノンである．パワーが増大するに従いフォノンの振幅は増大している．高密励起下でのコヒーレントフォノンにおける最も顕著な特徴は，周波数が時間とともに変化する「フォ

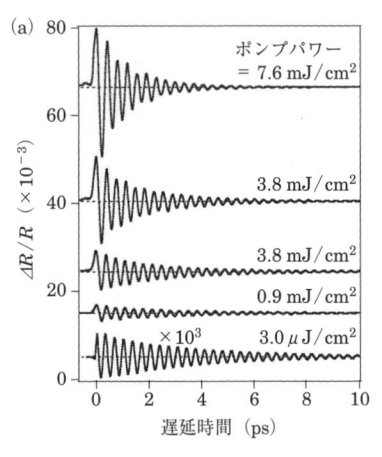

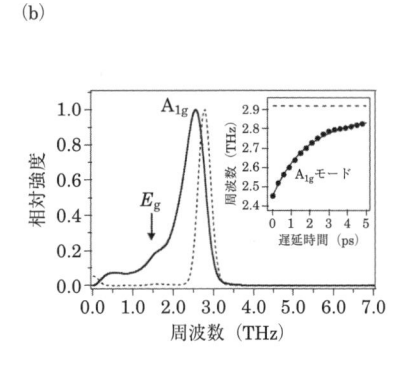

図 5·11 (a) 高密度光励起下における Bi のコヒーレントフォノン [13]．
(b) 時間分解反射率の非連続ウェーブレット変換後のスペクトル：実線は遅延時間 $0.3\,\mathrm{ps}$，破線は $3.0\,\mathrm{ps}$ のスペクトルである．

ノンのチャープ」現象が現われることである.すなわち,時間－振動数について詳細な解析を行うと,コヒーレントフォノンの周波数が時間依存することが明らかとなった(図5・11(b) 挿入図).これは大量の励起電子の生成による格子ポテンシャルの電子的ソフト化(electronic softening)およびフォノンの非調和性振動の出現を表す.もう一つの特異な点は光励起直後の時間においてはそのスペクトルが周波数ゼロ側に長いテールを有することであり((図5・11(b)),これは非熱的融解の前駆段階がすでに起きていることを示唆する.このように,励起光強度を桁違いに上げた場合,結晶の構造相転移や融解に密接に関連する現象が現れる.さらに現象の解明が進めば,光を使った物質構造の制御に道を開くことになると期待できる.

非調和性振動に関連しては,(1つポテンシャルの中で)異なった振動準位への励起で生成したフォノン間の量子干渉も時間領域で観測可能である[29].また,位相を直接観測できることの強みを利用して,パルス光列を使ったフォノン振幅制御も可能であり,これは相転移や化学反応の制御にも有効な手段となりうる[25,30].

(4) 時間領域で見る電子－格子相互作用

固体における電子系と格子系との相互作用は,ファノ干渉に起因して光学フォノンのラマン散乱スペクトルの非対称的な幅の広がりとして現れることはすでに説明した(5・1・3節 (5) 項).このような電子とフォノン間で起こる過渡的なファノ干渉もフェムト秒実時間領域で観測できる.図5・12(a)はシリコンの時間分解反射率変化である.測定は時間分解電気－光学検出法(E-O sampling)であり,本法はコヒーレントな電子波や格子波による異方的な成分のみを選択的に検出するポンプ・プローブ反射率測定である.本実験の場合,ポンプ光による励起は共鳴励起をねらい 400 nm の光を用いている(図5・1における E_1 および E_0' 遷移に対応).遅延時間ゼロ付近には,非常に鋭くやや複雑な応答が見られる.これは電子系からの非周期的応答およびそれと格子系との間の量子干渉の顕れと思われる.引き続き,その後す

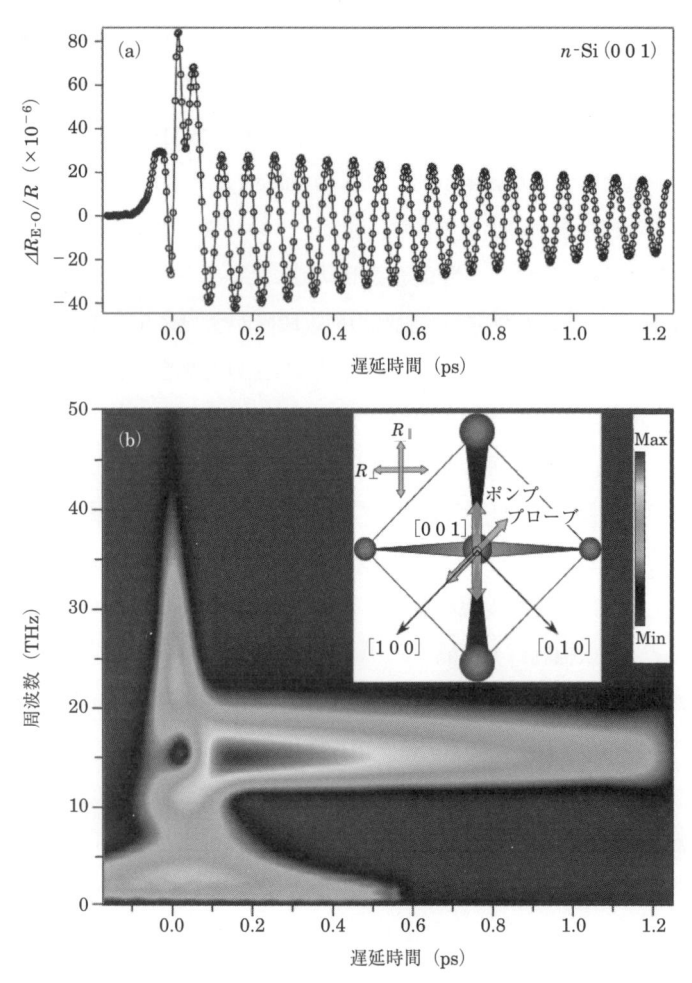

図 5・12 (a) E-O sampling 光学配置で測定した n-doped Si($\sim 1\times 10^{15}\,\mathrm{cm}^{-3}$) のコヒーレント信号.
(b) (a) の時間領域波形から得られた連続ウェーブレット変換.挿入図は $\Gamma_{25'}$ ポンプ・プローブ偏光配置を示す [26].

ぐにコヒーレント光学フォノンによる振動が観測される.このとき,コヒーレントフォノンの振動は,共鳴励起で予想される,cos 関数的振舞いを示した(5・1・5 の (2) 項参照).

この時間領域波形を連続ウェーブレット変換（CWT）[35]して得られたクロノグラム（時間-周波数マップ）を使うと，現象はより鮮明に見ることができる（図5・12(b)）．時間ゼロ付近で縦方向に伸びる成分は電子の応答であり，周波数 15 THz 付近で横方向に伸びる成分は格子振動である．特に注目すべきは，遅延時間ゼロ付近（22 fs，15.3 THz）に現れた穴（dip）である．これは，ファノ干渉における反共鳴が起きていること，すなわち離散準位をもつコヒーレントフォノンと連続準位をもつコヒーレントな電子の各々の振幅が破壊的に打ち消し合うように干渉したことに対応する．この点が，励起された電子が結晶格子に力を及ぼし，結晶格子を形成している原子集団の運動が一斉に開始される瞬間を表す．別の見方をすれば，電子と格子は別々の存在として振舞うのではなく，強い相互作用により互いにまとい合いながら（dressed state），一体となって運動する様子（準粒子：この場合コヒーレントフォノン）が観察されたといえる [26]．

(5) 表面における超高速分光と時間分解イメージング

コヒーレント表面フォノンも SHG（Second Harmonic Generation）信号を検出するポンプ・プローブ測定によって観測可能であり，これまでに2,3の結晶表面におけるコヒーレントフォノンの論文が報告されている．例えば，Cs 吸着 Pt(1 1 1) 表面の時間分解 SHG 信号の時間変化には，Cs-Pt 伸縮振動に対応する強いコヒーレントな振動成分（2.3 THz）の観測が報告されている [27]．

最後に，時間分解イメージングの観測例を紹介する．図5・13は金ナノロッドのプラズモン励起後の時間分解イメージングである [28]．開口型近接場顕微鏡（SNOM）と時間分解ポンプ・プローブ測定とを組み合わせたものである．空間分解能 50 nm，時間分解能 100 fs がすでに同時に実現されている．ポンプ光照射時のプラズモン励起で誘起された励起状態が，電子-格子間相互作用によって緩和される様相が時間・空間的に見事に捉えられている．

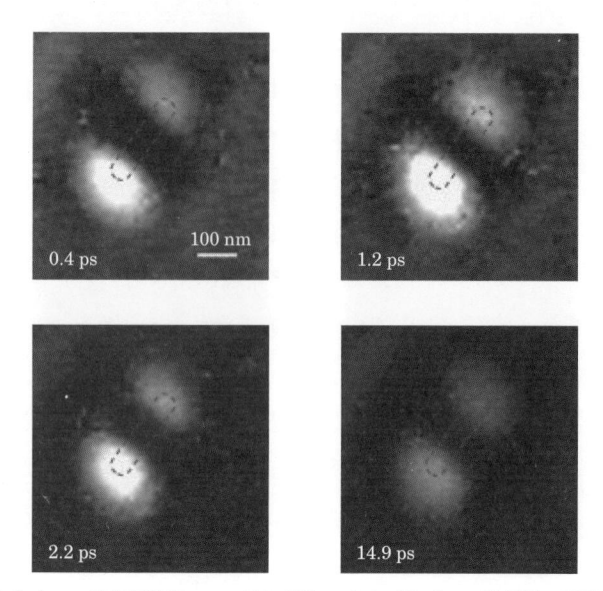

図 5・13　金ナノロッド（直径 30 nm，長さ 300 nm）のプラズモン励起後の時間分解イメージング．ナノロットの両端部で励起は強く起きており（白く見える 2 つの領域），時間とともにこの励起状態が緩和する様子が画像として観測されている．近接場顕微鏡（SNOM）と超高速コヒーレント分光とを組み合わせたもの [28]．

5・2　近接場分光

5・2・1　はじめに

　これまでの節で分光には電子分光，力学的分光などがあることを見てきた．しかしそこで使われている「分光」という言葉は広い意味での分光であり，狭義には「物質が放出または吸収する光のスペクトルを測定・解析し，物質のエネルギー準位，遷移確率などを研究する学問」が分光であり，光，換言すれば電磁波を用いることが基本である．特に今後のプローブ顕微鏡法の発展において実現すべき課題の一つに「元素分析」があるならば，その意味でも光学的分光の重要性は高い．3・1 節で取り上げた非弾性トンネル現象

を用いた振動分光[36]では，STMのもつ高い位置分解能と単一分子レベルの検出感度ゆえに期待が高まっているが，STMを基礎においているがゆえに試料は導電性のものに限られてしまう．本節ではナノスケール空間分解能で，光学的分光が可能な技術として発展しつつある近接場光学顕微鏡法または近視野光学顕微法（Scanning Near-field Optical Microscopy：SNOM）[37]と呼ばれる方法について，その簡単な原理の紹介と分光という観点からの議論を加える．なおnear-fieldの日本語訳は遠視野（far-field）領域，すなわち回折パターンが本質的に無限位置にあるのと同じようになる光源や開口から離れた領域，の対義語として「近視野」とするのが正確であるが，「近接場」（英語に直訳するとproximity field）もほぼ同義語として用いられることが多いので，本節でもこれらを同様に扱うことにする*)．

通常，材料分析の立場で分光といえば光学的手法を思い浮かべるのが常である．5・1節で見たように蛍光，紫外可視吸収，赤外吸収，ラマン散乱などがその例である．これらの方法は光と物質の様々な相互作用を物質に固有のスペクトルとして検出するものであるから，物質を同定する方法として利用

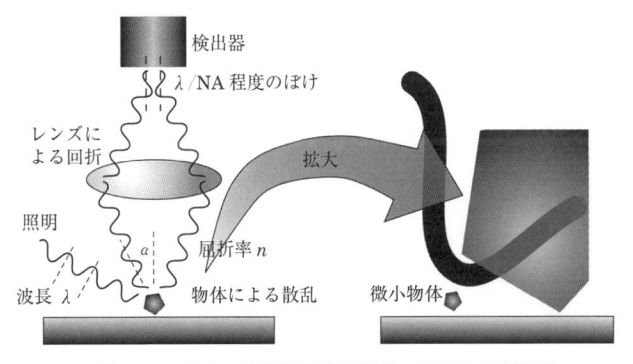

図5・14 従来の遠視野光学顕微鏡の原理と回折限界

---

*）「近視野」と「近接場」をより厳密に別のものであると定義する立場もある．

できる．のみならず，その物質がどういう状態にあるのかを分析することも可能である．これらの分光学的情報を空間マッピングするためには，顕微法と組み合わせる必要がある．通常は図5・14に模式的に示したような遠視野光学顕微鏡と組み合わせるわけであるが，光には回折限界と呼ばれる原理的な制限があるために，波長程度のサイズより小さい物体からの散乱光は正しく結像できない．

光の回折現象をもう少し詳しく見てみよう．例えば板の上に波長と同程度のサイズの円形の開口(半径a)があり，そこを光が通り抜けるとき，光は光線のように真っすぐ進むわけではなく，回折によって広がってしまう．そのときの広がり角(発散角)はλ/aとなることがわかっている．凸レンズで光を集光した場合も同じで，凸レンズが有限なサイズであるが故に焦点は数学的な点にはならず，ある程度ぼける．焦点から凸レンズを見込んだ角度をα，凸レンズと物体の間にある媒質の屈折率をnとして，開口数NA(Numerical Aperture)と呼ばれる値を$n\sin\alpha$と定義すると，ぼけの程度は

$$R = k\frac{\lambda}{\mathrm{NA}} = k\frac{\lambda}{n\sin\alpha} \qquad (5\cdot 25)$$

となる(kは光学系によって決まる定数で，通常の光学系の場合0.61)．普通の凸レンズではNAは1以下であり，結局，焦点は波長の程度ぼける．このぼけがレンズ系を使う遠視野光学顕微鏡の空間分解能の上限となることは容易に想像ができよう．例えば，青色レーザ光(波長488 nm)を用い，共焦点系という特殊な光学系(kの値がさらに小さい)を用いる走査レーザ顕微鏡では約 200 nm の空間分解能を実現する．最近の より短波長のレーザ光源を利用すれば，より高分解能の測定が可能になる．しかし，それらの光源は大型かつ高価であり，なかなか普及するものではないし，いずれにしても光の回折限界と呼ばれる この原理的な壁を乗り越えることはできず，空間分解能 100 nm を切ることができないのが現状である．

ところで赤外吸収法は分子の固有振動エネルギーに相当する赤外線（波数 7000 cm^{-1}〜400 cm^{-1}）の吸収スペクトルを得る方法で，化学者の間で物質の同定によく用いられている．しかしこの波数レンジを波長に変換すると 1.4 μm〜25 μm であり，顕微法と併用した場合の空間分解能はさらに低い（通常 30 μm 程度の開口が用いられる）．波長レンジを短波長側に制限することで空間分解能を上げることは可能であるが，ナノスケールで材料評価する技術としては到底満足のいくものではない．

このように，従来の遠視野光学系を用いる顕微法は，波長サイズに限定される空間分解能という問題点がある．その現状を打破するために従来とられてきた一般的な方法は，より短波長の波動を用いるというものである．例えば，電子顕微鏡では電子のド・ブロイ波長がその加速電圧の平方根に反比例するという原理を用い，より高い加速電圧の装置を開発することで分解能を向上させている．しかしながら，平方根に反比例という関係であるから，加速電圧の増大ほどには波長は小さくならない．また電子線の開き角 α は 10 mrad 程度であるので，$\lambda = 2.2 \times 10^{-3}$ nm のとき（加速電圧 300 kV）に式 (5・25) で定義される分解能は 0.13 nm となってしまう．分光という観点からも，電子線を用いるスペクトロスコピーは融通が利かないことが多い．やはり回折限界を破る何らかのブレークスルーが待望されるわけである．ここにきてナノスケールの分解能を実現することを期待できる手法として近接場光学顕微鏡（SNOM，近視野光学顕微鏡とも呼ばれる）が登場するわけである．

5・2・2 近接場光

そもそも光は電磁波であるからどんなに小さな物体であっても，何らかの電磁的相互作用が存在する．その効果を遠方の検出器で測定できるのはそこに散乱光が存在するからである．しかし，図 5・14 に示した波長よりも十分小さい微小物体からの散乱は，回折現象によってその物体の位置を正確に定

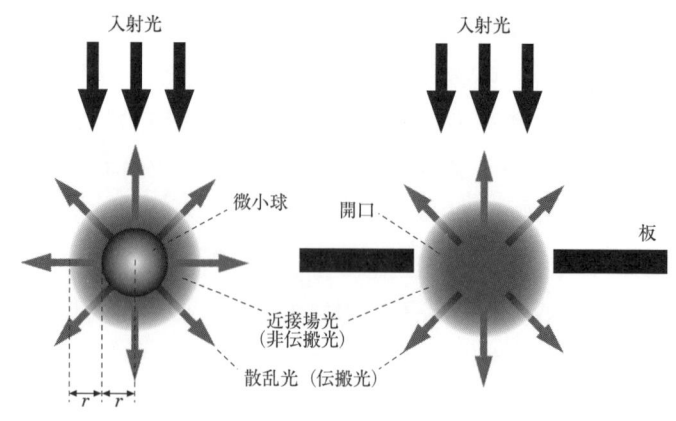

図 5・15 微小球の周りの近接場(左)と，微小開口付近の近接場(右)

めることができない[*]．ではどうすれば微小物体を観察することができるだろうか．実は電磁相互作用の結果として，図5・15に模式的に示したように物体の周りには雲のように局在する光の場が存在する[38]．原子中の原子核の周りの電子雲のようなものである．これが近接場光である．同様に波長よりも小さい微小開口付近にも近接場光が生じる．

より正確に近接場光を定義すると，それは光の電場によって物体内部に誘起された多数の電気双極子が作る電気力線のうち物体の外にはみ出したものということになる．一方，電気力線が物体の周りにまとわり付かず，ループ状になって外へ飛び出していくものが散乱光である．重要なことは微小物体の周囲に局在する この近接場光の広がりは物質のサイズ(半径 r)と同程度となることである．光の波長 λ には依存しない(後に詳述する)．詳細は文献 [38] に譲るが，波長に対して十分小さなサイズを考えている場合には，光電場は物体内部ではどこでも同じ方向を向いている．したがって波長依存性の出てくる余地はない．また時々刻々激しい速さで振動する電場であるから，微小物体内部に誘起される多数の電気双極子も光と同じ周波数で振動す

---

[*] 空を青く見せる大気中の微粒子によるレイリー散乱がその例である．

るが，波長に対するのと同じ理由で位相も場所依存性がほとんどない．結局，各双極子は電場に対して常に同じ方向を向こうとする．しかし双極子間にはお互いの電気相互作用もある．したがって，多数の電気双極子の向きの調整は物体の形状やサイズおよび物体を形成する物質の種類のみに依存することになるわけである．このように近接場光は微小物体の局所的な光学情報をになっている．そこで，もしその情報を何らかの方法で引き出せれば，ナノスケールの物体の電磁相互作用をナノスケールで検出できることになる．

近接場光が物体の形状やサイズに依存するという事例として，その最も極端なものを考えてみよう．それは，2種類の物質（屈折率が n_1 の物質1と n_2 の物質2）の界面に光が全反射条件で入射した際に生じるエバネッセント光である[*]．

図5・16に示したようにエバネッセント光は界面において低屈折率側に生じる波長程度の減衰長 Λ をもつ光の場である．この光は界面に沿って進行する波であるが，界面と垂直方向にはエネルギーの流れがなく，界面に「局

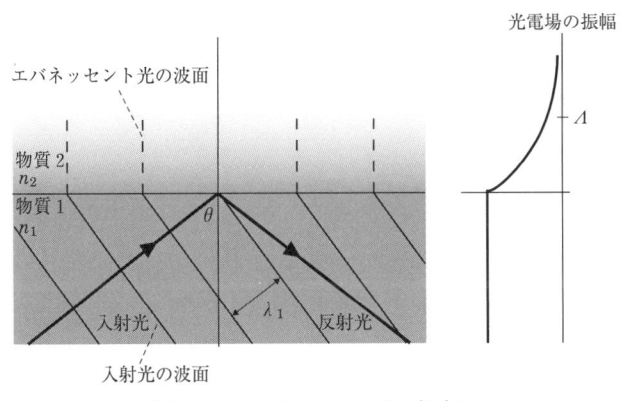

図5・16 エバネッセント場の概念図

---

[*] ここで用いているエバネッセント光の定義は狭義のものである．エバネッセント場が広義に用いられるときには，ここで近接場光と定義したものと同義の場合もある．

在」している．しかしながら減衰長 Λ の表式

$$\Lambda = \frac{\lambda_2}{2\pi\sqrt{\frac{1}{n^2}\sin^2\theta - 1}} \qquad (5\cdot 26)$$

(λ_2 は物質 2 中の光の波長，$n \equiv n_2/n_1$ は相対屈折率，θ は入射角)が示すように，この場は波長に依存する従来の光学の枠組み内で議論可能な量となってしまう．先に近接場光は波長に依存しないと述べたにもかかわらず，エバネッセント光は波長依存の量になってしまった．これは電気双極子の配列の違いに起因する結果である [38]．近接場光を取り扱う際にはこの点に注意してほしい．なおここで定義の話に戻るが，「近視野」(near-field)という場合にはサイズが重要であり，波長以下のみならず波長程度の広がりも考えるためにここで議論したエバネッセント光ももちろん近視野光である．また「近接場」という言葉の定義は場の発生原因に関係しており，「物体表面にまとわりつく電磁場」ということになる．その意味でもエバネッセント光は近接場光である．しかしながらそれが波長に依存するかしないかという点において，エバネッセント光は波長よりも小さいサイズの微小物体の周りに生じる近接場とは本質的に異なるものである．

5・2・3　近接場光学顕微鏡

近接場光検出の原理は至って簡単である．図 5・17 のように近接場内に第 2 の微小散乱体(レイリー粒子)を持ち込めばよい．すると物体の周りの近接場は攪乱を受け，近接場光の一部は散乱光に変換される．それを通常の遠視野の手法で検出すればよいのである．散乱体としては，例えば STM や AFM プローブのような先端の鋭いものを用意すればよい．材質は誘電体 [39]，半導体 [40]，金属 [41] など様々な例が報告されている．特に STM プローブや金属コートした AFM プローブなど，金属を材質にしたプローブでは散乱効率が高い．この場合，プローブ先端での電界集中の効果や，波長

5・2 近接場分光

と金属の種類にも依存するが,表面プラズモン発生の効果などによって近接場光が増強される利点もある[42].この検出法を用いて得られた光学情報を2次元マッピングするのが,散乱型SNOMあるいは無開口型(アパチャーレス)SNOMと呼ばれている方法である(図5・18左側).後に述べる開口型(アパチャー)SNOMの難しさゆえ,あるいは,すでに確立された技術であるSTMやAFMと併用することが容易であるために,世界の趨勢は散乱型SNOMに向かっているようである.しかし,散乱型SNOMでは散乱光の検出のために必ず遠視野光学系を利用する必要があることにも注意を要する.例えば,近接場光励起に対する試料の何らかの発光プロセスを検出したい場合に,そのプロセス自体が局所的でないならば*),遠視野系を用いることになるため,結局は分解能が稼げないことになる.

また,元々あった散乱光と攪乱によって生じた散乱光を本質的に分離でき

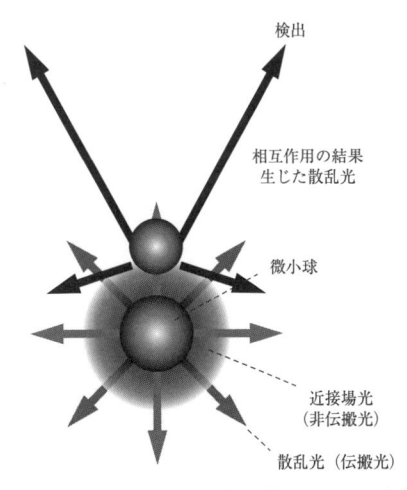

図5・17 微小球間の相互作用による近接場光の検出

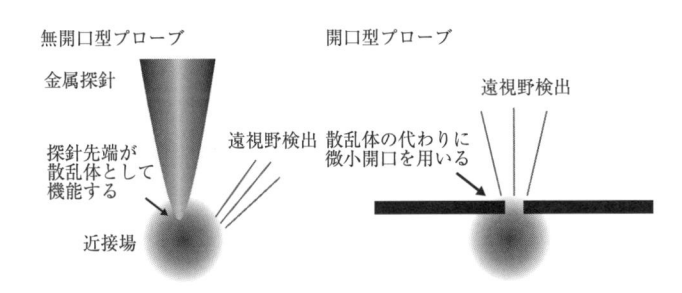

図5・18 より現実的な近接場の光の検出(近接場光学顕微鏡)

---

 *) 例えば半導体内におけるキャリアの再結合による発光など.

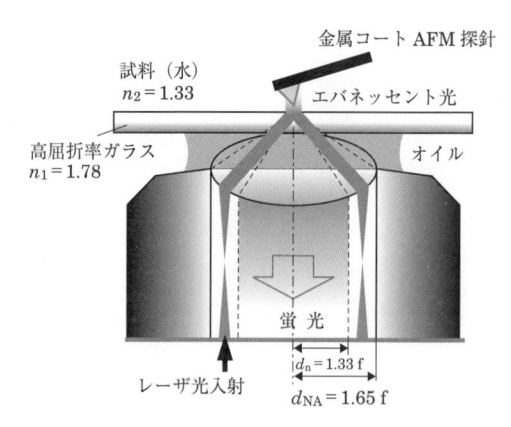

図5·19 高 NA をもつ対物レンズと組み合わせた散乱型 SNOM

図中ラベル: 試料（水） $n_2 = 1.33$ / 金属コート AFM 探針 / エバネッセント光 / 高屈折率ガラス $n_1 = 1.78$ / オイル / 蛍光 / レーザ光入射 / $d_n = 1.33\,f$ / $d_{NA} = 1.65\,f$

ない欠点もある（入射光と散乱光の波長が異なるなら光学フィルターで分離可能ではあるが）．この欠点は，先に述べたエバネッセント光による励起によって背景光をかなり除去できるため，ある程度は回避可能である[*]．エバネッセント光の発生にはプリズムなどを利用する簡単な構成もあるが，高開口数（例えば NA = 1.65）の対物レンズを利用する方法が大変有効である[41]．この方法では，図5·19に示したような通常は全反射蛍光顕微鏡などで用いられる高開口数の対物レンズを用い，エバネッセント光だけが焦点にくるように低 NA の光を遮る（あるいは NA が1より大きい部分にだけ光を入射する）．このときプローブによって散乱された光は NA が1以下の部分を通して検出できる[**]．

残された現実的な問題は，基板として用いる高屈折率のカバーガラスがかなり薄いため AFM 測定が不安定になること，背面からのエバネッセント照明は不透明試料に対しては利用できないことである．特に後者は実際の応用上の大きな制約である．なお不透明試料からの散乱光を，背面からではな

---

*) 通常の光照射でも近接場光は発生する．エバネッセント光を使う目的は背景光を落とすということにつきる．

**) 誤解のないようにするべきことだが，試料による蛍光や散乱光はプローブの存在と無関係に生じる．後述するようにプローブは分解能，信号強度向上に寄与する．

く，プローブのある側で広い立体角で検出するために，積分球[43]や楕円鏡[44]を用いる方法も提案されている．

上述した微小物体の散乱による近接場光の検出の他に，図5・18の右側に示したような微小開口による散乱も可能である．そもそも微小開口を用いる検出の原理については古く1928年に提案されており[45]，理論的にも1944年には微小開口の回折場解析理論として完成されている[46]．実験的にはプローブ顕微鏡が発明される前である1972年にマイクロ波領域で検証がなされている[47]．しかしながら，現行のSNOMの原型と見られるものはSTMが発明されたのと同時期に試作されたものであろう[48]．これは，研磨した石英柱の周りに金属をコーティングし，いわゆる押しつけ法として今日知られている方法で先端に微小開口を作成し，可視光領域で波長の20分の1の超解像を得ている．なお，この世界初のSNOMと呼ぶに相応しいものは，その試料との位置制御を開口周りの金属部分でSTM動作させることで実現していた．現在では，光ファイバーの先端を化学エッチング法[49]か，溶融延伸する方法で先鋭化したものに微小開口を形成したものをプローブとするのが主流である．特に前者の方法は目的(高分解能型，高感度型など)に応じたプローブ先端形状の最適化や歩留まりなどの点で優れている．詳しくは成書を参考にして頂きたい[50]．なお光ファイバーの先端を曲げ，AFMプローブとしても動作できるようにした装置もある[51]．AFMプローブを作製するために用いられる超微細加工技術を発展させ，先端に微小開口をもつカンチレバー型AFMプローブを利用する方法も今後の展開に期待がもてる[52]．いずれにしてもこれら微小開口を用いる方法は開口型(アパチャー)SNOMと呼ばれる．

図5・20に先鋭化光ファイバープローブを用いた近接場光検出の模式図を示す．プローブ周辺の金属コーティングは，それによって開口部が形成されるという理由の他に，もともと存在する散乱光がプローブへと入ってこないようにする衝立の役割もになっている．そのため開口部半径Rは光の波長

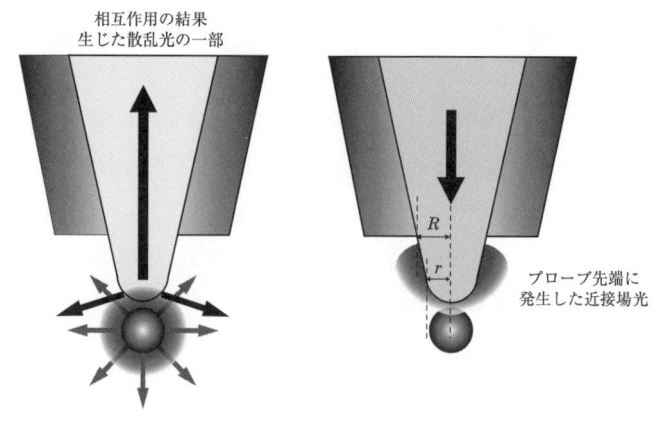

図 5・20　集光モード SNOM(左)と，照明モード SNOM(右)

よりも十分小さくする必要がある．突出部(曲率半径 r)が物体の近傍に生じた近接場領域内に入ってくると，新たに散乱光が生じ，その一部が光ファイバーに入射するので，それをファイバーの他端で検出すればよい(図 5・20 左)．図 5・15 に示した近接場光発生の 2 種類のメカニズムに関連して，図 5・20 右に示したように，今度は光源を光ファイバーの他端とカップリングさせる．すると開口部から突出した光ファイバーの周りに，それと同程度のサイズの伝搬しない近接場光を発生させることができる．近接場光の広がりが先端と根元で異なっているように図を描いたのは，それが物体のサイズによることを反映している．この近接場光を微小光源として用いる方法がある．むしろ市販装置のほとんどはこちらの構成をとっている．この場合は試料表面との電磁相互作用が散乱光を生み出す．この方法を開口型 SNOM の中でも特に照射モード SNOM と呼ぶ．対比のために，図 5・20 左の構成を集光モード SNOM と呼んで区別している．なお照射モード SNOM で試料の散乱光を遠視野系で検出する場合は，先に散乱型 SNOM で問題となったと同様に，光と物質の相互作用の非局所性が絡む場合には近接場光照明の利点は生かされないことになる．そこで，照射も集光も同時に行ってしまおう

という方法が存在する[53]．ただしこの場合には，開口部を2回通過する際の光強度損失のために様々な工夫が必要である．

例えばプローブに振動を加え，その振動と同期する光強度成分を光ヘテロダイン法で検出する方法が提案されている[54]．また図5・20に示したような単一のテーパー部(先端の尖った部分)をもつプローブではなく，テーパーを2重にかけ，光ファイバーのコアから先端までの距離を短くすることで入射光から近接場光へのエネルギー変換効率(スループット)を10^{-1}程度(10％)まで向上させるという方法もある[53]．通常のプローブでは変換効率は10^{-4}から10^{-3}であり，照射－集光同時モードで使うのは絶望的であるが，この方法では単一量子ドット[55]や単一分子[56]からの発光を高効率で検出するのに成功している．図5・21に光ファイバープローブ形成過程の実際を走査電子顕微鏡写真として示す．(a)は緩衝フッ酸溶液で化学エッ

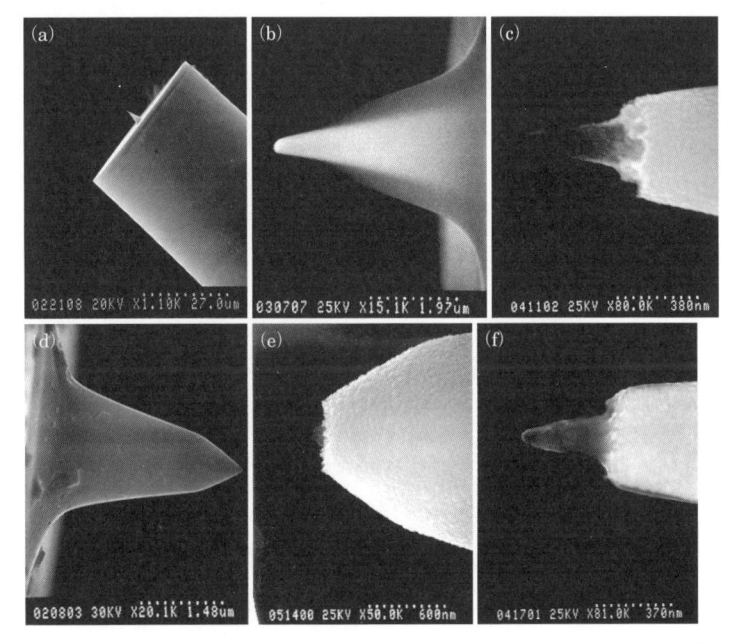

図5・21 化学エッチング法によって得られた光ファイバー探針の走査電子顕微鏡写真

チングした状態，光ファイバーのコア部とクラッド部のエッチング速度の違いにより先鋭化したコアが得られている．そこに金属をコーティングする．(b)は金属コーティング後の先鋭化コア部の拡大図である．全体を覆う薄い膜は樹脂であり，先鋭化コア部のごく先端の部分だけは表面張力のために樹脂が覆えない．そこでこの状態で先端の金属をエッチングすると(c)に示したような突出型プローブが得られる[49]．(d)は2重テーパープローブであり，(e)は二重テーパープローブに微小開口を作製したものである．この選択的樹脂コーティング法による微小開口のサイズは，50 nm から 300 nm 程度まで制御可能である．

以上，散乱型，開口型 SNOM について概観してきた．この他に非接触 AFM を用いて近接場光を力として検出する方法[57]や，カンチレバーの先端に微小なフォトダイオードを作製し（フォトカンチレバー），それによって近接場光を検出しようとする試みもある[58]．このような集積型カンチレバーの別の例として，PZT 薄膜をその背面にもつカンチレバーがある．このカンチレバーは PZT 薄膜の圧電性を微小変位センサーとして用いるため，AFM が通常必要とする光テコ用のレーザ光源を必要としない．このため，SNOM と AFM を複合化する場合によく問題となる背景光の存在を無視できるという利点があり，これを散乱型 SNOM プローブとして用いることが試みられている[59]．

5・2・4 SNOM の分解能

まず散乱型 SNOM であるが，分解能を決める最も重要なファクターはプローブ先端の曲率半径である．微小物体の散乱能は，近接場光発生のメカニズムと同様に，物体サイズに依存するからである．ただし先端の曲率半径の値が分解能そのものになるとは断言できない．実際にはプローブと試料の間に生じる電磁プロファイル，すなわち電磁場の広がりの程度が分解能の目安になると思われる．そのようなプロファイルを電磁場解析シミュレーション

によって明らかにしようとする研究は後を絶たない．特に金属プローブを使った場合の電界集中の程度，それに伴う電場増強効果の見積もりなど，状況はそれほど単純ではない．プローブ側の表面プラズモンの存在や試料とプローブの間の多重散乱が問題となる場合もある．入射光の偏光や入射角度依存性 [60] もあり，特に光強度の定量的理解にはまだ至っていないというのが偽りのない認識であろう．

同様の複雑さは開口型プローブの場合にも当てはまるが，開口型プローブではその開口サイズが空間分解能を決定すると考えると1次近似的にはほとんど正しい．散乱型，開口型を問わず空間分解能は もはや光の回折限界，すなわち波長サイズには規定されないのである．開口サイズとの相関についてはすでに多数の実験的報告がある [61]．特に点光源と見なせるような単一分子や単一量子構造からの発光の見かけのサイズを分解能の目安として定義することも可能である．図5・22 に示した押しつけ法(二重テーパー型プローブ)によって得られる開口では $2R$ 程度に広がったスポットを得ることになる．押しつけ法は先鋭化プローブの先端に金属を蒸着し，基板などへ衝突させることで開口を得る．この方法によって作成した約 20 nm の開口プローブで，単一蛍光分子について同程度のサイズの蛍光スポットを得ることに成功している例がある [56]．蛍光観察の場合には，励起状態にある分子とプローブ周辺の金属部分との無輻射的エネルギー移動によって蛍光がクエンチされるために，見かけ上，開口の幾何学的サイズよりも小さなスポットが得られる．この金属との相互作用は分子の蛍光寿命を変える作用もある

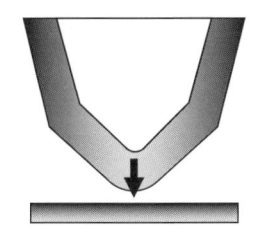

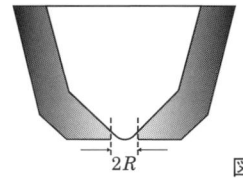

図5・22 押しつけ法による開口の作製

[62]. 開口付近では金属膜厚が薄くなっているために光のしみ出しが生じ，逆に分解能が悪くなることもある [63]. また近接場の より本質的な理由によって，開口サイズそのものではなく，プローブ先端の曲率半径が分解能を決める場合もある．すなわち開口型プローブでは，プローブ先端の曲率半径と開口サイズの間の空間サイズをもつ近接場光をバンドパスフィルター的に検出しているのである [50]. この状況は図5・20に示した突出型プローブの場合に象徴的に現れる．すなわち，この場合は根元部分と先端部分の距離の差によって検出効率が変わるので，分解能は開口サイズ R というよりは突出部の曲率半径 r で決まってくる*).

5・2・5 位置制御

すでに説明したように，SNOM は STM や AFM プローブと結合されているケースが多く，プローブ位置制御にはそれらの方法が採用されている．カンチレバー型プローブや先端を曲げた光ファイバープローブではなく，垂直型の光ファイバープローブの場合には剪断応力制御が多く用いられる [64]. そこではプローブを試料平面と水平方向に横振動させ**), 試料表面に近づいたときの振動の減衰を位置制御用のパラメータとする．その起源は一種の原子間力であるといわれているが，実際には試料鉛直方向約 20 nm 程度から減衰が始まる（大気中測定の場合，大気の粘性や汚染層の影響で状況は変化する）．振動の測定にはレーザ干渉を利用するものが過去には多かったが，レーザ光と検出光とのクロストークを避けるために加振と電気的な変位検出を同時に行えるチューニングフォークという音叉型の水晶振動子を使う例が増えてきている [65]. 実例は少ないが，純粋に光強度でフィードバックを行うことも可能である．エバネッセント光励起の場合はその減衰長

---

*) その実例を後に図5・23で示す．
**) 縦振動を利用するモードも存在する．

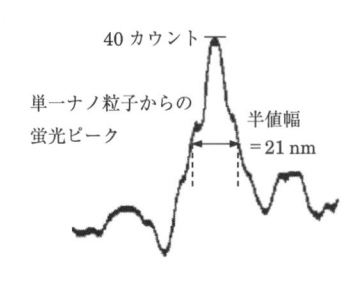

図 5·23 SNOM/STM 複合装置による単一ナノ粒子の蛍光観察例

が波長程度であるために強度の勾配は小さく，安定した位置制御は難しいといわれているが，近接場光を有効に検出することで，むしろ高い分解能を得た例もある [66]．

図 5·23 に位置制御を STM で行った例を示す [67]．STM 制御を行うために初期の SNOM のように金属コーティング部を使うのではなく，突出型プローブ先端部分に透明電極である ITO をコーティングしたプローブを利用している．図 5·21(f) のようなプローブである．ITO はその透明性のゆえに金属の場合のような無輻射的エネルギー移動は生じないし，プローブ先端が STM の動作点であるために STM 像と SNOM 像の観察場所も一致する．また光検出感度を上げるために，二重テーパー型で照明‐集光同時モードを採用している．そして STM 制御であるためにプローブ先端と試料の距離は約 1 nm であり，近接場光成分を効率よく検出できるというのが本測定法の最も本質的な利点である．ITO コートガラス基板上に展開された CdSe 半導体ナノ粒子からの蛍光が約 20 nm の半値幅で観測されている．この分解能は根元の開口サイズ ($2R \approx 175$ nm) ではなく，プローブ先端の STM 動作点の局所的な曲率半径 r に依存した結果である．

他の物理量による位置制御で近接場光検出を行う際に不可避の問題点について述べよう [68]．図 5·24 に示したようにプローブは微小物体と力学的な相互作用をしながらその「表面」上をなぞる．このプロファイルと光学的な

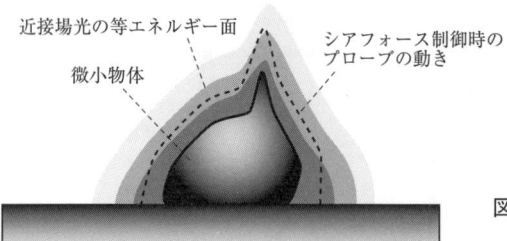

図中ラベル: 近接場光の等エネルギー面／微小物体／シアフォース制御時のプローブの動き

図 5・24　Z モーションアーティファクト

プロファイルは必ずしも一致しない（力は単純には表面との距離に，近接場光は物体の局所的サイズに依存する）ので，例えば構造が急峻に変化する場所（図では突起部分や基板との界面など）では，近接場光強度が見かけ上大きく変化するように見える．その結果，分解能が高まったような SNOM 像を得ることがある．しかしながらこれは Z モーション虚像と名付けられた偽りの像であり，その解釈には注意が必要である．SNOM 像に構造情報がクロストークしているような場合には，ぜひこの問題点について考えてもらいたい．

5・2・6　分光技術

以上分解能と位置制御について述べてきたが，原理は簡単であるが SNOM システムの開発には非常に複雑な複数の案件を解決する必要があることがわかって頂けたのではないかと思う．話を開口型 SNOM に限っても，波長に応じて利用できる光ファイバーは変わってくる．それによって先鋭化技術も変更を受けるだろう．分光する場合は特に遠視野光学系と組み合わせることも多いので，それも含めての最適化が必要となってくる．大概はレーザ光源を利用するが，測定対象に応じてそれは変わる．検出器も測定波長に合わせて感度，時間分解能を所望のものに合わせ込むことが求められる．分光器の選定も問題となる．各波長での光強度を測定するので単なる全光強度の検出の場合に比べて　より高感度の測定が必要になるから，開口サ

イズすなわち分解能は犠牲にしてでも感度を稼ぐことを強いられることもある．AFMなどは市販の装置をそのままで使うことが可能であるが，SNOMはこのように測定対象が変われば周辺機器が全く異なってくる．ある程度の光学機器の知識と熟練を必要とするのである．

分光がいかに難しいかを知るために事例を1つだけあげてみることにする．SNOMが最も成功を収めている蛍光観察の見積もり計算である．システム構成としてはSNOMが倒立光学顕微鏡上部に設置されているものとする．光ファイバープローブによる照明モードで，媒質中，あるいは基板表面上に分散させた蛍光色素の蛍光を試料直下の対物レンズ経由で，アバランシェ・フォトダイオードで検出するとしよう．まず488 nm，1 mWのレーザ光を光ファイバー端面に入射する．ここでのカップリング効率が0.5，ファイバーコアの直径が10 μm，開口サイズが100 nmで最も単純な近似でそれらの面積比でエネルギー変換効率が決まるとして10^{-4}とすると近接場光強度I_{ex}は$0.05\,\mu$W，フォトン数にすると$I_{ex} = 1.5 \times 10^{11}$ cpsとなる．今，量子収率$\eta = 0.6$，モル吸光係数が$\varepsilon = 5.0 \times 10^4$ L/mol cmのよく光る分子(例えば緑色蛍光蛋白質GFP)を考える．モル吸光係数から一分子当たりの吸収断面積が$S = 3.6 \times 10^{-17}$ cm^{2}と計算される[*]．開口面積は$S_0 = 7.9 \times 10^{-11}$ cm^{2}である．開口数0.45の対物レンズによる集光効率が0.02(全立体角に対する割合)，蛍光波長付近でのアバランシェ・フォトダイオードの量子収率が0.5，その他の検出系の効率が0.1とすると，結局は検出系全体での効率が$\eta_{inst} = 0.001$となる．一分子当たりの検出蛍光強度I_{em}は，

$$I_{em} = I_{ex} \times \frac{S}{S_0} \times \eta \times \eta_{inst} \tag{5・27}$$

で与えられるから，それぞれの数値を代入して$I_{em} = 33$ cpsを得る．この値はフォトン・カウンティングレベルの検出器ではもちろん検出可能な値で

---

[*] $S = \varepsilon/(\ln 10 \times 6.02 \times 10^{20})$ (cm^2)で与えられる．

はあるが,設置環境の迷光の程度によってはノイズに十分埋もれてしまう値でもある.見積もり計算の中で特に人為的に変更可能な値はエネルギー変換効率であり,すでに述べたように 10^{-1} を超える高変換効率のプローブも存在する.しかしここでの計算は最もよく光る部類の分子に対してのものであり,通常の分子では吸収断面積はさらに小さいので,結局はフォトン・カウンティングレベルになってしまう.もちろん単一分子検出ではなく,開口内に多数の蛍光分子が存在するような試料ならば光強度は稼げる.

現実的な材料の分光という意味では,蛍光ラベリングした場合でもない限り,蛍光が用いられるような例はあまりないだろう.できれば赤外吸収やラマン散乱を使いたい.しかし,それぞれの散乱断面積は蛍光の場合とは桁違いに低い $10^{-20}\,\mathrm{cm}^2$ から $10^{-30}\,\mathrm{cm}^2$ オーダであり,単一分子レベルはおろかナノスケールでも強度を稼ぐことはままならない.それでも金属コーティングした AFM プローブを散乱体として用いることで数桁に及ぶ電場増強効

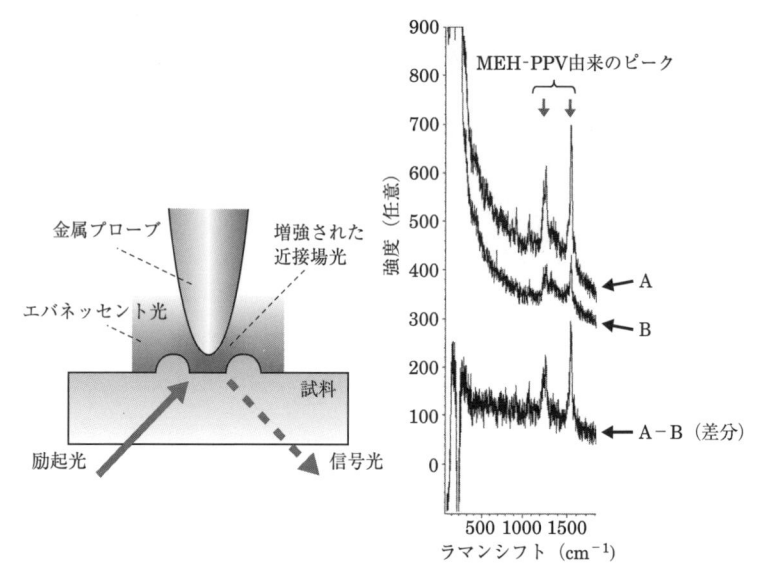

図 5・25 プローブ増強ラマンの実例(化学技術戦略推進機構 田窪健二博士のご厚意による)

果を実現し，100 nm を切る領域からのラマン信号を検出した例 [69] もある．図 5・25 に，試料背面からのエバネッセント光励起（近赤外領域）による有機半導体高分子薄膜のプローブ増強ラマンの様子を示した．信号 B はプローブが離れた状態でのラマン信号で，径が 400 nm 程度の照射領域全体からの信号であるのに対し，信号 A は Ag コーティング AFM プローブを試料表面に接近させた場合の信号である．したがって，それらの差信号は，径が約 70 nm の AFM プローブ存在下で，近接場光が増強されたために生じたラマン信号ということになる．

分光という立場で興味深い別の例として，励起波長を 250 nm 付近の深紫外領域に拡張し，芳香族官能基を有するほぼすべての化合物で蛍光観察を可能にした例がある [70]．蛍光なので前述のラマン散乱に比較して桁違いに散乱断面積が大きい．しかしながら，紫外線を用いるために光学系が特殊であり*)，そのシステム構築は容易ではない．1 つの成功例として純粋石英コアを有する光ファイバーを溶融延伸・フッ酸エッチングによって先鋭化することで微小開口をもつプローブを作製し，図 5・26 のように可視光領域では吸収のないポリスチレンなどからの蛍光が高分解能で観察されている．

最後の例として，先の SNOM/STM 複合装置の光 STM への応用例を紹

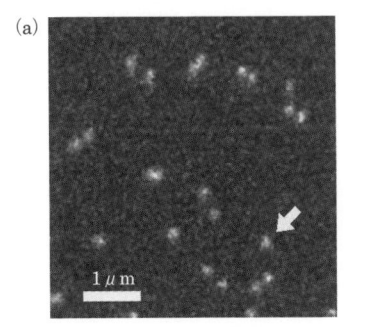

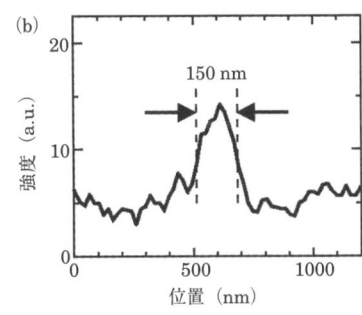

図 5・26 深紫外 SNOM によるポリスチレン球（直径 100 nm）の蛍光像 [70]

---

*) 通常の光ファイバーや対物レンズなどの光学系は紫外線を透過させない．

介する[71]．光STMに関しては続く5・4節で詳細に扱うが，光励起による構造・電子状態変化を通常はSTMと遠視野光学系を組み合わせた装置で調べようというものである．しかしこの測定法では探針直下の物体がどの程度光励起されているかの見積もりが難しく，定量的議論を加えることが難しい．ここで紹介するSNOM/STMでは光ファイバーによる局所的近接場光励起とSTMモードでの電流検出，および集光モードとしての蛍光観察を同時に行えるという利点がある．

　試料は遺伝子工学的に作成されたキメラタンパク質で，電子伝達系タンパク質シトクロムb562と，高い量子収率のために増感剤として機能する蛍光タンパク質（GFP）とから構成される[72]．このキメラタンパク質のGFP部分を励起すると，分子内でエネルギー移動が生じ，間接的にシトクロムが励起される．シトクロムは励起状態から基底状態に遷移するときに電子を1つ生成する．したがってこのキメラタンパク質が電極（金属基板とプローブ）に挟まれているならば光電流が発生することが期待される．図5・27にこのキメラタンパク質の光励起応答（励起波長 488 nm：GFPの吸収波長）の様子を示した．光変調に同期した光電流発生がトンネル電流成分の増加と

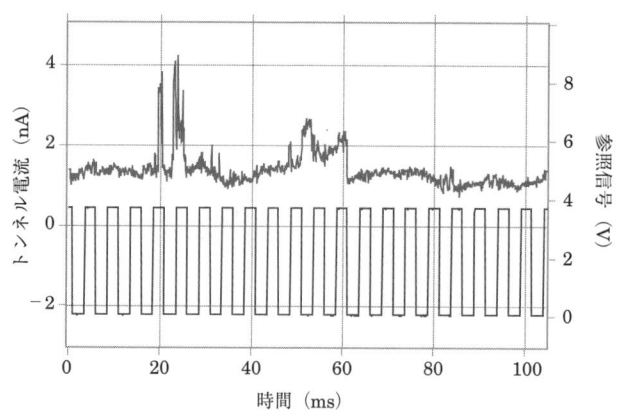

図5・27　光合成模倣キメラ蛋白質の光電流発生現象 [71]

いう形で明瞭に現れている．

　この光電流は単一分子レベルのものである．観測物理量が原子・分子レベルの解像度をもつトンネル電流だからである．また，もし多数の分子からの応答を見ているならば，光電流発生が全く起きていない不応期間（GFP のインターミッテンシーに帰属できると考えている）はほとんど隠されてしまうからである．以上のことを検証するために見積もり計算を行ってみる．もし GFP が定常的に励起状態にあり（すなわち光照射強度が十分高い：仮定 1），かつエネルギー移動が律速段階である（仮定 2）とすると，1 秒間にエネルギー移動の平均寿命 1.3 ns（時間分解蛍光測定から求めた値）の逆数分だけ電子が生成される．したがって，光電流は一分子当たり 120 pA となる．図の電流増加分は平均約 1 nA であり，測定に関与していた分子の数は単一分子とまではいかないが少なくとも数個のオーダであることがわかる．

　光ファイバー探針を使うこの測定法の利点は，仮定 1 をチェックできる点にある．先の見積もり計算と同様に，開口部での励起フォトンレートは 1.5×10^{11} cps となる．分子サイズから見積もって，開口部直下には約 300 個の分子が存在する．したがって，一分子当たりの励起フォトンレートは 5.0×10^8 cps となり，2.0 ns に一度はフォトンがくる計算になる．よって先のエネルギー移動寿命 1.3 ns と比較すると，GFP が常に励起状態にあるという仮説の妥当性が示せたことになる[*]．このような方法を突き詰めていくと（蛍光の同時測定など），単一分子内のエネルギー移動のメカニズムの詳細に肉薄できる可能性がある．今後の発展に期待したい．

---

　[*]　より詳細には GFP の吸収断面積も考慮に入れた見積もりを行う必要がある．

5・2・7 まとめ

以上，SNOM の基礎と分光という観点からの応用について説明してきた．分光ではないが，SNOM の偏光顕微鏡としての応用も将来性の高い方向である．光強度情報や波長(振動数)情報ではなく，位相つまり偏光情報に着目すれば全く異なる知見を得ることができるはずである．光ファイバー，特に先端を先鋭化したプローブは偏光特性が不安定であるため，集光モードはあまり適さない．それでも光ファイバー光学系を駆使し，照射-集光同時モードで −50 dB 以上の消光比を実現している例がある [73]．また強磁性体コートした光ファイバープローブで消光比を制御することも試みられている [74]．さらに周波数のわずかに異なる2つの光を出射可能な軸ゼーマンレーザを用いた2周波左右円偏光高速複屈折測定法をシステムに導入し，複屈折が測定可能な SNOM も開発されている [75]．この装置ではレターデーション値*) などの定量測定も可能であり応用の範囲は広い．

なお紙面の都合で割愛せざるを得なかったが，近接場光が未来の科学技術の発展に寄与する場面は，光リソグラフィーを超える光ナノ加工の可能性にある [38]．SNOM がそういった未来の展望を切り開くための糸口になることは間違いないことである．

5・3 STM 発光分光

5・3・1 はじめに

走査トンネル顕微鏡(STM)発光は STM の探針-試料間の電子トンネリングにより励起された発光である．この節では STM 発光について記述する．図 5・28 は STM 発光計測システムの一例を示す．挿入図は試料-探針

---

*) 複屈折とは，異方性物質に入射する光が互いに垂直な振動方向をもつ2つの光(常光線と異常光線)に分離する現象で，レターデーションとはそれら2つの光の間の位相差のことであり，各光の屈折率と物質の厚みに依存する．

5・3 STM発光分光　　287

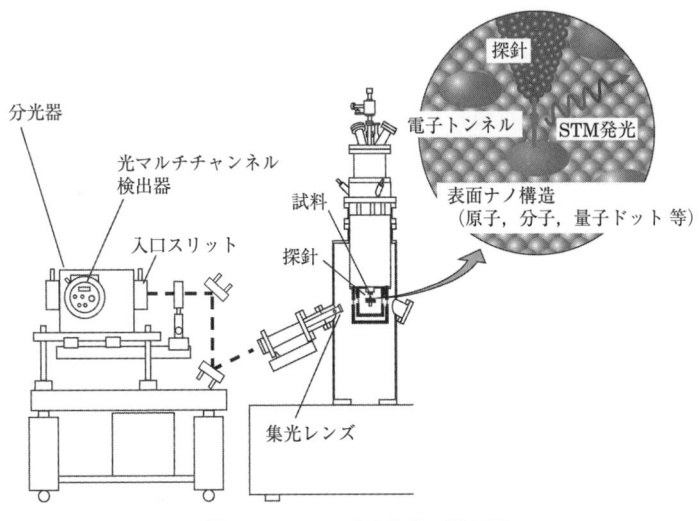

図5・28　STM発光分光の概念図

近傍の拡大図である．この図にあるように試料表面上に吸着原子・分子種や量子ナノ構造などが乗っていると考えよう．STM探針から試料表面へのトンネル電流のサイズは，これらのサイズと同等かそれ以下であるので，個々の構造への電子トンネルが可能になり，その際励起される発光が観測できる．この発光を適切な光学系で集め分析することにより表面原子・ナノサイズの構造が有する物性を研究する手法がSTM発光分光である．図5・28のシステムではSTM発光をレンズで集光し，2枚の鏡を経由して分光器に導き分析している．

　STM発光の計測範囲を可視域に限る本質的な理由はないが，可視域より長波長側（光子エネルギーにして1eV以下）になると利用可能な光検出器の感度が極端に低くなったり雑音（ノイズ）が大きくなったりするので計測が難しくなる．STM発光のスペクトルと試料‐探針間のバイアス電圧には後述する式 (5・28) の関係がある．したがって，紫外域よりも短波長の発光を励起するためにはそれに相当する，必ずしも高分解能STM像計測とは両立

するとは限らない，高いバイアス電圧が必要になる．これらのことが背景となっていると思われるが，STM発光計測の大半は可視域で実施されている．この節の記述でも可視発光計測だけを念頭においていることを最初にお断わりしておく．

以下，最初にSTM発光も含めた電子トンネル励起発光の歴史的由来と代表的なSTM発光機構について述べる．次に，STM発光計測法について紹介する．STM発光計測に興味があり，実際に実施しようと考えられている方々に役立つようこの部分に重点をおいて記述したが，超高真空中，大気中，水中など計測環境の違いによる計測系の違いについてはより詳細になるので全く触れていない．最後にいくつかの計測例について述べる．

5・3・2 電子トンネル励起発光

電子トンネルにより励起される発光現象は金属-酸化膜-金属(M-I-M)構造をもつトンネル接合において最初に見い出された[76]．アルミニウム(Al)蒸着膜の表面を酸化して薄い酸化膜(AlO_x)を形成後，その上に20〜30 nm程度の厚さの金(Au)や銀(Ag)膜を蒸着してAl-AlO_x-AuやAl-AlO_x-Ag構造を作製する．AlO_x膜を挟む2つの金属間に数Vのバイアス電圧V_0を印加すると，AlO_x膜を流れるトンネル電流により励起された光が接合面から放出される．観測された発光のスペクトルはブロードであり，以下の関係式を満たす：

$$h\nu \leq eV_0. \qquad (5\cdot28)$$

ここで，hはプランク定数，νは光の振動数，eは素電荷である．不等号右辺のeV_0はトンネルした電子が対向電極内でもちうるエネルギーの上限値を与えている．したがって式(5・28)は電子トンネル励起発光が1電子過程で起こっていることを示す．

発見当初よりM-I-M接合のトンネル電子励起発光は非弾性トンネル過程により励起された表面プラズモン・ポラリトン(Surface Plasmon Polariton：SPP）からの発光であると指摘されていた．SPPは金属と絶縁体界面に局在する一種の電磁波であり，周波数 ω と接合界面に平行な成分の波数 $k_{\parallel}$ ベクトルで特徴付けられる．トンネル電子が非弾性トンネル過程によりM-I-M構造中のSPPを励起し，光はSPPから放出されている．分散関係から，SPPのもつ波数 $k_{\parallel}$ は同じ周波数の光の波数よりも必ず大きいので，完全に平滑な(すなわち接合面内方向に並進対称性を有する)接合ではSPPは非発光性である．しかし，実際には多少の表面・界面粗さが残留する．この残留粗さを介してSPPから光が放射される[77]．

金属の誘電関数を $\varepsilon(\omega)$ とすると，真空 - 金属界面に局在するSPPの共鳴振動数(最も状態密度が大きい振動数) ω_{SPP} は，

$$\mathrm{Re}(\varepsilon(\omega_{\mathrm{SPP}})+1)=0 \tag{5・29}$$

で与えられる．ここでReは実部を意味する．通常の金属では，ω_{SPP} は真空紫外域(5eVよりも高エネルギー側)に位置するが，金，銀，銅のような貴金属ではd-バンド吸収のため，ω_{SPP} は近紫外から可視領域に移動してくる．この場合には可視域で強いSPP発光が期待されるので，可視発光を計測するM-I-M接合(発光トンネル接合)の一方の金属には専ら貴金属が用いられる．

STMの真空間隙も一種の絶縁体であるから，探針と試料が金属の場合，STMもM-I-M構造をもつ．したがって，STMでも電子トンネル励起発光が期待される．実際，1988年にAg蒸着膜を試料として，式(5・28)の関係を満たすSTM可視発光が報告された[78]．M-I-M接合とSTMの発光はともに強度が実験条件により著しく左右されるので，両者の発光効率の厳密な比較は難しい．経験的にはmA程度のトンネル電流で動作しているM-I-M接合とnAオーダで動作しているSTMは同程度の発光強度を与える．すなわちSTMの方が高効率である．

STM発光の高効率がどこに由来するかは興味がある．STMの場合，原子的に平滑な試料を用いたとしても，試料表面の並進対称性は探針の存在に

より破られる.すなわち,探針直下に位置するSPPは基本的に発光性になるので,M-I-M接合よりもSTMの方が高い発光効率を有することは納得できる.しかし,STMの高い発光効率をもたらしているのはこの対称性の破れだけではない.試料-探針間隙のもつ電磁気学的増強効果も重要である.この効果により探針直下のSPPは探針が存在しない場合に比べて著しく増強される.このことから,STM発光は探針の存在により局在化された表面プラズモン(Localized Surface Plasmon:LSP)からの発光と考える方が適切である.

電磁気学的増強効果の結果,例えばその大きな誘電的損失ゆえにSPPの専門家からSPPが発生しないと形容されるNiのような試料でも,式(5・28)を満たすSTM発光が観測される[79].すなわち,STM発光では金属材料を選ぶことなく発光計測を行うことができる.さらに,STMではSPPの全く介在しない電子トンネル励起発光も観測できる.GaAsのような直接遷移型半導体を試料とした場合には,STM探針からの少数キャリア注入により,電子-正孔再結合(バンド間遷移)に伴う発光が観測される[80].また,シリコンのような間接遷移型でしかもバンドギャップが赤外域にある半導体においてもSTM可視発光が観測されている[81].すなわち,導電性試料であれば,試料を選ぶことなく探針先端からの電子トンネルにより発光が励起できるので,STMの発光分析は試料表面の微視的領域の物性を探るための新しい手段として期待される.

STM発光の位置分解能は発光機構に依存する.金属試料のSTM発光はLSPからの発光であることはすでに述べた.LSPの面内方向のサイズρは探針先端の曲率半径をa,探針-試料間距離をdとすると,

$$\rho \sim \sqrt{2ad} \tag{5・30}$$

で評価される[82].$a = 50$ nm,$d = 1$ nm とすると,ρは10 nm になる.この値が材料の格子間隔よりもずっと大きいにもかかわらず,原子位置

分解能STM発光が報告されている[83]．試料が直接遷移型半導体の場合には，半導体試料中の少数キャリアの輸送(拡散)過程が位置分解能を決定する．

5・3・3 STM発光計測技術

STM発光の計測には通常の微弱光計測技術で十分である．むしろ，発光源のサイズが観測波長に比べて十分に小さいことが幸いし，光学系設計の自由度は高くなる．STM発光計測を面倒にしているのは，STMをベースにした他の走査分光と同様，探針が測定結果に大きな影響を与えることである．この節では，探針も含めた発光計測に必要な要素について記述する．

(1) 探針の準備

通常のSTM像計測では探針の良し悪しにより，得られるSTM像の分解能が大きく異なる．STM発光計測においても必要とするSTM像分解能が得られる探針を準備しなければならないことはいうまでもない．それに加えて，すでに触れた探針－試料間隙の電磁気学的増強効果が探針の準備作業を面倒にする．このことは，以下のように，増強効果を発光過程における一種のアンテナ効果と捉えればわかりよい(以下この効果をアンテナ効果と呼ぶ)．試料表面の上に乗っている1つの振動双極子を考える．この双極子はその振動数に相当する周波数の光を放射する．次にこの双極子の上に波長よりも小さいサイズの構造物を置いたとする．波長よりも小さいので真上に近接して配置されたとしてもやはり双極子からの放射は観測される．ただし，構造物の(サイズも含めた)形状，材質，双極子との位置関係に依存して放射強度が大きく変化する[82]．電磁気学的計算によれば，STMの探針材料として最もポピュラーなタングステン(W)の場合でも，形状，位置関係を最適化することにより，構造物がない場合の放射強度よりも数10倍から数100倍放射強度が増倍されることがわかる．金，銀のようなSPPの共鳴が可視・近紫外域にある材料ではこの効果はさらに顕著になる．

以上の事実を探針直下の単一分子からの STM 発光に当てはめて考えてみよう．トンネル電子が分子の双極子遷移を励起したと仮定する．これが上述の振動双極子である．鋭く尖った探針先端が分子上に存在する．これが，上述の構造物に相当する．探針が存在する結果，分子からの発光は，探針が存在しない場合に比べて増強される．これが探針のアンテナ効果である．探針の形状，材質により増強の程度は数桁変わりうる．一方，STM 発光は数桁のダイナミックレンジをもつ程強くはない．このことは，探針の（材質も含めた）選択により発光が観測できたりできなかったりすることを意味する．

　原子分解能 STM 像を得るためには原子サイズまで収束されたトンネル電流が必要であり，これは探針先端に 1 個の原子をピックアップすることにより達成されるといわれている．導入当初は原子像が得られない探針でも，このピックアップにより突然鮮明な原子分解能 STM 像が得られることはしばしば経験する．

　STM の発光の場合はどうであろうか？　電磁気学的計算によれば，アンテナ効果に関連するのは探針先端の 1 個の原子ではなく，先端数 10 nm オーダの領域である．このサイズの形状は通常の STM 走査により大きく変化することはない．したがって，アンテナ効果の小さい（言い換えれば，発光が弱い）探針をいかに長時間走査しても状況は改善されることはほとんどない．一方，探針が試料と衝突をすると，この程度のサイズの形状変化を引き起こすので衝突前後で発光特性が大きく変化する場合がある．

　探針形状の変化に対する STM 発光特性の理論的予測は，非弾性トンネル過程で励起される振動双極子を量子力学的に求め，そこからの電磁放射を古典電磁気学的に扱う STM 発光の誘電関数理論で行うことができる．探針と試料の材料特性を誘電関数で考慮するので，このような名称で呼ばれる．探針先端の形状を 2 次電子走査電子顕微鏡（SEM）などであらかじめ観測しておけば，原子レベルで平滑な表面をもつ単結晶試料の STM 発光スペクトルは誘電関数理論で予測できる．図 5・29 は作製直後の W 探針を用いて計測

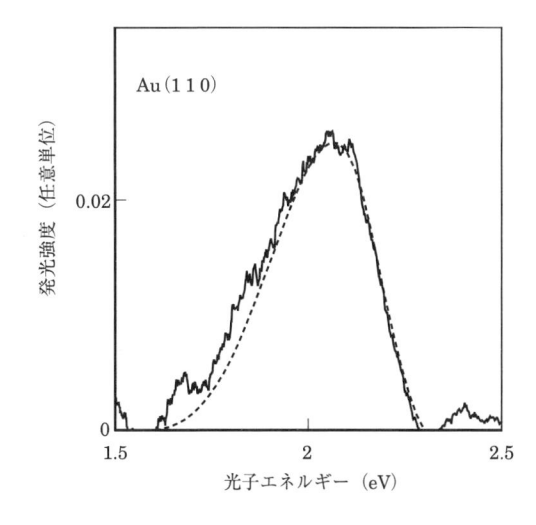

図5・29 Au(1 1 0)からのSTM発光スペクトルの計測結果(実線)と理論(破線).理論カーブには分光システムの感度が掛けてあるので,両者は直接比較できる.

した Au(1 1 0) 表面のSTM発光スペクトルの理論(破線)と実験(実線)の比較である.理論と実験の曲線は規格化してある.バイアス電圧で決まる発光スペクトルの最高光子エネルギー(以下,カットオフ・エネルギー)を含め実験と理論の一致は良い.しかし,探針が表面と衝突した後(すなわち,探針が変形した後)では,高い確率でこのような一致は失われる.

(2) 集光系

発光計測を行うためには,試料‐探針間隙から放出された光を適当な光学系で集めて検出系に送らなければならない.2つのタイプの集光系が用いられている.一つは試料‐探針間隙から放出される光を近接場(near field)として集光するタイプ,もう一つは遠方場(far field)として集光するものである.前者では走査近接場光学顕微鏡(SNOM)に用いられているような先端が針状になった光ファイバーを探針として用いる [84].この際,導電性をもたせるために先端に適当な金属がコーティングされる.ファイバーのもう一方の端は適当な光検出系に接続される.

遠方波を集光するためには,レンズ,ミラー,光ファイバー,ファイバー・バンドルなどを試料‐探針間隙の近くの適切な位置に配置する.レンズ

の場合，レンズ直径 r と焦点距離 f の比 r/f が大きいほど幾何学的に期待される集光立体角(幾何立体角)は大きくなるが，この比の増加とともに光学収差も増加するので，実際に得られる集光立体角は一般に幾何立体角よりも小さくなる．ミラー集光系は適切に配置されれば集光立体角に依存することなく無収差で発光を集光できる利点がある．しかし，焦点から発光点がずれたときの収差の増大はレンズを用いた場合よりも深刻である．

次に1本の光ファイバーがもちうる最大集光立体角を考える．光ファイバー端面の法線方向から測った入射角の最大値を $\theta_{0\,\max}$ とすると，最大集光立体角は $2\pi(1-\cos\theta_{0\,\max})$ で与えられる．n をファイバーコアの屈折率，$\theta_{\max}$ をファイバー中を伝搬できる光線とファイバー端面法線方向とのなす角度の最大値とすると，スネルの法則から $\sin\theta_{0\,\max} = n\sin\theta_{\max}$ となる．したがって，光ファイバーのもつ集光立体角は $n\sin\theta_{\max}$ で定義される開口数(Numerical Aperture：NA)で決まる．よく流通している $\mathrm{NA}=0.2$ の光ファイバーの最大集光立体角は $0.13\,\mathrm{Sr}$ になる．光ファイバーをそのコア径程度まで探針-試料ギャップ近傍に近づけると，この集光立体角で発光を集めることができる．光ファイバーを集光系に用いる利点は，複数本のファイバーを配置して集光できる点にある．この場合，光ファイバーの本数分だけ集光立体角を大きくできる．

光ファイバーを集光系に用いた場合，その先端を高々数 $100\,\mu\mathrm{m}$ のコア径程度まで試料-探針間隙に近づける必要がある．代わりに多数本のファイバーを束にしたファイバー・バンドルを用いると，その先端を(個々のファイバーのコア径よりもずっと大きい)バンドル直径程度離れた位置に置くことができ，実験配置上楽になる利点がある．この場合の集光立体角はファイバー・バンドルの半径 r とファイバー・バンドル端面から探針までの距離 d で決まる．ファイバー・バンドルの最外周部にある1本の光ファイバーへの入射角 θ はこの光ファイバーに沿った光軸に対して $\tan\theta = r/d$ で与えられるが，この角度の利用可能な最大値は光ファイバーの NA が決める．

このことから，ファイバー・バンドルの集光立体角の最大値は単一光ファイバーの場合と同程度にとどまる．

(3) 分光器

集光系で集めた光を計測目的に合った適当な検出器で測定することになるが，スペクトルを計測するためには，その前に分光器を置く必要がある．微弱光計測では分光器内での光学損失が最小になるように配慮することが重要である．回折格子を用いた分光器では，目的とする計測波長域で反射率が大きい回折格子を選ぶ．反射率が最大になる波長（ブレーズ波長）と反射率の波長依存性の情報は製造会社から入手することができる．また，入口スリットから分光器に入った光が分光器内の反射ミラーもしくは回折格子からはみ出さないように光学系を設計する（Fナンバーマッチングと呼ばれる）ことも重要である．一例として，光ファイバーで集光した発光の分光を考える．反射型の回折格子分光器（普通の分光器）ではそのF値は高々 1/4 程度であるので，NA = 0.2 のファイバーに対してはその端をスリット上に置いただけではFナンバーマッチング条件を満たすことはできない．この場合にFナンバーマッチング条件を満たすためには，必要な拡大率を有する光学系を光ファイバー終端と入口スリットの間に挿入するか，より大きいF値をもつ透過型回折格子分光器を採用することになる．

(4) 光検出器

NA程度のトンネル電流で励起されるSTM発光の強度は数カウント/秒程度になることもある．したがって，低雑音で感度の高い検出器を準備することは必須である．光子数レベルの光計測に古くから用いられてきたのは光電子増倍管をベースとする光子数計数法（フォトン・カウンティング法）である．光電子増倍管では，光子を光電面で光電子に変換し，それをダイノードと呼ばれる電極での2次電子放出現象を利用して増倍する．典型的には，1個の光電子が100万個程度の電子からなる電気パルス（光電子パルス）に増倍される．この光電子パルスの電気的な高さが光電子増倍管の雑音パルス

のそれよりも高ければ，波高弁別器（ディスクリミネータ）で光電子パルスのみを選別し，そのパルス数を計数することにより光電子増倍管に入射した光子数（光強度）を得ることができる．

　光子数計測用に設計された光電子増倍管を用い，波高弁別レベルを適切に設定すると，信号強度は光電子増倍管に入射した光子数と光電面の感度（量子効率）の積に近い値が得られる．量子効率は計測する光の波長に大きく依存する．一般に長波長になるほど量子効率は低下する．光子数計数法での雑音は波高弁別レベル以上の高さをもつ雑音パルスである．注意深く選別された光電子増倍管を十分に冷却することで，1秒当たりの雑音パルス数は1個以下（つまり，1カウント/秒 以下）にできる．光電子増倍管の代わりに増幅機能を有するアバランシェ・フォトダイオードを用いることもできる．

　光電子増倍管やアバランシェ・フォトダイオードは波長積分強度（以下単に発光強度）の計測には十分である．しかし，分光器に取り付けてスペクトル計測を行おうとすると，各波長毎に強度を計測することになるので，長い計測時間が必要になる．通常，スペクトル計測には光マルチチャンネル検出器が用いられる．一種のカメラであり，分光器の出口スリット上に結像されるスペクトルを1回の露光で計測する．現在，イメージ・インテンシファイア（I.I.）と呼ばれる光増倍機構を有するものとそれをもたないものの2つのタイプが利用できる．

　I.I. は入射してくる光子を光電面で光電子に変換してマイクロチャンネルプレートで増倍後，蛍光板で光に戻す．増倍された光を電荷結合素子（CCD）カメラで計測するのがI.I. 付きの光マルチチャンネル検出器である．CCDカメラの電気ノイズが小さいことから光子数計測も可能になる．量子効率は光電面の量子効率により決まり，最高でも 20％，典型的には数％以下である．

　CCDカメラ自体の量子効率は可視域で数 10％ 以上と，I.I. の光電面の量子効率に比べて極めて高い．しかも，製造業者のデータによれば，$-100\,°C$

以下に冷却することにより，カメラ1画素当たりに発生する雑音電荷は1時間当たり1電子以下になる．これらの高効率・低雑音の特長から，CCDカメラは(I.I.を取り付けることなく)冷却のみで微弱光計測用に用いられる．十分に冷却したCCDカメラの雑音は各画素から電気信号を読み出す際の電気ノイズ(読み出しノイズと呼ばれる)で決まる．

I.I.付きと冷却したCCDカメラのいずれがSTM発光計測に適するかという問いには大変興味がある．CCDカメラは光電面の量子効率がほぼゼロとなるSiのバンドギャップエネルギー近傍の光子エネルギー領域でも比較的高い感度を有するので，この辺りの発光を計測するのであれば冷却CCDカメラを選択すべきである．光子エネルギーが2eV近辺かそれ以上の可視領域では，製造業者のデータを比較する限り，同程度の感度がある．

(5) 検出系の感度補正

分光システムは必ず感度の波長依存性を有する．したがって，理論予想と比較するなど本当のスペクトルを知る必要がある場合には，計測スペクトルに分光システムのもつ感度の補正を施す必要がある．図5・29では理論スペクトルにこの感度補正が施されているので，実験と理論のスペクトルが直接比較できる．

分光システムの感度補正には標準ランプと呼ばれる波長と放射強度の関係が較正されたランプを用いるのが最も簡便である．STM発光計測系で計測される標準ランプ・スペクトルと製造業者から供給される較正スペクトルの比が計測系の感度の波長依存性を与える．

5・3・4 計測例

トンネル電子(あるいは正孔)が打ち込まれる探針直下の局所的な物性は発光の強度，スペクトル，偏光特性などに反映される．試料表面各点のSTM発光強度分布はフォトン・マップと呼ばれる．直接遷移型半導体試料のように発光スペクトルが試料材質だけで決まる場合には，フォトン・マッ

プ計測は威力を発揮する．例えば，p型GaAs-AlGaAs超格子のへき開断面のフォトン・マップが計測されている[80]．発光はGaAs井戸層での電子－正孔対結合で起こるので，探針がAlGaAs層上にあるときの発光は探針から注入された少数キャリア(今の場合，電子)がGaAs層まで拡散して起こる．拡散過程で少数キャリアの一部が消滅するので，AlGaAs層上に探針を固定した場合の発光はGaAs層の場合に比べて弱くなる．このことから超格子の幾何構造がフォトン・マップからわかる．さらに，障壁層から井戸層へ探針を移動させた際の発光強度分布の解析から少数キャリアの輸送パラメータも評価できる[85]．

金属試料の場合にもフォトン・マップが計測されており，それが原子位置依存性を示すという報告もある[78]．しかし，金属試料のSTM発光スペクトルは，すでに述べたように，用いる個々の探針にも依存するようになる．一般に光検出系の感度は波長依存性を有するので，検出強度の変化はスペクトル形状の変化でもたらされている可能性もある．したがって，フォトン・マップのみから試料の物性に関する議論を行うのは難しい．このような場合，スペクトル解析を併用するのが有効である．

STM発光では2種類のスペクトルが観測されている．一つはアイソクロマート・スペクトルと呼ばれるもので，探針－試料間のバイアス電圧の関数として発光強度を計測する[86]．トンネル電子による逆光電子分光ととらえることができ，測定結果から試料の局所状態密度が議論できる．

もう一方は，一定のバイアス電圧に対して発光強度を波長の関数として計測した通常のスペクトルである．計測されたSTM発光のカットオフ・エネルギーと式(5・28)の比較から探針－試料間のバイアス電圧V_0を得ることができる．通常の清浄金属試料の場合，STMのトンネル電流とバイアス電圧の関係(STSスペクトル)は図5・30(a)のように直線的になる．この場合には，(b)の実線のようにSTM発光のカットオフ・エネルギーは式(5・28)の関係を満たす．また，V_0の試料－探針間バイアス電圧を考慮した誘電関

5・3 STM発光分光

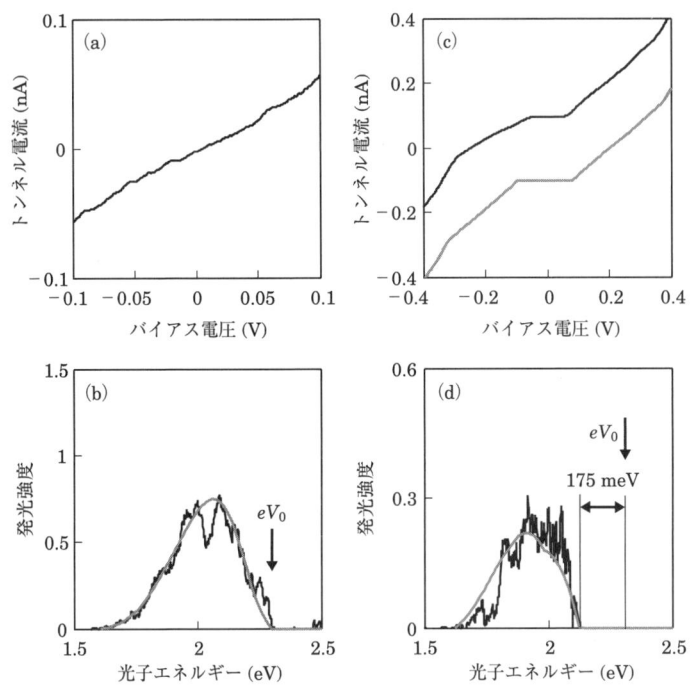

図5・30 清浄金属表面のSTSスペクトル(a)と,STM発光スペクトル(b).単電子帯電効果が観測される表面のSTSスペクトル(c)と,STM発光スペクトル(d).実線は実験結果で破線は理論計算の結果.

数理論の計算結果(灰色線)とも良く合う.しかし,試料が薄い絶縁膜の上に乗った微粒子の場合,探針からの電子トンネルによりこの微粒子が帯電する.このときには,(c)の実線に示すようにSTSスペクトルに階段構造(クーロン階段)が現れる.同時に(d)の実線ように,STMスペクトルのカットオフ・エネルギーも式(5・28)を満たさなくなる(この例では式(5・28)から期待される値より175 meVだけ低エネルギー側にシフトしている).
(c)のSTSスペクトルは,適切な単電子帯電パラメータを仮定した理論曲線(灰色線)により再現できる.(d)の発光スペクトルも,同じ単電子帯電パラメータを考慮した誘電関数理論(灰色線)により再現できる[87].この

ことは，STM発光のカットオフ・エネルギー計測から単電子帯電効果の解析を行うことができることを示す．図5・29に示したような誘電関数理論と実験スペクトルの比較から試料物性を解析することも実施されている．例えば，Cu(1 1 1)基板上にアルカリ金属を蒸着すると蒸着膜厚に依存して量子井戸が形成される．発光スペクトルは，図5・29のように，誘電関数理論で解析されるスペクトルと量子井戸電子状態を反映したスペクトルに分離できる［88］．言い換えれば，誘電関数理論で解析されるスペクトルを実験スペクトルから差し引くことにより，量子井戸電子状態を反映したスペクトルを得ることができる．このことから，STM発光分光による量子井戸電子状態の解析が可能になる．

一方，すでに述べたように，STM発光スペクトルは探針の形状にも依存するので，誘電関数理論に基づく解析が常に有効であるとは限らない．STM発光スペクトルから試料情報を得る有効な手法の一つは，STM像で画像化される特徴的な試料位置のSTM発光スペクトルを計測し，そのサイト依存性から物性情報を得るものである．このような手法により，STM発光スペクトル解析から吸着種の振動エネルギーが決定できることがわかっている［89］．これはSTMの非弾性トンネル分光の光学版である．

また，先に触れた直接遷移型半導体試料であっても，自己組織化量子ドットのようにサイズにばらつきがある場合には，個々の量子ドットからの発光スペクトルは変化する．この場合にも発光スペクトル解析は威力を発揮する．図5・31は自己組織化InAs量子ドットのSTM発光スペクトル解析の一例である［90］．(a)は$Al_{0.6}Ga_{0.4}As$上にInAs量子ドットを作製後，その表面を$Al_{0.6}Ga_{0.4}As$とGaAsのキャップ層で覆った試料のSTM像である．キャップ層のために個々の量子ドットはイメージされない．試料表面のメッシュ上の各点でSTM発光スペクトルを計測し，1.4 eV，1.53 eV，1.63 eVの各光子エネルギーにおける発光強度を描いたのが(b)～(d)である（スペクトル分解フォトン・マップ）．白くイメージされる発光強度の強い

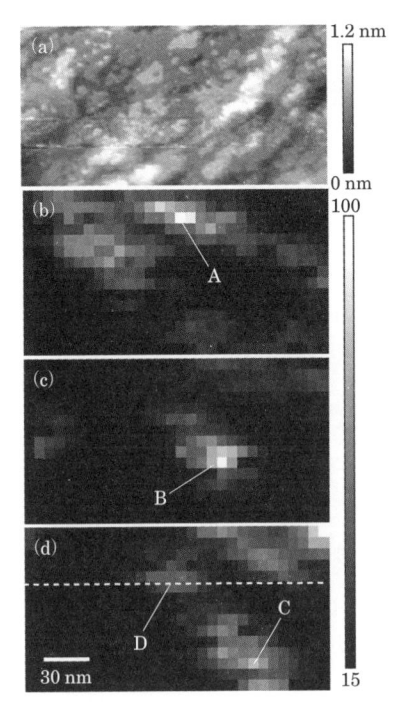

図 5・31 (a) InAs 量子ドットが形成された試料の STM 像(詳細は本文参照),(b)〜(d) 1.4 eV, 1.53 eV, 1.63 eV の各光子エネルギーにおけるフォトンマップ([90] より引用).

地点が光子エネルギーに依存していることがわかる.これは,サイズの異なる InAs 量子ドットが各場所に作製されていることを示す.このように STM 発光強度をスペクトル分解して画像化することにより,表面から隠れた量子ドットを物性情報と合わせて画像化することができる.

表面の局所磁気物性が STM 発光の偏光特性に反映される.これは,探針に磁化した Ni,試料に高ドープの p 型 GaAs(1 1 0) とした組み合わせで,STM 発光の右向き円偏光強度と左向き円偏光強度の比(偏光比)を計測し,その結果からトンネル電子のスピン偏極率が評価できた,という実験に端を発している [91].ただし,探針先端形状が原因となって,偏光比が有限の値をとる場合もあるので注意しなければならない.

STM は原子レベルの位置分解能と meV のエネルギー分解能を有するが,

時間分解能は劣っている．STM本来の時間分解能は計測されるトンネル電流の微弱さ（pA～nA）に制約された本質的なものである．STMに高い時間分解能を与えるためにいろいろな試みがなされている．光計測では光電子増倍を用いることにより，計測すべき光の強度と得られる時間分解能の間に制約関係は存在しない．したがって，STM発光は高い時間分解能を有する可能性がある．実際，psパルスレーザとストリークカメラの組み合わせにより，psの時間分解を有する発光計測が行われている[92]．

5・3・5 まとめ

STM発光について計測法を中心に記述した．計測すべき光の強度が毎秒当たり光子数個程度といった極微弱光であったとしても，強度，偏光特性，スペクトル，時間依存性といった光学特性計測は高い精度で実施されうる．STM発光分光はこのような光学的手法のもつ利点とSTMのもつ高い位置分解能を兼ね備えた計測法であり，探針直下の局所物性を探索する新しい手法として今後の発展が期待される．

5・4 光STM

5・4・1 はじめに

STMは現時点で最も高い空間分解能をもつ顕微鏡として知られ，原子スケールの電子状態密度を測定することが可能である．光STMとは，STMと光による試料の励起とを組み合わせることにより，通常のSTMでは測定することのできない物性情報をSTMと同等の空間分解能（1 nm～0.1 Å）で取り出そうとするものである．これまでに様々な光STM手法が開発されている[93-95]．一例として，図5・32は断続的な光照射下でSi(0 0 1)試料上においてSTS測定（トンネル分光）を行ったものである[96]．光照射時と未照射時とで探針-試料間に異なるI-V（電流-電圧）特性が得られる

5・4 光STM

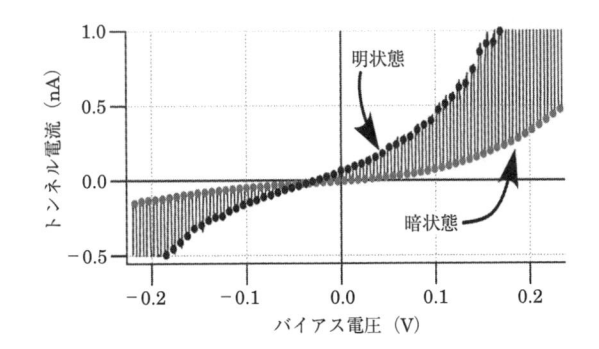

図5・32 光照射と未照射時の I-V 特性

ことが見てとれる。この場合には照射した光が半導体試料内部に光キャリアを誘起し，結果として起こるバンドベンディング（バンド湾曲）の緩和が I-V 曲線の変化として現れるため，測定結果からは半導体のバンド構造に関する情報を得ることができる。光STMにはこのように，光照射下でトンネル電流測定を行うものと，光照射前後の試料表面を比較して情報を得るものとの2種類がある。後者では，光により試料表面において反応を引き起こし，その結果をSTMにより原子スケールで観測することになる。

　光STMを用いて分光測定を行う場合，バイアス電圧および励起光波長がエネルギー分解の手段を与える。バイアス電圧を用いた分光は，通常のSTSと同様の手法となるが，この場合には温度によるフェルミ準位のぼけがエネルギー分解能を制限してしまうため，10 meV 以下の分解能を得るには極低温の測定環境が要求される。光STMではエネルギー方向の分解能を光の波長に頼ることで，室温の条件においても高いエネルギー分解能と空間分解能を両立することが可能になる。一方，近年発達した量子光学は，fs程度の極短時間の幅をもつ光パルスを可視光領域に生成することができるが，これとSTMとを組み合わせることで，fsの時間スケールで生じる物理現象を nm〜Å の空間スケールで測定可能な顕微鏡を開発することも試みられている。

5・4・2 光と試料の相互作用

先にも述べたとおり，光STMには非常に様々なタイプが考案されている[93]．これらを分類するには，(i)光照射により試料はどのように励起されるか，および，(ii)励起過程はトンネル電流にどのような変化を及ぼすか，を考えることが有効である．光と物質との相互作用には，光(電磁波)の波長と試料との組み合わせにより非常に多様なものが考えられる(5・1節)．また，一般に励起光は試料のみでなく探針にも当たるため，探針側の励起効果も考える必要が生じる．ここでは，それらの励起機構を大まかに列挙し，試料内部に起こる励起効果がどのようにトンネル電流値に影響を与えるか，また，それを生かした光STM手法にどのようなものがあるかを紹介する．

(1) 温度の上昇

最も単純な励起効果は試料の加熱である．赤外光は結晶中に光学フォノンを直接励起し，また，その他の相互作用により試料が励起された場合にも，与えられたエネルギーは比較的短時間の緩和過程を経て，最終的に熱エネルギーに変換され，試料温度を上昇させる．この効果は試料の熱膨張の他に，電子温度の上昇という形でSTM測定に影響を及ぼす．熱膨張による探針－試料形状の変化は探針－試料間距離，すなわちトンネルギャップ長に影響を与えるため，トンネル電流に大きな変化を与える．この点において，平面状の試料の場合，熱膨張による探針－試料間距離の変化はほとんどの場合無視できるが，探針側の熱膨張は探針－試料間距離を大きく変化させ，測定に大きな影響を及ぼすことが知られている[97,98]．これは光チョッパーを使った光STMの精密測定を行うにあたり最も重要な技術的問題点の一つとなる．逆に，温度により瞬間的に探針長を変化させることで，制御された環境下で試料と探針とを接触させ，精密な試料加工あるいは試料表面への「情報の記録」を行うことも考えられている[99,100]．パルス状の励起光を用いて試料の一部の温度を瞬間的に上昇させると試料内部に衝撃波が発生する．

これが及ぼす探針-試料間距離の変調もSTMにより測定されている[101].

電子温度の上昇は,フェルミ準位以上のエネルギーをもつ電子の数を上昇させるため,有効なトンネル障壁を低下させることになる.また,フェルミ準位がエネルギー的にぼやけるため,STSなどの測定において測定にかかる電子エネルギー準位幅の増加などの形で現れることもある.前者は,探針-試料間,あるいは試料内部において温度に差がある場合に熱起電力(thermovoltage)を生じるため,これが実効的なバイアス電圧を変化させることで熱起電力顕微鏡として応用されている[102-104].

(2) 電場

光は電磁波であるため,光照射によりトンネルギャップ付近の電場は光の周波数で振動する.振動方向は励起光の偏光で決まり,無偏光・円偏光では電場の振動方向は定まらないが,直線偏光を用いた場合には電場は常に同じ方向に振動することになる.通常のSTMでは平面状の試料に対し,探針が垂直に配置される.したがって,試料への入射面に電場方向が平行なp偏光では電場の振動方向は探針と平行な成分をもつが,入射面に垂直なs偏光では電場の振動方向は探針に垂直になり,探針と平行な成分はゼロになる.

非常に鋭い金属探針を用いた場合,探針先端と試料表面との間に入射したp偏光による電場成分は電場増強(フィールドエンハンスメント)効果と呼ばれる現象により,数10〜数10000倍に増強されることが知られている.この効果は様々な光学現象を顕著に増強する効果をもつため,後に詳しく述べることにする.

入射光および電場増強効果によりトンネルギャップに生じる電場は,STMのバイアス電圧に非常に高い周波数の変調を加えることになる.この変調周波数はTHzを超えるため,100 kHz以下の帯域しかないSTMのプリアンプがこの振動を直接検出することはない.しかし,トンネルギャップのI-V特性は一般に非線形であるため,電場の振動は平均的なトンネル電流を変化させ,この変化を測定することが可能となる.これは次のように理

解できる.トンネルギャップの I-V 特性を $I(V)$ と書くと,光照射によるバイアス変調下でのトンネル電流の時間変化は,

$$I(V_0 + \Delta V \sin \omega t)$$
$$= I(V_0) + \Delta V \frac{dI}{dV} \sin \omega t + \frac{\Delta V^2}{2} \frac{d^2 I}{dV^2} \sin^2 \omega t + O(\Delta V^3)$$
$$= I(V_0) + \Delta V \frac{dI}{dV} \sin \omega t + \frac{\Delta V^2}{4} \frac{d^2 I}{dV^2} (1 - \cos^2 \omega t) + O(\Delta V^3)$$

(5・31)

のように書ける.ω が非常に大きいため,周波数 ω や 2ω で振動する成分はプリアンプにより平均化されてしまい測定にかからない.しかし,$d^2 I/dV^2$ が非ゼロの値をもつ場合,トンネル電流は ΔV^2 に比例する項の寄与が残ることになる.この現象は,トンネル接合の非線形 I-V 特性による光電場のレクティフケイション(整流効果)として知られている.特に,励起光の入射角度がプラズモンやポラリトンの共鳴条件を満たすとき,この効果は非常に大きなものとなり,STM を用いて測定可能となる [105].

(3) **分子内励起**

試料表面には様々な局在化した電子状態が存在する.特に光 STM で重要となってくるのがフェルミ準位に比較的近いエネルギーをもつ電子状態であり,それらは,表面上に吸着した分子の最高占有分子軌道(Highest Occupied Molecular Orbital:HOMO)や最低非占有分子軌道(Lowest Occupied Molecular Orbital:LUMO)の電子軌道,基板自身の最表面付近の原子に局在した電子状態,また,基板と吸着分子との間に形成される化学結合をになう電子状態など,表面の原子同士を結ぶ化学結合の結合性・反結合性軌道を構成するものが多い.適当な波長の光を照射することにより,結合性軌道に存在する電子が光を吸収し,より高エネルギーをもつ反結合性軌道へと励起される過程が考えられる.一般に σ 結合の結合準位にある電子を励起するには,遠紫外から軟 X 線の波長域にあたる高いエネルギーが必要と

なるが，色素分子などの HOMO や LUMO を形成する，π 結合や複数の π 結合が共役状態にある分子軌道，さらにそこに n 電子や金属原子の外殻電子などがある場合では，可視から赤外程度の波長域の光により電子を励起することが可能になる．また，前者のように励起に高いエネルギーを必要とする場合においても，極短パルスレーザのように，単位時間当たりの励起光密度が非常に高い場合には，長波長の励起光であっても，多光子吸収過程により一度に複数光子分のエネルギーを得て励起状態に遷移する確率が生じることも考えられる．

σ 結合の結合性電子を励起することは結合の破断を引き起こすため，表面からの原子や分子の脱離や，結合の組み換えが起こることが考えられる．STM を用いればそのような化学反応の起きる前後の画像を比較することで反応位置を原子スケールで確定することが可能であり，吸着サイトによる吸着エネルギーの比較などの検討が可能になる [106]．π 結合電子の励起も，重合反応や C=C 二重結合部分のシス・トランス変形などを引き起こす．特にアゾベンゼンは励起波長を選択することで，分子のシス・トランス変形を制御できることが知られており，このような分子スケールでの変形を STM により個々に観測することが行われている [107]．

分子内での電子励起は分子内・分子間の電荷移動を引き起こす場合もある．分子内・分子間の電荷移動は光合成反応でも最も重要な反応であり，人工的に作成した分子上で同様の機構を再現することによる有機太陽電池の実現なども期待されている [108]．それでは，光 STM を用いて単一分子による電荷移動，またはそれに伴う光電流を測定できる可能性はあるだろうか？

電流が単位時間当たりに運ぶ電子数は，電流値を素電荷で割ることで得られ，例えば 1 pA の電流は 6.25×10^6 個の電子を 1 秒間に運ぶことになる．この値は通常 STM で検出できる電流密度の目安と考えることができる．対して，波長 400 nm，10 mW の励起光を 0.01 mm² の面積に絞り込んだとき，1 nm² の面積に 1 秒間に入射する光子数は約 2×10^6 個となり，

1 pA の電流が運ぶ電子数と同じオーダとなる．このような高強度励起条件の下，1に近い量子効率で光電流をトンネル電流として取り出し，またこれを 1 pA の精度で検出することは現時点では難しく，今後の進展が期待される分野である．

STM による研究例ではないが，やはり色素分子を内部に含む単分子膜上で光励起による電荷移動をケルビンフォース顕微鏡法（KFM）により検出した研究は [109]，分子内電子励起による表面ポテンシャル変化を走査プローブ顕微鏡を用いて測定した例として興味深い．

(4) 光電効果

物質の仕事関数よりも高いエネルギーをもつ光子を表面に入射した場合，あるいは，低エネルギーの光子であっても単位時間当たりの光子数が非常に大きい場合，フェルミ準位付近の電子が真空準位を超えて励起され，試料表面から飛び出すことが考えられる．前者は通常の光電効果であるが，後者は多光子吸収による電子励起で，1 回の反応で n 個の光子が関与するため，放出電子数は光強度の n 乗に比例することになる．このような電子は通常のトンネル過程を経ないため，電子の放出は光の照射領域全域から起こることになり，得られる電流信号は STM の空間分解能をもたない．大気中における測定では生じた電子はすぐに気体分子と衝突し失われる．したがって，その影響は限られたものになるが，真空中においては生じた光電子はさえぎられることなく試料から探針へ，あるいはその逆へと到達することができるため，試料や探針の非常に広い範囲から電流が生じ，トンネル電流と比べて非常に大きな電流が検出されることになる．通常の半導体や金属の仕事関数は 4 eV 程度の大きさをもつ．これは波長に直すと 300 nm 程度であり，紫外光の領域となる．そのため，励起光として可視や赤外の連続光を用いる場合には光電効果に注意を払う必要はない．しかし，短時間に非常に高い光強度を発するパルスレーザを用いる際にはその限りではない [110, 111]．例えば，5 ns のパルス幅をもつ 532 nm のレーザ光を用い，マイカ上に堆積し

た Au 薄膜を試料に W，Pt/Ir，Au，Ag 探針を用いて測定した場合，探針がトンネル領域にあれば $0.3\,\mathrm{MW\,cm^{-2}}$ 程度の励起光密度で光電効果が観測されている [110]．

(5) 半導体試料の光キャリア・励起子励起

試料や探針に半導体が用いられた場合，そのバンドギャップ幅以上のエネルギーをもつ光の照射により，光による電子 - ホール対の生成が引き起こされる．一般に，半導体表面では内部電界によるバンドベンディングが生じているため，生じた光キャリアは電界に沿って移動し，結果として内部電界を打ち消す作用を及ぼす．これは表面光起電力と呼ばれる古くから知られる現象であるが [111-113]，STM において光起電力は実効的なバイアス電圧に影響を与えるため，トンネル接合の I-V 特性を電圧方向にシフトさせる作用を及ぼす．STM によるナノスケールでの光起電力測定は，光 STM の中でも非常に盛んに研究されている分野であり，これまでに様々な測定方法が提案されてきた [96, 114-118]．冒頭で紹介した図 5・32 はこの一例である [96]．同手法により，Si(0 0 1) 表面に蒸着された銀単一原子膜により表面光起電力が 〜5 nm のスケールで変調を受ける様子が画像化されている．

5・4・3 光 STM における留意点と計測技術
(1) 光 STM の構成

最も標準的な光 STM の構成は図 5・33 に示すとおりである．STM の探針は試料に垂直に配置され，励起光は斜め方向から探針直下の試料表面に入射する．STM 観察位置での励起光強度を高めるため，また，不必要な部分に光を照射しないため，励起光はレンズなどにより探針直下に絞り込まれる．物理的大きさの制約からレンズと試料との距離をあまり短くできないことが多く，開口数（NA）が大きくなってしまうために，スポットサイズは波長の 10 倍程度か，それよりも大きくなってしまうことが多い．逆に，スポットサイズを小さくしすぎると別の問題が生じることもある．STM は外

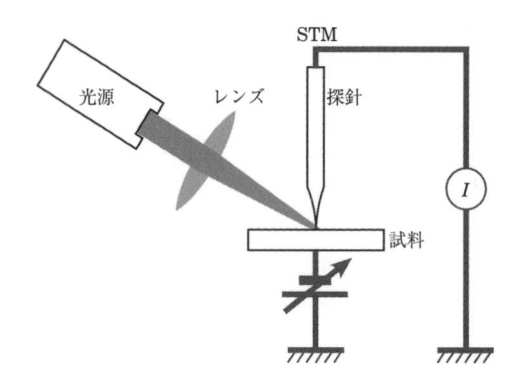

図 5・33 標準的な光 STM 構成

部からの振動を除去するため，除振装置の上に置かれるのが通常であるが，光学系が STM と同じ除振装置に乗っていない場合，除振機構の運動により励起光のスポット位置と STM 測定位置とがずれてしまうのである．したがって，探針位置での励起光光量に十分な安定性を求める場合には，試料位置でのスポットサイズを意図的に大きく取ることも有効である．これらの理由から，通常の構成では試料表面の励起光に照らされる範囲は STM の走査範囲に比べ十分に大きいため，電場増強や探針の影の影響が無視できる条件では，走査範囲内では励起光強度を一定と見なすことができる．また，励起光は探針側にも照射されるため，その励起効果も考慮すべきである．

　探針に光を当てない工夫として，薄膜状の試料を透明基板上に作成し，試料裏面から全反射条件で励起光を照射することも考えられる．この場合には試料表面から光の波長程度の距離にのみエバネッセント光による電界が生じるため，探針先端のごく一部のみに光が当たることになり，探針の熱膨張の影響は極小化される．また，探針の影の効果もないため，電界増強効果を除き，非常に均一な試料励起が可能となる．

　光 STM 測定では，メカニカルチョッパーによる断続的な光励起下でトンネル電流をロックイン検出することもしばしば行われる（図5・34）．これは，光照射時のトンネル電流 I_illum と未照射時のトンネル電流 I_dark との差，

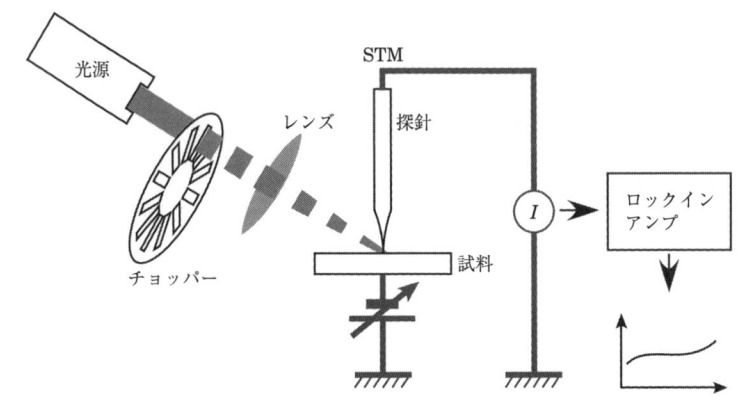

図5・34 光チョッパーを用いた測定

$\Delta I_{\text{Illum}} = I_{\text{Illum}} - I_{\text{dark}}$ を，ロックインアンプによる高いノイズ除去の下で検出しようというもので，STM を用いない通常の光学測定でしばしば行われる手法のアナロジーといえる．ロックインアンプは光チョッパーによる光変調の周波数を中心とした非常に限られた周波数帯域で，なおかつ変調と同位相の成分のみをトンネル電流から取り出し，その振幅情報を出力するため，トンネル電流に含まれるノイズ成分の大部分を取り除き，高い精度の信号検出が期待できる．周波数に対して一様に分布するノイズの振幅は，信号に含まれる周波数帯域の平方根に比例するため，例えば，100 kHz の帯域をもつプリアンプを用いた STM 実験で，トンネル電流に含まれるノイズ成分が 20 pA 程度であったとした場合，ロックインアンプの時定数が 100 ms であれば，原理的にはノイズレベルを 0.2 pA 程度まで下げることが可能になる．実際にはトンネル電流に含まれるノイズレベルは周波数に対して一様とはいえないため，光変調の周波数はノイズレベルの低い周波数帯を選択することになる．もちろん，トンネル電流の変調成分が STM のプリアンプを通過する必要があるため，プリアンプの帯域(1～100 kHz)より低い値を選択する必要があり，また，測定中に STM のフィードバックを完全に止めない場合には，これにより変調成分が相殺されてしまわないよう，フィード

バックゲインを十分に低く設定し，変調周波数がフィードバック帯域よりも高くなるよう注意する必要がある．光チョッパーを用いた測定法は低励起光強度では非常に有効な手段となるが，断続的な光照射によりトンネル接合周辺の温度が光変調周波数で変化するため，探針と試料の熱膨張・伸縮が生じ，これに伴うトンネル電流変化が信号に重畳してしまう問題に注意が必要である．この点について次項で議論する．

(2) 探針の熱膨張

光照射により探針の温度が上昇すると，熱膨張のために探針と試料間の距離が変化するという問題を引き起こす．STM ではこの距離が 1 Å 変化するだけでトンネル電流は 1 桁も変化するため，これは正しい測定を行うため

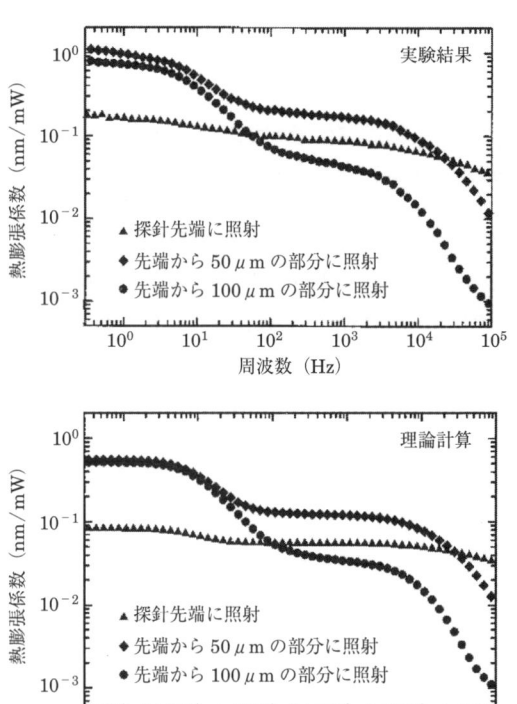

図 5・35 光照射によるタングステン探針の熱膨張

5・4 光STM

に非常に大きな問題となる.励起光強度が時間によらず一定である場合,探針の伸びは一定時間の後(0.2〜1時間)平衡状態に達し,以降は長さが変化しなくなるため,光照射下でも通常どおり安定した測定を行うことができるようになる.しかし,光チョッパーを使う場合や,パルス光光源を用いる場合には,探針に運ばれる熱量は時間的に常に変化し続けるため,探針長も膨張・伸縮を繰り返すことになる.このような周期的な加熱は探針内部に熱の波を発生させることとなり,その周波数応答は探針形状と加熱部位に大きく依存することになる.実験と数値計算により[97],探針の熱運動の周波数応答にはいくつかの異なる成分が存在し,それぞれ異なる遮断周波数をもつことが示されている.図5・35はタングステン探針についての実験および

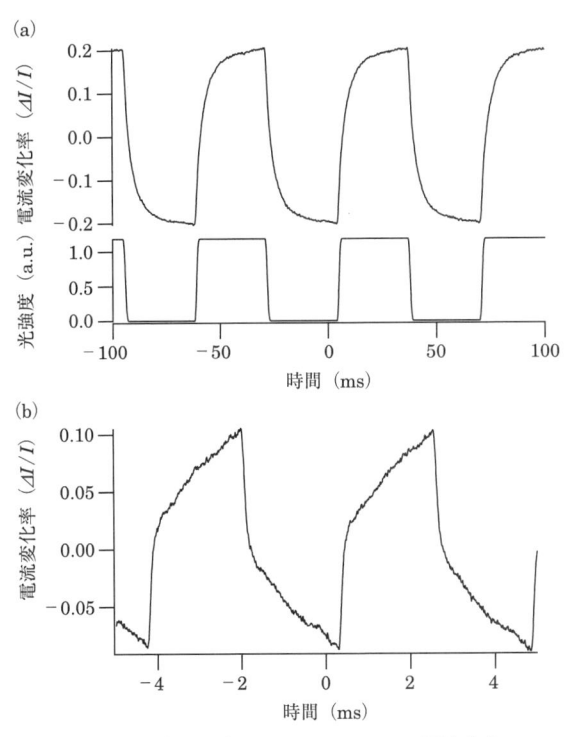

図5・36 探針の熱膨張によるトンネル電流変化

計算結果である．一般に周波数が高くなるに従い振幅は小さくなるが，探針先端部分の遮断周波数は非常に高い値をもち，先端部分の形状として頂角10度の円錐を仮定した場合には，100 kHz 程度までに明らかな遮断は見られない．

実際の熱膨張によるトンネル電流変化は図 5・36 のように観測される．これは電解研磨したタングステン探針と，マイカ上に堆積した金薄膜試料との組み合わせで測定されたものである．図(a) は 70 Hz，(b) は 230 Hz で変調している．電流変化には様々な時間スケールで生じるものがあるが [97]，探針の先端部分に光が当たる場合には (b) に示されるような 0.1 ms より短い時間スケールで生じる非常に速い応答が観測される．この結果と，STM のプリアンプの遮断周波数は通常 100 kHz 程度であることを考え合わせると，高強度励起光下では変調周波数を上げることのみで熱膨張の影響を完全に除去することは難しいことがわかる．

(3) 電場増強効果

STM 探針部分に入射する p 偏光成分は，探針と試料の形状効果により局所的に大きく増強される効果が現れる．これは表面増強ラマン測定などで有効に用いられているのと同じ現象であり，電場増強効果と呼ばれる．例えば，プラズモンが励起される条件において，探針直下の光電場強度が他の場所の 500 倍にまで増強されることが報告されており [119]，また，プラズモンが励起されない場合でも，200 倍程度の増強が期待できることが示されている（図 5・37）[120]．電場増強効果は，（ⅰ）偏光が入射面と平行（p 偏光）のときのみ生じ，（ⅱ）探針 – 試料間距離が近いほど大きく，（ⅲ）探針の曲率半径が小さいほど大きく，（ⅳ）プラズマ周波数では特に大きな値をとる，といった性質をもち，探針直下での試料の光励起を補助する可能性をもつ．同様の計算は他にも行われている．これらは主に STM と非常に強いパルス電場を組み合わせたナノ加工技術のために行われた研究である [121, 122]．

電場増強と並んで考慮すべきは，探針による影の影響である．正しい手順

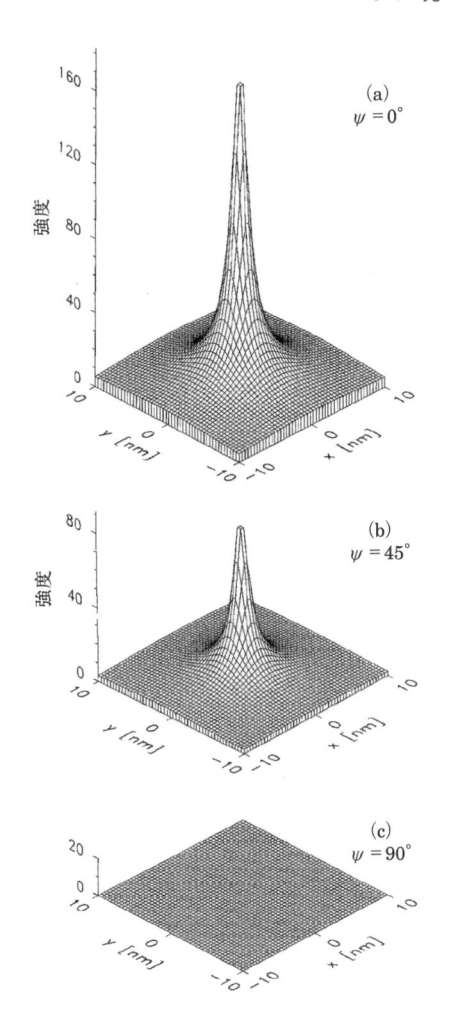

図5・37 探針直下のフィールドエンハンスメント．(a) p 偏光，(b) 両者の中間，(c) s 偏光．

により電解研磨された金属探針先端は 10〜30 nm の曲率半径をもち，波長に比べ先端部分の太さは1桁以上小さくなる．このような探針を用いた場合，探針直下の電場強度は針により作られる影によりさえぎられることはなく，上記電場増強の効果により，かえって電場強度は上がることになる．しかし，光照射の前後においてSTM画像を比べるような実験ではSTMによ

るスキャン走査範囲が波長程度に及ぶ場合もあり，この場合にはSTM探針が試料上に落とす影の影響を考慮する必要がある．

(4) 空間分解能

STMにより検出されるトンネル電流は探針位置から1Å離れるだけでその寄与が10分の1まで小さくなるため（3・1・1項），トンネル電流は探針直下ほぼ1Å程度の範囲の試料物性を反映するといえる．したがって，光照射が試料の広い範囲を一度に励起するものであっても，トンネル電流をプローブ信号とする限り，測定の空間分解能は非常に高いことが保障される．

しかし，実際のSTMによる測定は一般に時間的には平均的な信号を測定することになるため，これが空間分解能を下げる可能性がある．Å程度に急峻な組成勾配をもつ人工ナノ構造が存在し，そこに光照射を行ったとしよう．瞬間的には組成勾配に従ったキャリア生成などが起こり，物性値に非常に急峻な勾配が実現するであろう．しかし，その分布は1ns程度の非常に短い時間スケールで空間的に緩和し，測定にかかる時間で実現されるキャリア密度，電界によるポテンシャルの変化はnm程度まで広がってしまうことがしばしば起こる．

また，プローブとしてのトンネル電流は，試料面内の空間分解能は高いと考えられる一方，深さ方向には広い範囲の物性値を反映するものとなることにも注意が必要である．励起光は試料最表面から波長程度の深さまでに影響を及ぼすと考えられるため，試料が薄膜であるような場合，この範囲に複数の境界構造が含まれることになり，試料内部の境界部分への光励起が実効的なバイアス電圧を変化させ，測定値に影響を及ぼすことが考えられる．

空間的な分解能に影響を及ぼすもう一つの点として，探針-試料の相対位置の安定性が問題になる場合もある．光励起により得られる信号のS/Nが低く，精密な値を得るために長時間にわたる測定が必要な場合，測定にかかる時間の間に探針位置を精度良く1点に固定しておかねばならない．室温の条件において数秒程度の時間であればこれが空間分解能を著しく低下させ

5・4 光STM

ことはないが,数分から数時間の積算が必要となるような特殊な場合には,位置のずれを補正する工夫が必要となる.

(5) 時間分解測定

通常のSTM測定は,プリアンプ部分の遮断周波数により測定時間分解能が制限され,通常 10 μs 程度の現象を追うのが精一杯である.特殊な回路構成を工夫することで,多少のノイズ増加と引き換えに数 10 MHz までこの帯域を延ばす工夫もされているが [98, 101],最先端の半導体技術で用いられるようなGHz～THzといった高周波数帯域での測定を望むことはできない.これに対し,超短パルスレーザを用いた光学的手法では,ps～fs,すなわち,THz程度からそれ以上の帯域をもつ測定手法が確立されている.これらはポンプ・プローブ法を基礎としている.まず高強度の光パルスで試料を励起(ポンプ)し,ある一定時間後に低強度光パルスで試料の状態をプローブする.プローブは,例えば試料に反射し,返ってくるプローブ光強度をフォトダイオードなどで測定することにより行う.このポンプ・プローブのパルス対は光源の種類により 1 k～100 MHz 程度の繰り返し周波数で連続して試料に照射されるが,フォトダイオードはこれらのパルスを分離する必要はなく,時間的に平均化された光強度をモニターできればよい.ポンプとプローブとの間の遅延時間 τ が確定していれば,ここで測定されるプローブ光強度は,正確に試料励起から時間 τ 後の試料反射率に比例する.徐々に τ を変えながら測定を繰り返せば,励起前後の試料反射率の超高速変化を光パルス幅で測定することが可能になる.

光STMを用いたポンプ・プローブ法により,Åとfsの空間・時間分解能を実現しようという試みはSTMの発明直後から行われている.例えば,STM装置とパルスレーザを用いてSi試料中の光キャリア寿命が 0.1 μs 程度の分解能で決定されている [123].ただしこの実験で測定されたのはトンネル電流ではなく,探針–試料間容量による変位電流であったため,その空間分解能は 1 μm 程度であったと思われる.また,時間分解能をパルスレ

ーザの繰り返し周波数単位で得ていたため，その分解能は原理的に 10 ns より悪い．ポンプ・プローブ法に近い方法として，光ゲート STM と呼ばれる方法がある．これは，STM の電流検出ラインに光ゲートを挿入し，ポンプによる試料励起後，プローブパルスでこのゲートを ON にすることで，瞬間のトンネル電流を取り出そうとするものである [124]．そこでは 1 ps 程度の遅延時間依存信号が報告されたが，この信号は後にその主な成分がやはり容量性の変位電流であることが指摘され [125]，トンネル電流の空間分解能をもたないことが明らかとなった．同様の手法はジャンクションミキシング法として改良が重ねられ，現在では 1 ps 程度の信号を取り出すことが可能となっている．ただしこれらは原理的に光ゲートの応答速度を超えることのできない手法であり，また，これまでのところ測定対象も信号線中の電圧パルスに限られている．

　より一般的な手法としては，ポンプパルス，プローブパルスともに試料の励起を行う形で入射するパルスペア励起 STM がある．この手法ではプローブパルスもトンネル接合部分の試料を励起することになる．ポンプパルスにより励起された試料にプローブパルスが入射する場合には，プローブパルスが単独で試料に入射する場合と異なり，そこで生まれる光誘起トンネル電流がポンプパルスの影響を受けて変化することが期待できる．ポンプとプローブとの遅延時間を徐々に大きくしていくことで，ポンプパルスの影響は徐々に消えていくことになり，非常に局所的な励起現象をトンネル電流で測定できる可能性が生まれる．

　このような手法を用いたものには，表面プラズモンポラリトン励起の時間分解測定を行った研究がある [105]．STM 探針から少し離れた試料表面をポンプパルスにより励起することで，熱膨張の影響を抑えつつ，ポンプにより生じたプラズモンポラリトンが探針直下まで伝搬したタイミングで弱いプローブパルスを入射し，その相互作用をトンネル電流の中から検出している．

5・4 光STM

このような測定で最も大きな問題となるのは,トンネル電流の中から遅延時間に依存する微小な成分をいかに高精度に測定するかという点である.通常の光学的なポンプ・プローブ法とのアナロジーでは,ポンプパルスを周期的に ON/OFF し,プローブ信号をこれに合わせてロックイン検出することが考えられる.純粋な光学測定において,この方法は非常に良い結果を与え,10^{-7} 程度の強度変化まで安定して測定することが可能になる.このような手法をパルスペア励起 STM に用いようとした場合,前述のとおり熱膨張の影響が一番の問題となる.また熱膨張の影響を除いたとしても,得られるトンネル電流にはポンプ光自身が直接寄与する成分が含まれるため,光学的なポンプ・プローブ法で得られるような高い検出感度を望むことができない.1つの方法として,ポンプとプローブとを 600 kHz 以上の2つの異なる周波数でチョッピングし,その差周波数 1.4 kHz でトンネル電流のロックイン検出が行われた [105].こうすることで,ポンプ光・プローブ光がともに入射した場合にのみ生じる非線形な相互作用のみを取り出すことが可能になっている.

原理的に熱膨張の影響を全く受けない手法として,遅延時間変調パルスペア励起 STM 法が提案されている [126-130].これは,励起光光量に変調を加えることをやめ,代わりに遅延時間に微小変調を加え,この変調に同期した成分をロックイン検出しようとするものである.トンネル電流の遅延時間依存性を $I_t(t_d)$ とおけば,遅延時間 t_d に $t_d^{(0)}$ の周りで振幅 Δt_d の変調を加えたとき,トンネル電流は

$$I_t(t_d^{(0)} + \Delta t_d \sin \omega t) = I_t(t_d^{(0)}) + \Delta t_d \frac{dI_t}{dt_d} \sin \omega t + O(\Delta t_d^2) \qquad (5 \cdot 32)$$

の形で変化する.これをロックインアンプにより検出すると,$\sin \omega t$ の係数である $\Delta t_d (dI_t/dt_d)$ を得ることができる.徐々に $t_d^{(0)}$ を変化させつつ測定を行うことで,dI_t/dt_d を t_d の関数として求めることができ,これを数値的に積分することで,元の $I_t(t_d)$ を得ることができる.GaNAs を用いた実

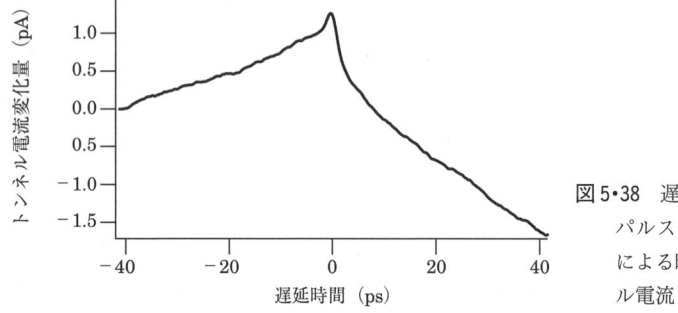

図 5·38 遅延時間変調型パルスペア励起 STM による時間分解トンネル電流

験では，0.5 ps 程度で起こる非常に速い緩和現象と，40 ps 程度で起こるもう一つの緩和現象が得られており(図5·38)，これらの信号は平均して流れるトンネル電流にほぼ比例して増加・減少することが示された．これは，この手法が STM と同等の空間分解能をもつことを示唆している．また，この手法は光変調を用いないことから非常に高強度の励起光下でも安定に測定が可能であり，広い範囲への応用が期待されている．

5·4·4 まとめ

光は，我々にとって，古くから馴染みの深い観察・計測手法であり，構造や反応過程を解析・制御したり，物理的な情報を得るために広く利用されてきた．放射光やレーザ技術の進歩により，今日では，多様な目的に応じた光源を得ることが可能で，また，時間的にも，モノサイクル領域の分解能を達成するまでになっている．こうした，量子光学の先端技術を，原子レベルの空間分解能をもつ STM と組み合わせることで，新たな世界を覗き見る試みが進められており，今後の展開が期待される．

5・5 局所誘電率計測

5・5・1 走査非線形誘電率顕微鏡

　誘電率は古典電磁気学において物質のマクロな電気特性を表現するために用いられる最も基本的な物理定数の一つであり，物質中の電気双極子モーメントの(単位体積当たりの平均値ではあるが)挙動や分布をそのまま反映している．

　この最も基本的な物性量のナノスケールでの観測は，多くの学術的知見をもたらしてくれる．例えば，他の種々の顕微鏡法と組み合わせて複合的な解釈を行えば，誘電現象と相関のある，新たな物性学上の知見が得られるであろうことは想像に難しくない．すなわち，誘電率のミクロな分布計測からの物質(特に絶縁物)の電気特性を評価し，そこに固定された電気双極子や電荷を可視化する技術の開発は材料物性学に貢献し，新しい電子材料・素子の開発や評価に対しても大いに役立つと考えられる．

　その上さらに，サブナノスケール位の領域になると，誘電率という概念は破綻し，むしろ局所的な双極子モーメントの偏極特性の計測を行っていることになり，より根元的な物性研究が可能になると考えられる．

　走査非線形誘電率顕微鏡法(Scanning Nonlinear Dielectric Microscopy：SNDM)は1994年に開発された．この顕微鏡は試料の線形・非線形誘電率に対応した容量変化を周波数の変化として検出し，線形・非線形誘電率の分布計測を行うことができる．また非線形誘電率の分布計測を通じ，強誘電材料の分極分布や圧電材料の局所的異方性が純電気的に計測できる．現在のところ非線形誘電計測におけるこの顕微鏡の分解能はnm位までに達しており，ミクロな視点での誘電・強誘電特性の評価方法として注目を集めている [131-135]．

　図5・39にLC共振器型プローブを用いたSNDMの概略図を示す．プローブの主要部分は金属探針，リング，インダクタンスL，およびこれらが

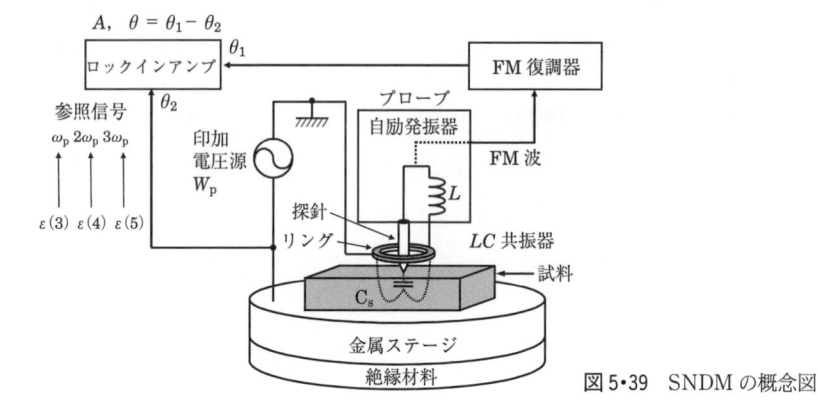

図 5・39 SNDM の概念図

組み込まれた自励発振器からなっている．微小領域の静電容量を計測するため，探針直下の試料表面近くに形成される静電容量(コンデンサ)C_s の変化を以下の方法で発振器の周波数変化に変換する．

まずインダクタンス L と探針直下の C_s は金属リング(静電容量計測用高周波信号のリターン回路として働く．図中の試料部位にある点線が高周波電界を模式的に示す)を介して LC 並列共振器を形成している(共振周波数 1 GHz〜2 GHz)．この LC 共振器が自励発振器の正帰還部に挿入されており，結果的にこの発振器は LC 共振周波数で自励発振を行うように作られている．その結果，探針直下の静電容量の変化が発振周波数の変化に直接変換される．

現実の系では，計測対象外の浮遊容量が不可避的に探針下の静電容量 C_s(計測対象)に並列に入り，C_s に対する検出感度を減少させる．この浮遊容量の値を C_0 とすると，プローブの発振(共振)周波数 f_s は $C_0 \gg C_s$ より次のように書き表せる：

$$f_s = f_0 + \Delta f_s = \frac{1}{2\pi\sqrt{L(C_0 + C_s)}}$$
$$= f_0\left(1 + \frac{C_s}{C_0}\right)^{-\frac{1}{2}} \approx f_0\left(1 - \frac{1}{2}\frac{C_s}{C_0}\right). \quad (5\cdot 33)$$

ここで f_0 はプローブの自励発振器が浮遊容量のみで発振している周波数（現実には探針が試料より十分高い位置に離れている状態での発振周波数）で，

$$f_0 = \frac{1}{2\pi\sqrt{LC_0}} \qquad (5\cdot34)$$

で与えられる．よって，プローブ探針を試料に接触させたことにより生じる発振周波数変化 Δf_s は

$$\Delta f_s = -\frac{1}{2}\frac{C_s}{C_0}f_0 \qquad (5\cdot35)$$

となる．通常 Δf_s には，試料の線形誘電率に対応する準静的な成分と，非線形誘電率に対応する電界印加により引き起こされる交番的変化成分が含まれる．

この発振周波数変化 Δf_s をシステム中の FM 復調器により電圧信号へ変換し，探針下の局所誘電特性を計測する．また，顕微鏡像はステージを走査しながら周波数変化の空間分布を表示することにより得る（定量計測時には静的および動的周波数変化を，それぞれ線形および非線形誘電率に変換する）．

線形の誘電率を計測する場合はキャリア周波数の準静的な変化を計測すればよい．この場合，FM 復調器の直流出力を検出するほかに，例えば周波数カウンターやスペクトルアナライザーを用いて発振の中心周波数を検出することでも行える．

非線形誘電率を計測するためには，図 5・39 に示す印加電圧源を用い，金属ステージ側と探針間に低周波電界（5～100 kHz）を印加し（図 5・39 で L は高周波信号に対しては有効なインピーダンス値をもつが，印加低周波信号に対してはそのインピーダンスが十分小さくリングと探針をショートする働きがあるので，結果的に探針は印加低周波信号に対しては接地されていることになる），非線形誘電効果により生ずる C_s の時間的な変化（微分容量変化）を動的な発振周波数変化（FM 波）に変換し，さらにロックインアンプ

を用いて印加電圧の周波数またはその整数倍の周波数で同期検波し振幅情報と位相情報を同時に得る．もちろん線形誘電率分布と非線形誘電率分布は一度の走査で同時に計測可能である．

これらの計測の流れをまとめると以下のようになる．

(ⅰ) Δf_s を測れば被測定物の誘電率が求まる．

(ⅱ) Δf_s の絶対値は周波数カウンターやスペクトルアナライザーを用いることで正確に測ることができる．

(ⅲ) 画像化する際や非線形誘電率を測定するためには Δf_s の時間変化を測定する必要があり，このためにはFM復調器の出力を電圧信号として取り出すことが有効．

(ⅳ) 準静的な周波数変化 Δf_s の直流値から求まるのは線形誘電率である．

(ⅴ) 非線形誘電率は探針と金属ステージの間に掛ける交番印加電圧に対する Δf_s の交番変化量から求めることができる．この際には 5～100 kHz の低周波電圧を印加し非線形誘電効果により，印加電圧(電界)と同期して生じる探針直下の交番的静電容量を検出する．

リングと探針間の距離が発振波の波長に比べて極端に短いため(静電容量検出用に用いる高周波信号は探針から発振器のアースであるリングへと直接到達するので)，高周波回路の浮遊容量やインダクタンスが極端に小さくなり，結果的に 10^{-22} F の極小さな容量変化が検出できる．また周囲からの静電誘導も極めて小さく，静電計測で問題になる計測環境からの外乱もほとんど受けず安定に計測が可能である．これが通常の走査キャパシタンス顕微鏡法 (Scanning Capacitance Microscopy：SCM)(高周波信号が探針からステージを経てキャパシタンスセンサーまで長い距離を巡回するため 10^{-18} F 程度の感度であり，計測環境からの静電誘導も大きい)との最も大きな違いである．また，本方式ではFM方式を用いているため，FM復調器内に

装備した局部発振器との周波数混合により,誘電率変化(空間的・時間的)の情報を含んだ周波数変位は固定したまま,プローブから出力される発振波の中心周波数を十分低く変換することができる.そのようにして周波数変換後の中心周波数に対する周波数変位の(相対)変化の割合を大きくした後,周波数−電圧変換(F-V 変換)を行える(ヘテロダイン検波).よって,あまり急峻な感度曲線をもった F-V 変換器を用いなくても十分高感度に周波数変位を検出できる.これに対し SCM の場合,周波数は固定で,共振曲線の変化を固定周波数信号の振幅変化に変換する方法をとるので,高感度な F-V 変換を行うためには,非常に高い Q 値をもった検出器が必要で,これも SCM の感度をあまり高くできない理由の一つとなっている.

なお,図 5・39 中の A および θ は非線形誘電特性計測時の信号振幅とその位相を示す.振幅 A は非線形誘電率の大きさ(絶対値)に対応し,位相 θ はその符号に対応する.よって,通常 SNDM で得られた像は,静的な計測(線形誘電特性計測)の場合,FM 復調器の直流出力ないしはプローブの出力に直結させた周波数カウンターの出力で計測でき,非線形誘電特性は A,θ,$A\cos\theta$,$\cos\theta$ のいずれかで表示される.後述するが,最低次の非線形誘電特性には分極方向の情報が含まれており,通常は $A\cos\theta$ で表示されるが,分極の向きのみの高感度な抽出には位相についての $\cos\theta$ 像(または θ 像)が有効な場合が多くある.

図 5・40 に比誘電率 300 の材料表面に探針を接触させたときの探針直下のフィールド分布を示す.図中 a は探針半径,実線は拡大した探針の接触部を示す.材料の誘電率が高いほど探針の接触点の周囲の接触していない空隙部に電界が多く加わり,試料中には電界が進入しにくくなり,接触した点のみから試料に進入した電気力線は進入後急激に広がっていくために探針直下にのみ電界の集中が起きる.また電場 E のべき乗の次数が上がればさらにその集中度が上がるのは容易に理解できるであろう.

このフィールドの集中したエリアが SNDM の分解能を決め,測定対象物

比誘電率 300

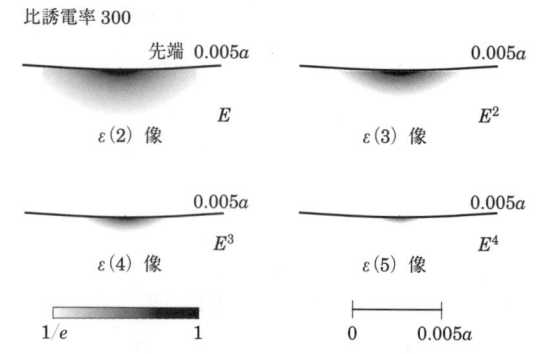

先端 0.005a　　　　　　　　　　0.005a

$\varepsilon(2)$ 像　　E　　　　$\varepsilon(3)$ 像　　E^2

0.005a　　　　　　　　　　0.005a

$\varepsilon(4)$ 像　　E^3　　　　$\varepsilon(5)$ 像　　E^4

1/e　　　　1　　　　0　　0.005a

図 5・40　比誘電率 300 の材料表面に探針を接触させたときの探針直下のフィールド分布．図中の a は探針半径，実線は拡大した探針の接触部を示す．このフィールドの集中したエリアが走査型非線形誘電率顕微鏡の分解能を決め，測定対象物の誘電率にほぼ逆比例してこのエリアの大きさが決まり，誘電率が大きく，さらに非線形の次数が高いほど，面内方向も深さ方向も探針径よりはるかに小さな領域を計測することがわかる．

の誘電率にほぼ逆比例してこのエリアの大きさが決まり，分解能が大きくなる．さらに，非線形の次数が高いほど面内方向（分解能に相当）も，深さ方向（分析深さに相当）もともに探針径よりはるかに小さな領域を検出することになる．

すなわち図 5・39 において，高周波電界を表す点線が試料内部で曲がって戻ってくるように示されており，C_s は金属探針からリングまでの静電容量であるが，この値は事実上図 5・40 に示したごく微小なエリアのごく微小な静電容量のみで決まるのである．すなわち電気回路学的に説明すると探針直下のごく微小な静電容量 C_s とそれに直列に接続された非常に大きな静電容量をもつリング（巨大な面積をもつ．下部電極に一部到達した電気力線も最終的にはすべて巨大な面積をもつリングに戻るため，その部分は巨大なコンデンサだと見なせる）の直列接続になっており，合成の静電容量は探針直下のごく微小な静電容量 C_s のみで決まってしまうのである．これは，探針径が試料厚さより小さい場合（ほとんどの場合に当てはまる），この C_s は探

針-背面電極間の静電容量を漠然と表しているのではなく，探針の極直下のごく浅い領域の静電容量のみを示すことに注意すれば理解できる．

これがリングの形状や試料-リング間距離，試料の厚さが計測のパラメータとして含まれず，試料の誘電率が10以上あれば探針径よりも十分に小さな物を顕微鏡像として分解し，かつ非常に浅いエリアのみの誘電情報が検出できる理由である(試料の比誘電率が1に近いときは探針直径程度の分解能および分析深さをもつ)．

図5・41に示すように，電解研磨法で作製した金属針(探針径 $1 \sim 25\ \mu m$ 程度)を探針に用いた針式プローブまたは金属コーティングされた導電性のAFM(原子間力顕微鏡)用カンチレバー(探針先端半径25nm)を用いたカンチレバー型プローブを用いている．前者は主に大面積走査用であり，後者は高分解能用である．またインダクタンスやトランジスタなど発振器のパーツはすべて小さなケース($8 \sim 4\ mm$ 角程度)の中に納められており，超小型のプローブを構成している．

カンチレバー型プローブは高分解能で試料への接触操作が容易な反面，レバーの梁の部分と試料の間の静電容量が大きく，特に線形誘電率の定量計測では複雑な較正法が必要になる．これに対して針式のものは探針の剛性が高く定量計測に最適であるが，探針径が小さい場合には高度な接触コントロール法の採用が必要となる．

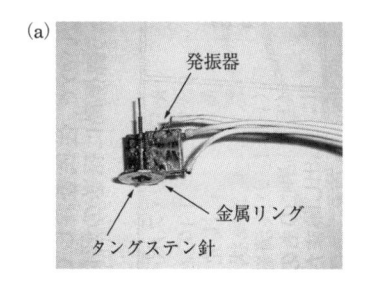

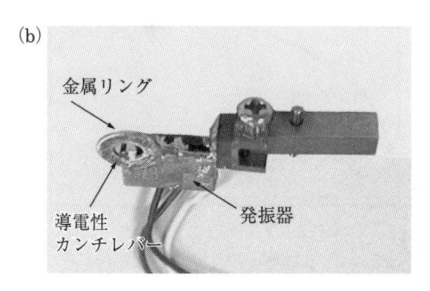

図5・41 (a) 針型プローブ，(b) カンチレバー型プローブ．

5・5・2 局所線形誘電率分布測定

まず針式プローブを用いた局所線形誘電率測定法について簡単に述べる[136]．線形誘電率 ε は，プローブ探針を試料から離したときの発振周波数と，試料に接触させたときの発振周波数の差 Δf_s と，次式から求められる：

$$\Delta f_s = 2\pi\varepsilon_0 \frac{a}{C_0} f_0 \left(\frac{\ln(1-b)}{b} + 1 \right) \quad \text{ただし，} \quad b = \frac{\varepsilon - \varepsilon_0}{\varepsilon + \varepsilon_0}. \quad (5\cdot36)$$

式(5・36)において a は探針半径であり，線形誘電率の絶対計測には a の計測値が必要である．しかし，これを計測毎に決定するのは現実的ではないので，通常標準試料を用いた相対計測が行われる．図5・42に種々の誘電材料の線形誘電率と周波数の変化の計測結果と $SrTiO_3$ (STO) 単結晶を標準試料としたときの式 (5・36) による理論曲線を示す．使用した探針は先端径 25 μm のタングステン針である．このように一度標準試料で規格化すると，その後は極めて正確な局所線形誘電率計測が可能である．

次にカンチレバー型プローブを用いて TiO_2-$Bi_2Ti_4O_{11}$ 2相系セラミックス（厚さ 0.5 mm，ただし図5・40で説明したように，比誘電率が100程度

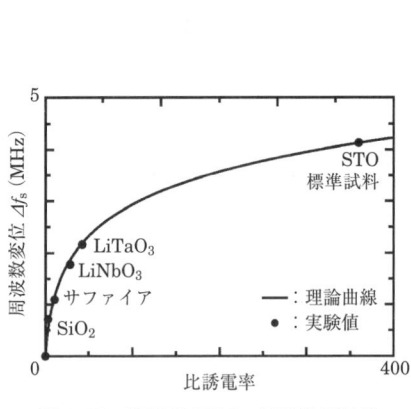

図5・42 針型 SNDM の定量計測結果
（－：理論値，●：実験値）

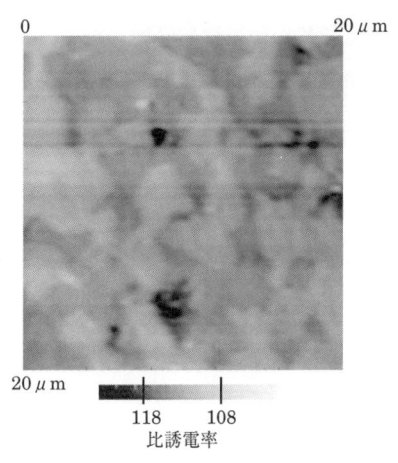

図5・43 TiO_2-$Bi_2Ti_4O_{11}$ セラミックスの線形誘電率分布計測結果

になると表面から探針径に比して十分浅い範囲のみに感度があるので，試料の厚さは計測に全く影響しない）の線形誘電率分布を定量計測した結果を図 5・43 に示す．図中黒い部分（比誘電率118）と白い部分（比誘電率108）の2種類の誘電率をもった粒子が存在することが明確に観測されており，TiO_2 および $Bi_2Ti_4O_{11}$（相分離を起こしている）に対応した粒子毎に誘電率が異なっていることがわかる．ただしカンチレバーを探針に用いた場合は特殊な較正法が必要なのでそれに関しては [137] を参照されたい．

5・5・3 局所非線形誘電率分布測定

元来，本顕微鏡は3階のテンソルである非線形誘電率の分布計測から強誘電体の分極分布や圧電体の局所異方性を得るために開発されたものである．再度，図 5・39 において $C_s(t)$ をプローブ用探針(needle)直下の静電容量とすると，外部からの交番電界（$E_p \cos \omega_p t : f_p = 5 \sim 100$ kHz）印加と材料の非線形性により，この $C_s(t)$ は交番的に時間変化する．この微分容量変化 $\Delta C_s(t)$ の静的容量 C_{s0} に対する比は次式で与えられる：

$$\frac{\Delta C_s}{C_{s0}} \approx \frac{\varepsilon(3)}{\varepsilon(2)} E_p \cos(\omega_p t) + \frac{1}{4} \frac{\varepsilon(4)}{\varepsilon(2)} E_p^2 \cos(2\omega_p t) + \frac{1}{24} \frac{\varepsilon(5)}{\varepsilon(2)} E_p^3 \cos(3\omega_p t) + \cdots. \qquad (5\cdot37)$$

ここで，$\varepsilon(2)$ は線形の誘電率，$\varepsilon(3)$，$\varepsilon(4)$ および $\varepsilon(5)$ はそれぞれ，最低次の非線形誘電率，それより1次高次の非線形誘電率および2次高次の非線形誘電率である（誘電率に括弧書きで付いている番号はそれぞれの誘電率テンソルの階数を示す）．線形誘電率 $\varepsilon(2)$ をはじめとする偶数階テンソルは180°ドメイン反転や結晶の極性の反転に対して変化しない．これに対して，奇数階の非線形誘電率 $\varepsilon(3)$ や $\varepsilon(5)$ は，対称中心を有する材料には存在せず，分極の180°反転に対してその符号が反転する．そのため，$\varepsilon(3)$ や $\varepsilon(5)$ を計測すると誘電材料の局所的異方性や強誘電体の分極の向

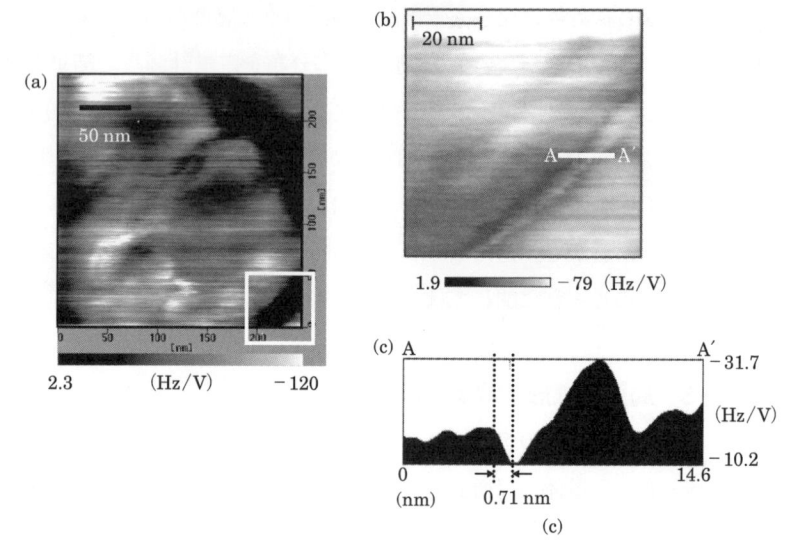

図 5・44 PZT(4000 Å)/La-Sr-Co-O/SrTiO₃ の分極分布(非線形誘電率像). (a) 90°a-c ドメイン像, (b) (a) の □ で囲んだ部分の拡大像, (c) A-A′ 線上の 1 次元像.

きや相対的な大きさが簡便にわかる.

式 (5・36) より印加電界と同じ周波数成分を検出すれば $\varepsilon(3)$ が,2 倍の周波数成分では $\varepsilon(4)$ が,そして 3 倍の周波数成分では $\varepsilon(5)$ が他の非線形応答から分離して独立に測定できることがわかる.

測定例として図 5・44 に La-Sr-Co-O/SrTiO₃ 基板上にエピタキシャル成長した PZT 単結晶薄膜(厚さ 400 nm,ただしこの厚さも十分に厚いと考えて良く,計測に全く影響しない.前述のように非線形誘電特性計測時にはさらに分解能が上がり,実際の計測深さは探針半径(25 nm)の 10 分の 1 以下である)の分極ドメイン像を示す.この像は最低次非線形誘電率 $\varepsilon(3)$ の分布像であり,カンチレバー型プローブを用いて計測したものである.また,非線形誘電計測の場合は,線形計測の場合と異なり,カンチレバーの梁が計測に大きく悪影響を与えることはない.下向きの分極をもった $-C$ ドメイン中に信号レベルがほぼ 0 の a ドメインが入り込んでいる様子が明確

に観測されている．同図 (a) の右下の四角で囲んだエリアを拡大したのが同図 (b) であり，その中の A-A′ 線上を 1 次元表示したものが同図 (c) である．これより非線形誘電計測においては nm 位までの分解能を有していることがわかる．さらに高次の $\varepsilon(4)$，$\varepsilon(5)$ を計測すると分解能が飛躍的に上がる高次非線形誘電率顕微鏡法や試料表面に対して横向きの分極も計測できる 3 次元分極分布計測用 SNDM も報告されているが，詳細については文献 [138, 139] などを参照されたい．

参考文献

- [1] P. Y. Yu and M. Cardona："*Fundamentals of Semiconductors*", Springer-Verlag Berlin Heidelberg (1996), 末元徹 他訳：「半導体の基礎」，シュプリンガーフェアラーク東京.
- [2] P. Launtenschlager, M. Garriga and M. Cardona：Phys. Rev. **B36** (1987) 4821.
- [3] 工藤恵栄：「光物性基礎」，オーム社 (1996).
- [4] M. D. Sturge：Phys. Rev. **127** (1962) 768.
- [5] N. W. Ashcroft and N. D. Mermin："*Solid State Physics*"，松原武生 他訳：「固体物理学入門」，吉岡書店.
- [6] C. Kittel："*Introduction of Solid State Physics 7th Edition*", Wiley New York (1995), 宇野良清 他訳：「固体物理学入門 第 7 版」，丸善.
- [7] R. A. Kaindl *et al.*：Nature **423** (2003) 734.
- [8] 北川禎三, A. T. Tu：「ラマン分光学入門」，化学同人 東京 (1988).
- [9] W. H. Weber and R. Merlin："*Raman Scatering in Solids*", Springer-Verlag (2000).
- [10] D. Gammon *et al.*：Phys. Rev. **B33** (1986) 2919.
- [11] M. A. Kanehisa, R. F. Wallis and M. Balkanski：Phys. Rev. **B25** (1982) 7619.
- [12] G. Contreras, A. K. Sood and M. Cardona：Phys. Rev. **B32** (1985) 924.
- [13] M. Hase, M. Kitajima, S. Nakashima and K. Mizoguchi：Phys. Rev. Lett. **88**, 067401.
- [14] F. Cerdeira, T. A. Fjeldly and M. Cardona：Phys. Rev. **B8** (1973) 4734.
- [15] M. Kitajima：Solid State and Materials Sciences **22** (1997) 275-349.
- [16] S. Hofmann *et al.*：J. Appl. Phys. **94** (2003) 6005.
- [17] S. Bandow *et al.*：Phys. Rev. Lett. **17** (1998) 3779.
- [18] S. Nie and S. Emory：Science **275** (1997) 1102.
- [19] H. Xu *et al.*：Phys. Rev. Lett. **83** (1999) 4357.
- [20] A. M. Micaels, J. Jiang and L. Brus：J. Phys. Chem. **B104** (2000) 11965.

[21] K. E. Shafer-Peltier et al.: J. Am. Chem. Soc. **125** (2003) 588.
[22] T. Ichimura et al.: Appl. Phy. Lett. **84** (2004) 1768.
[23] A. Hartschuh et al.: Phy. Rev. Lett. **90** (2003) 095503-1.
[24] R. Huber et al.: Nature **414** (2001) 286.
[25] 溝口幸司, 長谷宗明, 谷 正彦:「超高速光エレクトロニクス技術ハンドブック」, 7.4節 コヒーレントフォノン, 小林孝壽 企画・監修, リアライズ理工センター (2003) 372.
[26] M. Hase, M. Kitajima, A. M. Constantinescu and H. Petek: Nature **426** (2003) 51.
[27] K. Watanabe, N. Takagi and Y. Matsumoto: Phys. Rev. Lett. **92** (2004) 057401-1.
[28] K. Imura, T. Nagahara and H. Okamoto: J. Phys. Chem. **B108** (2004) 16344.
[29] O. Misochko, M. Hase, K. Ishioka and M. Kitajima: Phys. Rev. Lett. **92** (2004) 197401-1.
[30] M. Hase, M. Kitajima, S. Nakashima and K. Mizoguchi: Appl. Phys. Lett. **83** (2003) 4921.
[31] D. E. Aspnes and A. A. Studna: Phys. Rev. **B27** (1983) 985.
[32] H. Kuzmany: "*Soild State Spectroscopy*", Springer-Verlag (1998).
[33] L. Stebounva et al.: Rev. Sci. Instru. **74** (2003) 3670.
[34] K. Ishioka et al.: Sol. St. Comm. **130** (2004) 327.
石岡邦江, 長谷宗明, 北島正弘, 丑田公規:表面科学 **24** (2003) 288.
[35] ウェーブレットとは周波数が時間とともに変動する信号を時間と周波数の両面から捉えるための時間周波数解析法の一つであり, 近年急速に発展した数学的手法である. 「窓」が時間とともに変動するフーリエ変換（moving window Fourier Transformation）のようなもの. 参考書として, 例えば, 榊原 進:「ウェーブレットビギナーズガイド」, 東京電機大学出版局 (1998).
[36] B. C. Stipe, M. A. Rezaei and W. Ho: Science **280** (1998) 1732.
[37] D. W. Pohl, W. Denk and M. Lanz: Appl. Phys. Lett. **44** (1984) 651.
[38] 大津元一, 小林 潔:近接場光の基礎, オーム社 (2003).
[39] F. Zenhausern, Y. Martin and H. K. Wickramansinghe: Science **269** (1995) 1083.
[40] N. F. van Hulst, M. H. P. Moers, O. F. J. Noordman, R. G. Tack, F. B. Segerink and B. Boelger: Appl. Phys. Lett. **62** (1993) 461.
[41] Y. Inouye and S. Kawata: Opt. Lett. **19** (1994) 159.
[42] 井上康志:分光研究 **48** (1999) 119.
[43] M. Kiguchi and M. Kato: Appl. Phys. **B73** (2001) 728.
[44] H. Heizelmann, Th. Lacoste, Th. Huser, H. J. Guentherodt, B. Hecht and D.W. Pohl: Thin Solid Films **273** (1996) 149.
[45] E. H. Synge: Philos. Mag. **6** (1928) 356.
[46] H. A. Bethe: Phys. Rev. **66** (1944) 163.
[47] E. A. Ash and G. Nicholls: Nature **237** (1972) 510.
[48] → [37]

参 考 文 献

[49] S. Mononobe, M. Naya, T. Saiki and M. Ohtsu：Appl. Opt. **36**（1997）1496.
[50] 大津元一，河田 聡 編：近接場ナノフォトニクス入門，オプトロニクス（2000）.
[51] 村松 宏，山本典孝：表面技術 **51**（2000）53.
[52] A. Sakai, N. Sakaki and T. Ninomiya：Ferroelectrics **284**（2003）15.
[53] T. Saiki and K. Matsuda：Appl. Phys. Lett. **74**（1999）2773.
[54] 酒井 優，佐々木 敦，吉本 護，斎木敏治：第51回応用物理学関係連合講演会予稿集 **3**（2004）1135.
[55] T. Saiki, K. Nishi and M. Ohtsu：Jpn. J. Appl. Phys. **37**（1998）1638.
[56] N. Hosaka and T. Saiki：J. Microscopy **202**（2001）362.
[57] M. Abe, Y. Sugawara, Y. Hara, K. Sawada and S. Morita：Jpn. J. Appl. Phys. **37**（1998）L167.
[58] K. Fukuzawa and H. Kuwano：J. Appl. Phys. **79**（1996）8174.
[59] 佐藤宣夫，小林 圭，渡辺俊二，藤井 透，堀内俊寿，山田啓文，松重和美：第51回応用物理学関係連合講演会予稿集 **2**（2004）728.
[60] O. J. Martin and C. Girard：Appl. Phys. Lett. **70**（1997）705.
[61] K. Masuda, T. Saiki, S. Nomura, M. Mihara and Y. Aoyagi：Appl. Phys. Lett. **81**（2002）2291.
[62] R. X. Bian, R. C. Dunn and X. S. Xie：Phys. Rev. Lett. **75**（1995）4772.
[63] K. Lieberman, S. Harush and A. Lewis：Science **247**（1990）59.
[64] E. Betzig and J. K. Trautmann：Science **257**（1992）189.
[65] K. Karrai and R. D. Grober：Appl. Phys. Lett. **66**（1995）1842.
[66] U. M. Rajagopalan, S. Mononobe, J. Yoshida, M. Yoshimoto and M. Ohtsu：Jpn. J. Appl. Phys. **38**（1999）6713.
[67] K. Nakajima, V. Jacobsen, Y. Yamasaki, J. Noh, D. Fujita and M. Hara：Jpn. J. Appl. Phys. **41**（2002）4956.
[68] B. Hecht, H. Bielefeldt, Y. Inouye, D. W. Pohl and L. Novotny：J. Appl. Phys. **81**（1997）2492.
[69] N. Hayazawa, Y. Inouye, Z. Sekkat and S. Kawata：Chem. Phys. Lett. **335**（2001）369.
[70] H. Aoki, T. Hamamatsu and S. Ito：Appl. Phys. Lett. **84**（2004）356.
[71] K. Nakajima, B. H. Lee, S. Takeda, J. G. Noh, T. Nagamune and M. Hara：Jpn. J. Appl. Phys. **42**（2003）4861.
[72] S. Takeda, N. Kamiya, R. Arai and T. Nagamune：Biochem. Biophys. Res. Commun. **289**（2001）299.
[73] 田所利康，飯塚 孝，渡辺正行，斎木敏治：第51回応用物理学関係連合講演会予稿集 **3**（2004）1135.
[74] 丸山信也，林 定植，川添 忠，大津元一：第64回応用物理学会学術講演会予稿集 **2**（2003）917.
[75] S. Ohkubo and N. Umeda：Sensor and Materials **13**（2001）433.
[76] J. Lambe and S. L. McCarthy：Phys. Rev. Lett. **37**（1976）923.
[77] B. Laks and D. L. Mills：Phys. Rev. **B22**（1980）5723.

[78] J. H. Coombs, J. K. Gimzewski, B. Reihl, J. K. Sass and R. R. Schutter：J. Microscopy **152** (1988) 425.
[79] Y. Uehara, T. Matsumoto and S. Ushioda：Solid State Commun **122** (2002) 451.
[80] D. L. Abraham, A. Veider, Ch. Scoenenberger, H. P. Meier, D. J. Arent and S. F. Alvarado：Appl. Phys. Lett. **56** (1990) 1564.
[81] A. Downes and M. E. Welland：Phys. Rev. Lett. **81** (1998) 1857.
[82] D. Hone, B. Muhlschlegel and D. J. Scalapino：Appl. Phys. Lett. **33** (1978) 203.
[83] R. Berndt, R. Gaisch, W. D. Schneider, J. K. Gimzewski, B. Reihl, R. R. Schlittler and M. Tschudy：Phys. Rev. Lett. **74** (1995) 102.
　　Y. Uehara, T. Fujita and S. Ushioda：Phys. Rev. Lett. **83** (1999) 2445.
[84] T. Murashita and M. Tanimoto：Jpn. J. Appl. Phys. **34** (1995) 4398.
[85] S. F. Alvarado, Ph. Renaud, D. L. Abraham, Ch. Schroenenberger, D. J. Arent and H. P. Meier：J. Vac. Sci. & Technol. **B9** (1991) 409.
[86] R. Berndt and J. K. Gimzewski：Ann. Phys. **2** (1993) 133.
[87] Y. Uehara, T. Iida, K. J. Ito, M. Iwami and S. Ushioda：Phys. Rev. **B65** (2002) 155408.
[88] G. Hoffmann, J. Kliewer and R. Berndt：Phys. Rev. Lett. **87** (2001) 176803.
[89] Y. Uehara and S. Ushioda：Phys. Rev. Lett. **92** (2004) 066102.
[90] T. Tsuruoka, Y. Ohizumi and S. Ushioda：Appl. Phys. Lett. **82** (2003) 3257.
[91] S. F. Alvarado and P. Renaud：Phys. Rev. Lett. **68** (1992) 1387.
[92] Y. Uehara, A. Yagami, K. J. Ito and S. Ushioda：Appl. Phys. Lett. **76** (2000) 2487.
[93] S. Grafström：J. Appl. Phys. **91** (2002) 1717.
[94] O. Takeuchi, S. Yoshida and H. Shigekawa：Appl. Phys. Lett. **84** (2004) 3645-3647.
[95] 重川秀実：表面科学 **20** (1999) 32.
[96] 三浦 登，毛利信男，重川秀実：「朝倉物性物理シリーズ4 極限実験技術」，朝倉書店 (2003).
[97] P. I. Geshev, F. Demming, J. Jersch and K. Dickmann：Thin Solid Films **368** (2000) 156-162.
[98] S. Grafström, P. Schuller, J. Kowalski and R. Neumann：J. Appl. Phys. **83** (1998) 3453.
[99] A. A. Gorbunov and W. Pompe：Phys. Status Solidi **A145** (1994) 333.
[100] J. Jersch, F. Demming, L. J. Hildenhagen and K. Dickmann：Appl. Phys. A. **A66** (1998) 29.
[101] J. Jersch, F. Demming, I. Fedotov and K. Dickmann：Rev. Sci. Instrm. **70** (1999) 1579.
[102] J. A. Stovneng and P. Lipavsky：Phys. Rev. **B42** (1990) 9214.
[103] C. C. Williams and H. K. Wickramasinghe：Nature **344** (1990) 317.
[104] J. Xu, B. Koslowski, R. Moller, K. Lauger, K. Dransfeld and I. H. Wilson：J. Vac. Sci. Technol. **B12** (1994) 2156.

参 考 文 献

[105] U. D. Keil, T. Ha, J. R. Jensen and J. M. Hvam : Appl. Phys. Lett. **72** (1998) 3074.
[106] D. N. Futaba, R. Morita, M. Yamashita, S. Tomiyama and H. Shigekawa : Appl. Phys. Lett. **83** (2003) 2333.
[107] S. Yasuda, T. Nakamura, M. Matsumoto and H. Shigekawa : J. Am. Chem. Soc. **125** (2003) 16430-16433.
[108] 近藤敏啓，魚崎浩平：表面科学 **20** (1999) 108.
[109] H. Yamada, T. Fukuma, K. Umeda, K. Kobayashi and K. Matsushige : Appl. Surf. Sci. **188** (2002) 391.
[110] J. Jersch, F. Demming, I. Fedotov and K. Dickmann : Appl. Phys. **A668** (1999) 637.
[111] W. Pfeiffer, F. Sattler, S. Vogler, G. Gerber, J.-Y. Grand and R. Moller : Appl. Phys. **B64** (1997) 265.
[112] W. H. Brattain and J. Bardeen : Bell System Tech. J. **32** (1953) 1.
[113] L. Kronik and Y. Shapira : Surf. Sci. Rep. **37** (1999) 1.
[114] R. J. Hamers and K. Markert : Phys. Rev. Lett. **64** (1990) 1051.
[115] D. G. Cahill and R. J. Hamers : Phys. Rev. **B44** (1991) 1387.
[116] D. Gorelk, S. Aloni, J. Eitle, D. Meyler and G. Haase : J. Chem. Phys. **108** (1998) 9877.
[117] T. Hagen, S. Grafstrom, J. Kowalski and R. Neumann : Appl. Phys. A, Mater. Sci. Process. **A66** (1998) S973.
[118] M. McEllistrem, G. Haase, D. Chen and R. J. Hamers : Phys. Rev. Lett. **70** (1993) 2471.
[119] W. Denk and D. W. Pohl : J. Vac. Sci. Technol. **B9** (1991) 510.
[120] → [60]
[121] F. Demming, J. Jersch, K. Dickmann and P. I. Geshev : Appl. Phys. **B66** (1998) 593.
[122] → [97]
[123] R. J. Hamers and D. G. Cahill : Appl. Phys. Lett. **57** (1990) 2031.
[124] S. Weiss, D. F. Ogletree, D. Botkin, M. Salmeron and D. S. Chemla : Appl. Phys. Lett. **63** (1993) 2567.
[125] R. H. M. Groeneveld and H. van Kempen : Appl. Phys. Lett. **69** (1996) 2294.
[126] O. Takeuchi, R. Morita, M. Yamashita and H. Shigekawa : Jpn. J. Appl. Phys. **41** (2002) 4994-4997.
[127] O. Takeuchi, M. Aoyama, R. Oshima, Y. Okada, H. Oigawa, N. Sano, H. Shigekawa, R. Morita and M. Yamashita : Appl. Phys. Lett. **85** (2004) 3268.
[128] 重川秀実，武内　修，青山正宏，大井川治宏：応用物理 **73** (2004) 1318.
[129] M. Yamashita, H. Shigekawa and R. Morita *ed.* : "*Mono-Cycle Photonics and Optical Scanning Tunneling Microscopy*", Springer Series in Optical Sciences **99** (2005).
[130] O. Takeuchi, M. Aoyama and H. Shigekawa : Jpn. J. Appl. Phys. **44**, in press

(2005).
- [131] 長 康雄，桐原昭雄，佐伯考央：電子情報通信学会論文誌 **C J 78-C-1** (1995) 593.
- [132] Y. Cho, A. Kirihara and T. Saeki：Rev. Sci. Instrum. **67** (1996) 2297-2303.
- [133] Y. Cho, S. Atsumi and K. Nakamura：Jpn. J. Appl. Phys. **36** (1997) 3152-3156.
- [134] Y. Cho, S. Kazuta and K. Matsuura：Appl. Phys. Lett. **72** (1999) 2833-2835.
- [135] H. Odagawa and Y. Cho：Surface Science **463** (2000) L621-L625.
- [136] Y. Cho, S. Kazuta, K. Ohara and H. Odagawa：Jpn. J. Appl. Phys. **39-5B** (2000) 3086-3089.
- [137] K. Ohara and Y. Cho：Jpn. J. Appl. Phys. **41** (2002) 4961-4964.
- [138] Y. Cho and K. Ohara：Appl. Phys. Lett. **79** (2001) 3842-3844.
- [139] H. Odagawa and Y. Cho：Appl. Phys. Lett. **80** (2002) 2159-2161.

第6章　発展的応用分光

6・1　微小質量計測

6・1・1　はじめに

プローブ顕微鏡で用いられるマイクロカンチレバー(片持ち梁)は，優れた共振特性を有することから，原子～nm領域の形状計測やng以下の微小質量計測を可能にする．測定対象は金属や半導体などの固体材料から有機材

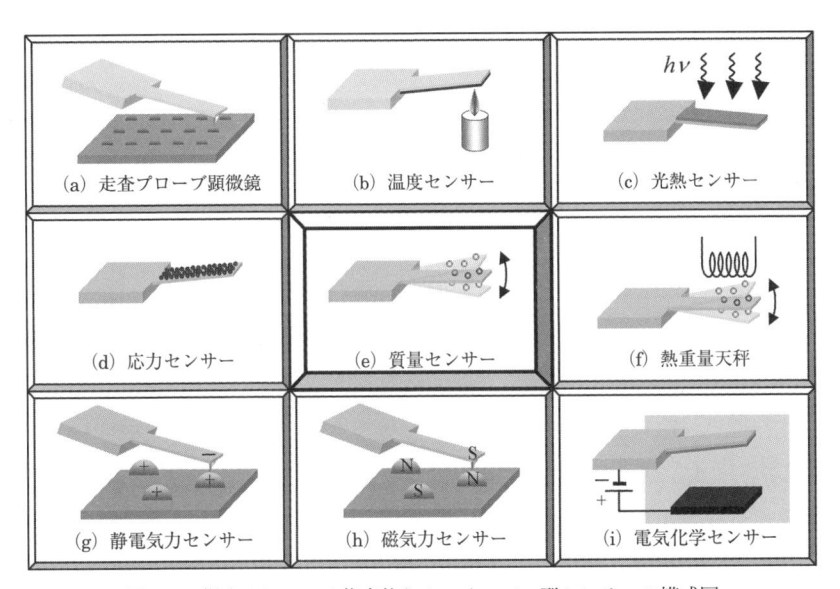

図6・1　提案されている代表的なカンチレバー型センサーの模式図

(a) 走査プローブ顕微鏡
(b) 温度センサー
(c) 光熱センサー
(d) 応力センサー
(e) 質量センサー
(f) 熱重量天秤
(g) 静電気力センサー
(h) 磁気力センサー
(i) 電気化学センサー

料や生体材料まで多様化している．それに伴って真空中から液体中まで測定環境への適応が必要なことから，測定対象と目的に特化したカンチレバーの設計や高機能化，またそれに付随した測定技術の改良と開発が進められている．例えば，探針先端にカーボンナノチューブを付けたカンチレバー，ピエゾ抵抗を埋め込んだ自己検知型カンチレバー，高速液中測定のためのバネ定数が小さく共振周波数が高い小型カンチレバーなどが開発されている．また，カンチレバーが微小な物理的化学的変化に対して敏感に反応することから，図6・1に示すような各種センサーへの応用が提案されている [1]．そこで本節では，発展的応用分光を行う場合に必要となるカンチレバー技術について説明した後に，応用例として微小質量計測について紹介する．

6・1・2 カンチレバーの設計

測定対象と目的に適した機械的特性を得るにはカンチレバーの設計が必要である．長さ l，幅 w，厚さ t の矩形型カンチレバーの場合，バネ定数 k は次の式で表せる：

$$k = \frac{Et^3w}{4l^3}. \tag{6・1}$$

ここで E はカンチレバーに用いた材料のヤング率である．また，共振周波数 f は

$$f = \frac{1}{2\pi}\sqrt{\frac{k}{M}} = \frac{0.51t}{\pi l^2}\sqrt{\frac{E}{\rho}} \tag{6・2}$$

となる．ここで，M はカンチレバーの有効質量であり，カンチレバーの質量 m との間には，$M = nm$（n は定数）の関係が成り立つ．n はカンチレバーの形状に依存し，矩形型の場合は $n = 0.24$ となることが知られている [2]．図6・2はシリコンでできた矩形型カンチレバーのバネ定数と共振周波数を長さおよび厚さを変数として計算した結果である．ここでは，幅を $10\,\mu\mathrm{m}$ として計算した．この図から，厚さが増すとバネ定数が大きくなり，

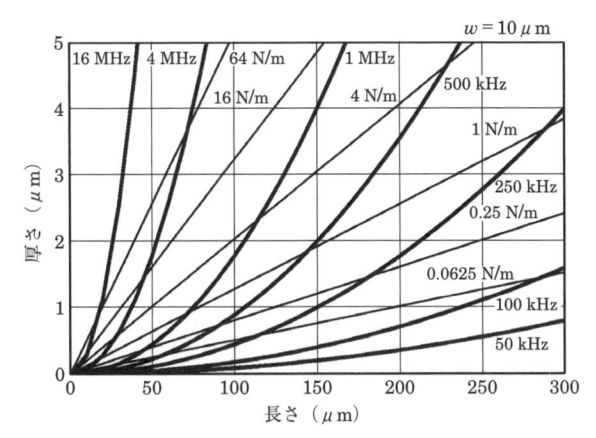

図6・2 シリコン矩形型カンチレバーのバネ定数(細線)と共振周波数(太線)の計算結果

長さが短くなると共振周波数が高くなることがわかる．同様の計算から高周波高速測定用の三角形カンチレバーを設計試作した報告が知られている[3]．

6・1・3 カンチレバーの共振特性の利用

カンチレバーに周波数 ω で振動する外力を加えることにより，微小な物理量が高感度で計測可能となる．このときのカンチレバーの振動は調和振動子として計算できることから，その運動方程式は次式で表される：

$$m\ddot{z} + a\dot{z} + kz = F_0 \exp(i\omega t) + F(z). \tag{6・3}$$

ここで，m はカンチレバーの質量，a は粘性抵抗係数，k はバネ定数，$i = \sqrt{-1}$ であり，右辺の第1項はカンチレバーに加えた振動，第2項はカンチレバーを試料に近づけたときに探針 - 試料間に働く力である．左辺第2項の減衰項は，真空中や大気中のように粘性抵抗が小さな環境では無視できるが，液体中のように粘性抵抗が大きな環境では影響が大きくなり，カンチレ

バーの振動を減衰させる．減衰が起こると共振周波数は低い方にシフトし，共振の急峻さを示す Q 値も小さくなる．Q 値の減少は感度の低下につながるので，実際の液中測定では，式 (6・3) の右辺第 1 項に位相変化を加えて減衰を抑える Q 値制御などの対策が必要となる．$F(z)$ は，力勾配 F' と距離 z の積で記述できるので，式 (6・3) の方程式は $(k-F')z$ を満足する．すなわち，探針 - 試料間に働く力によってカンチレバーのバネ定数が見かけ上変化することになる．式 (6・3) より，粘性抵抗が小さい場合，カンチレバーの共振周波数 ω_0 は

$$\omega_0 = \sqrt{\frac{k-F'}{m}} \tag{6・4}$$

となるので，引力が働くとき（$F'>0$）には，見かけのバネ定数が減少するため共振周波数も減少する．逆に斥力が働くとき（$F'<0$）には，見かけのバネ定数が増加するため共振周波数も増加する．この原理を利用して，原子間力顕微鏡法（ Atomic Force Microscopy：AFM ）は試料表面の微細形状を計測している．

ところで，式 (6・4) からカンチレバーの質量が変化する場合にも，共振周波数が変化することがわかる．カンチレバーの表面に物質が吸着して質量が $\varDelta m$ 増加するとき，共振周波数の変化 $\varDelta \omega$ は，

$$\varDelta \omega = -\frac{1}{2}\frac{\omega_0}{m}\varDelta m \tag{6・5}$$

となる．すなわち，共振周波数変化 $\varDelta \omega$ を検出できれば，微小質量 $\varDelta m$ の検出が可能となる．より微小な質量を検出するためには，カンチレバーの質量 m を小さくし，共振周波数 ω_0 を高くすることが求められる．例えば，質量が 100 ng，共振周波数 f が 200 kHz のカンチレバーを用いた場合，質量検出感度 $\varDelta m/\varDelta f = 1$ pg/Hz が得られる．これは，既存の水晶振動子を用いた微小質量センサーの検出感度と比べて 10 倍以上の高感度に相当する．

6・1・4 微小変位・振動検出技術と微小質量計測

カンチレバー先端の変位検出や振動の周波数検出では，一般に光テコ検出法が用いられている．図6・3に示すようにカンチレバーの背面にレーザを当て，反射してきた光を位置検出素子で検出する．カンチレバーが角度 θ だけ下方にたわむと，カンチレバーから反射してきた光は位置検出素子上の位置 (A) から位置 (B) に変位する．位置 (A)，(B) へ反射した光が入射光に対してなす角度をそれぞれ 2α, 2β とする．カンチレバー先端の変位を Δz, (A) - (B) 間の距離を d, カンチレバーの長さを l, カンチレバーと位置検出素子の距離を L とおくと，拡大率は次の式で求められる：

$$\frac{d}{\Delta z} = \frac{2L}{l}. \tag{6・6}$$

この式から，カンチレバーの長さを短くして，カンチレバーと位置検出素子の距離を長くとれば，大きな拡大率が得られることがわかる．例えば，$l = 200\,\mu\mathrm{m}$, $L = 50\,\mathrm{mm}$ のとき，拡大率は 500 となる．通常位置検出素子は $0.1\,\mu\mathrm{m}$ 以下の分解能をもつので，カンチレバー先端の変位約 $0.2\,\mathrm{nm}$ が検出可能である．

光テコ検出法の他に，カンチレバーにピエゾ抵抗を埋め込んで，カンチレ

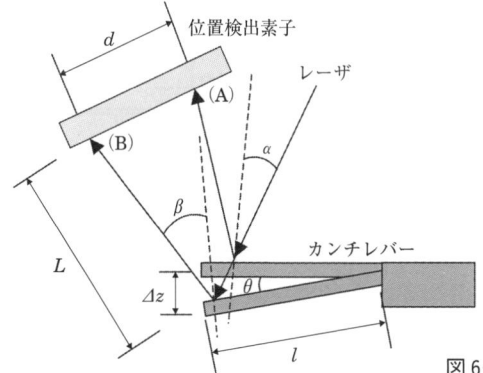

図6・3 光テコ検出法の模式図

バーのたわみによって生じるピエゾ抵抗変化から変位を検出する方法も考案されている．この検出方法は，調整に技術を要する光テコ光学系がなく，検出部分をコンパクトにできる．ピエゾ抵抗の変化は，図 6・4(a) のホイートストンブリッジ回路を用いて検出する．カンチレバーに埋め込まれたピエゾ抵抗を R_1，標準抵抗を R_2, R_3, R_4 として，ブリッジ回路に電圧 E を加えるとき，$\varDelta V$ は次式となる：

$$\varDelta V = \frac{R_1 R_3 - R_2 R_4}{(R_1 + R_2)(R_3 + R_4)} E. \qquad (6\cdot 7)$$

ここで，$R_1 = R + \varDelta R$，$R_2 = R_3 = R_4 = R$ となるように設計して，$\varDelta R$ は R に比べて十分に小さいことを考慮すると，

$$\varDelta V = \frac{R \varDelta R}{4R^2 + 2R\varDelta R} E \approx \frac{\varDelta R}{4R} E \qquad (6\cdot 8)$$

となる．実際には，ピエゾ抵抗の値は温度によって変化することから，温度補償のためのピエゾ抵抗をカンチレバーの近くに準備して，それを R_2 に使用するのが良い．

図 6・4(b) は V 型ピエゾ抵抗カンチレバーを用いた微小質量センサーの検出回路の概要を示している．ここで使用したカンチレバーには 2 本のピエゾ抵抗が埋め込まれているので，それらの抵抗をブリッジ回路の対角位置の

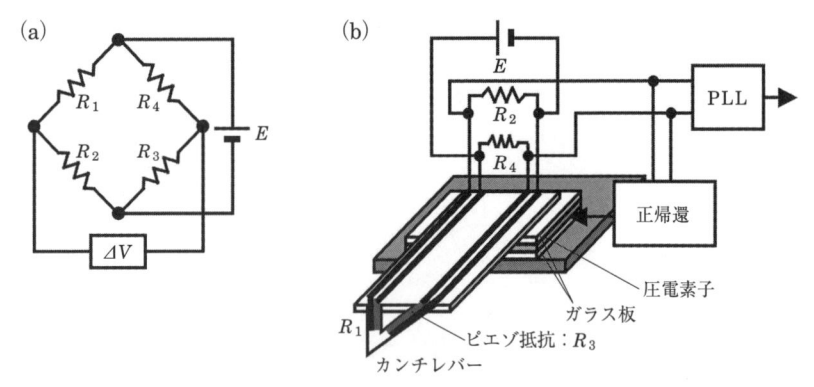

図 6・4　ピエゾ抵抗変化検出回路．(a) ホイートストンブリッジ回路，(b) ピエゾ抵抗カンチレバーを用いた微小質量検出システム

R_1 と R_3 につないでいる．ブリッジ回路からの出力電圧変化 ΔV をカンチレバーの支持台に付けた加振用圧電素子に正帰還させることによって，カンチレバーを自励発振させる．このとき，大きな出力電圧を得るためにカンチレバーの振動振幅を大きくする必要があるが，振幅が大きすぎるとカンチレバーが破損するので，正帰還回路の増幅率の調整には注意が必要である．カンチレバー表面に物質が付着して生じる共振周波数の変化は，ブリッジ回路の出力電圧変化をフェーズ・ロックド・ループ(Phase-Locked Loop：PLL)回路を用いて検出する．この検出システムを用いた測定の一例として，湿度変化に伴うカンチレバーへの水吸着実験が報告されている [4]．湿度変化に伴う共振周波数変化と付着質量変化を図 6・5(a), (b) にそれぞれ示す．湿度が 19 % から 57 % まで変化する間に共振周波数は 250 Hz 減少し，付着質量は 550 pg 増加している．したがって，約 2.2 pg/Hz の検出感度が得られることが確認できる．このように，カンチレバー技術は nm オーダの形状計測のみならず，pg オーダの微小質量計測にも応用されている．特にピエゾ抵抗カンチレバーを用いたセンサーは検出系がコンパクトで，測定試料が微量でも高感度検出が可能なので，バイオセンサーへの応用に向けた液中測定の研究も進められている．

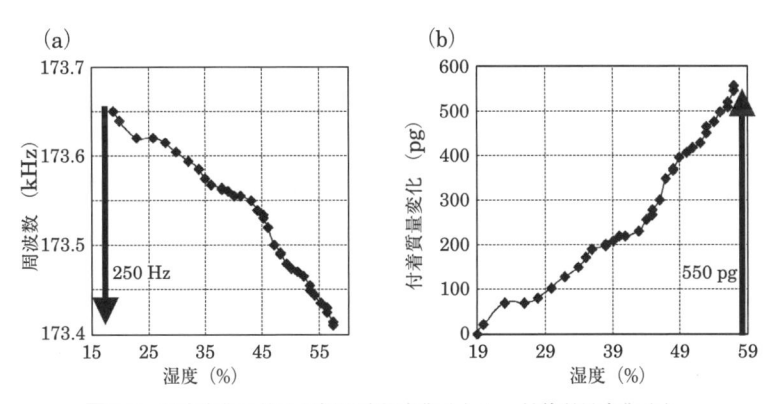

図 6・5　湿度変化に伴う共振周波数変化 (a) と，付着質量変化 (b)．

6・2 局所温度・熱物性計測

6・2・1 走査熱顕微鏡

走査熱顕微鏡法(Scanning Thermal Microscopy：SThM)は走査プローブ顕微鏡に温度計測機能を付加し，ナノスケールでの温度や熱物性値を計測する手法である．従来の微小スケール熱計測は，赤外放射や集光したレーザの反射，ラマン散乱などを利用する遠視野光学的手法であり，回折限界により空間分解能が 1 μm 程度に制限されていた．これに対し，SThM はプローブ先端と試料の微小な接触部を通じて熱情報を計測する近接型手法により，10 nm 程度の空間分解能での温度場や熱物性分布の計測を可能とする．微細化する電子デバイス内の温度分布計測やナノ構造をもつ材料の局所物性計測などへの応用が期待されている．SThM は市販装置もあるが，現状ではプローブや計測システムを自作 [9, 10] し，所望の性能，精度を得る努力が必要である．本節では，原子間力顕微鏡法(Atomic Force Microscopy：AFM)をベースにした SThM による局所温度・熱物性計測法 [5, 8] を概説する．

6・2・2 温度・熱伝導性画像の単純計測法

単純な SThM では，AFM 上で温度センサー付きプローブを試料に接触させ，試料から伝わる熱量を反映した温度センサー信号を AFM の予備信号ポートへ入力し，形状，温度画像を同時計測する(受動法)．熱伝導性は，あらかじめ試料とプローブに適当な温度差を付け，走査中の温度センサー信号の変動から計測される．計測には，温度センサー付きプローブの製作と大気の影響を低減させる真空環境が必要となる．

微細な熱電対をもつカンチレバープローブは，顕微鏡下での手作業やフォトリソグラフィ，蒸着，エッチングなどの微細加工プロセスで製作される．図 6・6 は，電気化学エッチングで先鋭化したニッケル細線にワニスで絶縁被

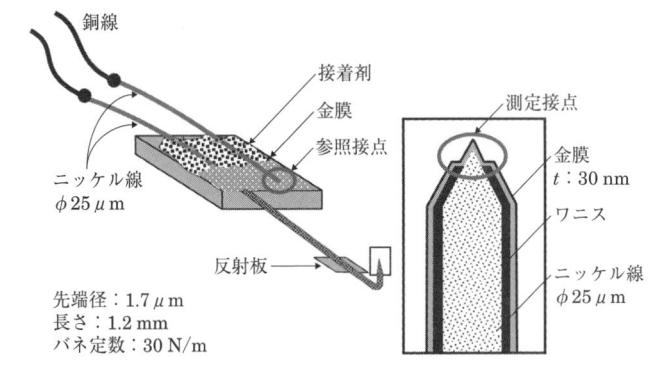

図 6・6 細線・薄膜熱電対カンチレバープローブ

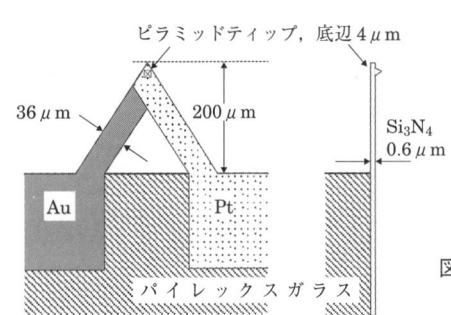

図 6・7 薄膜熱電対を形成した Si_3N_4 カンチレバープローブ

覆を施し，表面張力作用で先端部の絶縁被覆に自然に開いた開口部を含めて金薄膜を蒸着し，5〜10 μm スケールの接点を先端部に形成した熱電対カンチレバープローブである [6]．レーザ反射用ミラーは，反射光が AFM のフォトディテクタへ入射するように調整し接着する．SEM などの試料調整に用いるクイックコータ程度の蒸着装置を利用することで，比較的容易に作成でき，丈夫で寿命の長いプローブである．

図 6・7 は，市販の Si_3N_4 カンチレバーの 2 本の足の上にそれぞれ金と白金の薄膜を蒸着し，先端部に接点を形成した熱電対プローブである [7]．既製のカンチレバーへ後付けで熱電対を形成するため，歩留りは低いが，接点部の熱容量が小さく，カンチレバー内の熱抵抗が大きいため，前述の細線型の

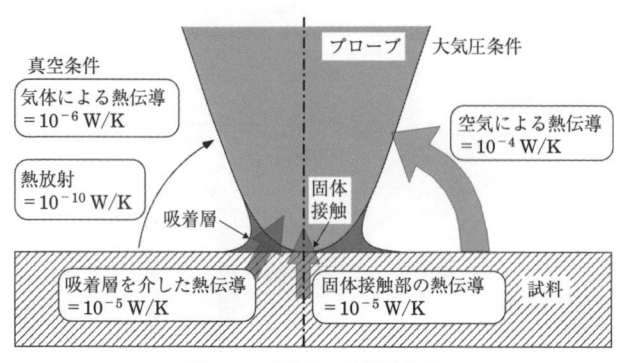

図6·8 接触部の熱伝達機構

真空条件
気体による熱伝導 = 10^{-6} W/K
熱放射 = 10^{-10} W/K
吸着層を介した熱伝導 = 10^{-5} W/K
プローブ
吸着層
固体接触
大気圧条件
空気による熱伝導 = 10^{-4} W/K
固体接触部の熱伝導 = 10^{-5} W/K
試料

ものに比べ，応答速度と感度に優れている．

　計測環境としては，温度・熱物性分布計測に高い空間分解能を実現するため，プローブと試料の接触部を介した熱輸送が支配的になる真空環境が必要である．プローブ-試料間の熱輸送は，固体接触部の熱伝導，接触部周囲の吸着層による熱伝導，周囲気体による熱伝導，放射伝熱で構成される（図6·8）．10 nm の接触スケールでは，固体接触部と吸着層の熱伝導はそれぞれ 10^{-5} W/K 程度のコンダクタンスをもち，放射は室温付近で 10^{-10} W/K 程度と換算され，熱輸送には影響しない．気体熱伝導は，大気圧下では 10^{-4} W/K 程度と接触部の10倍の寄与をもち，試料表面の温度や熱物性情報がプローブへ平均化されて伝わる．圧力 10^{-2} Torr では気体熱伝導は 10^{-6} W/K 程度になり，接触部を伝わる情報が主に計測される．よって，接点スケール程度の空間分解能を実現するには，10^{-2} Torr 以下の周囲圧力環境が必要となる．

　図6·9は，100 Hz の交流電圧の印加により発熱する金属抵抗体を図6·7のプローブで計測した例である[7]．プローブは先端を左向きに配置され，水平方向に走査されている．大気中での計測では熱電対信号を直流アンプで増幅し記録した直流温度像が得られているが，気体熱伝導の影響が顕著に現れており，プローブの針先が抵抗体上にあるときよりもそのボディが抵抗体

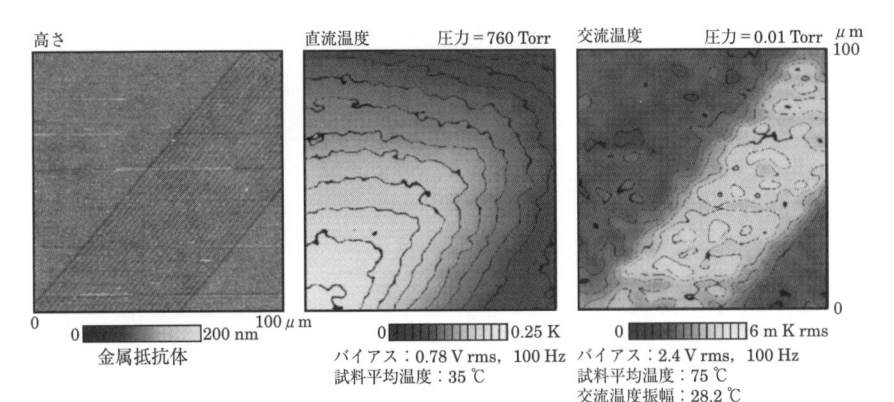

図6・9 微小抵抗体の温度計測例．交流加熱された抵抗体（左）を大気中で計測した直流温度画像（中），および真空中で計測した交流温度画像（右）．

の上に位置する場合に被加熱量が大きく，温度画像の歪みとなって現れている．一方，SThM を真空容器内へ設置し，周囲の気体圧力を 10^{-2} Torr 以下にすると，接触部を通した熱伝達が支配的になり，表面温度分布が計測可能となる．ただし，この例では，真空中でのプローブ－試料間熱コンダクタンスが小さく，熱電対出力が微弱でS/N不足なため直流温度像は得られず，熱電対出力中の交流発熱に対応した 200 Hz の信号成分をロックイン計測し，交流温度画像を得ている．

炭素繊維強化プラスチック（Carbon Fiber Reinforced Plastics：CFRP）の繊維と直交方向の切断面を真空環境下で図6・6の細線型プローブにより計測した例を図6・10に示す[6]．電気伝導性像は，電流制限用直列抵抗（2 MΩ）を金薄膜電極へつないだプローブを試料に接触させ，直列抵抗から試料底面までに 1.5 V の電位差を印加し，約 0.75 mA の微弱電流を流し，接触部から試料底面までの電圧降下を計測したものである．熱伝導性像は，試料ステージとプローブベースに温度差を付け，走査時の熱電対出力を画像化している．炭素繊維の電気的，熱的な伝導性がエポキシ樹脂に比べて高い様子，繊維間のエポキシ層が熱伝導性画像中でも観察され熱的な空間分解能

高さ像 / 電気伝導性像 / 熱伝導性像

エポキシ樹脂
炭素繊維

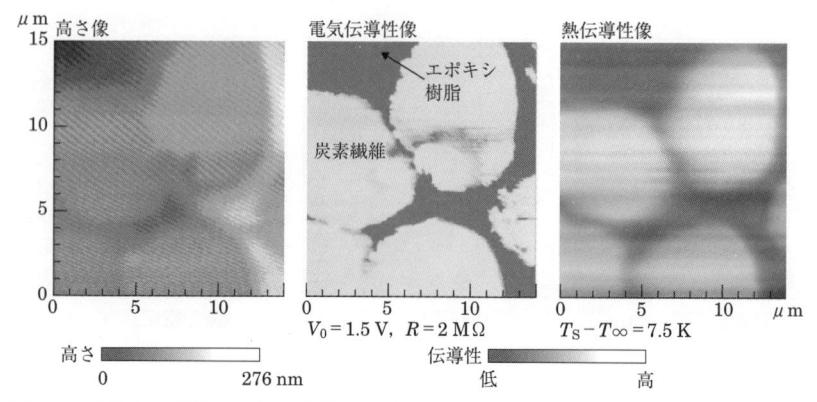

$V_0 = 1.5\,\text{V}$, $R = 2\,\text{M}\Omega$
$T_\text{S} - T_\infty = 7.5\,\text{K}$

高さ 0 — 276 nm
伝導性 低 — 高

図 6・10 CFRP の電気・熱伝導性計測．試料底面とプローブ間に電位差 V_0 または温度差 $T_\text{S}-T_\infty$ を与え，電流および熱電対出力を画像化したもの．

が $1\,\mu\text{m}$ 以下であることが観察される．

6・2・3　SThM における定量温度計測

　前述の受動法による温度計測では，厳密には測定量は温度ではなく，プローブへ流入する熱流量である．熱流量は，プローブ–試料間の温度差に比例し，接触径に依存する．凹凸や物性変化のある試料表面では，SThM でも走査時に接触径が変動するため，温度計測の定量性を確保するには，接触状態に依存しない能動計測法 [5] が必要になる．

　能動法では，プローブへ流入する熱流を検出し，これに比例した発熱をプローブで生じさせる熱フィードバックにより，プローブ温度を試料接触部温度と一致させた状態を作り，プローブ温度を計測する（図 6・12 参照）．熱流のない状態で温度計測するこの手法は零位法に分類され，有限な接触コンダクタンスがあれば，測定温度はその変化に影響されない利点がある．

　SThM 上で能動法を実施するため，図 6・11 に示す温度計測カンチレバープローブが微細加工技術を用いて開発されている．このプローブは，三角形状の $2\,\mu\text{m}$ 厚の SiO_2 薄板上に，先端から熱流計測用サーモパイル，温度計

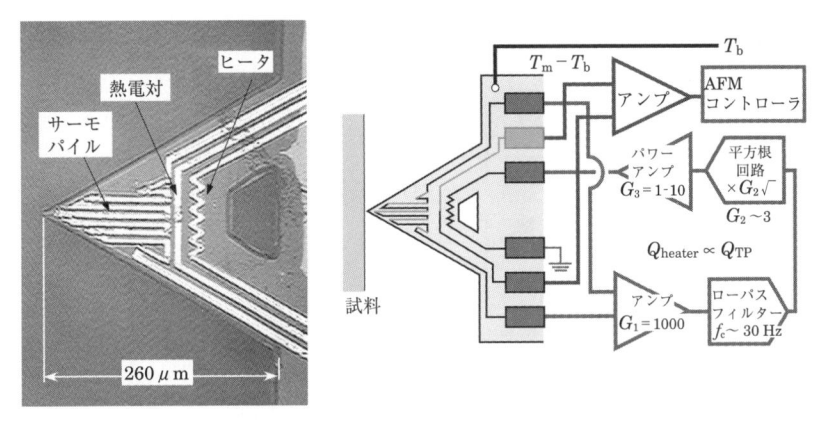

図 6・11 能動式温度計測カンチレバープローブと計測システム

測用熱電対，加熱用ヒータを形成したもので，スパッタリング，ウエットエッチなどの標準的なプロセスで製作されている．また，先端に針のない平板型であり，平坦な試料面との接触スケールは 30 nm 程度である．

温度計測には，熱流量（サーモパイル信号）と印加電圧の2乗に比例するヒータ加熱量の間に線形フィードバックを実現するため，サーモパイル信号 ΔT_{TP} を計装用アンプ（AD624 など）で増幅し，ローパスフィルタ，乗除算器（AD734 など）を用いた平方根回路を通し，パワーアンプからヒータ電力を供給するアナログ回路を用いる．図 6・12 に能動計測の状況をヒータ電圧のサーモパイル信号に対する増幅率 G_V に対して示す．フィードバック操作を行わない $G_V = 0$（受動法）では，高温の試料（温度 T_s）から低温のプローブへ熱流が流れ込み，プローブ温度（$T_m - T_b$）が上昇していることが計測されている．ここで，プローブベース温度 T_b は実質的に一定値であり，別途計測される．G_V の増加に従い，熱流量（ΔT_{TP}）が低下し，プローブ温度は一定値へ漸近していく様子が見られる．増幅率に対して計測温度の飽和が観察される領域では，能動計測法が十分に機能していると判断される．試料の熱伝導率や凹凸，接触荷重などの影響で変化する接触熱コンダクタンスの変化をフィードバック操作がカバーできる範囲では，定量的な温度

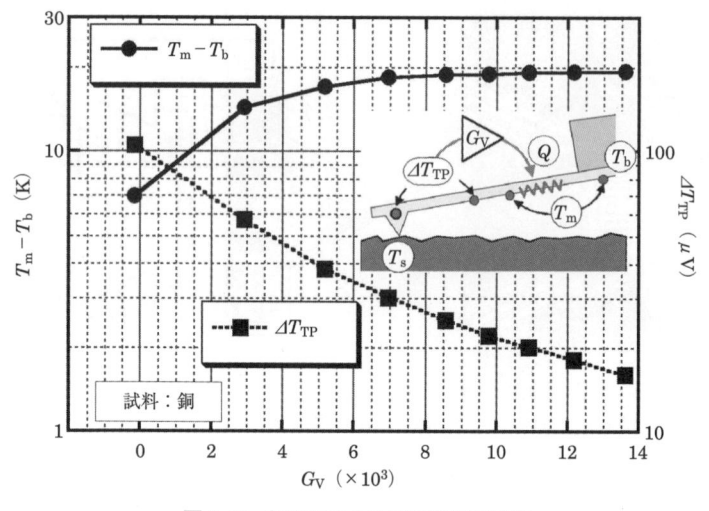

図 6・12　能動法による局所温度の同定

計測が行われる．また，現状では，10 nm スケールの微小領域の温度を計測する他の手段がないため，この操作によりはじめて接触部の温度が同定されることになる．さらに，一般に，薄膜熱電対の起電力はバルク値と異なるため，既知温度試料に対するこの操作から，プローブ上の熱電対が較正される．

　薄型化により感度を向上させた同型のプローブで，樹脂と金属が混在する計測の困難なデバイスに対しても，定量的な温度画像計測が可能なことが示されている．図 6・13 は，温度変化により光信号の切り替えを行う導波路式光スイッチの上面を能動温度計測法で画像化した例である [11]．発熱している 10 μm 幅の金属ヒータが高温状態になり，樹脂層にはヒータ部から離れるに従い低下する温度分布が生じていることが計測されている．針なしの平板型プローブのため，先端部の複数個所が試料の段差に接触し，形状や温度画像には，アーティファクト（偽の分布）が現れる問題はあるが，ヒータ上や樹脂層の平坦な部分では，画像計測されたデータは，走査せずに特定の点上でフィードバック増幅率を変化させて確認した温度計測結果と良い一致

48μm　高さ像　　　　　　　　温度像

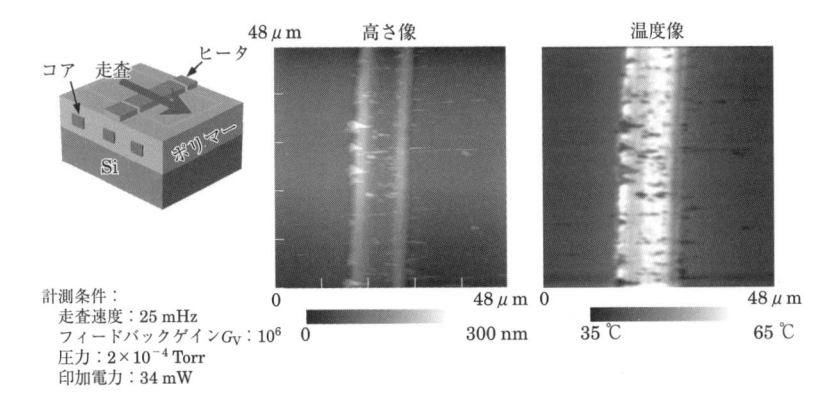

計測条件：
走査速度：25 mHz
フィードバックゲインG_V：10^6
圧力：2×10^{-4} Torr
印加電力：34 mW

0　　　　　　　　48μm　0　　　　　　　48μm
　　　300 nm　　　　　　35℃　　　65℃

図6・13　導波路式光スイッチの温度分布計測

を示すことが確認されている．

　精度の良い微小スケール温度計測には能動法が有効である．現状では，能動式SThMはナノスケールでの定量温度計測が可能な唯一の方法であり，今後の開発，普及が望まれている．

6・3　ナノチューブ探針と多探針計測

6・3・1　はじめに

　トンネル顕微鏡(STM)，原子間力顕微鏡(AFM)などのプローブ顕微鏡の分解能を決定するのは，プローブ先端の形状および安定性である．図6・14に示すように，探針先端の曲率が測定対象物よりも大きい場合は，測定対象物ではなく探針の形状が観察されてしまうので，一般に先端形状は極めて先鋭でなければならない．また，先端にクラスターサイズの同等な突起が複数存在する場合には，ゴーストあるいはダブルティップ(実際はダブル以上の場合が多い)と呼ばれる像が得られる．これらの現象は測定対象物の形状があらかじめわかっている場合は問題ないが(逆に探針形状のフィンガープリントとなりうる)，微粒子の形状や密度などを評価する場合は誤ったデ

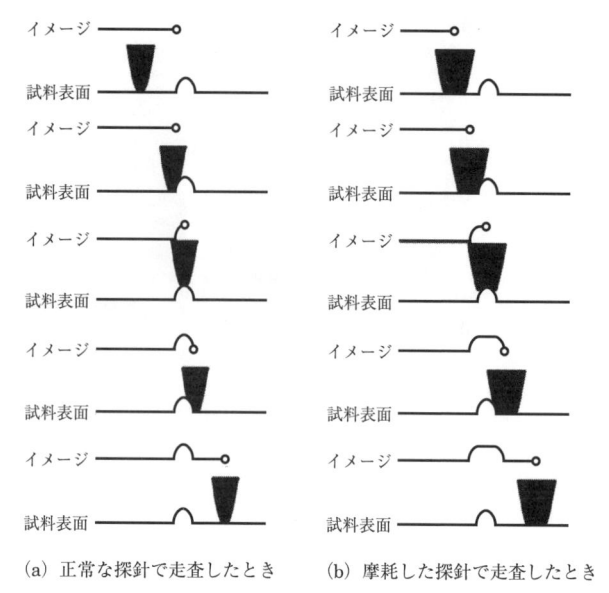

(a) 正常な探針で走査したとき　　(b) 摩耗した探針で走査したとき

図6・14　探針形状のSPM像に及ぼす影響

ータ解釈につながる危険性をはらんでいる．一方，ピンホールなどアスペクト比の高い溝構造（トレンチ）を評価する場合には探針先端のみならず，溝中に探針が物理的に入りうるかといった探針全体の形状も考慮に入れなければならない．以上をすべてクリアできる理想的な探針としては，探針先端がナノレベルで鋭く，かつアスペクト比の高いものであろうことは容易に想像できる．ただし，単に細くて長い物の場合は，共振周波数が低くなり走査により振動が誘起され測定が不安定になる可能性が高い．昨今のナノテクノロジーの代名詞とされるカーボンナノチューブ（CNT）は形状のみならずその剛性の高さ，導電性などから先端材料として有力な候補であり，様々な作製法が提案されている．またリソグラフィー用の探針としてのアプリケーションも期待されている．

一方，通常のSTMでは1本の探針を用いるが，LSIテスターのミクロ版として任意の場所の電気伝導度などを測定するには，複数の探針を装備した

多探針(マルチプローブ)顕微鏡が必要となる．探針としては，あらかじめ一定間隔で直線状に固定されているものや，それぞれ独立に可動できるものを用いる．後者の方が計測の柔軟性は高いが，個々の探針を制御する必要があるので計測が煩雑となる．また，観察対象がナノ〜ミクロサイズとなると，探針間の物理的干渉が問題となり，これを克服する探針としてCNT探針が注目されている．

本節では，CNT探針の作製方法と使用例，およびマルチプローブ顕微鏡の概略について説明する．

6・3・2　カーボンナノチューブ探針

カーボンナノチューブ(CNT)を探針として応用するためには，既存(以下，母材と呼ぶ)の探針先端にいかに取り付けるかがポイントとなる．光学顕微鏡や電子顕微鏡下での機械的操作による方法および化学気相成長法(CVD法)により母材先端に直接成長させる方法といったドライプロセスの他，誘電泳動法を用いたウェットプロセスも提案されている．

(1)　機械的操作法

CNT探針を最初に報告した研究グループは，光学顕微鏡下で精密ステージを用い，先端にアクリル系接着剤の付着したAFM探針先端をCNTに押し付けることによりCNT探針の作製を行った[12]．この方法では，任意のCNTを選ぶことが困難であり，また取り付け角など制御性も悪い．さらに高分子の接着剤なので，探針先端を清浄化するための高温処理も不可能である．そこで走査電子顕微鏡(SEM)下で2つの独立ステージを駆動させる方法が提案され，これらの問題点が克服された[13]．図6・15に模式的に示すように電気泳動法によりあらかじめCNTを配列させたナイフエッジを一方のステージに，もう一方に母材となるAFM探針を置く．これらを互いに接触させ，電子ビームにより雰囲気中のハイドロカーボンを分解したアモルファスカーボン製の"のり"を利用して接着させ，あとはカートリッジから

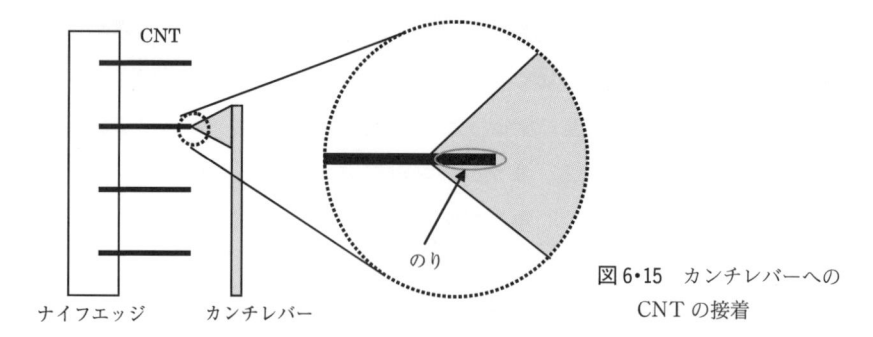

図中ラベル: CNT / ナイフエッジ / カンチレバー / のり

図6・15 カンチレバーへのCNTの接着

CNTを引き抜くことでCNT探針の作製が行われた．高分解能の像観察のためには，CNTの長さを500 nm以下に制御する必要があるが，最初に接触させる"のりしろ"の調整により容易に実現できる．本探針をタッピングモードAFMに使用してマイカ上DNA分子を観察したところ通常の探針と比べて2倍の分解能の向上が認められた．その後，探針長の新しい制御法[14]，高分解能のリソグラフィー[15]，高性能磁気顕微鏡探針[16]として応用例が報告されている．最近では，取り付け角度をさらに制御するためにあらかじめ母材先端を集束イオンビームで加工する方法も開発されている．

多くの応用例はタッピングモード(準接触モード)や非接触モードに限られているが，さらなる高分解能の実現や電気的測定を行う場合は接触モードでの使用も行われる．SEM内で作製したCNT探針を接触モードに適用し，マイカの格子像観察の報告がある[17]．探針長を50 nmに制限し，スキャン中のCNTのベンディングを最小限にし，デッド走査領域を抑えることが原子分解能に必須であることが明らかにされている．また，電流を同時に測定する導電AFM測定においても接触領域の小さなCNT探針が，市販の導電性プローブに対して優れていることが報告されている[18]．

一方，STM探針としての応用であるが，母材探針形状(通常タングステン)は円錐状であるため，のり付け面がAFM探針のように平面とならず，取り付けがやや困難である．また，電流を流す必要があるので取り付け部の

接触抵抗が大きな障害となる。さらに，半導体や金属表面の原子レベルの観察を行う際にはカーボンナノチューブそのものの清浄度も重要となる。探針をあらかじめ500℃程度に加熱することにより，カーボンナノチューブ探針の付着物を取り除き，シリコン表面の原子分解能観察の報告がなされている[19]。ただし高温にする場合，接触で用いたアモルファスカーボンを同時に取り除かないように注意が必要である。また，100〜130℃，数時間の加熱で酸素などの吸着物を取り除き金表面の再構成構造の観察例も報告されている[20]。しかしながら，どの観察結果も分解能という点ではCNT探針は通常のタングステン探針と同等である。ナノチューブ自身の形状のみを使用して，これに導電性コーティングを施し，導電性プローブとして用いようとする試み[21]もなされている。

以上，SEM中での機械的取り付け法とその応用例について述べた。極めて確実に取り付けることが可能である反面，1本1本が手作業の取り付けとなる。また，SEMで観察できなければならないので，基本的にはマルチウォールナノチューブ(MWNT)あるいはバンドル状シングルウォールナノチューブ(SWNT)に限られてしまい，分解能の向上という点では通常の探針と同等にとどまっているのが現状である。最近ではTEM中での作業も報告されているが，電子ビームによる汚染の影響も最小限にする必要が今後重要となろう。

(2) 直接成長法

機械的取り付け法が1本1本手作業であったのに対し，本項では一度に大量生産が可能な直接成長法について説明する。この方法では，SWNTが1本からなる探針も作製可能で，さらなる高分解イメージングが期待できる。作成法としては，カーボンナノチューブの主たる合成法の中で最も制御性の高い化学気相成長法(CVD法)が用いられている。探針全体ではなく，先端のみに選択的に成長させるのがポイントであり，一般に触媒金属を用いるので，これらを先端のみに付着させる技術とCNTを垂直に配向させる技術が

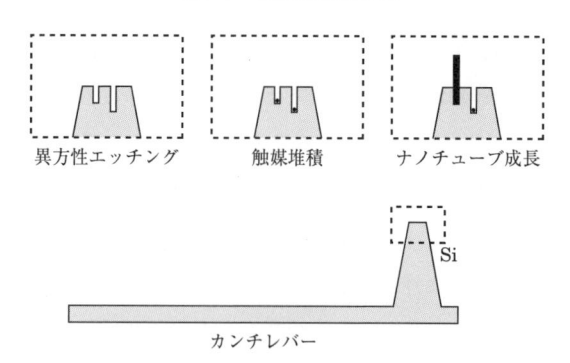

図6·16 CVD法によるCNT探針の直接成長

重要となる．

　図6·16に示すように，カンチレバー先端を平坦に加工し，この面に穴を作製し触媒を入れ，MWNT，SWNTを穴に沿って選択的にCVD成長した例が報告されている[22]．また，コバルト触媒をコーティングし，TiN層でキャップしたカンチレバー先端のみのキャップ層を取り除くことにより，Co触媒層を先端のみに露出させ，この部分のみにMWNTをマイクロ波プラズマCVD法により垂直に配向させた研究報告もある[23]．一方，全面に触媒をコーティングした場合でも，CVD成長条件を最適化することにより，先端のみに成長させる試みもなされている[24]．成長温度は一般に600 ℃以上と高いので，(1)で述べた不純物除去の必要がない点も特長である．また，カーボンナノチューブではないが，STM探針先端に針状構造を作成した例はいくつか報告されている[25, 26]．

(3) 溶液法

　本手法では，カーボンナノチューブ溶液(溶媒として，水，アルコール，ジクロロエタンなど)中で非対称形状の電極間(母材先端と対向電極)に交流電場を掛けたときに，ナノチューブが分極することを利用した誘電泳動法(交流電気泳動法)が用いられている[27]．図6·17は，超音波により充分に分散させたカーボンナノチューブ溶液中で，探針とナイフエッジを対向さ

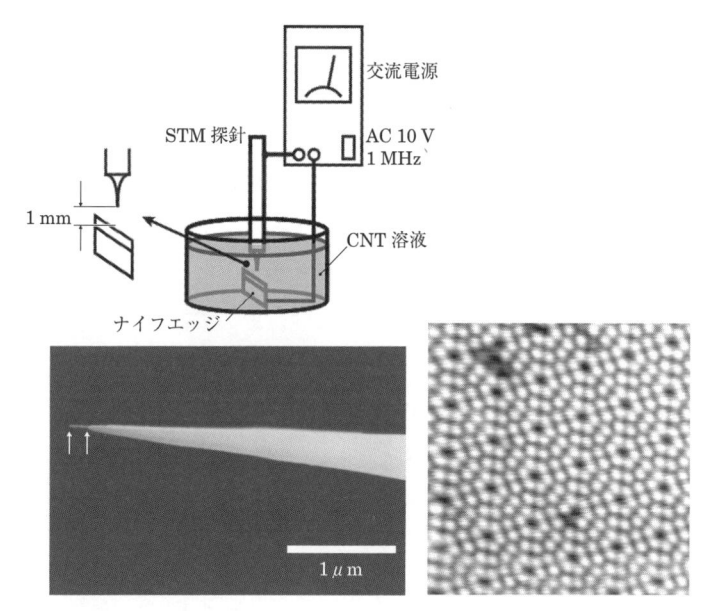

図6・17 誘電泳動法によるカーボンナノチューブ探針の作製

せ，両極に 1 MHz，10 V の交流電圧を印加することによりタングステン探針先端に CNT を取り付ける方法を示す．作製された探針の SEM 像と，この探針を用いて測定したシリコン表面の原子像も併せて示す．また，同様な方法で，金コートカンチレバー上に CNT を取り付ける報告もなされている [28]．この他，探針と液中間に作製されるキャピラリーを用いる方法も報告されている [29]．このように溶液を用いた作成法は簡便であるが，探針を SEM で確認する必要があること，付着物が多いので観察前には清浄化するなどの注意が必要である．

6・3・3 マルチプローブ顕微鏡

STM 探針を 2 つ備えた"twin-probe"は，1991 年にはじめて開発された [30]．そこでは，0.1 μm，1.5 mm の間隔の固定プローブを用い，両探針の長さを傾斜機構を用いて補正し，2 つの探針から同時に原子像を得るこ

とに成功している．最近では，シリコンプロセス技術を駆使し，これを四端子に増やし（マイクロ四端子プローブ），UHV中で半導体表面の電気伝導を測定した研究が報告されている[31]．このプローブは，汎用性が高く使いやすいことから，多くの材料のミクロ機能評価の測定にも応用が可能である．

　一方，可動探針をもつマルチプローブ顕微鏡は，個々の探針を独立に制御するという操作が極めて煩雑にもかかわらず，その柔軟性と測定能力の高さから開発が盛んで有望視されている．通常は探針の位置を制御するために光学顕微鏡か電子顕微鏡を併用する必要がある．測定例として，半導体上に作製されたナノサイズの幅をもつ金属ワイヤーの電気伝導度が二探針を用い探針間の距離の関数として測定されている[32]．しかし，厳密には二探針では接触抵抗が無視できないので，LSIプローバのように，四探針化が理想であろう．図6・18のように，四探針を用いてシリコン上の銀薄膜の表面電気伝導を測定した研究では，探針間隔を変化させると金属膜特有の金属的な電

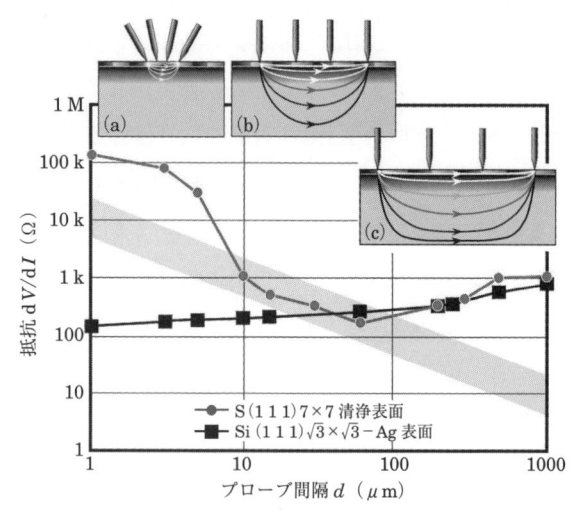

図6・18　四探針によるシリコン表面および銀薄膜表面の電気抵抗測定（東京大学 長谷川 修司 氏ご提供）

6・3 ナノチューブ探針と多探針計測

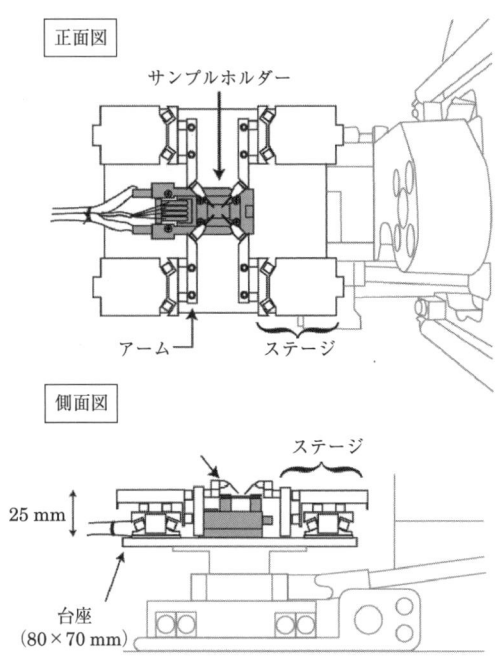

正面図

サンプルホルダー

アーム　ステージ

側面図

ステージ

25 mm

台座
(80×70 mm)

図 6・19　手のひらサイズの四探針顕微鏡

子状態を流れるパスが支配的になることが示された [33]．また，電気伝導の異方性の測定は，一列に整列した固定探針では困難で，可動探針による正方四端子法が提案され，実際に異方性の測定が行われている [34]．以上はUHVの測定例であるが，次に，汎用SEM中で作動するようコンパクトに設計されたマルチプローブ顕微鏡システムを図 6・19 に示す [35]．ユニットサイズは $7 \times 8 \mathrm{cm}^2$ 程度であり，測定試料は真空を破らずに挿入可能である．この装置を用いてシリコンウエハの電気抵抗を求め，ウエハの厚さの4分の1程度の探針間距離にすると，試料の端面効果を考慮する必要がないことが定量的に検証された [35]．

今後開発すべきマルチプローブ顕微鏡の要素技術としては，マルチプローブ専用探針，および探針のアプローチ機構(接触検知機構)の開発があげられる．探針間の距離を狭めると探針間の物理的干渉が障害となる．これを克

服するには，前項で述べたカーボンナノチューブに代表されるような高アスペクト比探針を用いる必要がある．ただし，カーボンナノチューブとその母材との接触抵抗は可能な限り低減することが望まれる．また，アプローチ機構であるが，通常のSTMのようにトンネル電流で近づけることはできるが，その後電気的に接触させる必要がある．このとき先端の変形しやすい通常の金属探針を用いる場合には，試料表面へのダメージを最小限にする工夫が重要となる（CNT探針はこの点もメリットがある）．充分な電気的接触のためには，数$k\Omega$の接触抵抗が必要である．今後は，探針として導電性の自己検知型AFMカンチレバーを用いるのも方策である．最後に，操作性の向上，例えばゲーム感覚で各探針が自由に操作できるようなソフトウェアの開発も望まれる．

6・3・4 まとめ

以上，カーボンナノチューブ探針作製法と応用例，およびマルチプローブ顕微鏡の歴史と現状について紹介した．原子レベルの高分解能という点では通常の探針と同等であり，今後はSWNTを先端に取り付けた高性能の探針が要求されるであろう．ただし，高アスペクト比試料などでは極めて有効なことが示されており，今後の発展が充分に期待できる．またマルチプローブ顕微鏡は今後サイエンスのみならず，ナノテクノロジー産業を中心とした幅広い分野において重要な貢献をすることが予想され，近い将来，ユーザフレンドリーな汎用装置が開発されることを期待したい．

6・4 液中ダイナミックモード計測

6・4・1 はじめに

原子間力顕微鏡は，測定動作環境および観察対象試料に対する原理的な制約がないという際立った特徴をもっている．すなわち，AFM観察は，真空

中，大気中のみならず液中環境においても可能であり，観察試料についても，STMと異なり，導電性試料に限定されず，電子顕微鏡観察においてしばしば用いられる試料の染色や金属蒸着のような特殊な試料処理も不要である．こうした特徴により，溶液中におけるAFMによる高分解能イメージング，特に生理溶液中における"生きた"(in vivo)生体試料の高分解能観察などナノスケール生体試料評価に向けて特に大きな期待が寄せられている．

従来，溶液中における生体試料観察においては，観察時の動作設定が容易な接触モードによるAFM観察が主流であったが，接触による"柔らかな"試料へのダメージや探針走査によって試料を水平方向へ引きずってしまうという問題があるため，現在は，こうした問題を回避しうるダイナミックモードAFMによる生体試料観察が用いられることが多くなっている[36]．ダイナミックモードAFMは，もともと，大気・真空中においてカンチレバー振動のQ値が高いことを利用して，高感度な相互作用力測定を行うとともに接触力を小さくすることを目的として開発された[37, 38]．探針と試料は間欠的接触あるいは非接触状態にあることから，接触力は著しく小さくな

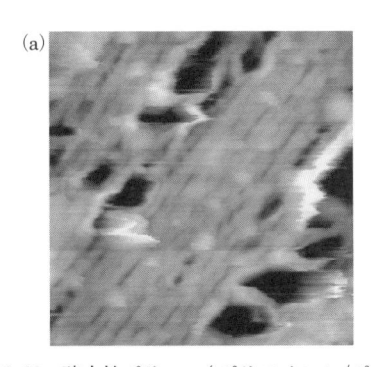

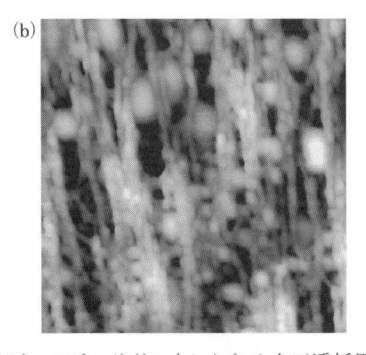

図6・20 疎水性ポリマー(ポリスチレン/ポリビニルピロリドン)からなる人工透析用中空糸膜の水中におけるAFM観察像．(a) 接触モード，(b) ダイナミックモード(タッピングモード)AFM像($1 \times 1\ \mu m^2$)．接触モードでは探針走査による中空糸繊維の引きずりが見られるのに対し，ダイナミックモードでは引きずりは全く見られず，繊維細部の構造まで捉えられている．

り，また上述した探針による試料の引きずりの問題もなくなることが期待される（図6・20参照）．しかしながら，溶液中におけるダイナミック動作は，不要振動モードの励起，Q値の低下により動作設定が困難になるという新たな問題を引き起こした．本節では，溶液中のダイナミックモードAFMの動作制御方式および溶液環境特有のAFM動作の問題点について解説する．

6・4・2 カンチレバー振動の励起法

AFMカンチレバーをその共振周波数あるいは共振周波数近傍で振動させた状態で，探針を試料に近づけていくと，探針-試料間にはたらく相互作用力によって，自由振動状態にあったカンチレバーの振動の振幅や周波数あるいは位相は変化する．この変化を検出することで，試料形状を高分解能で画像化する方式のAFMは，ダイナミックモードAFM，あるいはDFMと呼ばれ，具体的には，振幅制御を行う間欠接触モードあるいはタッピングモードAFM（Intermittent Contact AFM：IC-AFM）と[39]，周波数変調（FM）検出法を用いる非接触AFM（NonContact AFM：NC-AFM）の2つの方法がある（6・4・4項末の〈補注〉および第2章参照）[40]．

通常，ダイナミックモードAFMでは，カンチレバーを装置に固定する部分に圧電素子が取り付けられており，これによってカンチレバーを直接的に振動させる．大気・真空中では，カンチレバーの振動のQ値が比較的高く，また圧電素子からカンチレバーへの振動伝達効率が高いため，この励振方法に全く問題はなく，実際に広く用いられている．しかしながら，カンチレバーが溶液中にある場合，カンチレバーのQ値は著しく低くなり，さらに圧電素子の振動が直接溶液に伝わるため，試料上に溶液を保持するための溶液セル全体を励振することになり，セルと接する構造部材の様々な機械振動を引き起こす．これらの部材の振動は通常複雑なスペクトルをもち，この振動が溶液を通じてカンチレバーを再び振動させるため，カンチレバーの振動スペクトルは図6・21のような多くのスプリアスを含んだ著しく複雑なものに

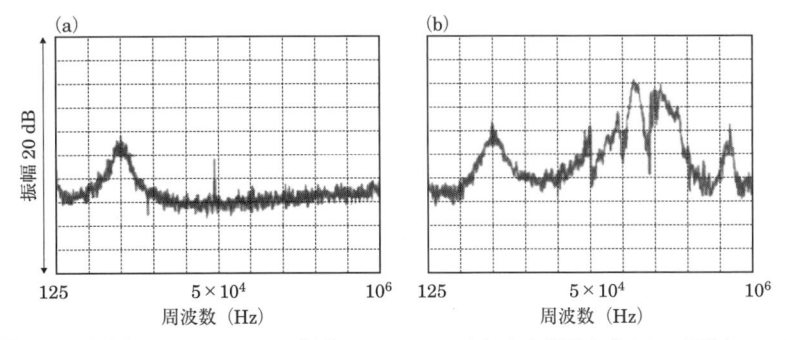

図6・21 溶液中のカンチレバーの振動スペクトル．(a) 自由振動(ブラウン振動)スペクトルには不要振動スペクトルが見られないが，(b) 圧電素子による強制振動スペクトルには多くのスプリアスが現れ，複雑なスペクトルになっている．

なり[41]，これに応じて時間領域での振動波形も大きく歪む．このため，探針-試料相互作用によるスペクトルの変化も複雑なものになり，駆動周波数の設定を難しくするばかりか，検出感度を低下させ，ダイナミックモード動作自体を困難にする場合がある．したがって，こうした励振の問題を回避するため，(ⅰ) 圧電素子の振動に対して不要振動スペクトル発生が少ない構造をもつ液中セルの設計，あるいは (ⅱ) カンチレバーに直接駆動力が伝わるような新たな励振方法，が求められる．スプリアス発生の少ない直接駆動型の励振方法としては，磁気励振法，フォトサーマル励振法，圧電カンチレバーによる励振などがある．磁気励振法では，カンチレバー背面に微小磁石を取り付け，外部より加えられた交流磁場によってカンチレバーを磁気力で直接駆動する[42]．また，フォトサーマル励振法においては，カンチレバー背面に比較的パワーの大きな振幅変調された光を照射する．光吸収量に応じて，カンチレバーの光照射面の温度は反対面に比べると上昇するため，カンチレバーは光強度の変化に応じて周期的にたわみ，結果的に光変調周波数で振動することになる[43]．一方，圧電カンチレバーは，レバーの片面にZnOやPZTなどの圧電薄膜をもち，この圧電薄膜の圧電効果(歪みによる電荷発生)を利用することで変位センサーとして，逆圧電効果(電界印加

による歪み発生)を利用することでアクチュエータとして働く．したがって，電圧駆動によってカンチレバーを直接駆動することが可能となる [44]．

6・4・3 動作制御方式
(1) Q値制御法

　液体中では液体の抵抗によりカンチレバーの振動は著しく減衰し，すなわち，Q値は極端に小さくなるため，ダイナミックモードAFMにおける力検出感度は極端に低下し，比較的単純な振幅制御方式をもつタッピングモード（AM-AFM動作）を用いてもその制御は容易ではない．また大気中での動作と同じような振幅設定値を用いた場合，柔らかい生体試料などに対してダメージを与えやすいことが指摘されている [45]．

　こうした問題を克服するため，カンチレバーの共振周波数における位相シフトを振幅変化へと還元して制御性を高めるQ値制御法が提案されている [46]．図6・22にQ値制御法の模式図を示す．検出されたカンチレバーの振動(変位)信号を，位相シフト回路または微分回路により信号位相を $\pi/2$ だけ変化させ，これをカンチレバーの励振信号($F_0 e^{i\omega t}$)に加えて帰還する(利得 G)．このとき，カンチレバー(探針)振動 $z(t)$ を記述する運動方

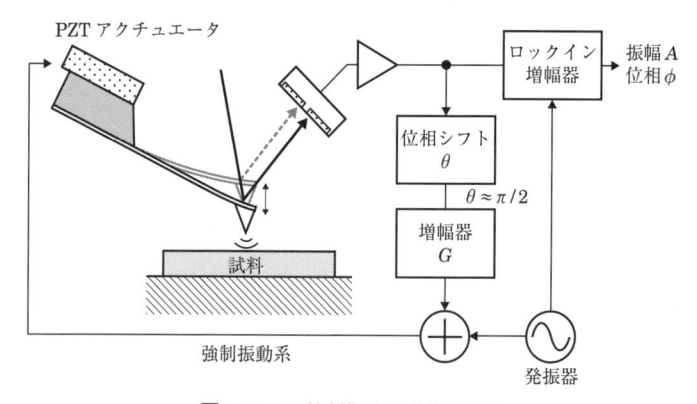

図6・22　Q値制御法の動作原理図

程式は，位相制御することを考慮して複素形式で記述すれば，以下のような運動方程式で表される：

$$m\ddot{z} + \frac{m\omega_0}{Q}\dot{z} + kz = F_{ts}(z) + F_0 e^{i\omega t} + G e^{i\theta} z. \qquad (6\cdot 9)$$

ここで，ω_0 は自由振動時の共振角周波数，$k(=m\omega_0^2)$ はカンチレバーのバネ定数，Q は自由振動の Q 値，$F_{ts}(z)$ は探針－試料間相互作用力を表す．探針が試料より遠方($F_{ts}=0$)にある場合，$\theta=\pi/2$ として，$z = Ae^{i\omega t}$ を代入すれば，減衰項である左辺第2項は変更を受け，等価的 Q 値 Q_{eff} は，

$$\frac{1}{Q_{eff}} = \frac{1}{Q} - \frac{G}{m\omega_0\omega} \qquad (6\cdot 10)$$

となり，$G>0$ で増大し，$G<0$ で減少する．実は，この振動の Q 値制御は，振動絶縁のためのアクティブ制御法($G<0$)として以前より知られており，実際に振動の減衰を早める(Q を減少させる)アクティブ除振系に応用されている．タッピングモードにおいては，Q 値の増加は，平均的な動作領域すなわち相互作用力の大きさと関連している [45]．この相互作用力 $\langle F_{ts}\rangle$ の低減効果は，運動方程式(6・9)に相互作用力 F_{ts} を加え，$\langle F_{ts}z\rangle = -A\langle F_{ts}\rangle$ という近似を許せば，次式のように表すことができる [47, 48]：

$$\langle F_{ts}\rangle = \frac{k}{Q_{eff}}(A_0^2 - A_{sp}^2)^{\frac{1}{2}} \approx kA_0 \frac{1}{Q_{eff}}\left(2\frac{\delta A}{A_0}\right)^{\frac{1}{2}}. \qquad (6\cdot 11)$$

ここで，A_0 は自由振動時の振幅，A_{sp} はタッピングモードにおける振幅設定値を表し，また，$\delta A = A_0 - A_{sp}$ で，$\delta A/A_0$ に関する2次の項は無視した．これにより，Q_{eff} の増加により $\langle F_{ts}\rangle$ が減少することが明快にわかる．

励振の方法にも依存するが，液中でカンチレバーを励振したときの振動スペクトルは，前述したように，様々なスプリアススペクトルをもつことが知られており，このためカンチレバー共振スペクトルを見つけることさえ困難な場合がある．Q 値制御は，Q 値を増加させることで，共振スペクトルを見

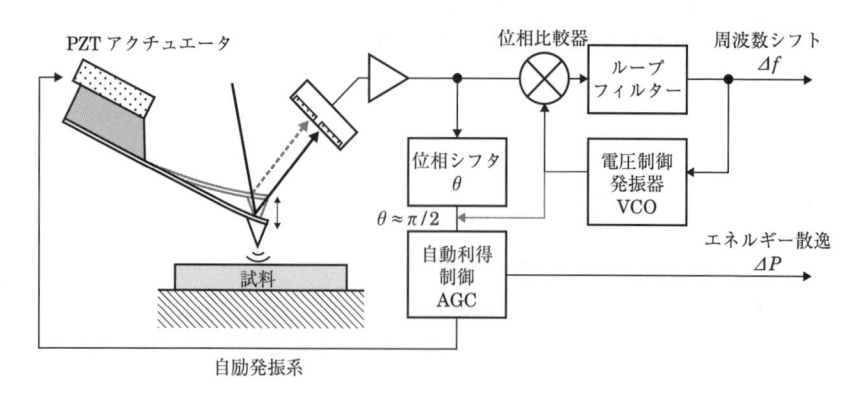

図6・23　FM検出法を用いたカンチレバー制御の動作原理図

やすくする効果もある [49].

(2) FM検出法

NC-AFMにおいて用いられる周波数変調検出法(FM検出法)では，微弱な探針 - 試料間の相互作用力を，自励発振系を構成するカンチレバーの共振周波数の変化として捉える(図6・23参照)．しかしながら，FM検出法はもともとカンチレバーの高いQ値を利用して自励発振系を構成することで成立しているため，Q値が低い場合はFM検出法を用いることはできないと考えられていた．最近，狭周波数帯域の位相同期回路を用いて発振系を構成することで，FM検出法による液中観察が試みられるようになった [50]．FM検出法における発振周波数の変化は，原理的には位相の変化として捉えられている．したがって，位相制御を動作基盤とする点においてFM検出法はQ値制御法と似通っており，Q値制御法と同様の制御性が得られることが予想される．実際，Q値制御における相互作用力低減の効果式 (6・11) を導いた手順と同様な近似を用いると，

$$\langle F_{\mathrm{ts}} \rangle = kA_0 \frac{\omega_0 - \omega_{\mathrm{sp}}}{\omega_0} \quad (6\cdot12)$$

が得られる．$\omega_0 - \omega_{\mathrm{sp}}$ はFM検出における周波数シフトに他ならない．典

型的な実験値として，A_0：10 nm，周波数シフト：10 Hz，共振周波数：100 kHz を代入すると，$\langle F_{ts} \rangle$ は kA_0 を尺度として 10^{-4} という値になる．一方，Q値制御の場合は，A_{sp}/A_0：99.5％，Q_{eff}：100 としても，同じく kA_0 を尺度として $\langle F_{ts} \rangle$ は 10^{-3} であり，相互作用力の低減効果については，FM検出がQ値制御と同等あるいはそれ以上の効果をもつことがわかる．

FM検出法では，凹凸の大きな試料系に対しては発振動作が不安定になる，あるいは停止することがあり，この場合は当然ながら制御信号が途絶えることになり，イメージングできないばかりか探針が試料に激しく接触することもありうる．こうした動作上の課題もあるものの，最近のFM-AFMの進展は目覚ましく，特に低雑音カンチレバー変位センサーの開発による液中での小振幅FM検出法が実現されたことによって，高分解能観察が可能となることが示された[51, 52]．図 6·24 に，FM-AFMによる液中分子分解能観察の例を示す．試料はポリジアセチレン単結晶（poly-PTS：2,4-hexadine-1,6-diol-bis(p-toluene sulfonate)）で，測定は純水中で行われ，

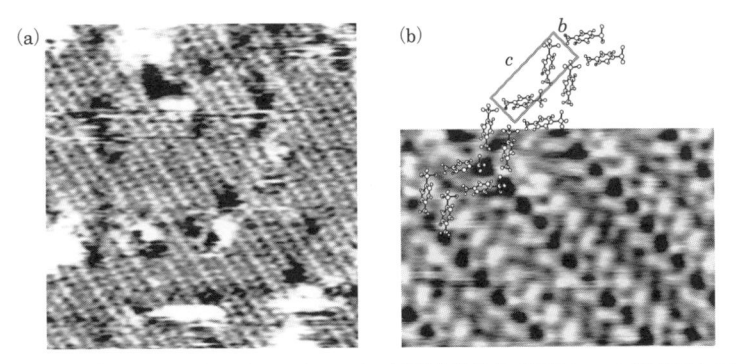

図 6·24　純水中におけるポリジアセチレン（p-PTS）単結晶表面（bc へき開表面）の高分解能 FM-AFM 像．
   (a) 走査範囲：20×20 nm²．周波数シフト：+167 Hz．
   (b) 走査範囲：6×4 nm²．周波数シフト：+290 Hz．
図の上方に bc 表面における PTS 側鎖の分子モデルとユニットセルを示す．

bc へき開面が観察された．図6・24(a)のFM-AFM像には，点状のPTS官能基がジアセチレン主鎖に沿って並ぶ列がはっきりと捉えられている．図中の暗部は分子欠陥，明るく見えるいくつかの大きな領域は表面吸着物に相当する．(b)は(a)の拡大像であり，$0.49 \times 1.49\,nm^2$ の大きさのユニットセル内にあるPTS側鎖の細部も観察できる．

6・4・4 おわりに

ダイナミックモードは，接触力を低減できる，探針走査による試料の水平引きずりがないという点で，有機分子材料や生体関連試料など柔らかい試料の評価には大変有効である．一方で，溶液下での動作ではカンチレバーのQ値は極端に小さくなり，力学共振系を利用した力検出の感度増強効果は期待できず，溶液下でのダイナミック動作における信号対雑音比（S/N）の改善には，カンチレバー変位測定系および制御系の雑音低減が必要不可欠となる．特にFM検出法については，カンチレバーの共振周波数での安定な発振が動作の基盤となっているため，こうした雑音低減はなお一層重要となる．

このように溶液中でのダイナミックモードAFMには，依然いくつかの課題はあるものの，最近の技術的進展は著しく，10フレーム/秒を超える高速AFM観察[53]や，前項で述べたようなサブナノメートルスケール位までの高分解能観察が可能であることが示されている．すでにナノバイオロジーなどの研究分野においては高感度かつ高分解能の分析・観察手法として必要不可欠な評価法となりつつあるが，今後の一層の実用的展開に期待したい．

〈補注〉 NC-AFM，IC-AFMは動作領域の違いに応じての区別であるが，その動作制御方式に前者では周波数変調（FM）検出法を，後者では振幅変化（AM）検出方式を用いることが一般的であることから，それぞれをFM-AFM，AM-AFMと呼ぶことが多い．原子・分子スケール領域のイメー

ジングでは接触・非接触の区別は必ずしも自明ではないため，NC/IC-AFM の違いも明確でない場合があるのに対し，FM/AM-AFM による区別は制御方式の違いに基づくことから明確に区別される．ただし，話しが複雑になってしまうが，NC/IC-AFM と FM/AM-AFM との対応は一定でなく，FM-AFM による間欠接触動作，および AM-AFM による非接触動作は可能であり，この点で FM/AM-AFM の動作領域は重なっているといえる．

参 考 文 献

[1] H. P. Lang, et al.：Analytica Chimica Acta **393** (1999) 59.
[2] H. -J. Butt, et al.：J. Microscopy **169** (1993) 75.
[3] S. Hosaka, et al.：J. Vac. Sci. Technol. **B18** (2000) 94.
[4] H. Sone, et al.：Jpn. J. Appl. Phys. **43** (2004) 4663.
[5] 中別府修：可視化情報 **23** (2003) 149.
[6] 中別府修, 井下田真信, 梶井 誠, 土方邦夫：機論 **B64** (1998) 549-555.
[7] 中別府修, 土方邦夫, M. Chandrachood, J. Lai, A. Majumdar：機論 **B62** (1996) 284-290.
[8] 中別府修：熱測定 **28-1** (2001) 18-28.
[9] K. Luo, Z. Shi, J. Varesi and A. Majumdar：J. Vac. Sci. Technol. **B15-2** (1997) 349-360.
[10] G. Mills, H. Zhou, A. Midha, L. Donaldson and M. R. Weaver：Appl. Phys. Lett. **72-22** (1998) 2900-2902.
[11] 中別府修, 神田孝浩：電学論 **E124-12** (2004) 453-458.
[12] H. Dai et al.：Nature **384** (1996) 147.
[13] S. Akita et al.：J. Phys D：Appl. Phys. **32** (1999) 1044.
[14] S. Akita et al.：Jpn. J. Appl. Phys. **41** (2002) 4887.
[15] A. Okazaki et al.：Jpn. J. Appl. Phys. **41** (2002) 4973.
[16] N. Yoshida et al.：Physica **B323** (2002) 149-150.
[17] M. Ishikawa et al.：Appl. Surf. Sci. **188** (2002) 456.
[18] M. Ishikawa et al.：Jpn. J. Appl. Phys. **41** (2002) 4908.
[19] T. Shimizu et al.：Surface Science **486** (2002) L455.
[20] W. Mizutani et al.：Jpn. J. Appl. Phys. **40** (2001) 4328.
[21] T. Ikuno et al.：Jpn. J. Appl. Phys. **43** (2004) L644.
[22] C. L. Cheng et al.：PNAS **97** (2000) 3809.
[23] F. M. Pan et al.：J. Vac. Sci. Technol. **B22** (2004) 90.

[24] K. Tanaka *et al.*：to be published.
[25] T. Arie *et al.*：J. Phys. D, Appl. Phys. **31** (1998)L49.
[26] M. Yoshimura *et al.*：Jpn. J. Appl. Phys. **42** (2003)4841.
[27] 特許 3557589 号
[28] C. Maeda *et al.*：Jpn. J. Appl. Phys. **41** (2002)2615.
[29] J. Tang *et al.*：Adv. Mater. **15** (2003)1352.
[30] S. Tsukamoto *et al.*：Rev. Sci. Instrum. **62** (1991)1767.
[31] C. L. Petersen *et al.*：Appl. Phys. Lett. **77** (2000)3782.
[32] M. Aono, *ed.* by Furukawa *et al.*：*"Precision Science and Technology for Perfect Surface"* (1999)665.
[33] I. Shiraki *et al.*：Surf. Sci. **493** (2001)633.
[34] T. Kaganawa *et al.*：Phys. Rev. Lett. **91** (2003)036805.
[35] M. Ishikawa *et al.*：Jpn. J. Appl. Phys. **44** (2005)1502.
[36] P. K. Hansma, J. P. Cleveland, M. Radmacher, D. A. Walters, P. E. Hillner, M. Bezanilla, M. Fritz, D. Vie, H. G. Hansma, C. B. Prater, J. Massie, L. Fukunaga, J. Gurley and V. Elings：Appl. Phys. Lett. **64** (1994)1738.
[37] C. C. Williams and H. K. Wickramasighe：Appl. Phys. Lett. **49** (1986)1587.
[38] Y. Martin, C. C. Williams and H. K. Wickramasinghe：J. Appl. Phys. **61** (1987) 4723.
[39] Q. Zhong, D. Inniss, K. Kjoller and V. B. Elings：Surf. Sci. **290** (1993)L688.
[40] T. R. Albrecht, P. Grütter, D. Horne and D. Ruger：J. Appl. Phys. **69** (1991)668.
[41] M. Lantz, Y. Z. Liu, X. D. Cui, H. Tokumoto and S. M. Lindsay：Surf. and Interface Anal. **27** (1999)354.
[42] W. Ha, S. M. Lindsay and T. Jing：Appl. Phys. Lett. **69** (1996)4111.
[43] G. C. Ratcliff, R. Superfine and A. Erie Dorothy：Appl. Phys. Lett. **72** (1998) 1912.
[44] B. Rogers, D. York, N. Whisman, M. Jones, K. Murray, J. D. Adams, T. Sulchek and S. C. Minne：Rev. Sci. Instrum. **73** (2002)3242.
[45] R. D. Jäggi, A. Franco-Obregón, P. Studerus and K. Ensslin：Appl. Phys. Lett. **79-1** (2001)135.
[46] B. Anczykowski, J. P. Cleveland, D. Kruger, V. Elings and H. Fuchs：Appl. Phys. **A66** (1998)S885.
[47] Á. San Paulo and R. García：Phys. Rev. **B64** (2001)193411.
[48] T. R. Rodriguez and R. García：Appl. Phys. Lett. **82** (2003)4821.
[49] A. D. L. Humphris, J. Tamayo and M. J. Miles：Langmuir **16** (2000)7891.
[50] K. Kobayashi, H. Yamada and K. Matsushige：Appl. Surf. Sci. **188** (2002)430.
[51] T. Fukuma, K. Kobayashi, K. Matsushige and H. Yamada：Appl. Phys. Lett. **86**, (2005)193108.
[52] T. Fukuma, M. Kimura, K. Kobayashi, K. Matsushige and H. Yamada：Rev. Sci. Instrum. **76** (2005)053704.
[53] T. Ando, N. Kodera, E. Takai, D. Maruyama, K. Saito and A. Toda：Proc. Natl. Acad. Sci. **98** (2001)12468.

第7章 局所分光の実践例

7・1 有機・バイオ分子の解析

7・1・1 はじめに

走査プローブ顕微鏡法(Scanning Probe Microscopy：SPM)の有機分子や生体関連分子への応用が盛んになっている．近年では，巨大分子化学[1, 2]，自己組織化[3-5]，表面化学反応[6, 7]など様々な領域の化学研究を支える主要な実験技術の一つとしてSPMは重要な地位を占めるようになった．有機・バイオ分子のSPM観察において，SPM装置の仕組みや操作は固体表面の研究を行うときと大きく変わらない．分子観察に特有の条件はいくつかあるが，最近では市販品で対応可能なものが多い．例えば，STMで大きな分子を観察するときには，分子と探針の衝突を避けるために，トンネル電流を小さくして基板 - 探針間距離をできるだけ離す必要がある．そこで1 pA以下の微小なトンネル電流を検出できる特殊な超低ノイズのI-V変換アンプが必要になるが，最近では良い市販品を手に入れることができる．一方，AFMによる生体分子測定では，バネの柔らかいカンチレバーを溶液中で制御性良く用いる必要があるが，このような要求を満たす装置も数多く市販されている．

SPMの技術が確立し広く普及した現在において，標準的な方法による有機分子やバイオ分子の観察であれば，装置上の問題よりも，むしろ試料の調

製が実験成功の鍵であることが多い．そこで，SPMによる有機・バイオ分子の解析例について述べる前に，SPMのための有機・バイオ分子試料の調製法について紹介する．

7・1・2 試料調製法
(1) 小分子の周期配列形成

小さな有機分子を孤立吸着状態で観察しようとすると，極低温での測定が必要になることが多い．しかし，基板表面に目的分子の周期的配列構造を形成すれば，分子の熱運動が抑制され，室温でも容易に高い分解能で分子観察が可能となる．さらに，物理的なパッキングだけではなく，分子間には異方性を有する化学的相互作用があるので，興味深い配列構造が形成されることも多い．このようなときには，分子観察だけではなく，配列構造そのものが研究主題となる．

超高真空中で分子層を形成するには，金属や半導体のときと同様，真空蒸着法が用いられる．また，アルカンチオールのように，高いガス分圧を有する場合は，気相で分子導入が行われることもある．大気中測定では，溶液中で形成した自己組織化膜やラングミュアーブロジェット（Langmuir Blodgett：LB）法による結晶膜が用いられる．

STM測定に限られるが，過飽和溶液中における固液界面での二次元結晶化も利用されている [8]．この方法は，古くから行われているが意外に知られていない．沸点が高く，室温では容易に蒸発しない有機溶媒中に観測対象となる分子を過飽和状態で溶解して，グラファイトなどの基板上に滴下する．液滴内に探針を挿入して，スキャンを繰り返していると，固体表面に目的分子の二次元配列が出現する．このとき，しばらくスキャンを止めるときれいな分子配列像が得られなくなるが，スキャンを再開してしばらくすると，再び明瞭な分子像が得られる．この現象は，スキャンによって，探針が二層目以上の析出層を剝ぎ取りながら走査するためであると考えると理解で

きる．この測定方法は，探針が観測対象に対して強い影響を与えるので，物理的に不明確な部分が残るが，応用範囲は広く，自己組織化や LB 法が有効でない場合でも比較的容易に分子観察を行うことができる．

(2) 巨大単一分子の固定法

オリゴマー，DNA，蛋白質などの巨大分子は，真空蒸着で取り扱いができない．そこで，図 7・1 のように高真空中で溶液をパルスバルブから噴霧して，DNA などの巨大分子を清浄表面上に分散固定することが行われている[9]．パルスバルブには，MOCVD 用として市販されている電磁バルブを用いることができる．このとき，溶媒分子と観察に用いる基板表面との間の反応性に注意する必要がある．反応性の高い組み合わせでは，表面の平坦性が失われるので，分子観察は難しくなる．しかし一方で，基板表面には目的分子を固定し，コンホメーションを保つのに十分な吸着力があることも必要である．例えば DNA の場合，Au(1 1 1) は溶媒の水によって表面が荒れることはないが，DNA 鎖は表面上で自己凝集して粒子状になってしまう．Cu(1 1 1) を用いると，溶媒の水が吸着したり反応したりすることなく，し

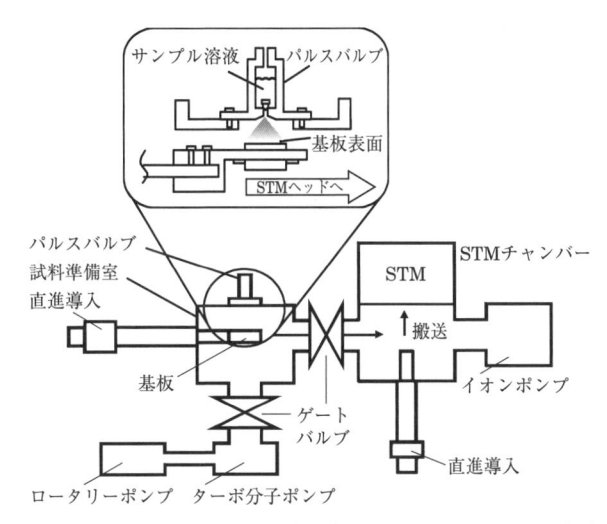

図 7・1　パルスバルブを用いた真空噴霧装置を備えた STM の概念図

かも DNA 鎖が伸張した状態で固定できる [9].

　大気中での試料調製では，溶媒がゆっくり蒸発するので溶液の濃縮が起こる．その結果，目的とする分子の凝集が起きてしまうと，SPM 観察に適した試料が得られなくなる．そこで溶液を基板上に滴下した後，液滴を速やかに取り除くことが行われている．液滴を取り除く方法は，単純に基板を傾ける方法や，風圧で吹き飛ばす方法，スポイドで吸引する方法など，種々試みられている．液滴を取り除くときには，メニスカスが移動するが，これを利用すれば，長鎖分子の配向を揃えることができる [10].

　さらに，自己組織化膜で基板表面の修飾を行い，特異的反応により目的分子を固定化することも行われている．先に述べたメニスカス移動と，表面修飾を併用して，DNA の見事な配列を実現した研究がある [11]．また，蛋白質や酵素には遺伝子操作により，望みの化学構造を組み込むことが可能である．この点を利用して，ヒスチジンタグの導入による生体分子の固定も行われている．

7・1・3　有機・バイオ分子の STM 測定

　走査トンネル顕微鏡（STM）の大きな利点は，分子の形や配列が高い分解能で見えることにある．しかし，導体ではない一般的な有機分子が，なぜ STM で見えるのかという素朴な問いに対して必ずしもいつも明確に答えることができるわけではない．その理由は，コントラストメカニズムにはいくつかの要素があり，単純ではないからである．そこで，まず，有機分子の STM 像のコントラストメカニズムについて簡単な整理と例示を行い，その後，分光学的な応用を紹介する．

(1)　有機分子の STM 像におけるコントラストメカニズム

　図 7・2 に有機分子の主なコントラストメカニズムを示した．基板と探針の間にある離散的なエネルギーレベルは分子軌道を示している．4 種のメカニズムに分類したが，多くの場合，単独ではなく複数のメカニズムが関わって

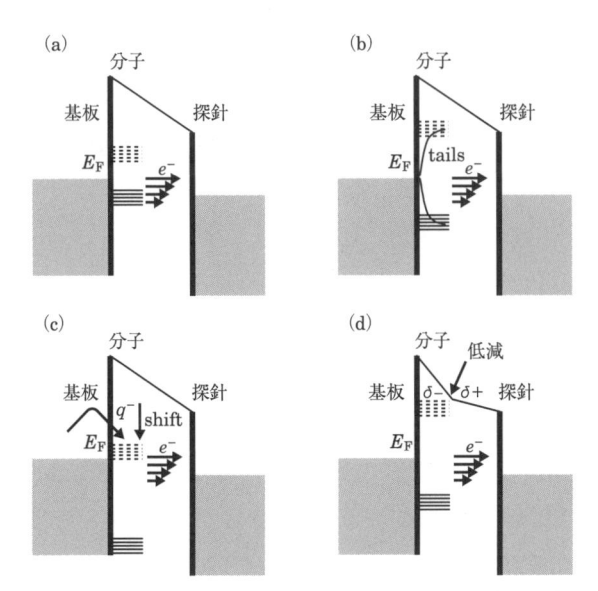

図7・2 有機分子のコントラストメカニズムを示したエネルギーダイアグラム．(a) バイアス電圧付近に分子軌道がある場合，(b) 分子軌道の裾野が広がっている場合，(c) 電荷移動と分子軌道のレベルシフトがある場合，(d) 分子が基板 - 探針間の電界により分極する場合．

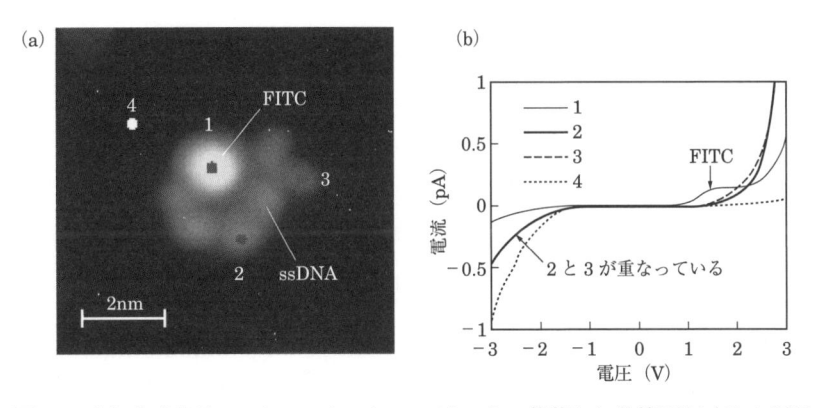

図7・3 (a) 色素分子フルオレセインイソシアネートで修飾した単鎖DNA(5′-AGCT-GTAC-3′)のSTM像．1がフルオレセインイソシアネートに対応する．(b) (a)の1から4の位置で測定した電流 - 電圧特性．色素分子上では +1.5 V に極大点がある．

いて，中間的な場合も多い．

図7・2(a)は分子軌道が試料‐探針間の電子トンネリングに直接関与する場合である．このような条件が実現されるのは，色素分子，電荷移動錯体，ドープされた分子集合体など，基板のフェルミ準位近傍に分子の電子準位がある場合に限られる．図7・3は色素分子を結合したDNAの画像とI-V曲線である[12]．DNAに比べて色素分子は明るく観察され，I-V曲線は$V_S = 1.5$ V 付近にピークをもつ．これは，色素分子の最低非占有分子軌道(Lowest Unoccupied Molecular Orbital：LUMO)がトンネル電流に寄与している結果である．

しかし，一般的な有機分子では，最高占有分子軌道(Highest Occupied Molecular Orbital：HOMO)とLUMOとの間のエネルギー差は大きく，多くの場合4 eV以上ある．したがって，STM測定で用いるバイアス電圧の範囲内では，探針あるいは基板のフェルミ準位から電子あるいはホールを直接注入できる明確な分子軌道の準位はないと見てよい．このような電子的特性をもつ有機分子がSTMにより観測されるのは，基板‐探針間の電子トンネル過程に有機分子が介在し，トンネル確率に影響を与えるからである．そのコントラストメカニズムとして，次の(b)～(d)が考えられる．

図7・2(b)は，基板と有機分子の間の強い結合により，分子軌道にエネルギー的な広がりが生じ，この裾野の部分がフェルミ準位にまで達している場合である．このメカニズムでは，電子トンネルへの分子軌道の寄与は小さいので，分子像は基本的には基板表面の電子状態の変調という形で観測される．実際，Si(1 0 0) 2×1表面に吸着したフタロシアニン[14]，ペンタセン[15]の画像は，分子の下にSiダイマーが存在する所だけが観察されて，ダイマー列間の上にある部分の分子画像は観測されない．分子軌道のエネルギー的な広がりは，基板‐分子間の軌道混成の強弱と見ることができるので，基板‐分子間の密着性に強く支配される．図7・4にポルフィリンワイヤーのSTM像を示す[13]．この分子は直線的な分子という考え方で合成さ

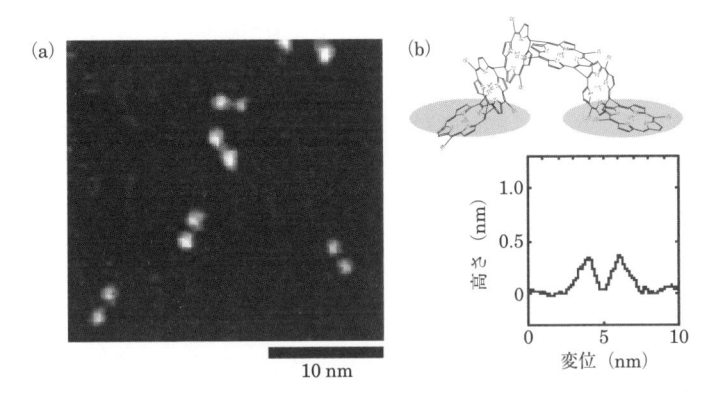

図 7・4 (a) Cu(1 1 1)表面に吸着したメゾ-メゾ結合ポルフィリン 6 量体の STM 像. 1 分子が 2 つの点として観測される.
(b) 分子像の断面プロファイルと吸着状態の分子模型. STM 探針のトレースは分子の幾何学的高さを反映していない.

れた. ところが, この分子の各ポルフィリン環は立体障害のため互いに直交していて, 平面的なコンホメーションをとることができない. したがって, 両端の 2 つのポルフィリン環が基板平面に沿って吸着すると, 歪みにより中心部が浮き上がってしまう. 基板に密着していないところは, 幾何学的に高くても, 基板 - 分子間の軌道混成が起こらないので観察されない. 結果として, この分子の STM 像は分子長に対応した間隔をもつ 2 つの明点として観察された.

図 7・2(c) は, 表面と吸着分子の間に電荷移動がある場合である. 分子の電子親和力が金属表面の仕事関数よりも大きいとき, 金属から分子の LUMO に電子がドープされ, 分子は負に帯電する. 反対に分子のイオン化ポテンシャルが金属の仕事関数よりも小さいとき, 分子の HOMO にホールが生じ, 分子は正に帯電する. このように電荷移動により分子上に電荷が現れた場合, 探針と金属基板間の実効トンネル障壁高さ, すなわち電子の波動関数の減衰率に差異が現れるので, 分子上で STM 像に明暗が生じる. このとき, 電荷移動により, 分子準位が基板のフェルミ準位に対してシフトする

ので，シフトの方向によって，異なる分子軌道が観測される．実際，平面構造を有する大環状分子について，分子のイオン化ポテンシャルと基板の仕事関数の大小関係から，HOMO か LUMO に対応する分子像が系統的に現れることが示されている [16]．

飽和炭化水素はπ電子をもたないので，HOMO-LUMO 間のエネルギーギャップは大きい．このような分子では，上記の (a)〜(c) のどの条件も満たさないが，それでも，グラファイト上に二次元結晶化した直鎖アルカン分子の高分解能分子像が数多く報告されている．このような条件では，図7・2(d) に示したように，試料-探針間の電界によって分子の誘電分極が起こり，これによる実効トンネル障壁変化がコントラストに大きく寄与している [17]．様々な官能基によるコントラストと分極率との関係が系統的に調べられている [18]．また，有機分子の様々な原子団に対して，分極率がすでに計算されている [19] ので，STM 画像の解釈に役立てることができる．

以上のように，有機分子の STM 像は分子のトポグラフというよりは，分子軌道，吸着状態，電荷移動，誘電分極などがコントラストメカニズムに大きく寄与していることを述べた．これらの中でも電荷移動や誘電分極のような電子の動きは，触媒反応，有機薄膜デバイス，分子エレクトロニクスなど広範な応用と深く関連する．そこで，次に有機分子に関連した電荷移動と誘電分極について解析例を述べる．

(2) **実効トンネル障壁測定の有機分子系への応用**

表面上の分子の電荷状態を知るには，トンネル障壁像を測定すればよい．トンネル障壁測定の原理に関しては，すでに 3・3 節で紹介されているので，この節では，有機分子系への応用例のみを紹介する．

テープポルフィリンは，非常に大きな平面的π共役系をもつ分子である [20]．実際，図7・5 のトポグラフに示したように，分子の外形にほぼ対応した平面的な分子像が観測された．この分子の実効トンネル障壁像では，分子中央部の共役ポルフィリン環の部分だけが，著しく暗くなっていて，強い電

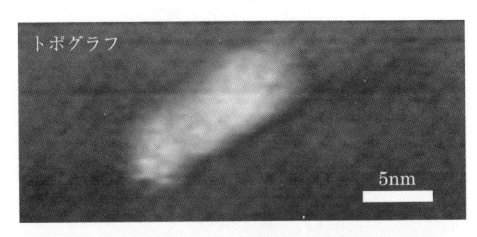

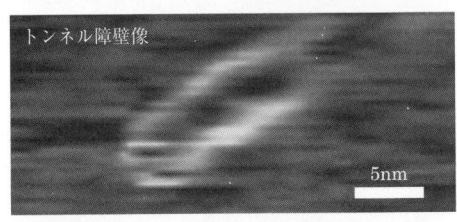

図7・5 完全共役ポルフィリン6量体のSTM像(上)とバリアハイト像(中). バリアハイト像では,中心のポルフィリン環部分が暗くなり,周辺のオクチル基が明るく観察される. 電荷の移動により実効バリア高さが変化する. 下は分子モデル.

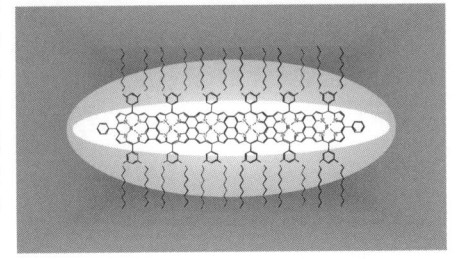

荷移動が起こっていることを示している. さらに周辺のオクチル基の部分は,中心部とは逆に帯電し,基板表面よりも明るくなっている. このように,トンネル障壁像は分子内における分極状態を反映する.

一方,すでに述べたように,探針‐試料間の電界による誘起分極もトンネル障壁に影響を与える. これを利用して,バイアス電圧を変化させたときのトンネル障壁変化を定量的に測定すれば,単一分子のもつ誘電率(極微のコンデンサーの静電容量)を求めることができる. 例えば Si(1 0 0) 2×1 表面上に吸着したシクロペンタジエンの静電容量は 1.3×10^{-20} F である[21]. 最近になりこの系について理論計算が行われ,この方法で求めた実験値と良い一致を示している[22].

また,単一分子の電界誘起分極は,STM探針を用いた分子移動におい

て，重要な意味をもつ．トンネル障壁像から実験的に求めた分子分極エネルギーを用いて，電界放出の活性化エネルギーを計算すると，探針による電界誘起分子脱離の実験結果を良く理解できる [23]．

(3) 有機分子系における光と電子トンネル過程

有機分子には，魅力ある光機能を有するものが多い．また光合成など生体分子系における光化学反応を理解し，さらに人工系をつくって模倣することも，多くの研究者を魅了し続ける重要なテーマである．これらの光化学過程において，ナノスケールの構造と分子配置が非常に重要な意味をもつことは，広く認識されている．しかし，充分な解析手段がなく，走査プローブ顕微鏡による研究が切望されている．

光STMは古くから試みられているが，技術的な問題点が多い．探針直下の領域に，光が照射されているかどうかを検証するのは，極めて難しい．また，光照射による熱膨張が起これば，試料‐探針間距離が変化して，トンネル電流も大きく変化する．この熱効果と光励起に関連する電子的効果を分離するのも難しい仕事である．最近，図7·6に示したような光ファイバー探針による近接場照明STMが試みられ，これらの困難を克服しようとする研究が行われている [24]．

一方，STM測定において基板が導体であることは必須条件である．そのため，表面に吸着した有機分子の光励起電子は，導体である基板へ容易に緩和してしまう．したがって，吸着分子の光励起状態に関連した研究をSTM

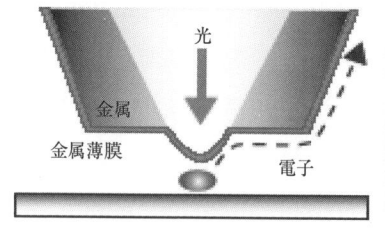

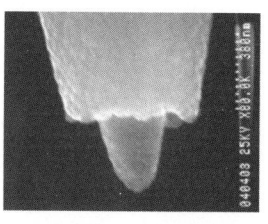

図7·6　近接場照明STMの概念図と光ファイバー探針の電子顕微鏡写真

で行うには，基板に工夫が必要である．NiAl(1 1 0)表面を高温で酸素に暴露し，厚さ 0.5 nm の平坦なアルミナ絶縁層を形成した基板を用いて，分子から基板への脱励起を抑制することに成功した研究がある [25]．この基板上に吸着した単一ポルフィリン分子の特定の部位を狙ってトンネル電子を注入し，各部位から異なる発光スペクトルが得られている．

7・1・4 有機・バイオ分子の走査フォース顕微鏡測定
(1) フォースカーブの有機・バイオ分子への応用

有機分子や生体分子システムの重要な特徴の一つに"柔軟さ"がある．力と距離の関係を示すフォースカーブは，この特質を最も直接的かつ微視的に測定できる方法である．一般的なフォースカーブ測定では，試料－探針間距離を変化させたときのカンチレバーの変位(力)を記録する．距離変化の速度は，分子や溶媒の運動に比べて十分遅い(ミリ秒から秒のオーダ)ので，この方法で求めた結果は時間的な平均値である．これまで，様々な分子系に対してフォースカーブ測定が盛んに行われ，置換基の識別 [26]，化学結合力 [27]，異性化反応 [28]，生体分子識別 [29]，蛋白質の弾性 [30] など，広い範囲の主題が議論されている．いずれの研究でも，カンチレバーや基板への分子の固定方法，ターゲット分子とプローブ分子が活性を失わずに相互作用できる系の環境を整えることに実験成功の鍵がある．

一方，カンチレバーを振動させて，その振幅，位相，周波数シフトの距離依存性を調べる動的な測定方法がある．振動法を用いた動的フォースカーブ測定はまだ始まったばかりであるので，測定の方法論として興味深い問題が多くある．特に，自励発振を用いて，カンチレバーの共振周波数シフトを検出する方法(FM法)では，短い時間に働く保存力を高感度で捉えることができるとされている．理論的な研究 [31] が先行しているが，実験的にもビオチンとアビジンの反応において，従来報告されているよりもはるかに大きな力が検出されている．これまでのフォースカーブ測定では見えてこない，

力学的素過程を検出できる可能性がある．

(2) 静電気力顕微鏡の有機分子への応用

有機分子や生体分子には，電子移動の機能を持つものや，高い誘電分極を示すものが多く知られている．これらの物質を基板上に配列し，薄膜あるいは表面デバイスとして応用するときには，表面の静電ポテンシャルを知ることが重要である．表面静電ポテンシャルの測定には，ケルビンフォース顕微鏡(Kelvin Force Microscopy：KFM)を用いる．KFM は試料と探針の仕事関数の差(接触電位差)を測る(原理は4・2節)方法であるが，表面有機分子系では，分子の双極子モーメントによって生じる自己分極や，分子‐表面間の電荷移動の効果も重畳して測定される．

表面の静電的物性は7・1・3項の(2)で述べたようにSTMを用いたトンネル障壁高さ測定でも観測可能である．分解能の点ではKFMよりもSTMが

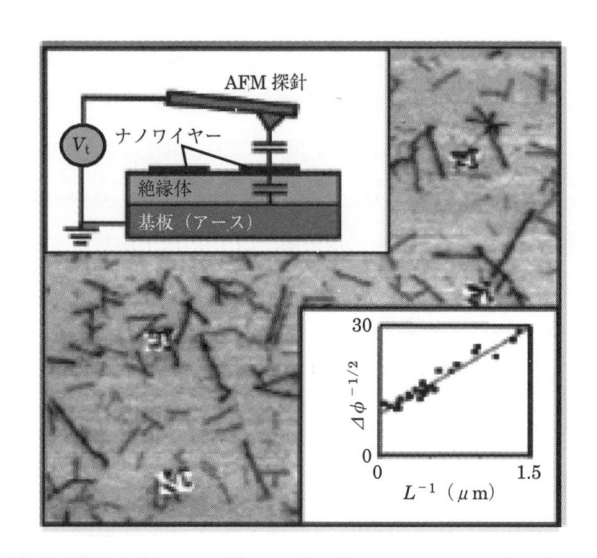

図7・7　静電気力顕微鏡を利用した電気伝導度測定．上の挿入図は実験装置のセットアップの模式図．電気伝導度の評価には，カンチレバー振動の励振信号に対する位相遅れを検出して画像化する．画像はカーボンナノチューブの位相像．下の挿入図はカーボンナノチューブの長さの逆数と位相遅れの $-1/2$ 乗のプロット．直線関係がある．

優れている.しかし,KFM には電流を必要としないという大きな利点がある.電流を流さないので,STM で問題となるトンネル障壁の崩れに影響されず,定量性に優れたポテンシャル測定ができる.また,導電性に乏しい系にも適用できるので,トンネル電流の検出が難しい厚い有機分子薄膜[32]や,かさ高い生体分子測定にも適している.さらに,分解能の問題も,最近著しく発展した周波数シフト検出との組み合わせで,大幅に改善されつつある.周波数シフトを用いて,有機分子薄膜の表面ポテンシャル測定を行った測定例は,すでに 4・2 節で述べられている.

KFM 測定では試料 - 探針間のポテンシャル差がゼロになるようにバイアス電圧のフィードバック制御を行う.これに対して,積極的に試料 - 探針間にポテンシャル差を与えると,静電容量(誘電率)を求めることができる[33].さらに,バイアスに交流を用いれば,非接触かつ直流電流を流すことなく分子の電気伝導性を見積もることができる.図 7・7 に示した方法でカーボンナノチューブと DNA に関する結果が報告されている[34].

7・1・5　SPM による単一(少数)分子の電気伝導計測

SPM の有機分子への応用において,単一あるいは少数分子の電気伝導計測は大きなテーマとなっている.単一(少数)分子の電気伝導には,結晶や集合体とは異なる興味深い物性が期待できる.また,有機分子を部品として電子デバイスを構築しようとする分子スケールエレクトロニクスにおいて,最も基本的な研究課題である.

(1) トンネルコンダクタンスの測定

トンネルコンダクタンスは,減衰項係数 β,距離 L,距離ゼロにおけるコンダクタンス G_0 を用いて,

$$G = G_0 e^{-\beta L} \qquad (7・1)$$

で表される[35].この式は β 値が小さいほど,電子は長距離のトンネリングが可能であることを表している.溶液中における分子の β 値は,時間分

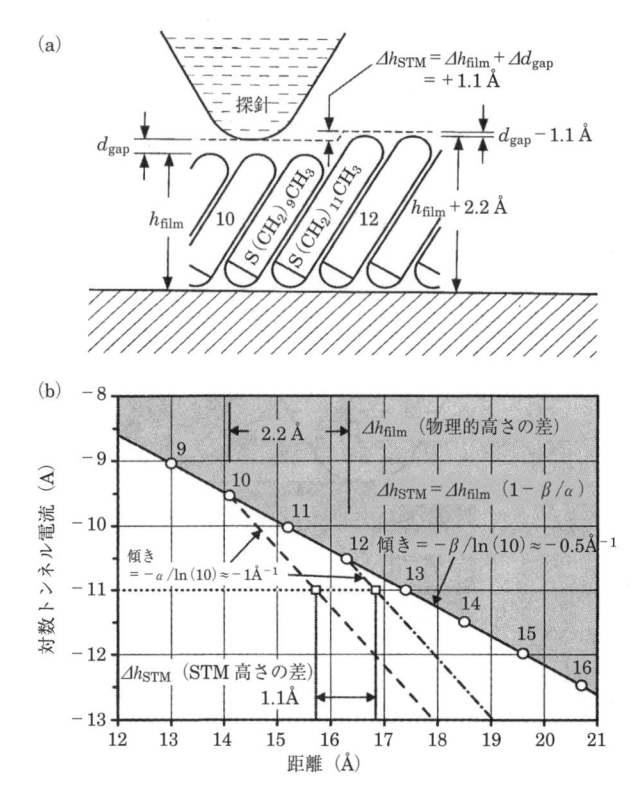

図7・8 (a) 自己組織化膜を用いた分子のトンネル伝導度測定の模式図．既知である分子長の違いと探針の高さの違いの関係から，トンネリングの減衰関数を算出する．
(b) 幾何学的高さとSTM探針高さの関係図．

解レーザ分光を用いて，光励起電子移動の速度定数から求められる．しかし，SPMを用いた実験では，β値だけではなく，電極/分子界面での接触コンダクタンス G_0 も求まる点が注目される．G_0 には電極と分子間の接触抵抗が含まれている．分子を用いた電子デバイスを考えると，この G_0 は電極から分子への電子注入効率に相当するので極めて重要である．自己組織化単分子(Self-Assembled Monolayer：SAM)膜の厚さ方向について走査トンネル顕微鏡測定を行えば，図7・8のような方法で，単一分子のβ値を実験

的に求めることができる．メチレン鎖の減衰項について $\beta = 1.2 \text{ Å}^{-1}$，金 - チオールの共有結合を通した，電極/分子接合について $G_0 = 0.2$ の値が報告されている [36]．有機分子のトンネルコンダクタンスは，分子のコンホメーション変化や回転，振動などの内部自由度の影響を強く受ける．SPMを用いて，分子の変形と分子を通したトンネルコンダクタンスとの関係を調べて，3端子素子動作を試みた研究がある [37]．

STM測定における試料 - 探針間のトンネル接合に加えて，基板と有機分子の間にも薄い絶縁層を形成し，もう一つのトンネル接合を導入すれば，容易に二重トンネル接合を構成できる．この方法を使って，フラーレン（C_{60}）単一分子のクーロン階段を観測した例を図7・9に示した．C_{60}は離散的な分子軌道をもつので，HOMOやLUMOを直接反映した非対称で特徴的なクーロン階段が観測された [38]．

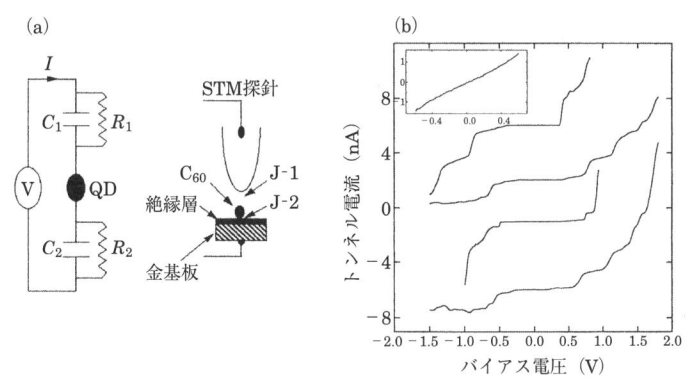

図7・9 STMを用いたC_{60}分子の単電子トンネリング．(a) 実験系の構成，(b) I-V 曲線は間隔と高さが不規則な階段となる．

(2) AFM/STM 同時測定

7・1・3項で述べたように，多くの有機分子ではフェルミ準位付近に分子固有の電子状態は存在しない．したがって，有機分子のSTM像は金属や半導体など固体表面の電子状態と結合したわずかな分子軌道の成分や電荷移動に

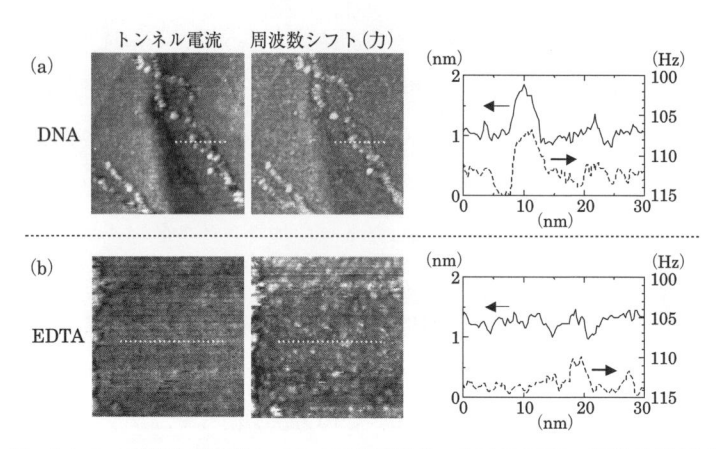

図 7・10 トンネル電流と周波数シフトの同時測定像．上段は DNA，下段は EDTA 凝集体である．トンネル電流でフィードバックをかけ，探針の動きと周波数シフトを同時に取り込み画像化した．

よるトンネル確率の変化を反映している場合が多い．このことは，探針の動きは必ずしも分子の幾何学的形や高さを反映するのではなく，わずかな吸着状態の違いで，分子－探針間の距離が大きく変動することを意味している．このような条件でスペクトル測定を行っても物理的意味のある議論は困難である．

分子分解能が得られる NC-AFM と STM の同時測定を行い，力による周波数シフトと，電子状態を反映するトンネル電流の比較を行えば，上記の問題を解決できる．図 7・10 に DNA に関する測定例を示した [39]．DNA 分子は，力，トンネル電流ともに明瞭な画像として現れる（図 7・10(a)）．これに対して，EDTA（DNA 水溶液中に含まれている緩衝剤）の凝集体は，フォースではきちんと画像化されるが，トンネル電流ではコントラストを示さないので，基板－探針間のトンネリングにほとんど影響を及ぼさない（図 7・10(b)）．これらの比較から，DNA は EDTA よりも高いトンネルコンダクタンスをもつことがわかる．定量的解析によると，DNA 鎖を横切るトンネリングでは減衰定数 $\beta = 1.1$ Å^{-1}，接触コンダクタンス $G_0 = 6 \times 10^{-6}$

である．β 値は飽和炭化水素の場合と一致するが，接触コンダクタンスは金－チオール界面と比べて極めて小さい．DNA の外側を取り巻くリン酸基がイオン性であることを反映した値であると考えられる．このように周波数シフトとトンネル電流の同時検出を行うことで，有機分子中のトンネルコンダ

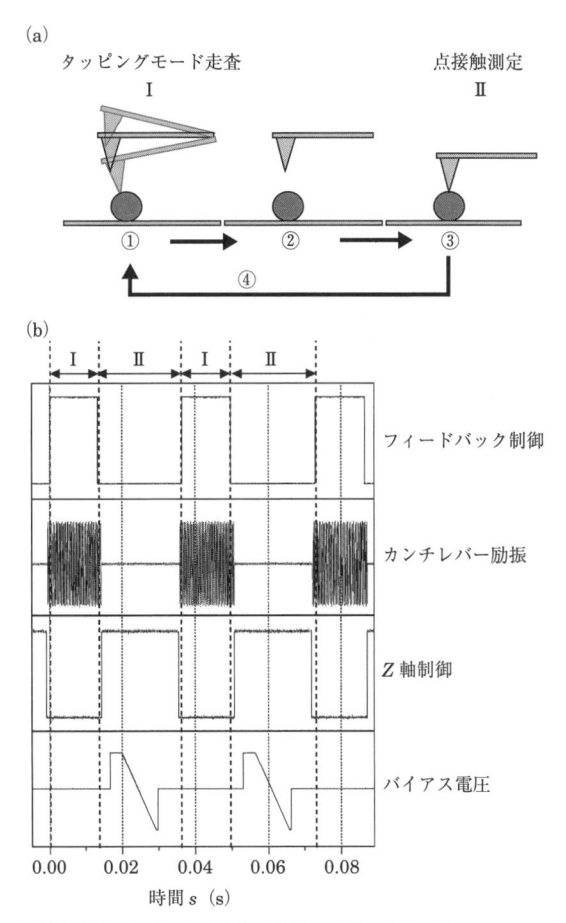

図 7・11 (a) 点接触電流画像化原子間力顕微鏡の制御手順．① タッピングモードで走査中に走査を中断し，② カンチレバーの励振信号を停止し，③ 試料を探針に押し付け，バイアスを走査して I–V 曲線を取得し，④ タッピングモード観測を再開する．(b) 一連の制御を行うときのタイムチャート．

クタンスと分子/基板界面のコンダクタンスを分離できる．

(3) 良く制御された接触と電気伝導度測定

上述のように，STM を用いれば，トンネル電流によるフィードバックが働いている状態で，有機分子を通した電子トンネリングの減衰率を求めることができる．しかし，STM では，拡散や弾道的な機構による電子輸送を測定しようとして分子に探針を接触すると，フィードバックは制御性を失ってしまう．また，絶縁体上に構成されたナノデバイスのように，導体と絶縁体が混在した表面におけるコンダクタンス測定も STM では行うことができない．

導電性カンチレバーを用いた AFM 測定を行えば，これらの制約にとらわれない測定が可能である．安定な電気的接触を得るためには，探針-分子間で ある程度の強さの接触圧が必要である [40]．しかし，有機・バイオ分子は接触圧により破壊されやすいので，探針の負荷を注意深く調整しながら"良く制御された接触"を行なう必要がある．

測定対象分子の先端に金微粒子を化学的に結合して，この金微粒子に金コート探針を注意深く接触させる方法で，少数分子の電気伝導度が再現性良く測定されている [41]．また，図 7・11 のように，タッピングモードによる画像測定と点接触による電気特性測定を高速で切り替えて走査を行う点接触電流画像化原子間力顕微鏡が開発され，試料と探針のダメージを軽減しながら，電流の二次元経路を画像化する試みが行われている [42, 43]．

7・2 触媒・反応過程の解析

7・2・1 はじめに

固体表面にある原子はバルクにある原子と異なり，結合が飽和されていないために化学的に極めて活性である．つまり，活性な表面上に気体分子が吸着して活性化されることにより表面反応が速やかに進行する．表面化学反応

過程には一般にいくつかの素反応過程が含まれるが，これらが表面上で繰り返し進行することにより生じるのが触媒作用である．また，表面反応は，化学蒸着（CVD）法による薄膜成長，ガスセンシング機能，腐食，表面改質処理などの過程にも極めて重要な，化学現象の基礎である．表面への分子の吸着やそこでの反応には，表面のフェルミ準位近傍の電子状態が密接に関連するが，本書にこれまで紹介されているように，フェルミ準位近傍の局所的な電子状態を測定可能なSTM/STSを用いることで，表面構造や電子状態と表面反応がどのように対応するのか，など反応の支配因子に関する知見を得ることができるようになってきた．以下に，いくつかの例をあげて概説する．

7・2・2 サイト選別した表面反応性

Siはダイヤモンド構造をもつ結晶で，結晶内のSi原子はsp^3混成により四面体の頂点方向に4つの結合をもっている．よって，例えば（1 1 1）という面方位で結晶を切ると面垂直方向に相手のなくなった軌道（ダングリングボンド：一種の不飽和結合）がたくさんできてエネルギー的に不利となる．したがって，実際にはこのダングリングボンドの数を減らしてエネルギーを減少させるように表面の再構成が起こるのである．Si(1 1 1)表面の場合は7×7という再構成構造をとり，7×7ユニットに本来現れる49個のダングリングボンドが19個に減少する構造（Dimer-Adatom-Stacking-fault：DAS）モデルで良く説明される．STMでこの表面を観察すると，ひし形の単位胞の中に12個の輝点が観察される（図7・12(a)）．

この輝点はそれぞれ1つずつのダングリングボンドをもつアドアトムと呼ばれる表面最外層Si原子で，ひし形の頂点位置の穴（コーナーホール）に隣接したコーナーアドアトムと隣接していないセンターアドアトムに分類される．残りのダングリングボンドは，1つのコーナーアドアトムと隣接する2つのセンターアドアトムからなる正三角形の中心に位置するレストアトムと

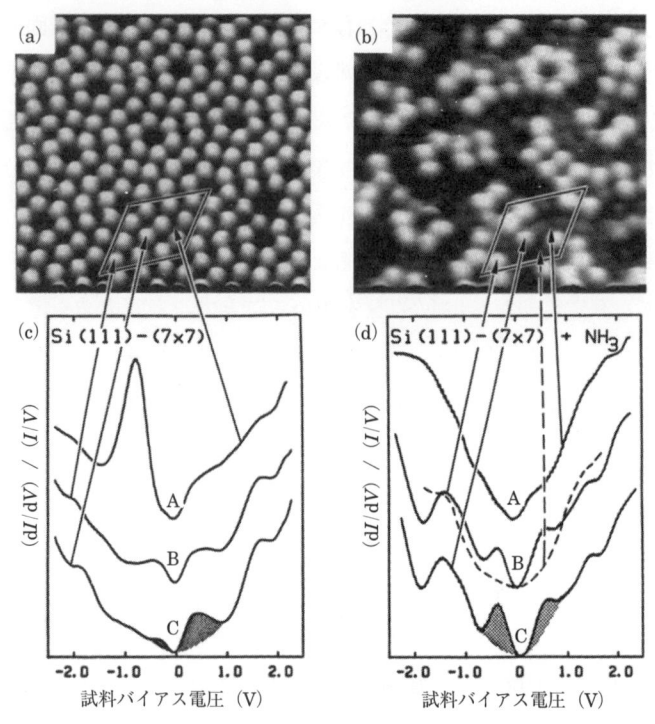

図7・12 (a) 清浄Si(1 1 1) 7×7表面のSTM像,および,(b) 室温でNH$_3$と反応後の表面のSTM像($V_s=0.8$V, $I_t=1$nA)と,(c),(d) 対応する原子位置でのSTSスペクトル,A:レストアトム上,B(実線):未反応のコーナーアドアトム上,B(破線):反応後のコーナーアドアトム上,C:未反応のセンターアドアトム上[44].

呼ばれる6個のSi原子上と,コーナーホールの中心のSi原子上にある.これらのダングリングボンドは小分子と反応し新たな結合を形成しやすいが,その種類により反応性が大きく異なるため,STM/STSを用いてサイトに依存した表面反応性が明らかになった最初の例として知られている[44]. NH$_3$分子は室温でSiダングリングボンドと反応してSi—NH$_2$,Si—Hの結合を作る.図7・12(b)に見られるように,反応したアドアトムは原子が抜けたかのように暗く観察される.フェルミ準位付近に電子状態密度をもつダングリングボンド状態が,結合を作ることで結合軌道-反結合軌道にエネ

ルギーが分裂し，STM 像を測定している +0.8V 付近で電子がトンネルできる先がなくなるからだ，と考えれば理解しやすい．実際に，反応後のアドアトム上での STS スペクトル（図7・12(d) B の破線）を見ると，フェルミ準位（試料バイアス電圧 0V）付近のダングリングボンド状態に起因する電子状態密度がなくなっている．また，反応後の STM 像（図7・12(b)）ではおおむねコーナーホールを囲うようにアドアトムが残っていることから，センターアドアトムの方がコーナーアドアトムより反応性が高いと結論できそうである．しかし，各原子位置で STS スペクトルをとると，ほとんどすべてのレストアトム上でダングリングボンド状態（−0.8eV）が消失していることがわかる（図7・12(d) A）．レストアトムは奥まった位置にあるために，STM 像ではアドアトムに隠れてはっきり見えないが，STS スペクトルを測定することにより，実はアドアトムより反応性が高いことがわかったのである．この Si(1 1 1) 7×7 表面上のダングリングボンドをもつ原子の反応性は，（ⅰ）吸着原子・分子が電子のドナーかアクセプターかや，（ⅱ）吸着する際にここでの NH_3 の例のように解離を伴うかどうか，でおおよそ分類できることがわかっている．例えば，図7・12(a) の STS スペクトルで，レストアトム（A）のダングリングボンド状態は電子でほぼ占有されて −0.8V に 1 つのピークをもつのに対し，コーナーアドアトム（B）およびセンターアドアトム（C）は正と負に 1 つずつピークをもち，比較するとセンターアドアトムは占有されていない割合が大きいことがわかる．定性的には，アドアトムからレストアトムに電子の移動が起こっているが，隣接するレストアトムの数が多いセンターアドアトムの方がその移動量が大きいと考えられる．よって，電子を受け取るアクセプター性の吸着種は，アドアトムより電子のドナー性の高いレストアトムに好んで吸着するし，ドナー性の吸着種はアドアトムを好む傾向がある．ここでは詳細は述べないが，ひし形の中の 2 つの正三角形は下の層まで考慮すると等価ではないから，どちらの三角形の中に含まれる どのダングリングボンドかによって電子の密度分布が異なり，

それにより吸着のしやすさの順番が予想できることが理論計算により示されている[45]．これらの電子状態は，隣接する原子の種類，真下に Si 原子があるかどうか，どの程度歪みを受けているかなどの局所構造の違いに起因している．NH_3 の場合は，アクセプターである NH_2^- と強いドナーである H^+ に解離して吸着するので，上記の考え方を拡張するとレストアトムに H^+ が，それと隣接するアドアトムに NH_2^- が優先して吸着すると考えることができる．

7・2・3　金属/酸化物界面の電子状態と共鳴電子トンネリング

酸化物上の金属微粒子の生成，成長，それらの物性の解明は触媒，センサー，電子デバイスにとって重要な課題である．最近，詳細な STS 解析により酸化物表面上に吸着した金属単原子の電子状態が明らかにされつつある．

清浄化した NiAl(1 1 0) 表面を適当な条件で酸化すると，厚さ約 0.52 nm からなる絶縁性 Al_2O_3 薄膜ができる．この Al_2O_3 薄膜は，6個の酸素が配位した八面体型 Al^{3+} カチオンと4個の酸素が配位した四面体型 Al^{3+} カチオンを含んだ γ-Al_2O_3 の (1 1 1) 面に近い構造をとり，その表面は酸素原子で終端されて化学的には比較的不活性である．また，この Al_2O_3 薄膜は，NiAl(1 1 0) 表面の単位ベクトルから ±24.1° 回転した2種類の方向をもつドメイン (A, B) が存在すること，下地との格子不整合に起因する歪みを緩和するために同一方向のドメインが並んでいてもある間隔で位相のずれたドメインができることから，多くの境界（A-A 境界，B-B 境界，および A-B 境界）で区切られたストライプ上のドメイン構造をもつ．

このような Al_2O_3 薄膜上に Pd を単原子で吸着させ，STM/STS 測定が行われている[46]．図 7・13(a) がこの系の電子のトンネルの様子を示した模式図である．絶縁層で隔てられた Pd 原子は離散的なエネルギー準位をもち，Al_2O_3 は測定したバイアス電圧の範囲内では絶縁性誘電体として働く．図 7・13(b) の STS スペクトルおよび (c), (d) の対応する STM 像を見る

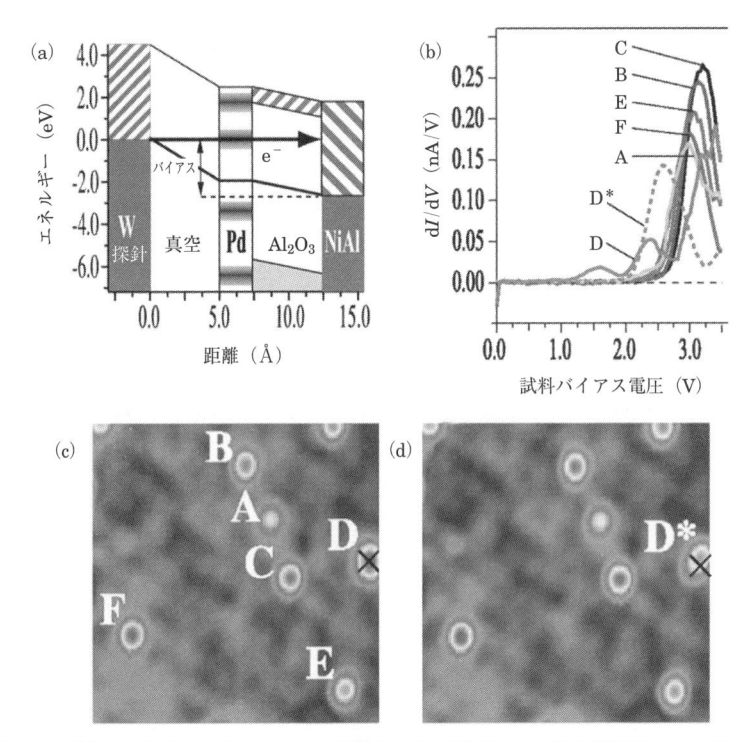

図7・13 (a) Al_2O_3/NiAl(1 1 0)上に吸着したPd単原子への共鳴的電子トンネリングの模式図．
(b) Pd原子の吸着位置に依存したSTSスペクトル．
(c), (d) (b)中のスペクトルに対応する吸着位置を示すSTM像（20×20 nm^2，$V_s = 3.1$V，$I_t = 0.1$nA）[46]．探針による操作により，Dの位置のPd原子のみをD*にわずかに移動させSTSスペクトルが測定されている．

と，約3Vにピークをもつものが多い．これは，大きなAl_2O_3ドメイン内部にあるPd原子の離散準位への共鳴トンネリングによるものとされている．ピーク位置のばらつきはPd原子のAl_2O_3表面への吸着位置に依存すると考えられており，実際にSTM探針でDのPd原子をD*に移動させてSTSスペクトルを測定すると，大きな変化が観測されている（図7・13(b)）．

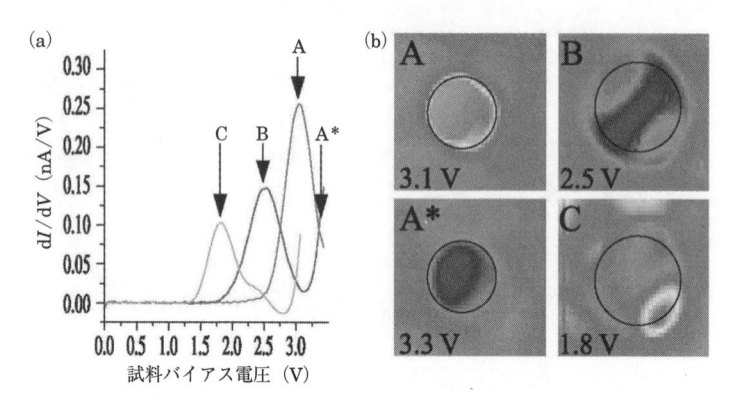

図 7·14 (a) Al_2O_3/NiAl(1 1 0) 上の吸着位置に依存した Pd 原子の STS スペクトルと, (b) 各 Pd 原子の周辺でそれぞれ (a) の矢印で示したバイアス電圧でのコンダクタンス (dI/dV) の大きさをマッピングした像 ($3.5 \times 3.5\,nm^2$, $I_t = 0.1\,nA$) [46]. 円は STM 像で観察される各 Pd 原子のサイズを示す.

さらに,図 7·14(a) のような異なるピーク位置を示す Pd 原子の周辺をコンダクタンス (dI/dV) の大きさでマッピングした像 (図 7·14(b)) を見ると,全く異なる空間的な広がりをもつことがわかる.Al_2O_3 ドメイン内部に吸着した Pd 原子のピーク位置 A での像がほぼ円状の対称な分布をもつのに対して,表面欠陥に吸着していると考えられている Pd 原子のピーク位置 (それぞれ B, C) での像は節をもったり非対称な分布をもっている.詳細な局所構造との関係は現在のところ明らかではないが,欠陥位置では Pd の 5s 軌道における電子占有度の増加に伴い,共鳴位置が低エネルギーに移動すると解釈されている.逆にこの共鳴位置は Pd 原子の吸着状態の指標となり得る.このような表面欠陥はしばしば金属微粒子形成の核となりうることが STM 観察により報告されており [47],このような測定は金属微粒子物性の解明のために有益な情報を与えてくれるに違いない.

7・2・4 非弾性トンネル分光法の応用

3·1 節で解説された非弾性トンネル分光法 (STM-IETS) では,金属表面

に吸着した分子について，トンネル電子が分子の振動を励起するのに伴ってエネルギーを損失し，非弾性的にトンネルすることで弾性トンネルと異なる経路が加わり，d^2I/dV^2 にピークを生じる．Cu(1 0 0) 表面上のアセチレン分子やその重水素置換体の C—H(C—D) 伸縮振動の観測により，単一分子の振動分光とそれによる分子の同定が可能なことが示されたのに端を発し[48]，様々な小分子の振動モードの測定に基づきピークが現れる選択則の検討，表面で特異的に起こる分子間相互作用の発見など，表面反応にも重要な関連をもつ研究が展開されている [49, 50]．また，非弾性トンネル現象が分子振動を励起しうることがはっきり認識されたことから，振動励起に伴う吸着単一分子の回転運動，並進運動の励起や配向変化などの分子のマニピュレーション，多段階の振動励起による化学反応の誘起などの手段として利用されている [51, 52]．これらの研究は吸着サイトに依存した分子の性質や反応性などの基礎的知見を与えうる新しい領域であり，今後の発展が期待される．

7・2・5 絶縁性酸化物膜上での分子の振動励起

7・2・3項で述べた Pd 単原子の場合と同様に，NiAl(1 1 0) 上の絶縁性 Al_2O_3 薄膜上に銅フタロシアニン(CuPc)分子を吸着させ，d^2I/dV^2 を測定することで，CuPc 分子の振動励起に伴うピークが観測されている [52]．図7・15(a), (b) は異なる配向をもって吸着した CuPc 分子内のいくつかの点におけるトンネル電流 I，コンダクタンス (dI/dV)，d^2I/dV^2 スペクトルである．CuPc はその分子の形を反映して STM で四ツ葉のクローバーのような形で観察されるが，(a) は4つの葉が等価に見える場合，(b) は1, 3の位置が他の2つより高く観察される場合である．(a) の d^2I/dV^2 スペクトルでは4つの葉の位置すべてで 104 mV 間隔のピークが観測され，(b) では，高く観察される2つの位置で 61 mV 間隔のピークが観測され，他の2つの位置では強度がずっと弱い．

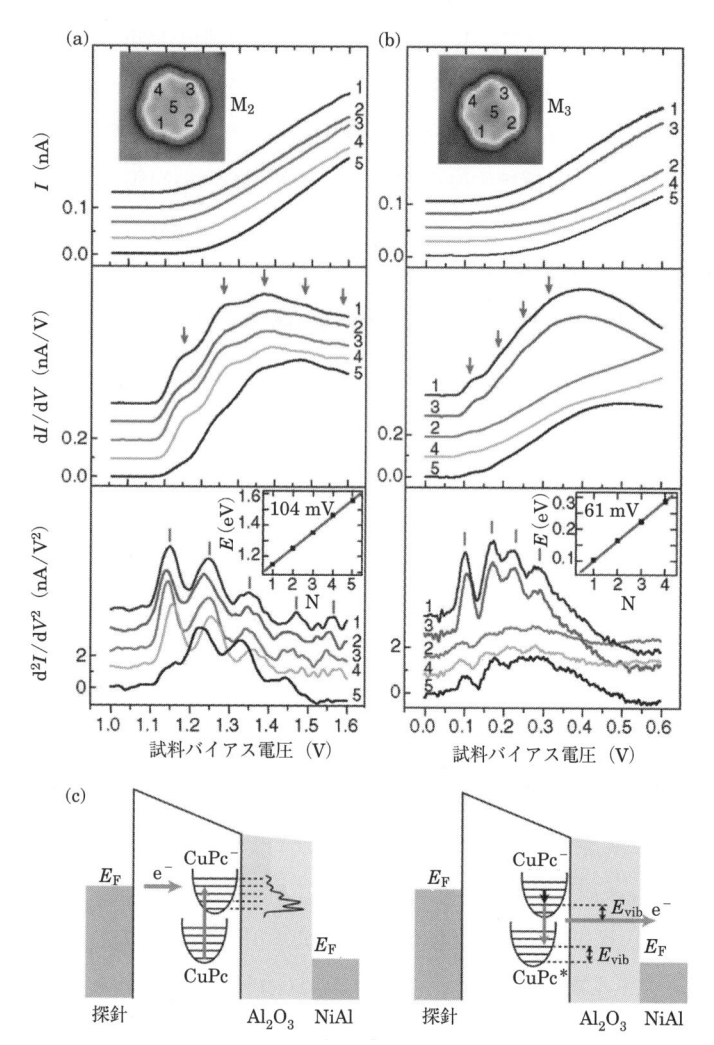

図7・15 (a), (b) $Al_2O_3/NiAl(1\ 1\ 0)$ 上で異なる吸着配向をとる Cu フタロシアニン分子の各位置での STS スペクトル(トンネル電流 I, コンダクタンス(dI/dV), d^2I/dV^2 スペクトル)と, (c) $Al_2O_3/NiAl(1\ 1\ 0)$ 上に吸着した Cu フタロシアニン分子の振動励起とそれに伴う非弾性トンネリング機構の模式図 [52].

図7・15(c) に示されているように,絶縁膜上に吸着した CuPc 分子はトンネル電子を一時的にトラップして $CuPc^-$ となりうる.試料バイアス電圧を大きくしていくと探針のフェルミ準位に対して $CuPc^-$ のエネルギーが下がるため,エネルギーの収支だけを見ると振動励起した $CuPc^-$ を生じうるようになる.一方,分子は Frank-Condon の原理に従い,中性の振動基底状態から分子内の核間距離が変わらないような $CuPc^-$ 振動励起状態への遷移が最も確率が高く,核間距離が変化する遷移は確率が減少するはずである.これだけを考えても,d^2I/dV^2 に分子の振動励起に伴うピークは出ても良さそうである.さらに,振動励起された $CuPc^-$ は,エネルギー緩和を起こした後に,電子を NiAl 基板へトンネルにより放出して中性状態に戻るはずだが,ここでも Frank - Condon の原理に従い,振動励起した CuPc*(図7・15(c))への遷移確率が高いため,電子は振動励起に使われたエネルギーを損失してトンネルすると考えられる.このような複雑なプロセスを含むため,d^2I/dV^2 のピークの解釈は単純ではない.今のところ,(a) の配向の分子ではフタロシアニンの内側の環の変形に起因した振動,(b) の配向の分子ではフタロシアニンの外側のイソインドールの面外振動に起因した振動が現れているとされている.

一方,Al_2O_3 薄膜なしに NiAl(1 1 0) 表面上に直接吸着した CuPc 分子について同様の測定を行うと,コンダクタンス (dI/dV) に幅の広いピークは現れるものの,振動励起に伴う微細構造は観測されない.これは,Al_2O_3 上に比べて金属基板上では電子がすぐに緩和されてしまうために $CuPc^-$ としての寿命が極めて短く,不確定性原理($\Delta E \Delta t \geq \hbar/2$)により振動励起に伴うピーク幅が広がるためであると考えられている.つまりここで観測している現象は前節で触れた非弾性トンネルスペクトルとは少し異なるものといえそうである.このようにフェルミ準位付近に状態密度をもたない物質表面の分子種についても,電子のトンネルが起こる程度に薄膜化することで振動励起や振動測定による同定が可能となるかもしれない.

7・2・6 微粒子化による触媒活性の発現

酸化物表面上に作った金属微粒子は，世の中で広く用いられている酸化物担持金属触媒のモデルとなる．金箔や金貨が大気中でも輝きを失わない（酸化されない）ことでもわかるように，金は化学的に不活性な金属の代表である．吸着熱が大きいことからほとんどの金属で解離吸着する酸素分子でさえも，金表面では低温で分子状にしか吸着できない．しかし，そのような不活性な金を微粒子化すると，例えば一酸化炭素（CO）の酸化反応

$$CO + \frac{1}{2}O_2 \longrightarrow CO_2 \qquad (7\cdot 2)$$

に非常に高い活性を示すことが最近わかってきた．この反応の活性は金の粒子径に大きく依存し，活性を高めるために様々な触媒調製法が検討されてきた．

この活性の粒子径依存性の要因を明らかにするため，ルチル型 $TiO_2(110)$ 表面上に Au の微粒子を真空蒸着で作り，STM で測定されたサイズ（粒子径や高さ）とその STS，さらに反応 (7・2) の速度の関係が検討された（図 7・16）[53, 54]．サイズの異なる金微粒子上で STS を測定すると，サイズの大きいものはバンドギャップをもたずに金属的に振舞い，サイズが小さくなるにつれてバンドギャップが現れ始め，その大きさも増加する．バンドギャップが $0.2 \sim 0.6\,eV$ の粒子（STM 像による粒子の高さから金 2 原子層分の厚さだとされている）の数を粒子径に対してプロットすると，活性の曲線と挙動が一致することから，この非金属的な性質とともに反応 (7・2) の活性が生じていると結論されている．また，このような金属微粒子の粒子形状やその性質は，その成長過程（触媒でいうなら調製過程）に依存すると考えられる．実際に，金の核形成は $TiO_2(110)$ 表面のブリッジ酸素原子（図 7・16 (a) に淡く見える列の間に存在する表面酸素原子）の欠陥サイトで起こり，その欠陥サイトの大きさに応じた Au クラスターのサイズおよび形状が，STM を用いた実験と密度汎関数法（DFT）を用いた計算に基づき議論

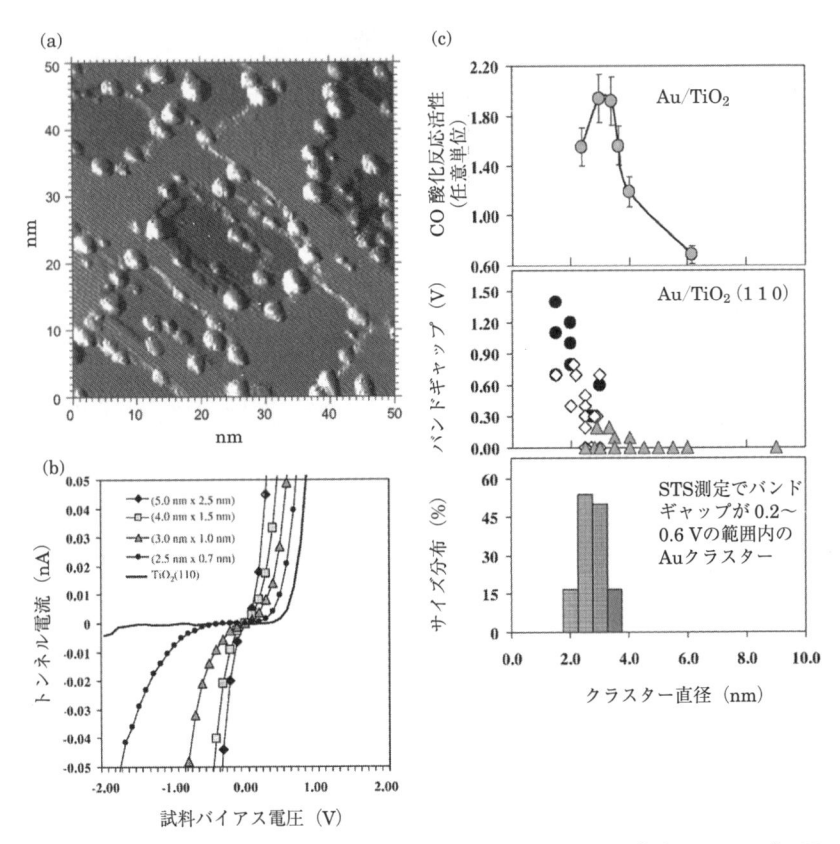

図 7・16 (a) $TiO_2(1\,1\,0)\,1\times1$ 表面に蒸着した Au 微粒子の STM 像 ($50\times50\,nm^2$, $V_s = 2.0\,V$, $I_t = 2.0\,nA$), (b) 各サイズの Au 微粒子上での STS スペクトル, (c) $TiO_2(1\,1\,0)\,1\times1$ 表面に蒸着した Au 微粒子のサイズと CO 酸化活性, バンドギャップ, サイズ分布の相関 [54]. 真ん中のバンドギャップの関係図では, STM 像に基づき, ● は Au の 1 層からなる 2 次元クラスター, ◇ は 2 層からなる 3 次元クラスター, △ は 3 層以上からなる 3 次元クラスターと分類されている.

されている [47]. 7・2・3 項で概説したことから考えると, こうした金属核の電子状態およびそれを元に成長した微粒子の電子状態は, 局所的な環境に大きく依存すると予想され, 今後, 酸化物上の金属微粒子のサイズ, 形状, 局所電子状態と反応性との関連を探る研究が進んでいくものと考えられる.

7・2・7 格子歪みに起因した触媒活性の変化

Ru(0 0 1)表面上では,NO分子の解離により生じるN原子の表面拡散は室温では非常に遅いため,STMで反応後のN原子の分布を観察することによって解離の活性サイトが特定できる.古くから概念として提示されていたとおり,配位数の少ない原子が露出した単原子ステップは,NO解離に高い活性をもつことが確認された[55].さらに,表面構造の局所的な歪みも表面反応活性に影響することが示された[56].刃状転移(edge dislocation)の周りをSTMで観察すると,Ruの通常の格子間隔より引き伸ばされた領域と押し縮められた領域があることが確認できる.図7・17は室温でNOを反応させた後に刃状転移(盛り上がって見える)の周囲を観察したときのSTM像である.格子が引き伸ばされた領域(盛り上がりの左上側)は黒い点として観察されるN原子の密度が高く,通常の領域に比べてNO解離活性が10倍以上高いことがわかった.逆に,格子が押し縮められた領域(盛り上がりの右下側)は通常の領域よりN原子密度が低い.密度汎関数法(DFT)を用いた計算によると,Ruの格子間隔を5%伸ばす(縮める)と,NO解離の活性化エネルギーが0.1 eVほど減少(増加)する.

この理由として,表面でのdバンドの位置との相関が指摘されている[57].遷移金属では,d電子の軌道が固体内で作るエネルギー準位(dバンド)の途中まで電子がつまっている.すなわちフェルミ準位はdバンドの途

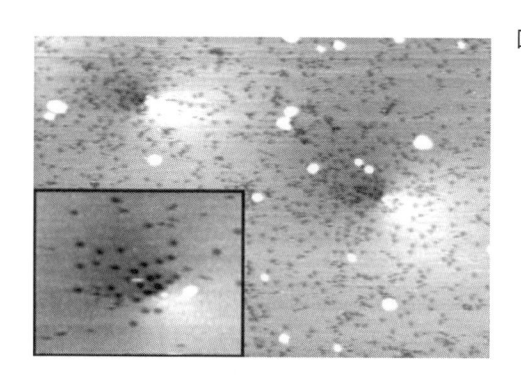

図7・17 Ru(0 0 1)表面上で室温でNO分解反応を行った後のSTM像(44×32 nm^2) [56]. 分解により生じたN原子(黒い点)の分布は刃状転移(盛り上がって見える)の片側で多いのがわかる.挿入図は,さらにNO反応量が少ないときの刃状転移位置でのN原子分布を示すSTM像(7×5 nm^2).

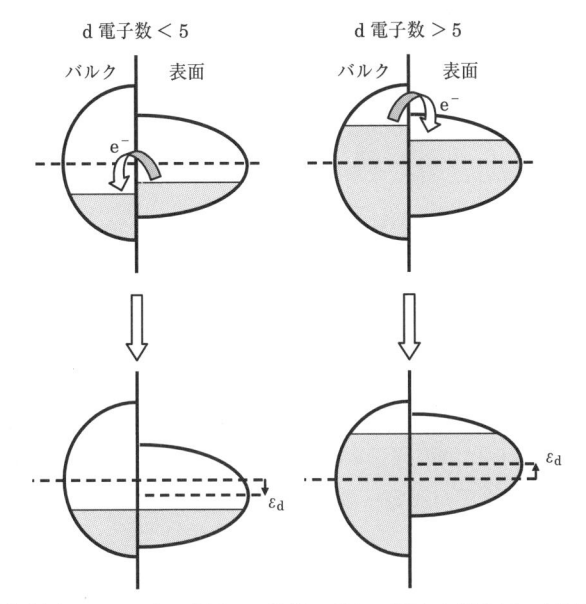

図7・18 遷移金属のdバンドの表面での位置のずれに関する概念図．d電子の数に応じて，表面でのdバンドの中心（重心）のエネルギー（ε_d）はバルクのそれに対してシフトする．

中にある．また，単原子の電子軌道からバンドが形成される様子は，原子2つから2原子分子ができるときのことを考えると理解しやすい．つまり隣の原子との波動関数の重なりで，エネルギーが安定化された結合性軌道と逆に不安定化された反結合性軌道ができるが，これを1列に並べた原子に拡張すると，全体的にはエネルギーの広がりが大きくなるとともに個々の準位の間隔が狭くなるためエネルギーバンドと見なせるようになる．このとき，隣合う原子の波動関数の重なりが大きいほどバンドの幅（分散）は大きくなる．よって，隣合う原子の数が減ってしまった表面では，dバンドの幅はバルクのそれより小さくなる（図7・18）．

また，バルクと表面の間で電荷移動のない状態，つまりバルクと表面でdバンドが占められる割合（d電子の数）が同じときを仮想的に考えると，そ

れぞれのdバンドの中心(重心)は一致するはずだから，d電子の数が5の金属の場合は両者のフェルミ準位は一致するが，d電子の数が4以下の金属の場合は表面のフェルミ準位が，逆にd電子の数が6以上の金属の場合はバルクのフェルミ準位が高くなってしまう(図7・18)．表面とバルクのフェルミ準位は一致しないとおかしいので，見かけのフェルミ準位の高い方から低い方へ電子の移動が起こり，その静電ポテンシャルの結果としてdバンドの中心(重心)位置はバルクと表面で差異が生じる(図7・18)．d電子が過半数つまったRuでは，バルクから表面への電子の移動の結果，表面のdバンドの中心(重心)のエネルギー(ε_d)はバルクのそれより高くなる．格子間隔が広がると，さらに隣の原子の波動関数との重なりが小さくなるため，dバンド幅が減少し，ε_dがさらに高くなることになる．ε_dがバルクのフェルミ準位に近づく方向に移動するため，表面のフェルミ準位の電子状態密度(図中の陰影上端部の横幅に相当)も大きくなる方向である．よって，このε_dの値は原子・分子の化学吸着エネルギーと相関をもつ反応性の良い指標となっており[57]，Ru表面でのNO解離反応活性についてもε_dが高い領域で高くなっていると考えられる．これらの結果はRuに限らず，一般的に遷移金属の触媒活性は格子の歪みにより同様の変調を受けていることになる．

7・3 半導体量子構造の解析

7・3・1 波動関数マッピング

半導体デバイスの分野では，微細加工技術や結晶成長法の発展により，ド・ブロイ波長と同程度のサイズをもつ，メゾスコピック系の半導体量子構造の作製が可能になった．構造的には，電子運動の自由度が2次元の量子井戸，1次元の量子細線，擬0次元の量子箱(ドット)などに大別され，量子力学的な閉じ込め効果により，電子や正孔の状態密度関数は次元の低下に伴

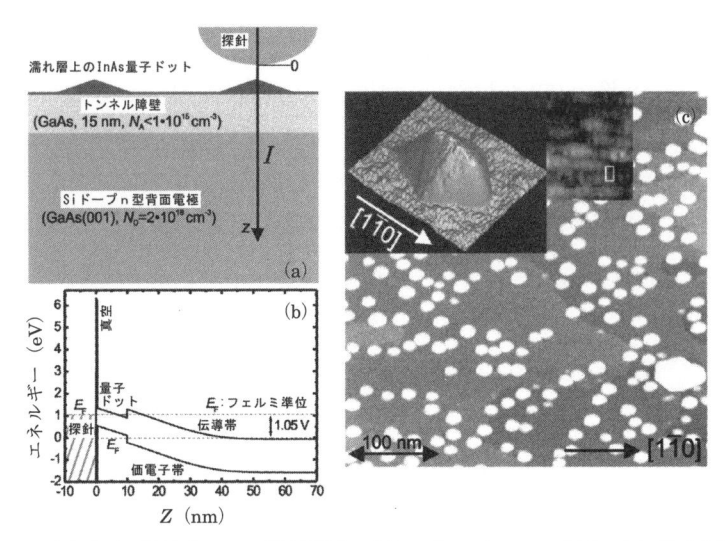

図 7·19 (a) InAs 量子ドットの試料構造, (b) エネルギーバンド図, (c) STM 像(左上：単一ドット, 中上：InAs 濡れ層) [58].

い先鋭化する．特に，量子ドットでは全方向に量子化され，完全に離散的なエネルギー準位(デルタ関数的な状態密度)を示す．トンネル分光におけるトンネルコンダクタンス dI/dV は，局所状態密度 $\text{LDOS}(eV, x, y)$ に比例するので，それを量子ドット上の各点 (x, y) で測定し，離散準位 E_i 毎にマッピングすれば，ドット内に閉じ込められた電子の波動関数 $|\Psi_i(E_i, x, y)|^2$ を実空間で描出することができる．

図 7·19(a) は実験に用いた InAs 量子ドットの試料構造であり，(b) と (c) がそれぞれエネルギーバンド図と STM 像に対応する [58]．InAs 量子ドットは，分子線エピタキシー法(MBE)により GaAs(0 0 1) 基板上に自己組織的に形成され，実験試料ではドット内に電子を閉じ込めるため，基板とドット間にトンネル障壁としてのアンドープ GaAs 層を挟んでいる．STM 像内の左上図が単一量子ドット像であり，面内サイズが $[1\bar{1}0]$ 方向に 21 nm，$[1\,1\,0]$ 方向に 16 nm の非対称形状(面内サイズ比 $A = 1.3$)を示す．量子ドット自体は，GaAs と InAs の格子定数差に基づく応力歪みに

より形成され，臨界膜厚を境に2次元濡れ層から3次元島へと遷移するS-K（Stranski-Krastanov）成長モードの結果である．中上の挿入図は，多数のキンクを携えた濡れ層の表面構造であり，矩形部分がInAs(0 0 1)の2×4表面単位格子に相当する．広域像からはドットの形成サイトが観られ，歪みの分布に関連してステップ近傍の密度が高い．

$I(V)$ 曲線は，探針−表面間の距離を固定するため，ある設定電圧 V_{stab} と電流 I_{stab} でフィードバックをいったん解除して測定され，dI/dV 曲線はロックイン法により同時に記録された．離散準位において dI/dV 曲線はピークを示すが，ピーク幅がドット閉じ込め状態の電子寿命に左右されるため，トンネリング速度などの検証が必要になる．この実験では，単一準位によるピーク半値幅として，110 meV 程度の値が推定された．1個のドットに付き，約 150×150 点の dI/dV 曲線がとられ，離散準位に対応するピークを選択・集計してマッピングしたのが図7・20である[58]．サイズが異なる3種類のドットにおける実験結果が比較され，1段目が定電流モードのSTM像，2段目がドット全体で平均化された dI/dV 曲線，3段目以降がスムージング処理された dI/dV 像である．各 dI/dV 像は上段の dI/dV 曲線に記されたピーク電圧に対応する形で描かれている．ここで，ドットの高さを H，面内サイズ比を A とすると，左から順に，(a) $H = 5.7$ nm ($A = 1.6$)，(b) $H = 4.2$ nm ($A = 1.6$)，(c) $H = 9.4$ nm ($A = 1.4$) の場合に相当する．dI/dV 像には，ドット形状に基づく電子状態の異方性が見られ，dI/dV 像を $[1\ \bar{1}\ 0]$，$[1\ 1\ 0]$，$[0\ 0\ 1]$ の各方向に現れる節の数で表記すると，(a) では (0 0 0)，(1 0 0)，(2 0 0) の3種類が，(b) では (0 0 0)，(1 0 0)，(0 1 0)，(2 0 0) の4種類が，(c) では (0 0 0)，(1 0 0)，(2 0 0)，(3 0 0) の4種類が確認される．左端の列は，波動関数の計算から導出された局所状態密度の空間分布であり，それは実験結果と映発する[59]．

各準位の伝導帯下端からのエネルギー差は，ポアソンの式を用いて試料電

7・3 半導体量子構造の解析

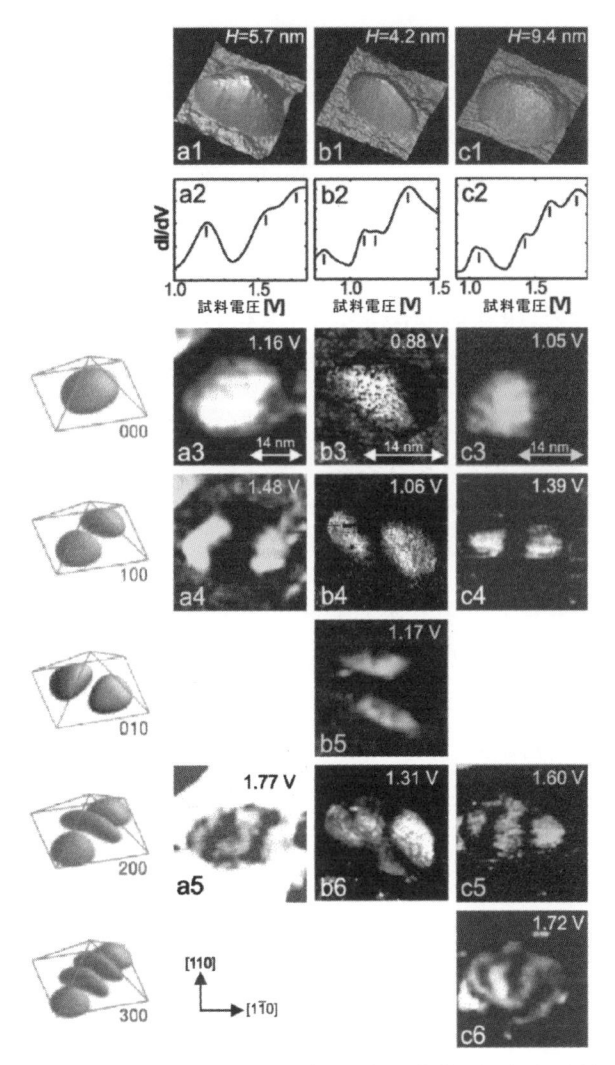

図7・20 (a1)-(c1):STM像,(a2)-(c2):dI/dV 曲線,(a3)-(a5)/(b3)-(b6)/(c3)-(c6):dI/dV 像 [58].左列は波動関数計算による局所状態密度分布 [59].

圧 V から換算され,(c)の場合,(0 0 0)で139 meV,(1 0 0)で212 meV,(2 0 0)で254 meV,(3 0 0)で278 meV となる.また(b)において,(1 0 0)と(0 1 0)の縮退が解けているのは,交換相互作用と共にドッ

ト形状の対称性が要因とされる．ドット形状が［１１０］方向に短く，この方向の電子閉じ込め効果が強いため，(0 1 0) 状態の方がエネルギー的に高くなる．(a) と (c) では (0 1 0) 状態の欠如にもかかわらず，高次の (2 0 0) や (3 0 0) 状態が出現するが，これは形状効果から，(0 1 0) 状態が (3 0 0) 状態より高エネルギー側にシフトした結果と推察される．しかし，実際には (0 1 0) 状態を示すドット (b) の方が，それをもたないドット (c) より対称性が低く，ドット内の格子歪みなどを取り入れた詳細な議論が必要とされる．

7・3・2　単電子トンネリング

量子ドットのように空間的な束縛が強い系では，電子同士や電子－正孔間のクーロン相互作用が大きくなり，様々な多体効果が顕在化する．例えば，二重接合系の非対称トンネル素子では，トンネル障壁に挟まれた微粒子の静電エネルギーが，電子のトンネルを量子的に阻止する現象が観測され，クーロン閉塞（Coulomb blockade）と呼ばれる．本項では，この現象を SPM を用いて観測した例を取り上げるが，素子動作的にいくつかの制約があり，静電エネルギーが，量子揺らぎや熱エネルギーより大きいことなどが要求される．量子揺らぎはトンネル接合の漏れ電流に影響を与えるので，まずトンネル抵抗が量子化コンダクタンス $e^2/\hbar$（e は電子の素電荷，$\hbar$ はプランク定数）の逆数 $26\,\mathrm{k\Omega}$ より十分大きい系を，トンネル確率低下との兼ね合いから構築する．次に，$\Delta E = e^2/2C$（C はトンネル接合容量）で表される静電エネルギーを，熱エネルギー kT（k はボルツマン定数，T は絶対温度）よりも大きくするために，C を小さく，すなわち粒子サイズを縮小するか，温度を下げる．

ここで，微粒子内に量子サイズ効果による離散的電子準位が存在する場合は，そのエネルギー間隔と静電エネルギーの大きさを比較する必要があり，その尺度として電子間距離 d_0 と有効ボーア半径 a_B^* の大小関係があげられ

7・3 半導体量子構造の解析

る[60]. 電子間距離を粒子サイズとすると, 粒子サイズがボーア半径より大きい場合 ($d_0 > a_B^*$), 粒子内の準位間隔よりも帯電エネルギーの方が大きくなり, クーロン閉塞のみが見られる. 一方, 粒子サイズがボーア半径と同程度の場合 ($d_0 \sim a_B^*$), 離散的準位がクーロン閉塞を伴って観測される. この離散準位の電子軌道は, 量子力学的な閉じ込め効果により, 実際の原子に類似した量子数で表される s, p, d, f などの殻構造をとる[61-63]. このような微粒子, いわゆる量子ドットは人工原子とも呼ばれ, パウリの原理により, 各準位には反平行スピンの電子 2 個が入り, 閉殻構造で安定となる. 軌道縮退のある場合は, 交換相互作用のために方向が揃った高スピン状態が現れ, 半閉殻構造での安定性を指示するフントの規則に従う.

II-VI族半導体の CdS ナノ粒子 (サイズ: 5〜10 nm) を用いた場合は, 粒子サイズがボーア半径より大きい場合 ($d_0 > a_B^*$) となる. CdS 粒子は, グラファイト基板上のラングミュアーブロジェット (LB) 膜内に分散・保持され, STM 像から CdS 粒子 1 個が選択される. それにより探針-CdS 間, CdS-基板間の各空隙をトンネル障壁とする二重接合系が形成される. ナノ粒子の製法自体は, ボトムアップ的な気相や液相からの核生成・成長法と, トップダウン的な固相からの析出・分離法に大別され, この CdS 粒子はコロイド法により化学合成された[64]. 図 7・21(a) は, STM 探針と基板間に電圧を印加したときの, 室温における I-V 特性であり, 探針をトンネル電

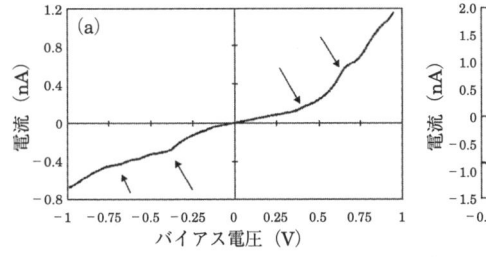

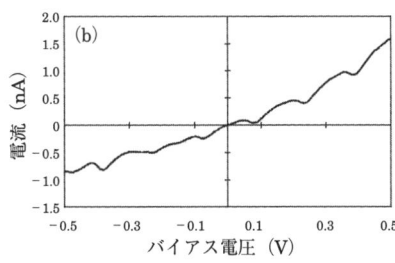

図 7・21 CdS ナノ粒子を用いた二重トンネル接合の室温 I-V 特性. (a) 非対称型障壁のクーロン階段特性, (b) 対称型障壁の負性抵抗特性[65].

流 0.5 nA の位置まで接近させた後で測定された [65]．0 V 付近では基本的に電流が流れず，ある特定電圧(クーロンギャップ)を超えたあたりで電流が流れ始め，続いて階段状に増加する．これはクーロン閉塞現象が，バイアス電圧により順次破られるとともに，トンネル電流が階段状に増加するクーロン階段(Coulomb staircase)を表し，以下のように説明される．

障壁層のポテンシャルが入射電子のエネルギーより高い場合，古典力学的には電子は全反射され電流が流れないが，障壁層が非常に薄いため，量子力学的に電子の波動関数がしみ込み，その一部が障壁を透過(トンネル)してナノ粒子内に入る．電子が1個入ると，その分だけ粒子が負に帯電しクーロン斥力が増すため，その静電エネルギーが次の電子のトンネリングを妨げる．続いて次の電子がトンネルするには，静電エネルギー差 ΔE の分だけ，電圧 $\Delta V = e/C$ をさらに印加する必要がある．ナノ粒子内にトンネルした個々の電子が誘起する静電エネルギーは，トンネル接合容量 C が小さいほど大きく，ドットサイズを数 nm 以下にすると，室温でもクーロン閉塞が観測される．実際，図中矢印の電圧ステップ間隔 $\Delta V = 0.3$ V から，トンネル接合容量 $C = 0.53$ aF，静電エネルギー $\Delta E = 0.15$ eV が得られ，室温の熱エネルギー $kT = 0.026$ eV より大きな値を示す．ここで，探針 - CdS 間のトンネル抵抗と容量をそれぞれ R_1 と C_1，CdS - 基板間のそれらを R_2 と C_2 とすると，クーロン階段の出現は，時定数 R_1C_1 と R_2C_2 の値に大きな差がある非対称トンネル障壁を意味し，電子は CdS 粒子内に一度蓄積される．トンネル過程の多体効果である，クーロン閉塞によるマクロな電荷量子化を受け，電圧増加分が ΔV を超えないうちは，粒子内の蓄積電子数 N が変わらず，定電流となる．増加分が ΔV に達すると，粒子内に電子1個が付加され，蓄積電子数が $N+1$ となり，トンネル電流が単電子分だけ階段状に増加する．

STM 操作により探針 - CdS 間の距離を変えると，時定数 R_1C_1 のみが変化し，トンネル接合の対称性が変わる．図 7・21(b) は，探針制御解除時

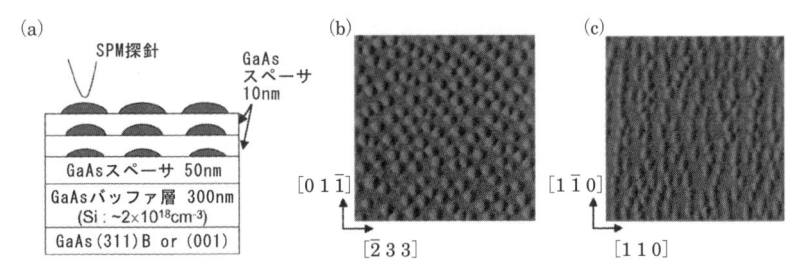

図7・22 (a) 自己組織化縦型 $In_{0.4}Ga_{0.6}As$ 量子ドットを用いた二重トンネル接合．試料表面の AFM 像（$1\times1\,\mu m^2$）；(b) GaAs(3 1 1)B 基板，(c) GaAs(0 0 1)基板 [66]．

の電流を前述の 0.5 nA から 1.0 nA に上げ，探針を粒子に近づけたときの I-V 特性を示す[65]．クーロン階段に代わり負性抵抗特性が現れ，対称的なトンネル障壁により，全電流が両方の障壁に支配される結果とされる．バイアス電圧が $V = ne/C$（n は正の整数）に達したときに，粒子内の電荷数増加に伴って変調される電界分布などが，負性抵抗の要因として考慮される．

それに対して，図7・22(a) はⅢ-Ⅴ族半導体の InGaAs 量子ドットを用いたトンネル接合の構造を示し，ドットサイズがボーア半径と同程度の場合（$d_0 \sim a_B^*$）になる[66]．GaAs 基板上に量子ドットとなる $In_{0.4}Ga_{0.6}As$ が，トンネル障壁となる GaAs スペーサ（膜厚 10 nm）を挟んで，3回積層されている．前項7・3・1と同様に，InGaAs ドットは格子歪みにより，GaAs 表面上に濡れ層を介して自己組織的に形成される．第1層目の InGaAs ドットに引き続き，第2層目のドットが GaAs スペーサ上に堆積されるが，応力歪みの緩和点が第1層目のドット直上に存在するため，積層ドットは縦方向に結合した形を呈する．この成長過程は，真空へき開 (1 1 0) 面を利用した断面 STM（XSTM）などにより観察されており，ドットエッジ部での弾性変形による歪み緩和や，積層数の増加に伴う横方向サイズの拡大などが判明した[67]．XSTM 像の InAs ドットを利用した室温 STS スペクトルは，バルク InAs の禁制帯幅 $E_g = 0.4\,eV$ に対して，1.25 eV という大きなギ

ャップを与え，ドット内離散準位への強い電子閉じ込めを示唆する[68]．ここで第1層目のドットは，上層ドットの構造整形の目的で導入され，電圧印加時のバンド構造シミュレーションから，電子閉じ込めには寄与しない．また，第3層目の表面ドットは0次元のナノエミッタとして作用する．導電性AFMチップを用いた電流像から，表面ドット領域の局所的な導電率増加の要因として，InAs表面準位の正電荷が誘起するバンドベンディングによる電子蓄積層の存在があげられる[69, 70]．ケルビン力顕微鏡法(KFM)を用いた接触電位差(CPD)像からは，電荷移動と電子閉じ込めに伴うInAsドットの負の荷電状態がうかがえる[71]．したがって，最終的に試料構造は，第2層目のInGaAs量子ドットが，トンネル障壁となるGaAsスペーサで挟み込まれた二重トンネル接合に対応する．図7・22(b)と(c)はそれぞれ，GaAs(3 1 1)Bと(0 0 1)基板上に作製された試料表面のAFM像を示し，基板面方位によるドット形状や密度の違いを表す[66]．(3 1 1)B面のドットは，(0 0 1)面より高密度に集積・整列しており，GaAs(3 1 1)B面における微少な歪み分布や，成長時の歪み伝搬の異方性との関係が予想される．事実，(3 1 1)B清浄表面のSTM像では，[0 1 $\bar{1}$]方向に3.2 nmという比較的長周期の高さ変調が観察される[72]．

図7・23が，$T = 173\,\mathrm{K}$において測定された試料のI-V特性である[66]．I-V曲線は，AFM像から選択された表面ドット上に，Auコート Si探針を接触して測定された．(3 1 1)B面と(0 0 1)面の両方で，クーロン閉塞に起因するクーロン階段が観測され，特に(3 1 1)B面では，殻構造を反映した2電子(1準位)のs殻と4電子(2準位)のp殻の存在が確認できる．量子ドットの電子閉じ込めポテンシャルは放物線型で描かれるので，ドット形状が定まれば，ドット内の離散準位に関する知見が得られる．AFM像において，(3 1 1)B面の量子ドットは回転対称性の良い円形を示すことから，その形状は円形ディスクで近似される．この場合，動径方向の量子数をn (ただし$n = 0, 1, \cdots$)，角運動量の量子数をl (ただし$l = 0, \pm1, \cdots$)

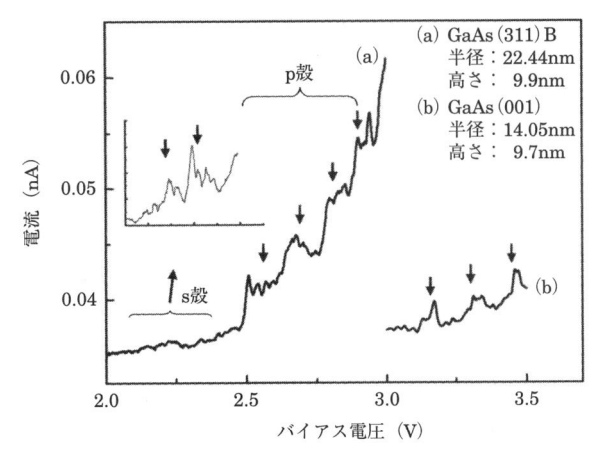

図7·23 In$_{0.4}$Ga$_{0.6}$As量子ドット試料(図7·22)のI-V特性(測定温度 $T = 173\,\mathrm{K}$). (a) (3 1 1)B面, (b) (0 0 1)面 [66].

とすると,離散的エネルギー準位 E_{nl} は,$2n + |l| + 1$ を用いて記述される [61]. すなわち,電子状態を (n, l) で表記すると,基底状態は $(0, 0)$ の1準位,第一励起状態は $(0, 1) = (0, -1)$ の縮退した2準位となり,実験結果と符合する. また,円形ディスクの容量を $C = 8\varepsilon R$(ε は誘電率,R はドット半径)として計算した静電エネルギーは $\Delta E_{\mathrm{cal}} = 7.34\,\mathrm{meV}$ となる. これは,図中のステップ電圧間隔 $\Delta V = 138.6\,\mathrm{mV}$ から,バイアス電圧とエネルギーの変換係数 η を用いて導出したドットの静電エネルギー $\Delta E_{\mathrm{ex}} = 8.64\,\mathrm{meV}$ と良い一致を示す. なお I-V 曲線上の鋭い振動は,干渉効果などのトンネル現象の関与による. 一方,(0 0 1)面では,(3 1 1)B面のような人工原子としての殻構造は観察されない. (0 0 1)面のAFM像は,分布が不均一な横長のドットを示し,形状の対称性が低下した結果,準位の縮退が解けたものと考えられる.

7·3·3 ナノ光学応答特性

量子ドットの光励起は,電子や正孔,励起子を狭い空間に閉じ込めること

に相当し，その応答特性は，量子化準位や強いクーロン相互作用などを介して現出する．量子現象を吸収・発光特性から観測するために，励起光の強度，エネルギー（波長），偏光方向，パルス幅などが選定され，様々な励起状態が創出される．試料環境としては温度，電場，磁場などが，試料構造に関しては形状・組成，欠陥，応力などが摂動要素となり，励起状態に加味される．実験はそれぞれの条件・環境下で行われ，キャリアの運動量・スピン・位相の状態，遷移・緩和・散乱過程，多体効果などが，波長・空間・時間分解スペクトルに基づき評価される．測定に際し，III-V族系の半導体量子ドットではキャリア閉じ込めおよび表面準位の観点から，界面特性・トンネル障壁・励起光透過性などの条件を満たす数 10 nm の薄膜で，ドット表面を被覆することが多い．なお単一量子ドットの発光計測には，空間分解能および感度の点から，探針集光型 SNOM の利用が有効である．

図 7·24 は，SPM 探針を用いて測定した，$In_{0.5}Ga_{0.5}As$ 量子ドットを包有

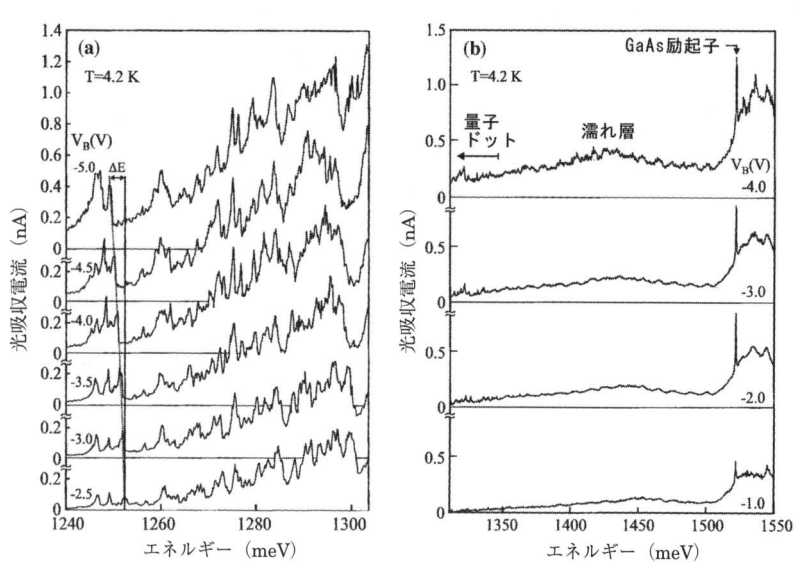

図 7·24　光吸収電流スペクトル（測定温度 $T = 4.2$ K）．(a) $In_{0.5}Ga_{0.5}As$ 量子ドット域，(b) 濡れ層とバルク GaAs 域 [73]．

する試料の光吸収電流スペクトル(測定温度 $T=4.2\,\mathrm{K}$)である [73]．量子ドットは，n-i-p 構造をもつ GaAs の i 層部分に挿入され，励起光には波長可変 Ti：サファイアレーザが用いられた．導電性の SPM 探針は点接触型電極として作用し，局所的なショットキー接合をもたらす．探針とドットとの位置関係により電界強度が変わるため，探針がドット直上のときにスペクトル強度は最大となる．探針の水平移動に伴う強度変動は大きく，ドット位置が表面下 40 nm にあることから，ドット間の最近接距離は 50 nm 程度と予想される．励起光エネルギーが 1350 meV 以下のスペクトル (a) が，InGaAs 量子ドットからの光吸収電流であり，ドット内量子準位間の光学吸収に伴う鋭いピークを示す．ここで，バイアス電圧 V_B は内部電界を通して，量子ドットにおける閉じ込めポテンシャルの形状を変えるため，量子準位の間隔やトンネリング速度に影響を与える．逆方向バイアス電圧 V_B を，$-2.5\,\mathrm{V}$ から $-5.0\,\mathrm{V}$ へと変化させたとき，ピーク位置が約 5 meV 低エネルギー側にシフトするが，これは量子準位間隔の減少を意味し，量子閉じ込めシュタルク効果(Stark effect)と呼ばれる．光吸収により，伝導帯側の量子準位に電子が，価電子帯側の量子準位に正孔が生成されるが，ドット層に垂直な電界は，電子と正孔の波動関数を互い違いの方向に移動させる．それと同時に，伝導帯側の準位は相対的に低下し，価電子帯側の準位は上昇する．すなわち，逆方向電圧の増加に伴い，光学遷移の確率が下がるとともに，量子準位の間隔が狭まる．またドット周りのトンネル障壁が狭まるため，電子のトンネリング速度が増大する．結果として電流が増加するが，この条件下($V_\mathrm{B}<-2.0\,\mathrm{V}$)ではすでにトンネリング速度が放射再結合速度を上回ると見積もられる．なお，観測されるピーク数がかなり多く，電界分布の計算から，探針直下にある量子ドット 1 個以外に，最近接位置にあるドット数個からの信号重畳が指摘される．高エネルギー側のスペクトル (b) には，ドットの下地となる濡れ層からの幅広いピークと，バルク GaAs の励起子吸収に相当する鋭いピークが観察される．

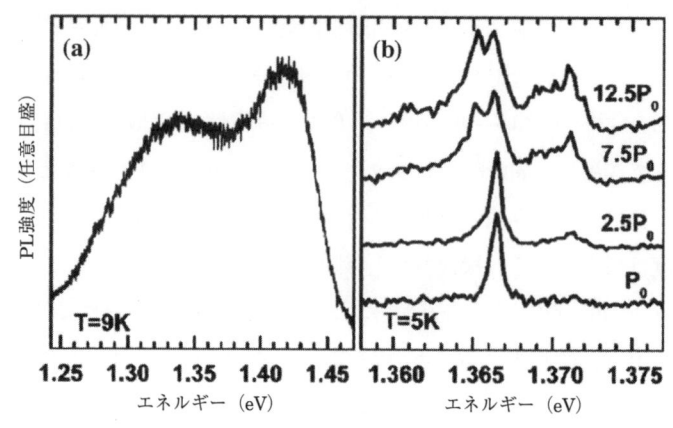

図7・25 InAs量子ドットのPLスペクトル(GaAs(1 1 0)基板,測定温度 $T = 5$～9 K).(a) 遠隔場,(b) 近接場(励起光強度 $P_0 = 0.4\,\mathrm{nW}$)[74].

次に,GaAs(1 1 0)基板上に形成されたInAs量子ドット(積層数:2または4)の発光特性について紹介する.図7・25は低温で測定されたフォトルミネッセンス(Photoluminescence:PL)スペクトルを表し,(a)が遠隔場,(b)がSNOMを用いた近接場に対応する[74].励起光にはAr$^+$レーザが用いられ,その強度は基底状態からの信号を強調するため弱励起とされた.遠隔場のPLスペクトルには,1.35 eV と 1.42 eV に中心をもつ幅広いピークが見られ,それぞれ量子ドットとInAs濡れ層からの発光に該当する.量子ドットのエネルギー準位はサイズ・形状などに敏感であり,全体的に幅広いスペクトルの出現は,それらの均一性に乏しい多数のドットを遠隔場で測定した結果といえる.この(1 1 0)面ドットのPLピークは,同時に作製した(0 0 1)面ドットに対して短波長側にシフトしており,(1 1 0)ドットのサイズが,(0 0 1)ドットより小さいことを示唆する.一方,単一量子ドットのPLを観測している近接場では,スペクトルの励起光強度依存性がはかられた.励起光強度を増すことにより,ドット内に閉じ込められた電子・正孔密度が上がるため,クーロン相互作用が大きくなり,高次の励起子状態が発生しやすくなる.励起強度が小さいとき,PLスペクトルは単一ピークか

らなり，単一量子ドットの基底状態からの励起子発光を示す．励起強度が増大すると，そのピーク位置から約 1 meV 低エネルギー側にもう一つのピークが出現し始め，励起子分子発光に一致する．励起子分子発光では，励起子分子が光子を放出し，励起子1個に解離するが，その発光エネルギーが，励起子分子の結合エネルギーの分だけ低くなることに対応する．解離の際，余分な運動量を励起子側にうつせるため，発光効率が高くなる．実際，励起子分子発光のピークは，励起子発光に対して非線形的に増大する．さらに高励起状態では，励起子の励起状態や帯電励起子と推測される複数のピークが高エネルギー側に現れる．PLスペクトルにおける多励起子状態の存在は，InAsドットにおけるキャリアの0次元閉じ込めを裏付ける．

図7・26(a) は，特定のエネルギーに対する近接場PLの強度をマッピングしたものであり，(b) はその発光点におけるPLスペクトルを示す[74]．マ

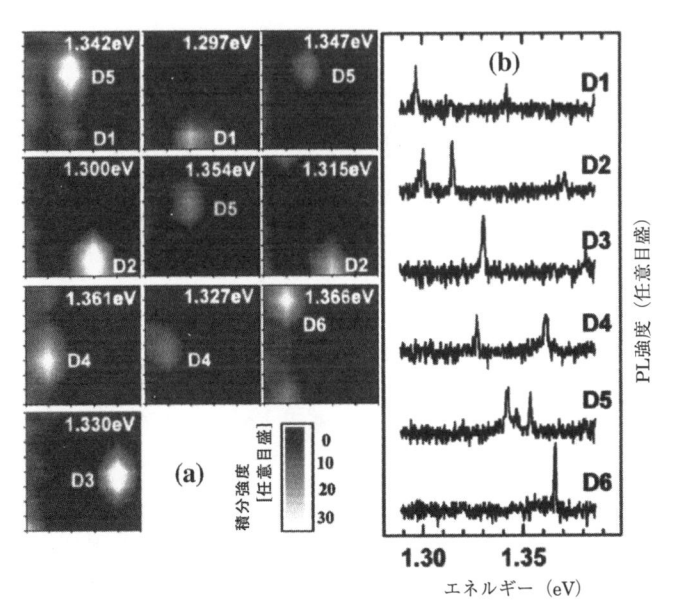

図7・26 InAs量子ドットからのPL．(a) 強度マップ($1.6 \times 1.0\ \mu m^2$)，(b) 各発光点のスペクトル((a) のD1–D6に対応)[74]．

ッピング像内に,少なくとも D1 から D6 までの 6 個のドットが確認できるが,そのドット密度は,AFM 像から見積もられる最小値程度であり,SNOM 装置の分解能より近接した小さなドットは分離できていないと思われる.D3 と D6 の PL スペクトルにおける単一ピークは,サイズの異なる単一ドットの基底状態に当たる.D1,D2,D4,D5 におけるいくつかのピークは,励起状態や帯電・多励起子状態,あるいは近接した微小ドットなどによる.

さらに磁場印加により,量子ドット内のスピン情報が得られる.低温で強磁場を InAs 量子ドットに印加すると,ドット内の離散準位が,ゼーマン効果によるスピン分裂を起こすため,磁場強度の上昇とともに,単一 PL ピークが 2 つに分裂する様子が観察される [75].ゼーマン分裂によるエネルギー準位差は,$\Delta E = g^* \mu_B B$(g^* は有効 g^* 因子,μ_B はボーア磁子,B は外部磁場)で表され,ΔE-B 曲線の線形領域から g^* 因子が求まる.PL の偏光成分を検出すれば,ゼーマン効果による直交する円偏光成分の分離も見られる.逆に励起光に円偏光を用いれば,スピン状態の選択的励起が可能になる.またレーザパルスを用いた時間分解スペクトルから,量子ドットにおける発光ピークの減衰特性が得られ,ドット内キャリアの緩和機構などが検討される [76].

参 考 文 献

[1] K. Sugiura, H. Tanaka, T. Matsumoto, T. Kawai and Y. Sakata : Chem. Lett. (1999) 1193-1194.
[2] X. Peng, N. Aratani, A. Takagi, T. Matsumoto, T. Kawai, In-wook Hwang, Tae kyu Ahn, D. Kim and A. Osuka : J. Am. Chem. Soc. **126** (2004) 4468-4469.
[3] T. Yokoyama, S. Yokoyama, T. Kamikado, Y. Okuno and S. Mashiko : Nature **413** (2001) 619-621.
[4] M. Furukawa, H. Tanaka and T. Kawai : Surface Sci. **445** (2000) 1-10.
[5] M. Bohringer, K. Morgenstern, W.-D. Schneider, R. Berndt, F. Mauri, A. De Vita

and R. Car : Phys. Rev. Lett. **83** (1999) 324-327.
[6] C. Hamai, A. Takagi, M. Taniguchi, T. Matsumoto and T. Kawai : Angew. Chem. Int. Ed. **43** (2004) 1349-1352.
[7] H. Uetsuka, A. Sasahara, A. Yamataka and H. Onishi : J. Phys. Chem. **B106** (2002) 11549-11552.
[8] X. Qui, C. Wang, S. Yin, Q. Zeng, B. Xu and C. Bai : J. Phys. Chem. **B104** (2000) 3570-3574.
[9] H. Tanaka and T. Kawai : J. Vac. Sci. Technol. **B15** (1997) 602-604.
[10] A. Bensimon, A. Simon, A. Chiffaudel, V. Croquette, V. Heslot and D. Bensimon : Science **265** (1994) 2096.
[11] H. Nakao, H. Hayashi, T. Yoshino, S. Sugiyama, K. Otabe and T. Ohtani : Nano Lett. **2** (2002) 475-479.
[12] Y. Nojima, H. Tanaka, Y. Yoshida and T. Kawai : Jpn. J. Appl. Phys. **43** (2004) 5526-5527.
[13] A. Takagi, Y. Yanagawa, A. Tsuda, N. Aratani, T. Matsumoto, A. Osuka and T. Kawai : Chem. Commun. **24** (2003) 2986-2987.
[14] Y. Maeda, T. Matsumoto, M. Kasaya and T. Kawai : Jpn. J. Appl. Phys. **35** (1996) L405-L407.
[15] M. Kasaya, H. Tabata and T. Kawai : Surf. Sci. **406** (1998) 302-311.
[16] R. Strohmaier, J. Petersen, B. Gompf and W. Eisenmenger : Surface Sci. **418** (1998) 91-104.
[17] J. K. Spong, H. A. Mizes, L. J. LaComb Jr, M. M. Dovek, J. E. Frommer and J. S. Foster : Nature **338** (1989) 137-139.
[18] D. M. Cyr, B. Venkataraman, G. W. Flynn, A. Black and G. M. Whitesides : J. Phys. Chem. **100** (1996) 13747-13759.
[19] K. J. Miller : J. Am. Chem. Soc. **112** (1990) 8543-8551.
[20] A. Tsuda and A. Osuka : Science **293** (2001) 79-82.
[21] R. Akiyama, T. Matsumoto and T. Kawai : Phys. Rev. **B62** (2000) 2034-2038.
[22] N. Nakaoka and K. Watanabe : Eur. Phys. J. D **24** (2003) 397-400.
[23] R. Akiyama, T. Matsumoto and T. Kawai : J. Phys. Chem. **B103** (1990) 6103-6110.
[24] 中嶋 健，武田修治，李 範煥，王 Tong，長棟輝行，原 正彦，西 敏夫：表面科学 **25** (2004) 34-41.
[25] X. H. Qiu, G. V. Nazin and W. Ho : Science **299** (2003) 542-546.
[26] N. A. Burnham, D. D. Dominguez, R. L. Mowery and R. J. Colton : Phys. Rev. Lett. **64** (1990) 1931-1934.
[27] C. D. Frisbie, F. Rozsnyai, A. Noy, M. S. Wrighton and C. M. Lieber : Science **265** (1994) 2071.
[28] T. Hugel, N. B. Holland, A. Cattani, L. Moroder, M. Seitz and H. E. Gaub : Science (2002) 1103-1106.
[29] E. L. Florin, V. T. Moy and H. E. Gaub : Science **264** (1994) 415.

[30] N. J. Tao, S. M. Lindsay and S. Lee : Biophys. J. **63** (1992) 1165.
[31] J. E. Sader and S. P. Jarvis : Appl. Phys. Lett. **84** (2004) 1801-1803.
[32] H. Yamada, T. Fukuma, K. Umeda, K. Kobayashi and K. Matsushige : Appl. Surf. Sci. **188** (2002) 391-398.
[33] F. Muller, A.-D. Muller, S. Peschel, M. Baumle and G. Schmid : Surf. Interface Anal. **27** (1999) 530-532.
[34] M. Bockrath, N. Markovic, A. Shepard, M. Tinkham, L. Gurevich, L. P. Kouwenhoven, M. W. Wu and L. L. Sohn : Nano Lett. **2** (2002) 187-190.
[35] M. Magoga and C. Joachim : Phys. Rev. **B56** (1997) 4722-4729.
[36] L. A. Bumm, J. J. Arnold, T. D. Dunbar, D. L. Allara and P. S. Weiss : J. Phys. Chem. **B103** (1999) 8122-8127.
[37] C. Joachim and J. K. Gimzewski : IEEE **86** (1998) 184-190.
[38] D. Porath, Y. Levi, M. Tarabiah and O. Millo : Phys. Rev. **B56** (1997) 9829-9833.
[39] 松本卓也, 谷口正輝, 川合知二 : 固体物理 **39** (2004) 527-536.
[40] P. J. de Pablo, J. Colchero, M. Luna, J. Gomez-Herrero and A. M. Baro : Phys. Rev. **B61** (2000) 14179-14183.
[41] X. D. Cui, A. Primak, X. Zarate, J. Tomfohr, O. F. Sankey, A. L. Moore, T. A. Moore, D. Gust, G. Harris and S. M. Lindsay : Science **294** (2001) 571-574.
[42] Y. Otsuka, Y. Naitoh, T. Matsumoto and T. Kawai : Jpn. J. Appl. Phys. **41** (2002) L742-L744.
[43] A. Terawaki, Y. Otsuka, H. Lee, T. Matsumoto, H. Tanaka and T. Kawai : Appl. Phys. Lett. **86** (2005) 113901.
[44] P. Avouris and R. Wolkow : Phys. Rev. **B39** (1989) 5091.
[45] K. D. Brommer, M. Galván, A. Dal Pino Jr. and J. D. Joannopoulos : Surf. Sci. **314** (1994) 57.
[46] N. Nilius, T. M. Wallis and W. Ho : Phys. Rev. Lett. **90** (2003) 046808.
[47] E. Wahlström, N. Lopez, R. Shaub, P. Thostrup, A. Rønnau, C. Africh, E. Lægsgaard, J. K. Nørskov and F. Besenbacher : Phys. Rev. Lett. **90** (2003) 026101.
[48] B. C. Stipe, M. A. Rezaei and W. Ho : Science **280** (1998) 1732.
[49] S. W. Gao, J. R. Hahn and W. Ho : J. Chem. Phys. **119** (2003) 6232.
[50] W. Ho : J. Chem. Phys. **117** (2002) 11033.
[51] Y. Kim, T. Komeda and M. Kawai : Phys. Rev. Lett. **89** (2002) 126104.
[52] X. H. Qiu, G. V. Nazin and W. Ho : Phys. Rev. Lett. **92** (2004) 206102.
[53] M. Valden, X. Lai and D. W. Goodman : Science **281** (1998) 1647.
[54] C. C. Chusuei, X. Lai, K. Luo and D. W. Goodman : Topics in Catal. **14** (2001) 71.
[55] T. Zambelli, J. Wintterlin, J. Trost and G. Ertl : Science **273** (1996) 1688.
[56] J. Wintterlin, T. Zambelli, J. Trost, J. Greeley and M. Mavrikakis : Angew. Chem. Int. Ed. **42** (2003) 2850.
[57] M. Mavrikakis, B. Hammer and J. K. Nørskov : Phys. Rev. Lett. **81** (1998) 2819.
[58] T. Maltezopoulos, A. Bolz, Chr. Meyer, Chr. Heyn, W. Hansen, M. Morgenstern and R. Wiesendanger : Phys. Rev. Lett. **91** (2003) 196804-1.

参 考 文 献

[59] O. Stier, M. Grundmann and D. Bimberg : Phys. Rev. **B59** (1999) 5688.
[60] Y. Tanaka and H. Akera : Phys. Rev. **B53** (1996) 3901.
[61] S. Tarucha, D. G. Austing, T. Honda, R. J. van der Hage and L. P. Kouwenhoven : Phys. Rev. Lett. **77** (1996) 3613.
[62] A. Wojs, P. Hawrylak, S. Fafard and L. Jacak : Phys. Rev. **B54** (1996) 5604.
[63] M. Bayer, O. Stern, P. Hawrylak, S. Fafard and A. Forchel : Nature **405** (2000) 923.
[64] V. Erokhin, S. Carrara, H. Amenitch, S. Bernstorff and C. Nicolini : Nanotechnology **9** (1998) 158.
[65] V. Erokhin, P. Facci, S. Carrara and C. Nicolini : J. Phys. D, Appl. Phys. **28** (1995) 2534.
[66] R. Oshima, N. Kurihara, H. Shigekawa and Y. Okada : Physica **E21** (2004) 414.
[67] H. Eisele, O. Flebbe, T. Kalka, C. Preinesberger, F. Heinrichsdorff, A. Krost, D. Bimberg and M. Dähne-Prietsch : Appl. Phys. Lett. **75** (1999) 106.
[68] B. Legrand, B. Grandidier, J. P. Nys, D. Stiévenard, J. M. Gérard and V. Thierry-Mieg : Appl. Phys. Lett. **73** (1998) 96.
[69] Y. Okada, M. Miyagi, K. Akahane, Y. Iuchi and M. Kawabe : J. Appl. Phys. **90** (2001) 192.
[70] Y. Okada, M. Miyagi, K. Akahane, Y. Iuchi, M. Kawabe and H. Shigekawa : J. Crystal Growth **245** (2002) 212.
[71] T. Yamauchi, M. Tabuchi and A. Nakamura : Appl. Phys. Lett. **84** (2004) 3834.
[72] Z. M. Wang, L. Däweritz and K. H. Ploog : Appl. Phys. Lett. **78** (2001) 712.
[73] E. Beham, A. Zrenner and G. Böhm : Physica **E7** (2000) 359.
[74] M. Hadjipanayi, A. C. Maciel, J. F. Ryan, D. Wasserman and S. A. Lyon : Appl. Phys. Lett. **85** (2004) 2535.
[75] Y. Toda, S. Shinomori, K. Suzuki and Y. Arakawa : Appl. Phys. Lett. **73** (1998) 517.
[76] K. Matsuda, T. Matsumoto, H. Saito, K. Nishi and T. Saiki : Physica **E7** (2000) 377.

あ と が き

　STMにおいて精密な位置制御を含めた測定技術が確立して以来，その基本技術を利用して様々な物理的原理を応用した種々多彩なSPMが開発され，研究分野から生産における検査の分野まで多くの分野で使用されている．SPMの対象とする物理的現象が広がるとともに，それぞれのSPMにおける継続的改良・発展もなされてきた．

　例えば，トンネル電流を測定するSTMの場合においても，STSによる電子構造の2次元的分布から，トンネル電子のエネルギー損失分光へと発展し，吸着分子の同定にも応用されつつある．

　SPMの適用あるいは応用分野はますます広がるものと考えられるが，今後の装置の動向・課題としては，一層の安定・高精度化，測定の高速化，小型化，複合化 などが考えられる．これにより動的過程の高速観察や信頼性の高い測定が可能になるであろう．例えば，STS測定においては，許されるエネルギーの可変範囲が狭いので，その限られた範囲内でのより精密で信頼性の高い測定が可能となれば，結果の解析に大いに寄与するものと考えられる．また，STMで本来必要とする試料の量は極めて微小であるが，表面の定められた位置に極微量の試料を展開できる技術を一般化できれば，極微量の試料の分析への応用が開け，本来SPMのもつ能力を一層利用できるであろう．

　SPMの適用分野は広い範囲にわたっているが，表面科学あるいは応用上の今後の大きな課題として，複雑な表面に関する研究，不規則な表面に関する研究，ナノ構造など微視的構造に関する研究，分子・生体に関する研究などが考えられる．

　これらの問題の解決には，SPMを含めた原理の異なる複合的測定法の積

極的な適用や，高精度な測定結果と精密な理論との対比を行う必要があろう．また，試料作成過程の精密な制御などの試料作成に関する一層の注意・評価が必要であることも強調しておきたい．原子・分子の操作技術をより積極的に利用して，表面上に存在する欠陥や複雑な構造について，候補となるモデルを人工的に作成して測定し，それらを比較検討することも必要となろう．

最近，微小な板状振動子の共振周波数の変化を測定して，10^{-21} g オーダの精度をもつ吸着物の質量測定が実現し，将来的には 10^{-24} g オーダの質量測定も可能であるとの報告がなされている．実現には多くの解決すべき点があると考えられるが，この方法を，探針を有する SPM に適用できれば，原子・分子の同定を行いながら，表面上での像の観察が可能となり，表面現象の広い分野の課題の解決に大きな寄与をするものと考えられ，積極的な取り組みが必要とされる．

索　引

欧　字

AFM　148
　　ダイナミックモード——
　　　361
　　非接触——　362
AGC　201
AM-AM方式　170
AM検出　169
　　——法　169
BFP　214,220
CCD　296
CITS　89
CNT　250,254
　　——-FET　179
CPD　169,410
CVD法　353,355
CWT　263
dI/dV像　89
d^2I/dV^2スペクトル　92
DASモデル　389
DFS　209
DNA　373
DSP　98
EFM　167
$1/f$ノイズ　35
Fナンバーマッチング　295
FM-AM方式　171
FM-FM方式　171
FM(検出)法　20,169,182,
　　184,186,366,381
FM復調器　150,323
Frank-Condonの原理　397
HCT　79
HOMO　65,173,207,306,
　　376,385
IET　79
IETS　83,92
in vivo　361
I-s測定　141
ITO　279
I-V曲線　135
I-V特性　85,302
I-z法　123
K.B.M.法　70
KFM　163,169,308,382,410
LB法　372
LBH　116,121,122
LC共振器型プローブ　321
LDOS　403
LOT　220
LSIプローバ　358
LSP　290
LUMO　65,173,207,306,
　　376,385
MBE法　403
MFM　179
　　——探針　180,184
M-I-M構造　288
MIS接合　91
MOS-FET　132
MRFM　115
NA　294,309
NC-AFM　68,196
NC-AFS　206
p偏光　229
PEG　215
PL　414
　　近接場——　415
PLL　187,343
pn接合　133
PSD　33
Q値　69,71,149,151,184,
　　197,340,361,364
　　——制御法　364,366
Si(1 1 1)$\sqrt{3}\times\sqrt{3}$-Ag　78
s偏光　229
SAM　384
SCFM　176
SCM　128,176,324
SERS　251
SGM　179
S&H　35
SHG　263
SIM　179
SMM　167
S/N　15,16,89,171,203,
　　316,368
SNDM　321
SNOM　251,254,263,265,

293, 412, 414, 416
　開口型―― 271, 273
　　無―― 271
　散乱型―― 271, 276
　集光モード―― 274
　照射モード―― 274
SPP　289
STM 発光　286
STS　82, 85
Tersoff-Haman の理論　38
TS　85
WKB 近似　84
WKB 法　119
XSTM　409
Z モーション虚像　280
π‐π*遷移　175

ア

アイソクロマート・スペクトル　298
アクティブ除振　24
　　――系　365
アスペクト比　352
アセチレン　93
圧電カンチレバー　363
圧電体　14, 25
アデニン　253
アバランシェ・フォトダイオード　281, 296
アビジン　213, 222, 381
アンチストークス光　237
アンテナ効果　291

イ

イオンスパッタ法　33

位相緩和時間　260
移相器　201
位置検出センサー　33
イメージ・インテンシファイア　296
イメージポテンシャル　16, 17

ウ

渦電流　24
液相結晶成長　135
エディカレント　24
エネルギー損失　150
エネルギー地形　210
エバネッセント光　269, 272, 310

オ

黄金則　50
押しつけ法　277
オリゴチオフェン　173
オリゴマー　373
温度センサー付きプローブ　344

カ

開口型 SNOM　271, 273
　　無―― 271
開口数　266, 294, 309
外部変調静電気力　172
可逆水素電極基準　138
架橋分子　45
荷重限界　20
加振一定モード　201
カットオフ・エネルギー

293, 298, 300
慣性駆動　25
カンチレバー　31, 148, 197, 337
　　――型プローブ　327, 330
　自己検知型―― 338
　フォト―― 276

キ

機械的共振　122
キメラ蛋白質　284
キャパシタンスセンサー　128, 176
キャリア-格子間相互作用　260
キャリア濃度　131, 133, 134
吸収スペクトル　229
強磁性体　106
　　――探針　113
　反――　114
　反――　107
強磁性半金属　107
共振周波数　22, 32, 149, 340
鏡像効果　120
鏡像力　119
共鳴曲線　76
共鳴準位　41
共鳴トンネル　40
共鳴ピーク幅　71
共有結合力　157
強誘電体　329
局所温度　344
局所仕事関数　163
　　――分布像　163
局所状態密度　35, 403

局所線形誘電率　328
局所トンネル障壁　116
　　——高さ　116
局所光起電力　175
局所非線形誘電率　329
局所ポテンシャル　163
曲率半径　17,276
巨大分子化学　371
近接場　265
　　——光　267
　　——照明 STM　380
　　——PL　415
金属-酸化膜-金属構造　288
金属スタック　23
金属-絶縁体-半導体接合　91
金属微粒子　252,392,398
金属ワイヤー　358
金-チオール　385,387

ク

空気バネ　23
空乏層　133
グラファイト　40,124,243,372
グリーン関数　37
クロストーク　122,170,203,278,280
クローズドループ　29
クーロン階段　299,385,408,410
クーロン遮蔽　258
クーロンダイアモンド　46
クーロン島　45
クーロン閉塞　43,406,410

ケ

蛍光観察　281
結合の寿命　212
ケルビンフォース顕微鏡法　308,382
ケルビン力顕微鏡法　410
原子間力顕微鏡法　148
　　走査容量——　176
　　非接触——　196
減衰距離　15,16
減衰係数　117,121
減衰長　270,278

コ

コイルバネ　24
高アスペクト比探針　360
光学定数　229
光学フォノン　227,242,304
格子振動　236
光子数計数法　295
光電効果　308
光電子増倍管　295
高分解赤外顕微鏡　254
高分解ラマン顕微鏡　252
固液界面　135
コヒーレント伝導　43
コヒーレントフォノン　258,259
固有チャンネル　58
コロイド・界面化学　135
コンダクタンス　394
　　接触——　386
　　トンネル——　38,86,95,107,383,403

熱——　347,349
微分——　40,92,96,110
量子化——　44,58,406
近藤状態　42
コントラストメカニズム　374
コンホメーション　373,377,385

サ

最高占有準位　65
最高占有分子軌道　376
最低非占有準位　65
最低非占有分子軌道　376
最頻破断力　213
散逸　69,196
　　——エネルギー　71,202
参照電極　136
サンプル・ホールド　35
散乱型 SNOM　271,276

シ

ジェリウム　52
時間分解　317
磁気共鳴力顕微鏡　115
磁気記録　179
　　垂直——　188
　　光——　188
　　面内——　188,190
磁気双極子　183
　　——相互作用　106
磁気短距離相互作用　115
磁気ディスク　179
磁気モーメント　105
磁気力顕微鏡法　179

索引

磁気力勾配　180, 183
磁気励振法　363
シクロデキストリン　217
シクロペンタジエン　379
試行周波数　211
自己検出法　201
自己検知型カンチレバー
　　338
自己組織化　371
　　——単分子膜　384
仕事関数　84, 116, 168
　　局所——　163
シス・トランス変形　307
自動ゲイン・コントローラ
　　201
シトクロム　284
遮断周波数　35, 314
遮閉　117
集光モードSNOM　274
集光立体角　294
周波数シフト　69, 72, 149,
　　152, 162, 199, 366
　　——の距離依存性　161
周波数帯域　35
周波数変調検出法　169, 197,
　　362, 366
周波数変調法　20
シュタルク効果　413
ジュール熱　198
ジュール発熱　204
照射モードSNOM　274
小振幅極限　72
少数スピン　105, 108
障壁高さ　119
触媒　388

——化学　135
——活性　400
ショット雑音　173
試料電位掃引　138
自励発振　381
　　——回路　196
真空準位　116
人工原子　407, 411
信号対雑音比 → S/N
伸縮振動モード　101
振動強度　103
振動スペクトルの自然幅　94
振動励起　95, 395
振幅一定モード　201
振幅変化検出法　169

ス

水晶振動子　340
垂直磁気記録　188
スキャナー　28
　　チューブ——　28
スティフネス　219, 221
ストークス光　237
ストレプトアビジン　214
スピン　105
　　——コントラスト　112
　　——バルブ　107
　　——偏極度　107
　　——偏極率　301
　　——・ボルティックス状
　　態　115
　　少数——　105, 108
　　多数——　105, 108
スプリアス　362
スロープ検出　169

——法　182, 186

セ

生体関連分子　371
生体膜力検出器　214
静電気力　162, 167, 210
　　——顕微鏡法　167
　　外部変調——　172
静電相互作用　72
静電容量センサー　176
赤外活性　241
赤外吸収　238
接触圧　388
接触コンダクタンス　386
接触電位差　163, 168, 169,
　　198, 382, 410
ゼーマン効果　416
零位法　348
ゼロ電圧コンダクタンス異常
　　44, 52
遷移双極子モーメント　238
遷移電気双極子モーメント
　　238
線形誘電率　324
　　局所非——　328
　　非——　323
　　　　局所——　329
選択則　238
占有準位　83
　　最高——　65
　　最低非——　65
　　非——　83

ソ

双極子　164

――モーメント 240, 321,382
　遷移―― 238
　電気―― 238
　　遷移―― 238
　　誘起―― 235
　磁気―― 183
　電気―― 117
走査インピーダンス顕微鏡 179
走査キャパシタンス顕微鏡法 324
走査ゲート顕微鏡 179
走査ケルビンプローブ原子間力顕微鏡 163
走査トンネル分光法 82,85
走査非線形誘電率顕微鏡法 321
走査表面電位顕微鏡 167
走査マクスウェル応力顕微鏡 167
走査容量原子間力顕微鏡 176
走査容量顕微鏡 176
　――法 128
ソースドレイン電流 67
ソフト化 261

タ

大振幅極限 72
大振幅近似 153
ダイナミック法 149
ダイナミックモード AFM 361
多数スピン 105,108
多探針 351
　――顕微鏡 353
タッピングモード 20,149, 169,362
ダブルティップ 351
単一分子 275
　――の摂動分光 93
単一量子ドット 275
短距離力 164
ダングリングボンド 389
探針の熱膨張 312
弾性トンネル 93
　――過程の確率 51
非―― 288,394
単電子過程 43
単電子トンネリング 406
蛋白質 143,373
　キメラ―― 284
　電子伝達系―― 284
断面STM 409

チ

遅延時間変調パルスペア励起STM 319
力勾配 340
力増加速度 213,216,222
力の揺らぎ 221
力微分係数 151
チャープ 261
チューニングフォーク 278
チューブスキャナー 28

テ

ディジタル・シグナル・プロセッサ 98
テープポルフィリン 378
電解研磨 30,327
電解質イオン 135
電界蒸発 31
電荷移動 307,382
電荷制御 30
電気化学 135
　――STM 135
電気双極子 117
　――モーメント 238
電気伝導度 388
電気二重層 135,142,168
電極反応 136
電気力顕微鏡 167
電子移動 135
電子-格子相互作用 51, 245,257
電子-正孔対 255
電子伝達系蛋白質 284
電子トンネル励起 288
電子ビーム 355
電子ラマン散乱 243
伝達率 21
電場増強効果 277,305,314
電場変調 171
電流-電位曲線 135
電流像トンネル分光法 89

ト

透過確率 40
透磁率 228
動的分子間力分光法 209
銅フタロシアニン 395
トランス2ブテン 99
ドルーデモデル 231

索　引

トンネル確率　119
トンネルコンダクタンス
　　38, 86, 95, 107, 383, 403
トンネル磁気抵抗　107
トンネル障壁　16, 378
　　局所──　116
トンネル接合　83, 288
　　──容量　408
　　二重──　410
　　発光──　289
トンネル遷移確率　84
トンネル遷移の行列要素　36
トンネル分光法　85
　　走査──　82, 85
　　電流像──　89
　　非弾性──　82, 92

ナ

内部電界　309
内部摩擦　197
ナノ光学応答　411
ナノチューブ探針　351
ナノバイオロジー　368
ナノ粒子　407
ナノワイヤー　143, 248

ニ

2次元ドーパント分布　176
二重テーパープローブ　276
二重トンネル接合　410

ネ

熱起電力　305
熱コンダクタンス　347, 349
熱雑音　173

熱抵抗　345
熱電対カンチレバープローブ
　　345
熱電対プローブ　345
熱ノイズ　220
熱物性計測　344
熱膨張　312, 318, 380
　　探針の──　312
熱揺らぎ　217
熱容量　345
熱流量　348
粘性係数　150
粘性抵抗係数　339

ハ

バイアス電圧　83
バイオセンサー　343
　　──チップ　208
パウリの排他律，パウリの原
　　理　18
刃状転移　400
破断障壁　210
破断力　210
　　──分布　212
　　最頻──　213
発光トンネル接合　289
パッシブ除振　24
発振　35
バーディーンの摂動論　36
波動関数　36
　　──マッピング　402
バネ定数　32, 151, 338
ハマッカー定数　73, 155
針式プローブ　327, 328
バリスティック伝導　43

パルスバルブ　373
反強磁性体　107
　　──探針　114
反射率　229
半導体探針　114, 134
バンド間遷移　229, 290
バンドベンディング　91,
　　101, 303, 309
反応経路　210
反応レート　212

ヒ

ピエゾ素子　14, 122, 197
ピエゾ抵抗　341
ビオチン　213, 214, 222, 381
光STM　380
光キャリア　92
光ゲートSTM　318
光磁気記録　188
光チョッパー　304, 311
光テコ　201
　　──検出法　341
　　──方式　33
光電流　285
光ナノ加工　286
光の吸収係数　228
光ファイバー　273, 293
　　──探針　285, 380
　　──プローブ　281
光励起応答　284
微小質量計測　337
ヒスシチジンタグ　374
ヒステリシス　198
非接触AFM　362
非接触原子間力顕微鏡　68

索引

── 法 196
非接触原子間力分光法 206
非接触法 149
非線形誘電率 323
　局所── 329
非占有準位 83
非弾性トンネル 288,394
　── 過程 94
　── 分光 300
　── 法 82,92
微分コンダクタンス 40,92,96,110
微分容量 177
非保存的相互作用 198
非保存力 196
表面増強ラマン散乱 251
表面増強ラマン測定 314
表面電荷 168
表面電気伝導 358
表面電子状態密度 84
表面電場増強 227
表面光起電力 309
表面プラズモン 252,277,290
　── ・ポラリトン 288,318
表面ポテンシャル像 164

フ

ファノ干渉 246,261
ファンデルワールス相互作用 72,73
ファンデルワールス力 18,69,148,154,210
フィードバック 34,203

フェムト秒レーザ 254
フェナレニル 64
フェルミ準位 35,84,116,168
フェロセン 217
フォースカーブ 159,215,381
フォーススペクトロスコピー 68,75,76
フォトカンチレバー 276
フォトサーマル励振法 363
フォトダイオード 34,317
　アバランシェ・── 281,296
フォトルミネッセンス 227,414
フォトン・カウンティング法 295
フォトン・マップ 297
輻射熱シールド 98
複素屈折率 228
複素誘電率 228
負性抵抗 409
ブタジエン 102
フタロシアニン 376
　銅── 395
浮遊容量 177,198,323
フラーレン 67,385
ブラウン運動 198
プラズマ周波数 314
プラズマ振動 232,257
プラズモン 227,263,314
　表面── 252,277,290
　── ・ポラリトン 288,318

フリーデルの和則 42
ブリッジ回路 342
ブリルアン散乱 227
ブレーズ波長 295
プローブ増強ラマン 283
分解能 15,316,326
分極 235
　── 率 236,238,378
　誘起── 379
分光器 295
分子エレクトロニクス 174,378
分子架橋 63
分子軌道 376
　最高占有── 376
　最低非占有── 376
分子ゴム 221
分子線エピタキシー法 403
分子薄膜 FET 174

ヘ

ヘテロダイン検波 325
ヘモグロビン 252
変位電流 198,202,204
ペンタセン 376
変調周波数 97
変調法 122
　周波数── 20

ホ

飽和磁化 184
ポリエチレングリコール 215
ポリジアセチレン 367
ポリスチレン 283

索引

ポルフィリン 65, 143, 381
 テープ—— 378
ポルフィリンワイヤー 376
ポンプ・プローブ反射率測定 261
ポンプ・プローブ法 255, 317, 319

マ

マイクロマグネティックス 179
マイクロ四端子プローブ 358
摩擦係数 71
マックスウェル方程式 228
マッピング 103
 波動関数—— 402
ミニティップ 36

ム　メ　モ

無開口型 SNOM 271
メニスカス 374
メゾスコピック系 402
面内磁化膜 184
面内磁気記録 188, 190
モアレコントラスト 124
モース・ポテンシャル 158

ヤ　ユ　ヨ

ヤング率 32, 338

誘起双極子モーメント 235
有機・バイオ分子 371
誘起分極 379
誘電泳動法 353, 356
誘電率 228, 321, 379, 383
 線形—— 324
 複素—— 228
4光波混合法 255
溶媒和 210

ラ

ラスター走査 87
ラマン活性 240, 241
ラマン散乱 227, 235, 242
 電子—— 243
 表面増強—— 251
ラマン線 242
ラマン不活性 241
ラングミュアープロジェット法 372

リ

リカージョン伝達行列法 52
リガンド 208
リフト法 186, 194
リフトモード 170
量子井戸 402
量子化コンダクタンス 44, 58, 406
量子化単位 54

量子細線 402
量子ドット 45, 300, 403
 単一—— 275
量子箱 402

ル　レ

ループ電流 67
励起子 231, 255
レーザ干渉 201
レーザドップラー 201
レセプター 208
レナード-ジョーンズ型 154
 ——ポテンシャル 18, 75
レイリー散乱 235
連続ウェーブレット変換 263

ロ

漏洩磁界 184
漏洩磁場 113, 179, 188
ローダミン 252
ローパスフィルター 97
ローレンツ型 247
ロックインアンプ 95, 110, 118, 129, 186, 319
ロックイン計測 347
ロックイン検出 176, 310

編者略歴

重川 秀実（しげかわ ひでみ）
東京大学 大学院工学系研究科 物理工学専攻博士課程中退，工博
筑波大学 大学院数理物質科学研究科 電子物理工学専攻 教授
主要著書：極限実験技術・走査プローブ顕微鏡と極限計測（朝倉書店，2003）

吉村 雅満（よしむら まさみち）
東京大学 大学院工学系研究科 物理工学専攻博士課程中退，博士(工学)
豊田工業大学 大学院工学研究科 極限材料専攻 助教授
主要著書：いかにして実験をおこなうか（共訳，丸善，2005）

坂田 亮（さかた まこと）
慶應義塾大学 旧制大学院（文部省特別研究生）修了，工博
慶應義塾大学 理工学部教授 を経て，現在 慶應義塾大学名誉教授
主要著書：半導体の電子物性工学（共著，裳華房，2005）

河津 璋（かわづ あきら）
東京大学 工学部 応用物理学科卒，工博
東京大学 大学院工学研究科教授 を経て，現在 東京理科大学 教授
主要著書：ナノテクノロジーのための走査プローブ顕微鏡（共編，丸善，2002）

実戦 ナノテクノロジー
走査プローブ顕微鏡と局所分光

2005年11月20日 第1版発行

編 者	重川秀実　吉村雅満	
	坂田 亮　河津 璋	
発行者	吉 野 達 治	
発行所	東京都千代田区四番町8番地	
	電話 03-3262-9166(代)	
	郵便番号 102-0081	
	株式会社 裳 華 房	
印刷所	株式会社 真 興 社	
製本所	牧製本印刷株式会社	

検印省略

定価はカバーに表示してあります．

社団法人
自然科学書協会会員

JCLS 〈㈱日本著作出版権管理システム委託出版物〉
本書の無断複写は著作権法上での例外を除き禁じられています．複写される場合は，そのつど事前に㈱日本著作出版権管理システム（電話 03-3817-5670，FAX 03-3815-8199）の許諾を得てください．

ISBN 4-7853-6907-8

© 重川秀実，吉村雅満，坂田 亮，河津 璋 他，2005 Printed in Japan

2005年11月現在

著者	書名	定価
大澤・小保方 著	レーザ計測	3255円
大津元一 著	入門レーザー	2940円
〃	量子エレクトロニクスの基礎	5565円
江尻宏泰 著	クォーク・レプトン核の世界	2310円
小林浩一 著	光物性入門	3360円
田中晧 著	分子物理学	2625円
上原顯 著	分子シミュレーション	5670円
太田隆夫 著	非平衡系の物理学	3570円
安岡・川畑 編	遍歴電子系の磁性と超伝導	4515円
日本物理学会 編	21世紀、物理はどう変わるか	4410円

物理学選書

1.	霜田光一・桜井捷海 著	エレクトロニクスの基礎(新版)	4935円
3.	高橋秀俊 著	電磁気学	6195円
4.	近角聰信 著	強磁性体の物理(上) —物質の磁性—	5565円
14.	今井功 著	流体力学 (前編)	7140円
18.	近角聰信 著	強磁性体の物理(下) —磁気特性と応用—	6930円
22.	辻内順平 著	ホログラフィー	6300円
23.	上田和夫・大貫惇睦 著	重い電子系の物理	5460円

応用物理学選書

No.	著者	書名	定価
4.	桜井敏雄 著	X線結晶解析の手引き	5670円
8.	吉田善一 著	マイクロ加工の物理と応用	4410円
9.	小川智哉 著	結晶工学の基礎	5355円

物性科学入門シリーズ

高重正明 著	物質構造と誘電体入門	3675円
竹添・渡辺 著	液晶・高分子入門	3675円

物性科学選書

津田・那須・藤森・白鳥 共著	電気伝導性酸化物(改訂版)	7875円
中村輝太郎 編著	強誘電体と構造相転移	6300円
安達健五 著	化合物磁性 —局在スピン系	5880円
安達健五 著	化合物磁性 —遍歴電子系	6825円
近角聰信 著	物性科学入門	5355円
鹿児島誠一 編著	低次元導体 —有機導体の多彩な物理と密度波—	5670円
朝山邦輔 著	遍歴電子系の核磁気共鳴	3990円

裳華房ホームページ　http://www.shokabo.co.jp/